DELIUS KLASING

Dr. Etzold
Diplom-Ingenieur für Fahrzeugtechnik

So wird's gemacht

pflegen – warten – reparieren

Band 54

Mercedes E-Klasse
Typ W 124

Limousine 1985 – 1995
T-Modell 1985 – 1996
Coupé 1987 – 1996

Benziner	
200/77 kW (105 PS)	9/86 – 5/90 (Kat.)
200/80 kW (109 PS)	1/85 – 5/90
200E/87 kW (118 PS)	9/88 – 8/92 (Kat.)
200E/90 kW (122 PS)	9/88 – 8/92
E200/200E/100 kW (136 PS)	9/92 – 6/95 (Kat.)
E220/220E/110 kW (150 PS)	9/92 – 6/95 (Kat.)
230E/97 kW (132 PS)	9/86 – 8/92 (Kat.)
230E/100 kW (136 PS)	1/85 – 8/92
260E/118 kW (160 PS)	9/86 – 8/92 (Kat.)
260E/122 kW (166 PS)	9/86 – 8/92
260E/125 kW (170 PS)	1/85 – 8/86
E280/280E/142 kW (193 PS)	9/92 – 6/95 (Kat.)
E300/300E/132 kW (180 PS)	9/86 – 6/95 (Kat.)
300E/138 kW (188 PS)	9/86 – 8/92
300E/140 kW (190 PS)	1/85 – 8/86
300E-24/162 kW (220 PS)	9/89 – 8/92 (Kat.)
300E-24/170 kW (231 PS)	9/89 – 8/92
E320/320E/162 kW (220 PS)	9/92 – 6/95 (Kat.)

Delius Klasing Verlag

Redaktion: Günter Skrobanek

Bibliografische Information der Deutschen Nationalbibliothek

Die Deutsche Nationalbibliothek verzeichnet diese Publikation in der Deutschen Nationalbibliografie; detaillierte bibliografische Daten sind im Internet über http://dnb.dnb.de abrufbar.

20. Auflage / B
ISBN 978-3-7688-0537-7

Alle Angaben ohne Gewähr
Druck: K+W Kunst- und Werbedruck GmbH, Bad Oeynhausen
Printed in Germany 2025

Delius Klasing Verlag GmbH, Siekerwall 21, D-33602 Bielefeld
Tel.: 0521/559-0
E-Mail: info@delius-klasing.de
www.delius-klasing.de
http://sowirdsgemacht.com

Lieber Leser,

obwohl die Automobile von Modellgeneration zu Modellgeneration technisch wesentlich aufwändiger und komplizierter werden, greifen von Jahr zu Jahr immer mehr Heimwerker zum »So wird's gemacht«-Handbuch. Die Erklärung dafür ist einfach: Weil die Technik des Automobils komplizierter geworden ist, benötigt selbst der Fachmann bei Wartungs- und Reparaturarbeiten am Fahrzeug eine spezielle Anleitung.

Auch der fachkundige Hobbymonteur sollte bedenken, dass der Fachmann viel Erfahrung hat und durch die Weiterschulung und seinen Erfahrungsaustausch über den neuesten Technikstand verfügt. Mithin kann es für die Überwachung und Erhaltung der Betriebs- und Verkehrssicherheit des eigenen Fahrzeugs sinnvoll sein, in regelmäßigen Abständen eine Fachwerkstatt aufzusuchen.

Grundsätzlich muss sich der Heimwerker natürlich darüber im Klaren sein, dass man mit Hilfe eines Handbuches nicht automatisch zum Kfz-Mechaniker wird. Auch deshalb sollten Sie nur solche Arbeiten durchführen, die Sie sich zutrauen. Das gilt insbesondere für jene Arbeiten, die die Verkehrssicherheit des Fahrzeugs beeinträchtigen können. Gerade in diesem Punkt sorgt das »So wird's gemacht«-Handbuch jedoch für praktizierte Verkehrssicherheit. Durch die Beschreibung der Arbeitsschritte und den Hinweis, die Sicherheitsaspekte nicht außer Acht zu lassen, wird der Heimwerker vor der Arbeit entsprechend sensibilisiert und informiert. Auch wird darauf hingewiesen, im Zweifelsfall die Arbeit lieber von einem Fachmann ausführen zu lassen.

Sicherheitshinweis
Auf verschiedenen Seiten dieses Buches stehen »Sicherheitshinweise«. Bevor Sie mit der Arbeit anfangen, lesen Sie bitte diese Sicherheitshinweise aufmerksam durch und halten Sie sich strikt an die dort gegebenen Anweisungen.

Vor jedem Arbeitsgang empfiehlt sich ein Blick in das vorliegende Buch. Dadurch werden Umfang und Schwierigkeitsgrad der Reparatur offenbar. Außerdem wird deutlich, welche Ersatz- oder Verschleißteile eingekauft werden müssen und ob unter Umständen die Arbeit nur mit Hilfe von Spezialwerkzeug durchgeführt werden kann. Empfehlenswert: Wenn Sie eine elektronische Kamera zur Hand haben, dann sollten Sie komplizierte Arbeitsschritte für den Wiedereinbau fotografisch dokumentieren.

Für die meisten Schraubverbindungen ist das Anzugsdrehmoment angegeben. Bei Schraubverbindungen, die in jedem Fall mit einem Drehmomentschlüssel angezogen werden müssen (Zylinderkopf, Achsverbindungen usw.), ist der Wert **fett** gedruckt. Nach Möglichkeit sollte man generell jede Schraubverbindung mit einem Drehmomentschlüssel anziehen. Übrigens: Für viele Schraubverbindungen sind Innen- oder Außen-Torxschlüssel erforderlich.

Als ich Anfang der siebziger Jahre den ersten Band der »So wird´s gemacht«-Buchreihe auf den Markt brachte, wurden im Automobilbau nur ganz wenige elektronische Bauteile eingesetzt. Inzwischen ist das elektronische Management allgegenwärtig; ob bei der Steuerung der Zündung, des Fahrwerks oder der Gemischaufbereitung. Die Elektronik sorgt auch dafür, dass es in verschiedenen Bereichen keine Verschleißteile mehr gibt. Das Überprüfen elektronischer Bauteile ist wiederum nur noch mit teuren und speziell auf das Fahrzeugmodell abgestimmten Prüfgeräten möglich, die dem Heimwerker in der Regel nicht zur Verfügung stehen. Wenn also verschiedene Reparaturschritte nicht mehr beschrieben werden, so liegt das ganz einfach am vermehrten Einsatz von elektronischen Bauteilen.

Das vorliegende Buch kann zwangsläufig auch nicht auf jedes technische Problem am Fahrzeug eingehen. Dennoch hoffe ich, dass die getroffene Auswahl an Reparatur- und Wartungshinweisen in den meisten Fällen die auftretenden Probleme löst. Eines sollten Sie bei Ihren Arbeiten am eigenen Auto auch beachten: Ständig werden am aktuellen Modell technische Änderungen durchgeführt, so dass sich die im Buch veröffentlichten Arbeitsanweisungen und Einstelldaten für Ihr spezielles Modell geändert haben könnten. Sollten Zweifel auftreten, erfragen Sie bitte den aktuellen Stand beim Kundendienst des Automobilherstellers.

Rüdiger Etzold

Inhaltsverzeichnis

Der Motor

Die 4- und 6-Zylinder-Benzinmotoren im MERCEDES Typ 124 können nach Hubraum zugeordnet werden: 2,0- bis 2,3-l-Motoren sind 4-Zylinder-Reihenmotoren, Motoren mit 2,6- bis 3,2-l Hubraum besitzen 6 Zylinder in Reihe.

Neue Motorengenerationen wurden 9.92 eingeführt: Die 2,0- und 2,2-l-Vierzylinder wurden komplett überarbeitet, daher ist ihnen ein eigenes Motorenkapitel zugeordnet, siehe Seite 41.

Die 6-Zylinder-Motoren seit 9.92 sind als Vierventil-Motoren ausgelegt. Sie basieren weitgehend auf dem bisherigen 300E-24-Motor, der wiederum aus den Vorgänger-6-Zylinder-Motoren abgeleitet ist. Daher sind die Arbeitsgänge für alle 6-Zylinder-Motoren, wo möglich, in gemeinsamen Kapiteln zusammengefaßt.

Seit 6.93 wird der W124 unter der Bezeichnung „E-Klasse" angeboten. Damit einher gingen einige stilistische Veränderungen im Front- und Heckbereich.

Das Triebwerk ist im Motorraum längs zur Fahrtrichtung eingebaut und kann nur mit einem geeigneten Kran nach oben herausgehoben werden.

In den aus Grauguß bestehenden Motorblock sind die Zylinderbohrungen eingelassen. Bei hohem Verschleiß oder Riefen an den Zylinderwänden können die Zylinder von einer Fachwerkstatt gehont, also ausgeschliffen werden. Anschließend müssen dann allerdings Kolben mit Übermaß eingebaut werden. Im unteren Teil des Motorblocks befindet sich die Kurbelwelle, die von 5 beziehungsweise 7 Kurbelwellenlagern abgestützt wird. Über Gleitlager sind die Pleuel, die die Verbindung zu den Kolben herstellen, mit der Kurbelwelle verbunden. Den unteren Abschluß des Motors bildet die Ölwanne, in der sich das für die Schmierung und Kühlung erforderliche Motoröl sammelt. Oben auf den Motorblock ist der Leichtmetall-Zylinderkopf aufgeschraubt. Er besteht aus Aluminium, weil dieses Metall eine bessere Wärmeleitfähigkeit und ein geringeres spezifisches Gewicht gegenüber Grauguß aufweist.

Der Zylinderkopf ist nach dem sogenannten Querstromprinzip aufgebaut. Das bedeutet, daß das frische Kraftstoff-Luftgemisch auf der einen Seite des Zylinderkopfes einströmt, während die verbrannten Gase auf der gegenüberliegenden Seite ausgestoßen werden. Durch die Querstrom-Anordnung ist ein schneller Gaswechsel sichergestellt. Oben im Zylinderkopf befindet sich die Nockenwelle. Sie wird über eine Steuerkette von der Kurbelwelle angetrieben. Ein hydraulischer Kettenspanner sorgt dafür, daß die Kette immer richtig gespannt ist. Die Nockenwelle treibt über Kipphebel und hydraulische Ventilspielausgleicher die V-förmig angeordneten Ein- und Auslaßventile an. Die 4-Ventil-Motoren besitzen 2 Nockenwellen, eine für die Einlaß- die andere für die Auslaßventile. Hier werden über hydraulische Tassenstößel die Ventile direkt betätigt. Bei allen Motoren sorgen die hydraulischen Ventilspielausgleicher automatisch für ein gleichmäßiges Ventilspiel unter allen Betriebsbedingungen. Dadurch entfällt im Rahmen der Wartung das Einstellen des Ventilspiels.

Für die Motorschmierung sorgt eine Ölpumpe, die vorn am Zylinderkurbelgehäuse befestigt ist und von einer zusätzlichen Rollenkette angetrieben wird. Beim 4-Zylinder-Motor bis 8.92 sitzt eine Sichelpumpe im Steuergehäusedeckel, die direkt mit der Kurbelwelle verbunden ist. Das im Ölsumpf angesaugte Öl gelangt über Bohrungen und Leitungen zu den Lagern der Kurbel- und Nockenwelle sowie in die Zylinderlaufbahnen.

Die Kühlmittelpumpe sitzt bei den 4-Zylinder-Motoren vorn im Motorblock, bei den 6-Zylinder-Motoren ist sie seitlich am Motorblock angeflanscht. Der Antrieb der Pumpe erfolgt über einen Keilrippenriemen, der unter anderem auch den Generator und die Lenkhilfpumpe antreibt. Zu beachten ist, daß der Kühlmittelkreislauf ganzjährig mit einer Mischung aus Kühlerfrost- und Korrosionsschutzmittel sowie kalkarmem Wasser befüllt sein muß.

Für die Aufbereitung eines zündfähigen Kraftstoff-Luftgemisches steht je nach Modell ein Stromberg Flachstrom-Vergaser, ein Pierburg Fallstrom-Registervergaser, eine mechanisch/elektronisch gesteuerte Kraftstoffeinspritzung (KE-Einspritzanlage) beziehungsweise eine vollelektronisch gesteuerte Kraftstoffeinspritzung (HFM-Einspritzanlage beziehungsweise P-Motronic) zur Verfügung. Die Einspritzanlage ist praktisch wartungsfrei.

Seit 5.90 werden keine Modelle mehr mit Vergasermotoren auf dem deutschen Markt angeboten.

Seit 9.86 sind alle Modelle von MERCEDES-BENZ serienmäßig mit einem geregelten Katalysator (KAT) ausgestattet. Auf Wunsch ist auch ein Fahrzeug ohne Katalysator erhältlich. Diese sogenannten Rückrüstfahrzeuge (RÜF) sind im Gemischaufbereitungs- und Zündsystem bereits für den nachträglichen Katalysatoreinbau vorbereitet.

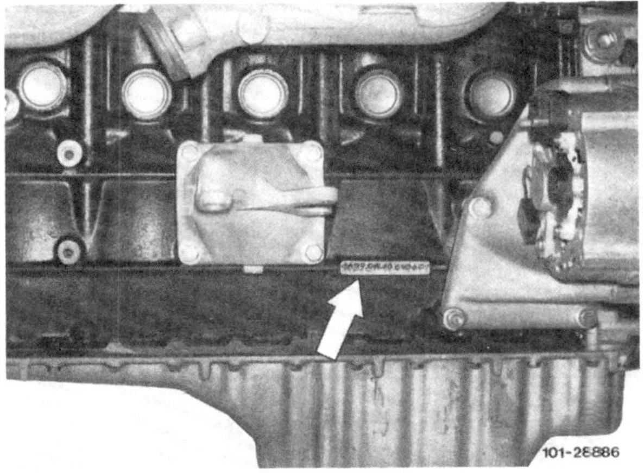

Die Motornummer ist bei den MERCEDES-Motoren vor dem rechten Motorträger im Zylinderkurbelgehäuse eingeschlagen.

Die wichtigsten Motordaten

Modell		200	200	200 E	E 200[1]/200 E	E 220[1]/220 E	230 E	260 E
Herstellungszeitraum		1.85 – 8.86	9.86 – 5.90	9.88 – 8.92	9.92 – 6.95	9.92 – 6.95	1.85 – 8.92	1.85 – 8.86
Typ	Standard	124.020	124.020	124.021	124.019	124.022	124.023	124.026
	Coupé	–	–	–	–	124.042	124.043	–
	T-Modell	–	124.080	124.081	124.079	124.082	124.083	–
Motor		102.922	102.922	102.963	111.940	111.960	102.982	102.940
Hubraum	cm³	1996	1996	1996	1998	2199	2298	2597
Leistung mit Kat.	kW bei 1/min	–	77/5500	87/5100	100/5500	110/5500	97/5100	–
	PS bei 1/min	–	105/5500	118/5100	136/5500	150/5500	132/5100	–
ohne Kat.	kW bei 1/min	80/5200	80/5500	90/5100	–	–	100/5100	125/5800
	PS bei 1/min	109/5200	109/5500	122/5100	–	–	136/5100	170/5800
Drehmoment mit Kat.	Nm bei 1/min	–	160/3000	172/3500	190/4000	210/4000	198/3500	–
ohne Kat.	Nm bei 1/min	170/2500	165/3000	178/3500	–	–	205/3500	230/3500
Bohrung	Ø mm	89,0	89,0	89,0	89,9	89,9	95,5	82,9
Hub	mm	80,25	80,25	80,25	78,7	86,6	80,25	80,25
Verdichtung		9,1	9,1	9,1	9,6	10,0	9,0	10,0
Vergaser/Einspritzung		175 CDT	2E-E	KE-Jetronic	P-Motronic	HFM	KE-Jetronic	KE-Jetronic
Zündfolge		1-3-4-2	1-3-4-2	1-3-4-2	1-3-4-2	1-3-4-2	1-3-4-2	1-5-3-6-2-4
Zylinderzahl/Ventile		4/8	4/8	4/8	4/16	4/16	4/8	6/12

Modell		260 E	E 280[1]/280 E	300 E	E 300[1]/300 E	300 E-24	E 320[1]/320 E
Herstellungszeitraum		9.86 – 8.92	9.92 – 6.95	1.85 – 8.86	9.86 – 6.95[2]	9.89 – 8.92	9.92 – 6.95
Typ	Standard	124.026	124.028	124.030	124.030	124.031	124.032
	Coupé	–	–	–	124.050	124.051	124.052
	T-Modell	–	124.088	–	124.090	124.091	124.092
Motor		103.940	104.942	103.980	103.980	104.980	104.992
Hubraum	cm³	2597	2799	2960	2960	2960	3199
Leistung mit Kat.	kW bei 1/min	118/5800	142/5500	–	132/5700	162/6400	162/5500
	PS bei 1/min	160/5800	193/5500	–	180/5700	220/6400	220/5500
ohne Kat.	kW bei 1/min	122/5800	–	140/5600	138/5700	170/6300	–
	PS bei 1/min	166/5800	–	190/5600	188/5700	231/6300	–
Drehmoment mit Kat.	Nm bei 1/min	220/4600	270/3750	–	225/4400	265/4600	310/3750
ohne Kat.	Nm bei 1/min	228/4600	–	260/4250	260/4400	272/4600	–
Bohrung	Ø mm	82,9	89,9	88,5	88,5	88,5	89,9
Hub	mm	80,25	73,5	80,25	80,25	80,25	84,0
Verdichtung		9,2	10,0	10,0	9,2	10,0	10,0
Vergaser/Einspritzung		KE-Jetronic	HFM	KE-Jetronic	KE-Jetronic	KE-Jetronic	HFM
Zündfolge		1-5-3-6-2-4	1-5-3-6-2-4	1-5-3-6-2-4	1-5-3-6-2-4	1-5-3-6-2-4	1-5-3-6-2-4
Zylinderzahl/Ventile		6/12	6/24	6/12	6/12	6/24	6/24

1) Seit 6.93 neue Modellbezeichnung.

2) Seit 6.92 nur in Verbindung mit der 4MATIC (automatisch zuschaltender Allradantrieb).

Motor aus- und einbauen

Der Motor wird komplett mit dem Getriebe nach oben ausgebaut. Es empfiehlt sich deshalb auch, das Kapitel „Getriebeausbau" zu lesen. Zum Ausbau des Motors wird ein Kran benötigt. In **keinem Fall** darf der Motor mit einem Rangierheber nach unten abgesenkt werden, da der Heber am Motor schwere Schäden verursachen würde.

Da auch auf der Wagenunterseite einige Verbindungen gelöst werden müssen, werden vier Unterstellböcke sowie zum Aufbocken des Wagens ein Rangierheber benötigt. Vor der Montage im Motorraum sollten die Kotflügel mit Decken geschützt werden. Die vordere Haube muß beim Motorausbau nicht abgenommen werden.

Der Motor kann auch ohne Getriebe ausgebaut werden. Das Getriebe muß dann mit einem Werkstattwagenheber und einer Holzzwischenlage abgestützt werden; Verbindungsschrauben Motor/Getriebe lösen und Motor mit Montierhebel vom Getriebe abdrücken.

Achtung: Bei Fahrzeugen mit Klimaanlage muß der Kältemittelkreislauf geöffnet und die Anlage entleert werden (Werkstattarbeit). Es wird der Ausbau am 4-Zylinder-Motor bis 8.92 beschrieben.

Ausbau

- Motorhaube in senkrechte Stellung hochdrücken. Dazu Motorhaube öffnen. Sperrhebel an der rechten Motorhaubenstütze eindrücken und Haube etwas anheben, damit der Sperrhebel nicht wieder einrastet. Sperrhebel an der linken Stütze eindrücken und Motorhaube senkrecht stellen. **Achtung:** Der linke Sperrhebel muß in die obere Sicherung einrasten.
- Massekabel (–) von der Batterie abklemmen. **Achtung:** Beim Abklemmen der Batterie erlischt Radio-Diebstahlcodierung. Siehe Hinweise „Batterieausbau".
- Pluskabel (+) von der Batterie abklemmen. Die Plus-Leitung zum Motor am Kabelverbinder bei der Batterie abklemmen und die Leitung durch die Aggregate-Trennwand ziehen und über den Motor legen.
- Kühlmittel ablassen, siehe Seite 79.
- Kühler ausbauen, siehe Seite 74.
- Luftfilter ausbauen, siehe Seite 95, 107, 125.

- Bei Fahrzeugen mit Niveauregulierung: Innensechskantschrauben –Pfeile– herausdrehen und Druckölpumpe mit angeschlossenen Leitungen zur Seite legen. Mitnehmerscheibe abnehmen.

Achtung: Nicht die beiden Innensechskantschrauben zur Befestigung des Deckels lösen. Diese Schrauben haben ein durchgehendes Gewinde, sichtbar zwischen Deckel und Gehäuse.

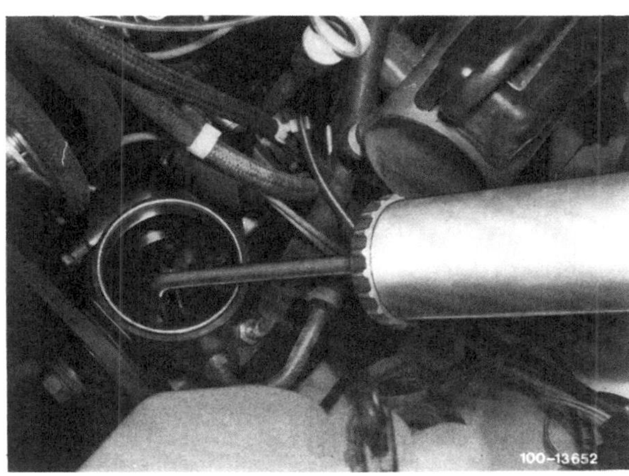

- Hydrauliköl aus dem Vorratsbehälter der Lenkhilfe mit geeigneter Spritze absaugen. Schläuche abschrauben und verschließen.

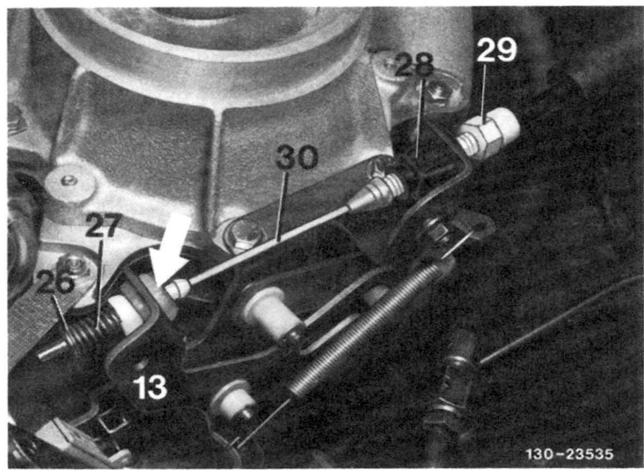

- Gaszug –30– aushängen. Dazu Betätigungshebel –13– in Richtung Vollgasstellung drücken, Feder –27– mit Gummihalter aus der Gummitülle – Pfeil – herausziehen. Gummitülle mit Schraubendreher aus Betätigungshebel heraushebeln. Bowdenzug durch den seitlichen Schlitz aus dem Betätigungshebel herausnehmen. Schwarzen Kunststoffclip –28– am Widerlager mit Zange zusammendrücken, Gaszug durch die Öffnung am Widerlager schieben und zur Seite legen. **Achtung:** Einstellschraube –29– für Gaszug nicht verdrehen.
- Kühlmittelschläuche am vorderen Kühlmittelflansch und am Meßfühlerkasten abziehen. Vorher Schlauchschellen lösen und ganz zurückschieben.
- Entlüftungsschlauch am Deckel des Kühlmittelreglers abziehen und am Zylinderkopfdeckel aushängen.
- Heizungsschlauch hinten am Zylinderkopf abziehen.
- Kraftstoffzulauf- und -rücklaufleitungen mit Tesaband kennzeichnen und abschrauben.
- Unterdruckleitung oben am Ansaugrohr abschrauben.
- Folgende elektrische Leitungen abklemmen, Kabelbinder lösen und Leitungen aus Haltern aushängen: Mittleres Kabel aus Verteilerkappe, grüne Steuerleitung am Verteiler, Massekabel am Meßfühlerkasten, sämtliche Stecker am Meßfühlerkasten, Stecker am Geber für Luftmengenmesser, blauen Stecker am Kaltstartventil, schwarzen Stecker am Zusatzluftschieber, Stecker am elektro-hydraulischen Stellglied, Steckverbindungen an der seitlichen Luftfilterbefestigung und vorn am Sammelsaugrohr trennen, dazu geriffelte Flächen zusammendrücken.
- Halter für Kabelbinder vorn am Sammelsaugrohr abschrauben.
- Stecker am Drehstromgenerator abziehen, dazu Federklammer mit kleinem Schraubendreher aus Stecker abheben und zur Seite klappen. Stecker herausziehen und Kabel aus Halterungen herausziehen.
- Elektrische Leitungen am Anlasser abschrauben, beziehungsweise abziehen.
- Stecker vom Geber für Ölstands–Warnanzeige sowie vom Öldruckschalter abziehen. Kabelstrang vom Halter neben dem Ölfilter abschrauben.

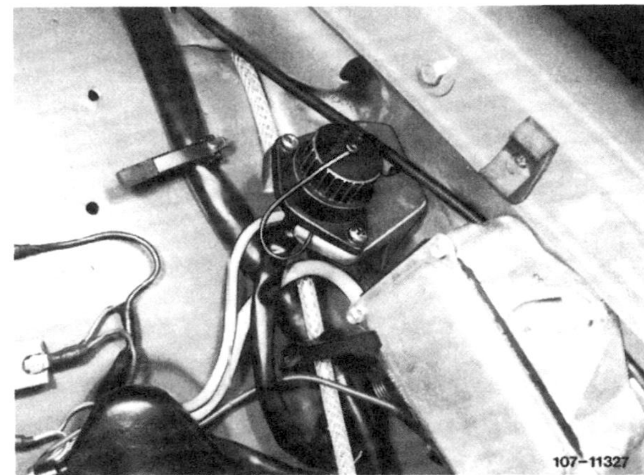

- Kabel für OT-Geber an der Prüfsteckdose abziehen. Dazu Steckdose mit 2 Schrauben vom Halter abschrauben und graue Leitung mit Stecker nach unten herausziehen.
- Fahrzeug aufbocken, siehe Seite 267.
- Abgasanlage am Flansch des Abgaskrümmers abschrauben.

- Halteband für Tachowelle aus der Lasche drücken – Pfeil oben –, Massekabel abschrauben – Pfeil unten –.

Achtung: Wird der Motor zusammen mit dem Getriebe ausgebaut, sind zusätzlich folgende Arbeiten durchzuführen.

- Seitenabstützung für Abgasanlage am Getriebe abschrauben, Klemmschrauben am U-Bügel lösen und Abstützung abnehmen, siehe Seite 130.
- Gelenkwelle am Getriebe abschrauben, Schaltstangen aushängen, siehe Seite 139.
- Kupplungsnehmerzylinder mit 2 Schrauben am Getriebe abschrauben und mit angeschlossener Leitung zur Seite legen, siehe Seite 134.

Achtung: Wenn die Hydraulikleitung geöffnet wird, muß das System nach dem Einbau entlüftet werden, siehe Seite 135.

- Antriebswelle für Geschwindigkeitsmesser am hinteren Getriebedeckel abschrauben und herausziehen.

- Werden Motor und Getriebe getrennt, Verbindungsschrauben Motor/Getriebe unten herausschrauben.
- Fahrzeug abbocken.
- Werkstattwagenheber mit Holzzwischenlage unter das Getriebe fahren. Getriebe leicht vorspannen.

- Motor anseilen. Dazu geeignetes Seil oder Kette an den Aufhängeösen –Pfeile– des Motors einhängen. Motor mit Werkstattkran leicht vorspannen.

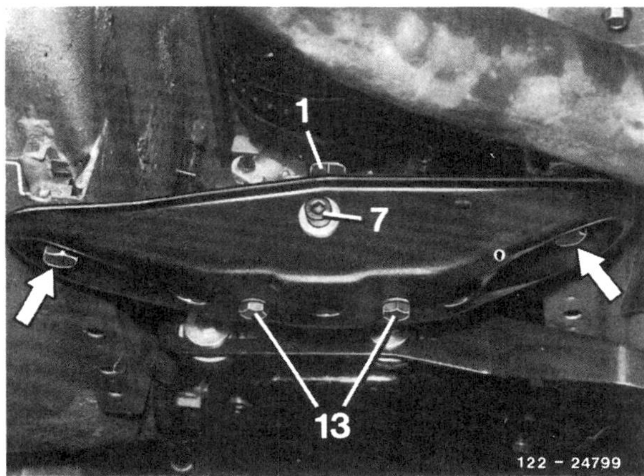

- Hinteren Motorträger mit Motorlager ausbauen. Dazu Befestigungsmutter –1– abschrauben und Befestigungsschrauben –Pfeile– herausdrehen.

- Befestigungsschrauben für Motorträger an den beiden vorderen Motorlagern von unten herausdrehen –Pfeil–.
- Verbindungsschrauben Motor/Getriebe oben herausschrauben.
- Motor mit Montiereisen vom Getriebe abdrücken.

- Motor mit Getriebe in eine Schräglage von ca. 45° drehen und herausheben.

Achtung: Der Motor muß beim Herausheben sorgfältig geführt werden, um Beschädigungen am Aufbau zu vermeiden.

Einbau

- Motorlager, Kühlmittel-, Öl- und Kraftstoffschläuche auf Porosität oder Risse prüfen, falls erforderlich erneuern.
- Rillenkugellager in der Kurbelwelle und Kupplungsausrücklager auf leichten Lauf und Ausrückhebel auf Leichtgängigkeit prüfen.
- Kupplungs-Mitnehmerscheibe auf ausreichende Belagdicke sowie Belagzustand prüfen.
- Falls ausgebaut, Getriebe an Motor anflanschen und komplett in den Motorraum einfahren.
- Motor einsetzen. Beim Absenken darauf achten, daß der Motor sorgfältig geführt wird, um Beschädigungen an Antriebswelle, Kupplung und Aufbau zu vermeiden.

- Verbindungsschrauben Motor/Getriebe festschrauben.
- Fahrzeug aufbocken.
- Befestigungsschrauben für die vorderen Motorlager einsetzen und handfest anschrauben. Abschirmblech am rechten vorderen Motorlager einsetzen.
- Hinteren Motorträger mit 70 Nm für die Befestigungsschrauben und mit 20 Nm für die Befestigungsmutter anschrauben.
- Schrauben für vordere Motorlager mit 40 Nm festziehen.
- Falls ausgebaut, Tachowelle anschrauben, Schaltstangen einhängen und mit Klammern sichern, Kupplungsnehmerzylinder einsetzen und festschrauben. Gelenkwelle sowie Seitenabstützung für Abgasanlage am Getriebe anschrauben.
- Vorderes Abgasrohr an Abgaskrümmer anschrauben, siehe Seite 130.
- Falls vorhanden: Motorstoßdämpfer mit 10 Nm am Rahmenlängsträger anschrauben.
- Prüfsteckdose anschrauben, Kabel aufstecken.
- Kühler einbauen, siehe Seite 74.
- Kabel für OT-Geber mit Dreifachstecker in die Prüfsteckdose einführen und Steckdose am Halter anschrauben.
- Elektrische Leitungen am Anlasser, Öldruckschalter und Ölstands–Warngeber anklemmen. Kabelstrang am Halter neben dem Ölfilter anschrauben.
- Elektrische Leitung für Generator vorn am Motorblock entlang verlegen und einhängen. Stecker am Generator aufschieben und mit Drahtklammer sichern.
- Kabelhalter vorn am Sammelsaugrohr anschrauben, Flachsteckverbindung zum Drosselklappenschalter verbinden.
- Stecker am Meßfühlerkasten aufschieben, siehe Seite 72.
- Stecker am Geber für Luftmengenmesser sowie am elektrohydraulischen Stellglied aufschieben.
- Blauen Stecker am Kaltstartventil und schwarzen Stecker am Zusatzluftschieber aufstecken.
- Massekabel am Meßfühlerkasten anschrauben.
- Grüne Steuerleitung am Verteiler aufschieben, Sicherungslasche anschrauben.
- Mittlere Leitung am Zündverteiler aufschieben.
- Dicke Unterdruckleitung mit Überwurfmutter am Bremskraftverstärker anschrauben.
- Kraftstoffzulaufleitung und Kraftstoffrücklaufleitung entsprechend der angebrachten Markierung am Mengenteiler und am Druckregler anschrauben.
- Heizungsschlauch hinten am Zylinderkopf aufschieben und mit Schelle sichern.
- Kühlmittelschläuche am vorderen Kühlmittelflansch, am Meßfühlerkasten und am Deckel des Kühlmittelreglers aufschieben und mit Schellen sichern.
- Gaszug durch die Öffnung am Widerlager einführen und einrasten. Betätigungshebel in Richtung Vollgasstellung drücken, Bowdenzug seitlich durch den Schlitz in den Betätigungshebel einhängen, Gummitülle eindrücken und durch Eindrücken des Federhalters in die Gummitülle sichern. Einstellung prüfen, siehe Seite 84, 124.
- Ölleitungen anschrauben.
- Hydrauliköl für Lenkhilfe auffüllen, Lenkhilfe entlüften, siehe Seite 172.
- Ölstand im Motor und Getriebe prüfen, gegebenenfalls auffüllen, siehe Seite 68.
- Kühlmittel auf Gefrierschutz prüfen und auffüllen, siehe Seite 80.
- Falls ausgebaut, Druckölpumpe mit 13 Nm anschrauben. Vorher Mitnehmer einsetzen.
- Luftfiltereinsatz reinigen, gegebenenfalls Einsatz erneuern, siehe Seite 110, 126.
- Luftfilter einbauen, siehe Seite 95, 107, 125.
- Batterie-Pluskabel anklemmen.
- Batterie-Massekabel anklemmen.
- Zündzeitpunkt prüfen, falls erforderlich einstellen, siehe Seite 58.
- Leerlauf einstellen, siehe Seite 85, 112.
- Motor auf Betriebstemperatur bringen, Kühlmittelstand überprüfen und sämtliche Schlauchanschlüsse auf Dichtheit prüfen.

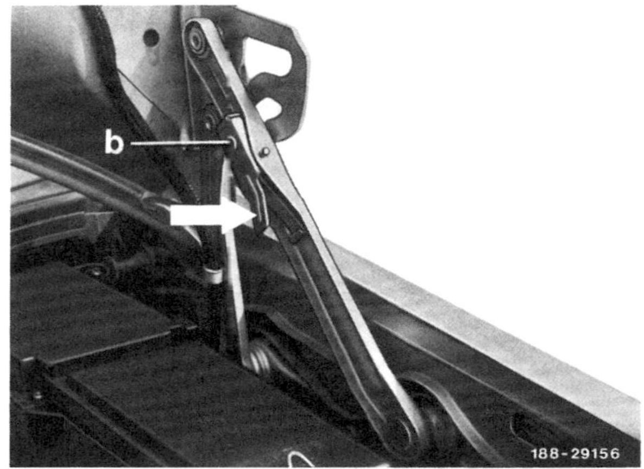

Achtung: Zum Schließen der Motorhaube Sperrhebel –b– am linken Haubenscharnier nach hinten drücken.

Untere Motorraumabdeckung aus- und einbauen

Ausbau

- Fahrzeug aufbocken, siehe Seite 267.

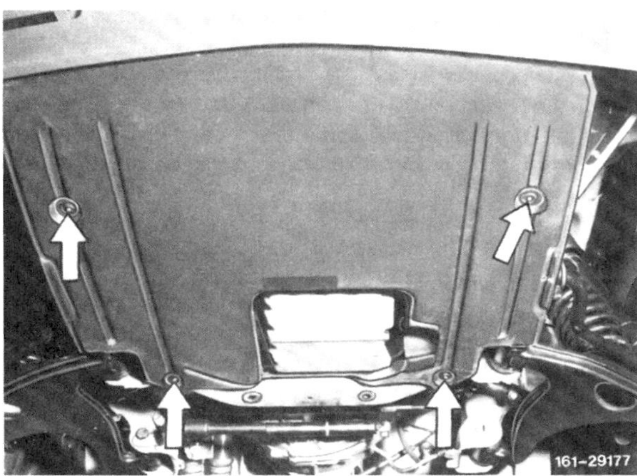

- Beim Vergasermotor Abdeckung mit 4 Blechschrauben –Pfeile–, beim Einspritzmotor mit 6 Schrauben, abschrauben und herausnehmen.

Einbau

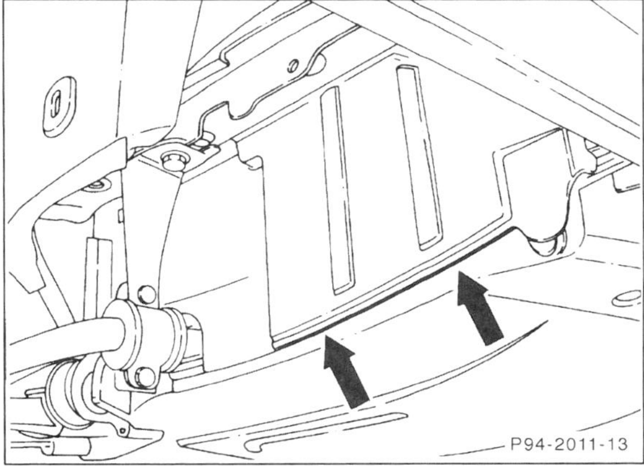

- Abdeckung ansetzen und festschrauben. Dabei Seitenteile so montieren, daß sie mit der Kante über die Motorraumverkleidung greifen.
- Fahrzeug ablassen, siehe Seite 267.

Fahrzeuge mit Marderschutzanlage

- Vor Ausbau der Motorraumverkleidung, Marderschutzanlage durch Öffnen der Motorhaube außer Betrieb setzen. Ob eine Marderschutzanlage eingebaut ist, ist am Steuergerät auf dem rechten Längsträger erkennbar.
- Zündleitung an der Elektrode der Anlage (rechts vor dem Stabilisator) abschrauben beziehungsweise abziehen.
- Nach dem Einbau der Motorraumverkleidung, Zündleitung anschließen.

Kernlochdeckel aus- und einbauen

Die Kernlöcher sind mit den Kühlmittelkanälen verbunden und durch Blechdeckel verschlossen. Sollte bei tiefen Außentemperaturen das Kühlmittel einmal gefrieren, werden die Blechdeckel herausgedrückt. Dadurch wird eine Beschädigung des Motorblockes verhindert.

Undichte Kernlochdeckel müssen erneuert werden.

Die Kernlöcher befinden sich seitlich am Motorblock, und zwar auf der rechten Seite 4 Stück in Höhe der einzelnen Zylinder sowie eines etwas unterhalb zwischen dem 3. und 4. Zylinder. Auf der linken Seite befindet sich 1 Kernloch neben der Innensechskantverschlußschraube.

- Jeweiliges Aggregateteil ausbauen, welches den Zugang zum betreffenden Kernlochdeckel behindert.

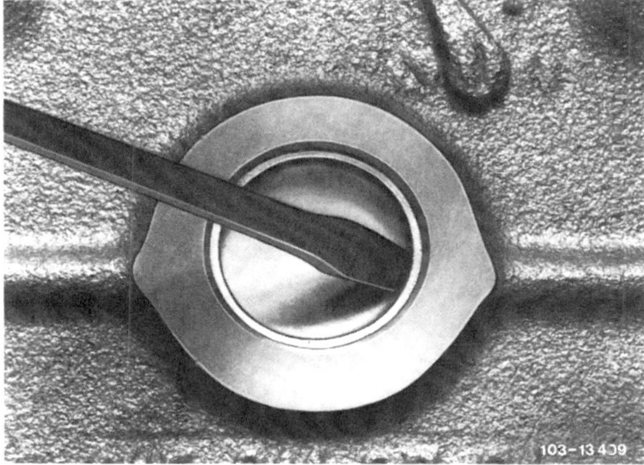

- Schraubendreher oder schmalen Meißel an die Kante des Deckels ansetzen.

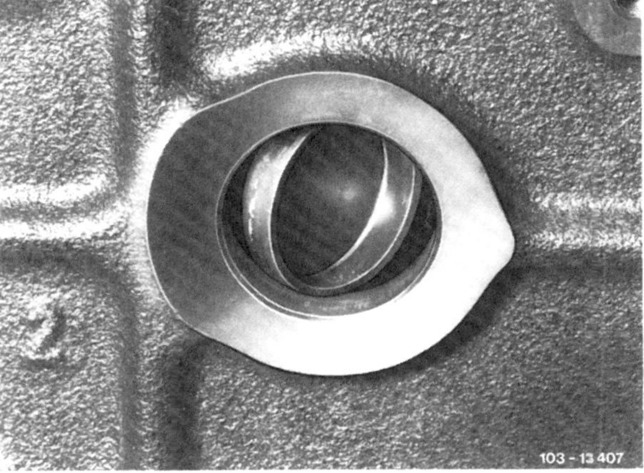

- Verschlußdeckel vorsichtig auf einer Seite soweit hineinschlagen, bis er sich um ca. 90° gedreht hat.

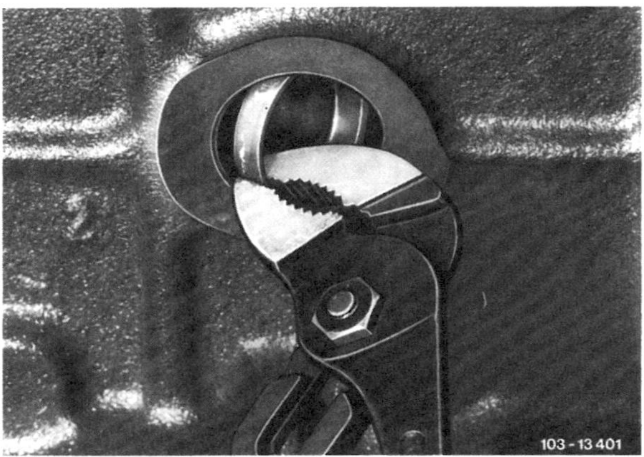

- Herausstehenden Deckel mit Rohrzange herausziehen.

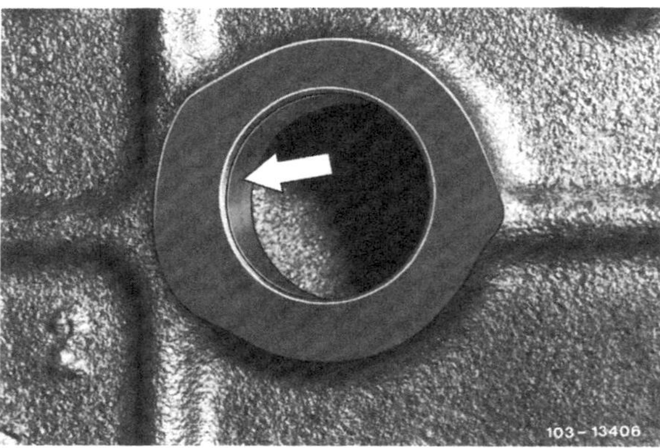

- Kernloch von Rückständen gründlich reinigen. Die Dichtfläche –Pfeil– muß fettfrei sein.
- Dichtfläche mit Dichtungsmittel (z.B. Loctite Nr.241 oder Curil)bestreichen.

- Neuen Verschlußdeckel mit geeignetem Dorn hineinschlagen. Dichtungsmittel entsprechend Herstelleranweisung aushärten lassen.
- Ausgebaute Aggregate-Teile einbauen.
- Kühlmittel auffüllen, siehe Seite 79.
- Motor warmfahren, Kühlmittelstand sowie Dichtheit des Kernlochdeckels prüfen.

Kettenspanner aus- und einbauen/prüfen

4-Zylinder-Motor bis 8.92 (Motor 102), 6-Zylinder-Motor

Bei Kettengeräuschen, die auf einen nicht exakt arbeitenden Kettenspanner schließen lassen, ist der Kettenspanner auszubauen und zu prüfen.

Der Kettenspanner ist auf der rechten Seite in das Kurbelgehäuse eingeschraubt. Er spannt die Steuerkette durch die Federkraft der Druckfeder sowie durch den Öldruck im Kettenspanner, der vom Motoröldruck abhängig ist.

4-Zylinder-Motor bis 8.92 (Motor 102)

Ausbau

- Keilrippenriemen ausbauen, siehe Seite 38.
- Generator ausbauen, siehe Seite 243.

- Hutmutter –175– abschrauben. **Achtung:** Mutter steht durch Druckfeder –177– unter Druck.
- Druckfeder herausnehmen, Dichtring –176– abziehen.
- Kettenspannergehäuse mit Innensechskant-Steckschlüsseleinsatz (SW 17) herausdrehen.

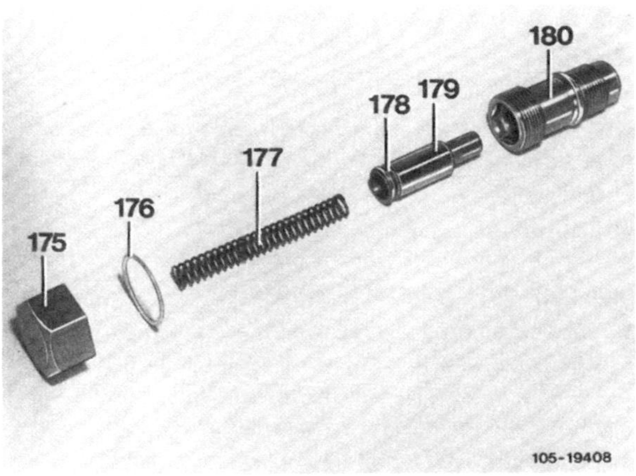

- Druckkolben –179– aus dem Gehäuse –180– herausziehen.

- Einzelteile sorgfältig mit Kraftstoff reinigen und auf Wiederverwendbarkeit (Anlaufspuren, Riefen) prüfen. Gängigkeit des Druckkolbens im Gehäuse prüfen. Beschädigte Teile austauschen, gegebenenfalls Kettenspanner komplett erneuern.

Einbau

- Kettenspannergehäuse in Zylinderkurbelgehäuse hineindrehen und mit 10 Nm festziehen.

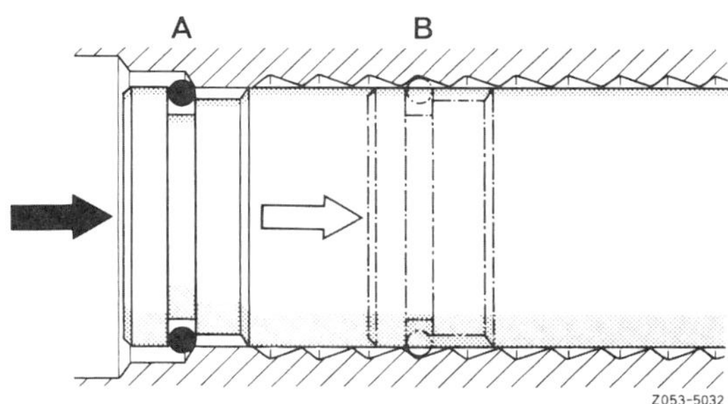

- Druckbolzen mit Rastenfeder –178– bis zur Montageraste –A– einschieben.
- Neuen Dichtring auflegen, Druckfeder einsetzen und Hutmutter mit 70 Nm festziehen.
- Generator mit Spannschraube am Halter anschrauben. Halter am Zylinderkopf mit 45 Nm festschrauben.
- Keilrippenriemen auflegen und spannen, siehe Seite 38.

Ausbau 6-Zylinder-Motor (2-Ventiler, M103)

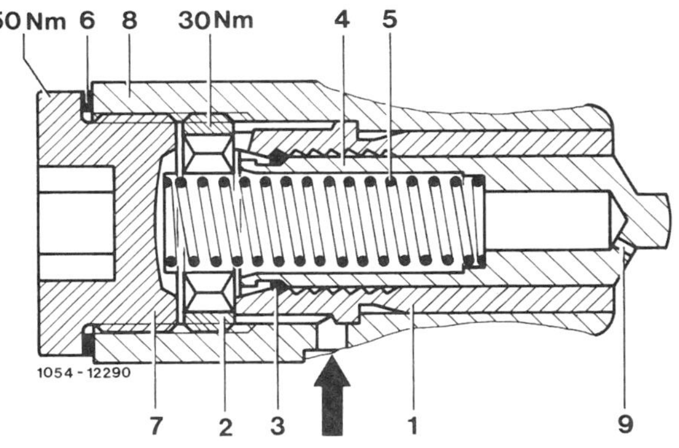

1 Kettenspannergehäuse
2 Gewindering
3 Rastenfeder
4 Druckbolzen
5 Druckfeder
6 Dichtring
7 Verschlußschraube
8 Steuergehäusedeckel
9 Drosselbohrung

- Verschlußschraube herausdrehen und mit Druckfeder abnehmen. **Achtung:** Feder steht unter Spannung.
- Gewindering mit Innensechskantschlüssel herausdrehen.
- M10-Schraube in das Kettenspannergehäuse einführen, verkanten und mit dem Gehäuse herausziehen.

Einbau

Achtung: Der Kettenspanner muß vor dem Einbau zerlegt werden. Dazu Druckbolzen in Pfeilrichtung herausziehen.

- Gewindering in Steuergehäusedeckel einschrauben und festziehen.
- Druckbolzen mit Rastenfeder einschieben.
- Druckfeder einsetzen und Verschlußschraube mit neuem Dichtring festschrauben.

Ausbau 6-Zylinder-Motor (4-Ventiler, M104)

- Keilrippenriemen ausbauen, siehe Seite 38.
- Gegebenenfalls Luftpumpe oberhalb vom Kettenspanner lösen und schwenken.

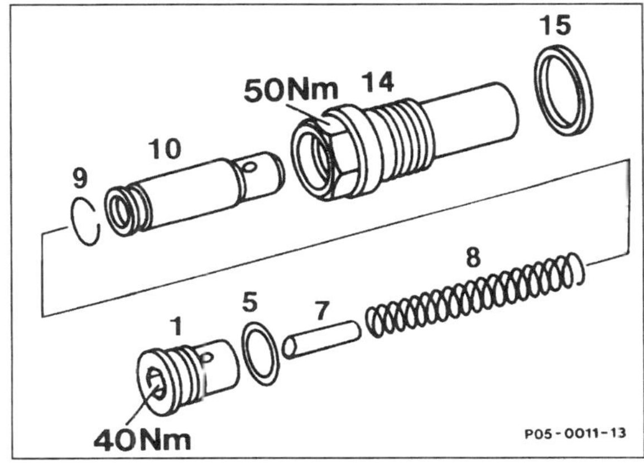

- Verschlußschraube –1– um 1 Umdrehung lösen, dazu wird ein Innensechskantschlüssel SW 10 benötigt.
- Kettenspanner komplett am Teil –14– herausschrauben und abnehmen.
- Verschlußschraube –1– mit Dichtring –5– herausschrauben. Druckfeder –8– komplett mit Füllstift –7– herausnehmen.
- Druckbolzen –10– mit Rastfeder –9– nach hinten herausdrücken.
- Einzelteile sorgfältig mit Kraftstoff reinigen und auf Wiederverwendbarkeit (Anlaufspuren, Riefen) prüfen. Beschädigte Teile austauschen, gegebenenfalls Kettenspanner komplett erneuern.

Einbau

- Kettenspannergehäuse –14– mit **neuem** Dichtring –15– und **50 Nm** am Motorblock einschrauben.
- Teile –7– bis –10– wie vor der Zerlegung zusammensetzen und in das montierte Kettenspannergehäuse einsetzen.
- Verschlußschraube –1– mit **neuem** Dichtring –5– einschrauben, dabei wird die Feder zusammengedrückt. Schraube mit **40 Nm** anziehen.
- Motor starten und Dichtheit des Kettenspanners prüfen.
- Gegebenenfalls Luftpumpe einbauen.
- Keilrippenriemen einbauen, siehe Seite 38.

Steuerkette aus- und einbauen

2-Ventilmotoren: 4-Zylinder-Motor bis 8.92 (M102), 6-Zylinder-Motor (M103)

Hinweis: Bei den 4-Ventilmotoren (4 Ventile pro Zylinder) wird der Steuerkettenausbau im Kapitel „Zylinderkopfausbau" beschrieben.

Ausbau

- Massekabel von der Batterie abklemmen.
- Grüne Steuerleitung am TSZ-Schaltgerät abziehen.
- Luftfilter ausbauen, siehe Seite 95, 107, 125.
- Zylinderkopfdeckel ausbauen.
- Zündkerzen herausdrehen.
- Kettenspanner ausbauen, siehe Seite 18.
- An einem Glied der Steuerkette beide Kettenbolzen aufschleifen. **Achtung:** Vorher Lappen über Kettenkasten legen, damit keine Teile hineinfallen können.

Einbau

- Neue Steuerkette mit Steckglied an die alte Kette anhängen, dabei geöffnetes Glied herausdrücken.
- Kurbelwelle langsam in Motordrehrichtung weiterdrehen. Dazu Getriebe in Leerlaufstellung bringen, Handbremse anziehen und Steckschlüsseleinsatz (SW 27) mit Umschaltknarre an der Zentralschraube der Kurbelwellen-Riemenscheibe ansetzen.

Achtung: Die neue Steuerkette muß dabei auch das Nokkenwellenrad mitdrehen, da sich sonst die Steuerzeiten verändern. Es darf **nicht** an der Befestigungsschraube des Nockenwellenrades gedreht werden.

- Alte Steuerkette abhängen.

- Neue Steuerkette mit Steckglied –Pfeil– verbinden. Dabei Enden der neuen Kette mit Draht am Nockenwellenrad sichern. Steckglied von hinten einsetzen und vorne mit 2 Sicherungsscheiben sichern. Draht entfernen.
- Motor auf Zünd-OT des 1. Zylinders stellen und Markierung an der Nockenwelle prüfen, siehe Seite 22.
- Kettenspanner einbauen, siehe Seite 18.
- Zündkerzen hineindrehen, siehe Seite 62.
- Zylinderkopfdeckel einbauen.
- Luftfilter einbauen, siehe Seite 95, 107, 125.
- Grüne Steuerleitung am TSZ-Schaltgerät aufschieben.
- Batterie-Masseband anklemmen.

Zylinderkopfdeckel aus- und einbauen

Ausbau 2-Ventilmotoren: 4-Zylinder-Motor bis 8.92 (M102), 6-Zylinder-Motor (M103)

Der Zylinderkopfdeckel besteht aus einer Magnesiumlegierung und ist an der Außenseite mit schwarzem Kunststoff beschichtet.

Achtung: Zylinderkopfdeckel nur komplett mit Zündkabeln und Verteilerkappe ausbauen.

- Luftfilter ausbauen, siehe Seite 95, 107, 125.
- Blauen Stecker am Kaltstartventil abziehen und elektrische Leitungen am Rand des Deckels etwas zur Seite drücken.
- Alle Zündkerzenstecker abziehen, Verteilerkappe abnehmen, siehe Seite 61.

- Bei Fahrzeugen mit Klimaanlage Halter –Pfeil– für Kältemittel-Saugleitung abbauen.
- **4-Zylinder-Motor:** 5 Hutmuttern SW 13 abschrauben und mit Unterlegscheiben abnehmen. **6-Zylinder-Motor:** 8 Schrauben herausdrehen.
- Zylinderkopfdeckel komplett mit Zündkabeln abnehmen.

Achtung: Bei festsitzendem Zylinderkopfdeckel (festgesaugt) nicht mit Hammer auf Zylinderkopfhaube schlagen. Zylinderkopfhaube durch seitliches Drücken von Hand zu lösen versuchen; notfalls mit einem Kunststoffhammer vorsichtig gegen die Ecken schlagen.

Achtung: Bei Fahrzeugen mit Klimaanlage Zylinderkopfdeckel mit Verteilerkappe so weit nach links ziehen, bis die Verteilerkappe unter dem Schlauchteil der Kältemittel-Leitung durchgeschoben werden kann – langer Pfeil in Abbildung 101-24753.

Einbau

101-20571

- Dichtung für Zylinderkopfdeckel auf Beschädigungen prüfen, gegebenenfalls ersetzen. Dabei Dichtung zuerst vorn und hinten –Pfeile– einsetzen.
- Zylinderkopfdeckel auf Zylinderkopf setzen. Bei Fahrzeugen mit Klimaanlage Verteilerkappe unter Kältemittelleitung durchschieben.

101-19254/2

- **4-Zylinder-Motor:** Hutmuttern in der angegebenen Reihenfolge von 1 bis 5 stufenweise anziehen. Zuerst alle Muttern mit 3 Nm, dann alle Muttern mit 6 Nm, dann mit 9 Nm, 12 Nm und schließlich alle Muttern in der Reihenfolge von 1 bis 5 mit 15 Nm festziehen. **6-Zylinder-Motor:** Schrauben gleichmäßig mit 8,5 Nm festziehen.
- Bei Fahrzeugen mit Klimaanlage Halter für Kältemittel-Leitung einbauen.
- Zündkerzenstecker aufschieben, Verteilerkappe einbauen, siehe Seite 61.
- Stecker am Kaltstartventil aufschieben.
- Luftfilter einbauen, siehe Seite 95, 107, 125.
- Motor warmfahren und Zylinderkopfdeckel auf Dichtheit prüfen.

Ausbau 6-Zylinder-Motor (4-Ventiler, M104)

- Luftfilter ausbauen, siehe Seite 125.
- Motorentlüftungsschlauch –12– an der Zylinderkopfhaube abziehen, vorher Schlauchschelle –11– lösen.

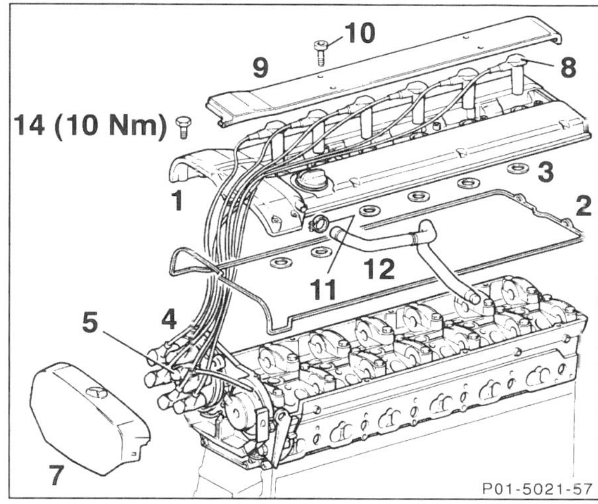

P01-5021-57

- Abdeckung –7– seitlich ausclipsen und nach oben abnehmen. Schrauben –10– lösen und Abdeckung –9– abnehmen.
- Alle Zündkerzenstecker –8– abziehen, am besten mit einer dafür vorgesehenen Zange, z. B. Hazet 1849-1.
- Schrauben –14– für Zylinderkopfhaube ausschrauben. Zylinderkopfhaube mit seitlicher Dichtung –2– und Dichtungen –3– für Zündkerzenschächte abnehmen.

Einbau

- Dichtungen auf Porosität und Quetschungen überprüfen. Ist eine Dichtung beschädigt, müssen alle gemeinsam erneuert werden.

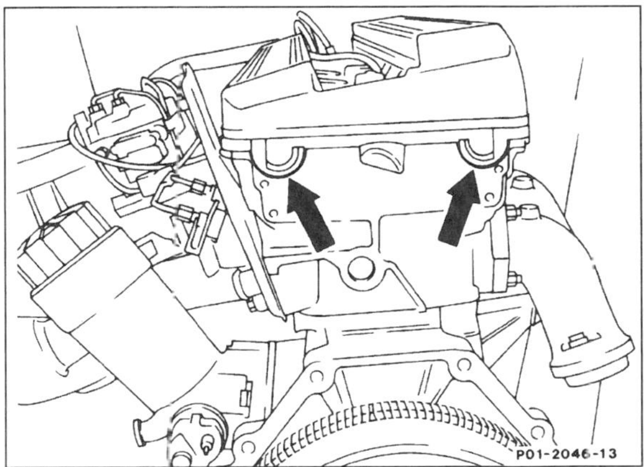
P01-2046-13

- Beim Einsetzen der Dichtung besonders auf richtigen Sitz in den hinteren Aussparungen achten, siehe Abbildung.
- Schrauben für Zylinderkopfhaube mit 10 Nm gleichmäßig anziehen.

- Zündkerzenstecker in richtiger Anordnung wieder aufstecken, als Hilfe ist ein Schema auf der Zylinderkopfhaube aufgedruckt.
- Abdeckungen einclipsen und anschrauben.
- Motorentlüftungsschlauch aufstecken und mit Schlauchschelle sichern.
- Luftfilter einbauen.
- Motor warmfahren und Zylinderkopfdeckel auf Dichtheit prüfen, besonders in den hinteren Aussparungen.

Zylinderkopf aus- und einbauen

4-Zylinder-Motor bis 8.92 (Motor 102), 6-Zylinder-Motor

Zylinderkopf nur bei abgekühltem Motor ausbauen. Abgas- und Ansaugkrümmer bleiben angeschlossen.

Achtung: Beschrieben wird der Ausbau des Zylinderkopfes am 4-Zylinder-Motor. Besonderheiten, die den 6-Zylinder-Motor betreffen, stehen am Ende des Kapitels.

Eine defekte Zylinderkopfdichtung ist an einem oder mehreren der folgenden Merkmale erkennbar:

- Leistungsverlust.
- Kühlflüssigkeitsverlust. Weiße Abgaswolken bei warmem Motor.
- Ölverlust.
- Kühlflüssigkeit im Motoröl, Ölstand nimmt nicht ab, sondern zu. Graue Farbe des Motoröls, Schaumbläschen am Peilstab, Öl dünnflüssig.
- Motoröl in der Kühlflüssigkeit.
- Kühlflüssigkeit sprudelt stark.
- Keine Kompression auf 2 benachbarten Zylindern.

Ausbau

- Motorhaube senkrecht stellen, siehe Seite 13.
- Grüne Steuerleitung am TSZ-Schaltgerät abziehen.
- Kühlmittel ablassen, siehe Seite 79.
- Luftfilter ausbauen, siehe Seite 95, 107, 125.
- Batterie-Massekabel (–) abklemmen. **Achtung:** Beim Abklemmen der Batterie erlischt Radio-Diebstahlcodierung. Siehe Hinweise „Batterieausbau".
- Bei Fahrzeugen mit Niveauregulierung: Druckölpumpe abschrauben und zur Seite legen, siehe Seite 13.
- Sämtliche Kraftstoff- und Unterdruckschläuche zum Zylinderkopf mit Tesaband kennzeichnen und abziehen.
- Elektrische Leitungen zum Zylinderkopf mit Tesaband kennzeichnen und abziehen.
- Rückzugfeder am Drosselklappen-Betätigungshebel aushängen.
- Gaszug aushängen, siehe Seite 14.

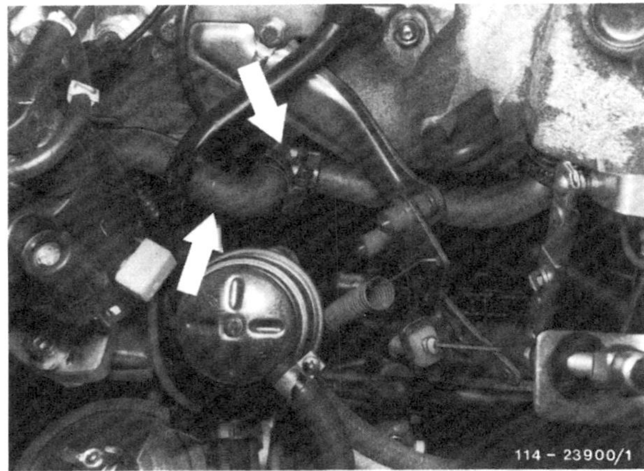

- Kühlmittelschlauch am Verteilerstück abziehen –Pfeile–.
- Heizungsschlauch hinten am Zylinderkopf abziehen, vorher Schelle öffnen und zurückschieben.

- **Vergasermotor:** Befestigungsmutter –Pfeil– für Saugrohrstütze abschrauben.

- **Einspritzmotor:** Befestigungsschrauben für Saugrohrstütze herausdrehen.

● Führungsrohr für Ölmeßstab am Abgaskrümmer lösen –Pfeil–. Rohrschelle aushängen, Ölmeßstab herausziehen und Führungsrohr mit Stopfen verschließen.

● Bei Fahrzeugen mit Klimaanlage: Befestigungsschrauben für Halter der Rohrgruppe und Halter der Kältemittel-Saugleitung herausdrehen –Pfeile–.

● Bei Fahrzeugen mit automatischem Getriebe: Befestigungsschraube –Pfeil– für Ölmeßstab-Führungsrohr abschrauben.

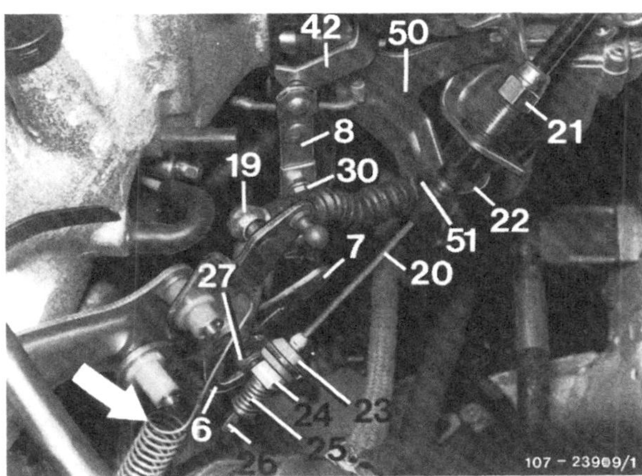

● **Vergasermotor:** Steuerdruck-Bowdenzug aushängen. Dazu Kugelpfanne –19– am Betätigungshebel abziehen, Laschen des Plastikclips –51– zusammendrücken und Bowdenzug nach hinten durch den Halter –50– schieben.

● **Einspritzmotor:** Kugelpfanne –19– am Betätigungshebel –20– abziehen, Sicherung –Pfeil– hinter dem Halter –22– herausziehen und Bowdenzug –21– durch den Halter schieben. 16 – Kugelkopf.

● Vorderes Abgasrohr vom Abgaskrümmer abschrauben.

● Obere Schlauchschelle der Kurzschlußleitung lösen.

- Oberen Kühlmittelschlauch –1– und Entlüftungsschlauch –2– am Deckel des Kühlmittelreglergehäuses –Pfeil– abziehen.
- Keilriemen ausbauen, Generator abschrauben, siehe Seite 244.
- Zylinderkopfdeckel ausbauen, siehe Seite 20.
- Motor auf Zünd-OT des 1. Zylinders stellen. Dazu Getriebe in Leerlaufstellung bringen, Handbremse anziehen. Kurbelwelle mit Umschaltknarre und Steckschlüsseleinsatz SW 27 an der Zentralschraube der Kurbelwellen-Riemenscheibe in Motordrehrichtung, also im Uhrzeigersinn, durchdrehen bis die folgenden Markierungen übereinstimmen.

Achtung: Nicht an der Befestigungsschraube des Nockenwellenrades drehen. Kurbelwelle nicht rückwärts drehen, weil sonst der Druckbolzen des Rasten-Kettenspanners nach vorne springen kann.

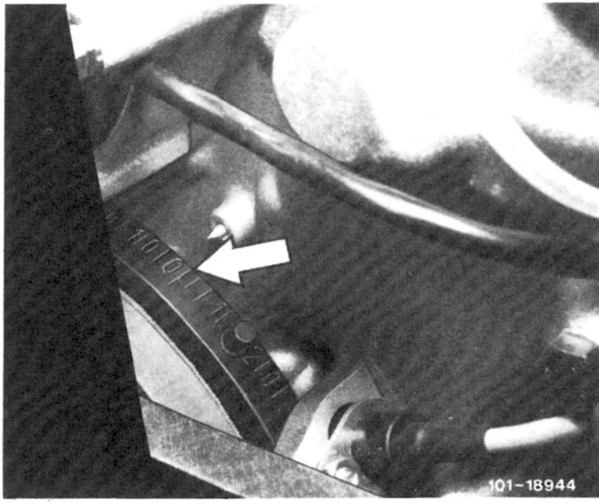

- Die OT-Markierung auf der Kurbelwellen-Riemenscheibe muß sich unterhalb des Zeigers –Pfeil– befinden, siehe Seite 55.

- Gleichzeitig muß die Kerbe im Bund der Nockenwelle mit der Kante am Zylinderkopf fluchten.

Achtung: Wenn die Kerbe am Nockenwellenbund nicht zu sehen ist, während die Riemenscheibe auf OT steht, dann Kurbelwelle um eine volle Umdrehung weiterdrehen. Lassen sich die Markierungen an Nockenwelle und Riemenscheibe nicht gleichzeitig in Übereinstimmung bringen, Motor so verdrehen, daß die Markierung am Nockenwellenbund mit dem Zylinderkopf fluchtet und dann die Stellung der Riemenscheibe zum Zeiger prüfen. Steht die Riemenscheibe 6° oder mehr versetzt zum Bezugszeiger, müssen die Steuerzeiten neu eingestellt werden (Werkstattarbeit). Bei weniger als 6° Kurbelwinkel Motor in dieser Stellung belassen.

- Kettenspanner ausbauen, siehe Seite 18.

Achtung: Die Verschlußmutter steht unter Druck. Darauf achten, daß die Druckfeder nicht herausspringt.

- Stellung von Nockenwellenrad und Steuerkette zueinander kennzeichnen. Mit Reißnadel Strich über Kette und Rad ziehen oder Farbklecks anbringen, damit beim Zusammenbau die Kette an gleicher Stelle auf dem Zahnrad montiert werden kann.
- Befestigungsschraube –Pfeil– herausdrehen. Dabei Nockenwelle hinten am Zweikant mit Gabelschlüssel (SW 24 mm) gegenhalten.

Achtung: Bei Fahrzeugen mit Niveauregulierung Mitnehmerhülse und Nockenwellenrad mit Innensechskantschlüssel lösen. Mitnehmerscheibe herausnehmen.

- Nockenwellenrad abnehmen. Darauf achten, daß die Scheibenfeder nicht in das Steuergehäuse fällt.

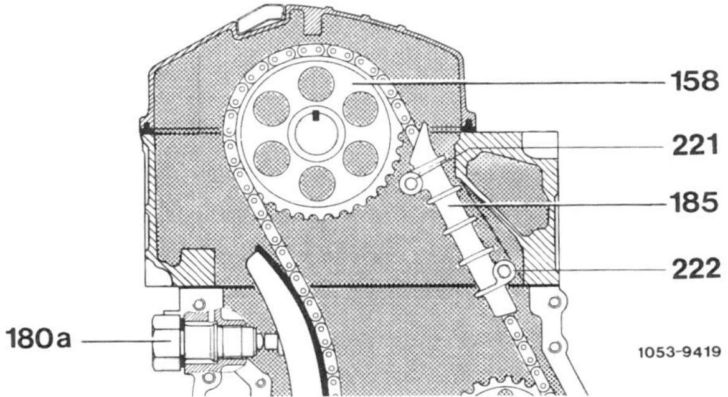

- Zwei Bolzen –221– und –222– mit Schlagauszieher und M6-Gewindebolzen herausschlagen.
- Steht das Ausziehwerkzeug nicht zur Verfügung, kann der Bolzen auch mit Hilfe einer 10er-Nuß (Länge des Vierkants = ½ Zoll) und einer M6-Schraube (ca. 3fache Nußlänge) mit Kontermutter herausgezogen werden. Dazu Kontermutter auf die M6-Schraube aufschrauben und eine Unterlegscheibe über die Schraube schieben. 10er-Nuß über dem Bolzen ansetzen, M6-Schraube in das Gewinde des Bolzens einschrauben und Kontermutter an der Nuß zur Anlage bringen. Die Unterlegscheibe dient zur Verbesserung der Anlagefläche. Schraubenkopf mit einem Ringschlüssel festhalten, gleichzeitig Kontermutter mit einem Maulschlüssel gegen die Nuß drehen und dadurch den Bolzen herausziehen.

Achtung: Der Bolzen sitzt unter Umständen sehr fest. Deshalb nur einwandfreies Werkzeug verwenden. Schraube ganz in das Gewinde des Bolzens reindrehen, gegebenenfalls Gewinde vorher reinigen.

- Gleitschiene –185– für Steuerkette herausnehmen. Weitere abgebildete Teile: 158 – Nockenwellen-Zahnrad, 180a – Kettenspanner.

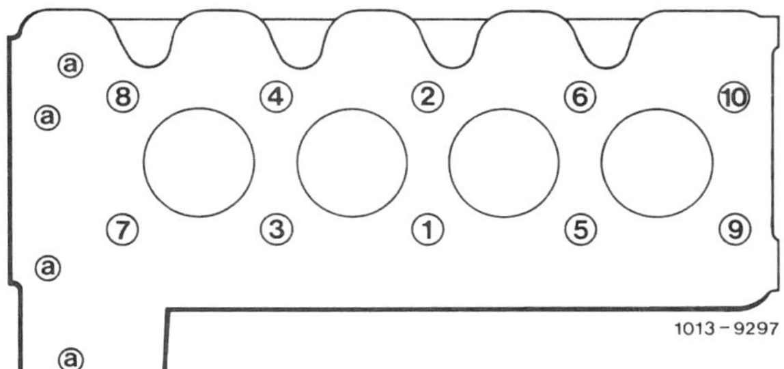

- Zylinderkopfschrauben in umgekehrter Reihenfolge der Numerierung, also von 10 nach 1, herausdrehen. Hierfür wird ein Innenvielzahn-Schlüsseleinsatz benötigt (z. B. HAZET 990 SLg-12).

- 4 Innensechskantschrauben –Pfeile– herausdrehen (z. B. mit HAZET-Innensechskant-Steckschlüsseleinsatz 986 SLg-6).
- Zylinderkopf abheben. Der Zylinderkopf kann auch mit einem Werkstattkran abgehoben werden, dazu entsprechendes Seil oder Kette in die Aufhängeösen einhängen.
- Druckbolzen des Kettenspanners nach vorn (zum Kettenkasten) aus dem Kettenspannergehäuse herausziehen.

Einbau

Achtung: Beim 2,3-l-Motor muß vor dem Einbau das Kernloch auf der Ansaugseite des Zylinderkopfes zwischen dem Ansaugkanal für Zylinder 2 und 3 mit einem Blechdeckel (∅ 25 mm) verschlossen werden. Bei offenem Kanal kann Kühlmittel in die Zylinder laufen. Beim Vergasermotor bleibt das Kernloch offen. Es dient zur Kühlmittelzufuhr für die Vergaserheizung. Kernlochdeckel einbauen, siehe Seite 17.

Vor dem Einbau Zylinderkopf und Zylinderblock mit geeignetem Schaber von Dichtungsresten freimachen. **Darauf achten, daß keine Dichtungsreste in die Bohrungen fallen.** Bohrungen mit Lappen verschließen.

- Zylinderkopf und Motorblock mit Stahllineal in Längs- und Querrichtung auf Planheit prüfen, gegebenenfalls nacharbeiten (Werkstattarbeit).
- Zylinderkopf auf Risse, Zylinderlauffläche auf Riefen überprüfen.
- Bohrungen der Zylinderkopfschrauben sorgfältig von Öl und anderen Rückständen reinigen.
- Zylinderkopfdichtung grundsätzlich ersetzen.
- Neue Dichtung ohne Dichtmittel so auflegen, daß keine Bohrungen verdeckt werden.
- Vor Aufsetzen des Zylinderkopfes prüfen, ob sich die Nockenwelle in OT-Stellung befindet, siehe unter Ausbau.
- Zylinderkopf aufsetzen. **Achtung:** Der Zylinderkopf wird durch Paßstifte im Zylinderblock zentriert.
- Länge der Zylinderkopfschrauben ab Unterkante Schraubenkopf messen. **Die Länge im Neuzustand beträgt 119 mm.** Bei einer Länge von **122 mm** sind die Kopfschrauben auf jeden Fall zu **ersetzen.**

- Zylinderkopfschrauben am Gewinde und an der Kopfauflagefläche einölen, einsetzen und handfest anziehen.

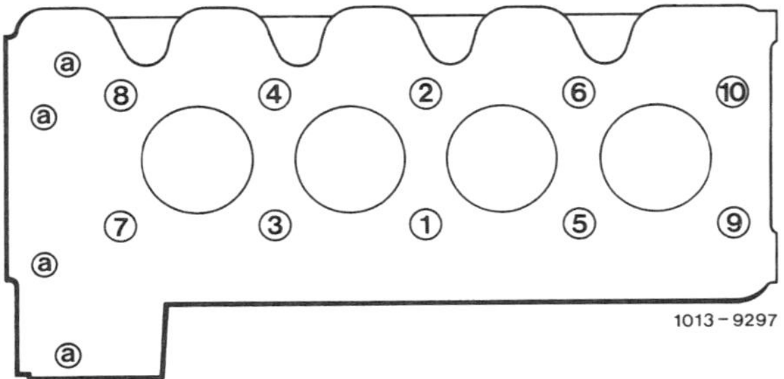

- Zylinderkopfschrauben gemäß der Reihenfolge von 1 bis 10 in **drei Stufen** anziehen.

Achtung: Das Anziehen der Zylinderkopfschrauben ist mit größter Sorgfalt durchzuführen. Vor dem Anziehen der Schrauben sollte der Drehmomentschlüssel auf seine Genauigkeit überprüft werden.

- Beim Anziehen zuerst Zylinderkopfschrauben der Reihe nach – von 1 bis 10 – mit Drehmomentschlüssel und **55 Nm** festziehen. In der **2. Stufe** alle Schrauben von 1 bis 10 mit einem **starren Schlüssel um 90° weiterdrehen.** In der **3. Stufe** Zylinderkopfschrauben von 1 bis 10 mit **starrem Schlüssel um 90° weiterdrehen.**

Achtung: Zum Anziehen der Zylinderkopfschrauben wird eine Winkelscheibe, zum Beispiel Hazet 6690, benötigt. Oder Schlüsselgriff längs zum Motor ansetzen und in einem Zug drehen, bis der Griff quer zum Motor steht.

- Die vier Innensechskantschrauben –a– mit **25 Nm** anziehen.
- Gleitschiene in Zylinderkopf einsetzen und Haltebolzen einschlagen.
- Prüfen ob die Steuerkette einwandfrei in die Zähne von Kurbelwellen- und Zwischenwellenrad eingreift.
- Nockenwellenrad in die Steuerkette so einsetzen, daß die angebrachten Markierungen übereinstimmen.
- Falls herausgenommen, Scheibenfeder in den Nockenwellenflansch einsetzen.
- Nockenwellenrad auf Nockenwelle schieben, der breite Bund des Rades zeigt dabei zur Nockenwelle.

- Befestigungsschraube für Nockenwellenrad mit **80 Nm** festziehen, dabei am Zweikant der Nockenwelle mit Gabelschlüssel gegenhalten.
- Bei Fahrzeugen mit Niveau-Regulierung vorher Mitnehmerhülse einsetzen und mit Innensechskantschraube befestigen.
- Kettenspanner einbauen, siehe Seite 18.
- Zünd-OT-Stellung von Kurbelwelle und Nockenwelle überprüfen, siehe unter Ausbau.

Achtung: Die Markierungen müssen zumindest soweit übereinstimmen wie vor dem Ausbau, sonst können beim Durchdrehen des Motors Kolben und/oder Ventile beschädigt werden.

- Zylinderkopfdeckel einbauen, siehe Seite 20.
- Keilriemen einbauen und spannen, siehe Seite 38.
- Kühlmittel- sowie Entlüftungsschlauch am Kühlmittelreglergehäuse aufschieben und mit Schellen sichern.
- Obere Schlauchschelle der Kurzschlußleitung befestigen.
- Steuerdruck-Bowdenzug durch Halter einführen und am Kugelgelenk aufschieben. Sicherung beziehungsweise Plastikclip aufdrücken.
- Bei Fahrzeugen mit Klimaanlage: Halter für Rohrgruppe und Kältemittel-Saugleitung anschrauben.
- Führungsrohr für Ölmeßstab anschrauben, Meßstab einsetzen.
- Befestigungsschraube für Saugrohrstütze anschrauben.
- Gaszug einhängen und einstellen, siehe Seite 84, 124.
- Rückzugfeder für Betätigungshebel einhängen.
- Sämtliche Kühlmittel-, Kraftstoff- und Unterdruckschläuche aufschieben und mit Schellen sichern.
- Elektrische Leitungen entsprechend der angebrachten Markierungen aufschieben.
- Vorderes Abgasrohr an Abgaskrümmer anschrauben.
- Bei Fahrzeugen mit Niveau-Regulierung: Druckölpumpe mit 13 Nm anschrauben.
- Batterie-Massekabel anklemmen.
- Luftfilter einbauen, siehe Seite 107, 125.
- Kühlmittel auffüllen, siehe Seite 79.
- Grüne Steuerleitung am TSZ-Schaltgerät aufschieben.
- Motor auf Betriebstemperatur bringen und sämtliche Anschlüsse auf Dichtheit überprüfen.

Achtung: Ein Nachziehen der Zylinderkopfschrauben und Einstellen des Ventilspiels bei betriebswarmem Motor ist nicht erforderlich.

Ausbau 6-Zylinder-Motor (2-Ventiler, M103)

Bei einem neuen Zylinderkopf vor dem Einbau Anschlußrohr für den Kühlmittel-Rücklauf in den Kopf einpressen. Anschlußrohr dabei mit Dichtmasse Loctite 648 15 mm tief in die Paßbohrung des Zylinderkopfes einpressen.

- Verteilerläufer abschrauben und Mitnehmer abziehen, siehe Seite 55.

- Befestigungsschrauben für Verschlußdeckel –6– herausdrehen und Deckel mit Plastikhammer –Pfeil– vorsichtig abklopfen. **Achtung:** Radialdichtring –7– dabei nicht beschädigen.
- Nockenwellenrad mit 3 Schrauben abschrauben.

- Gleitschienenbolzen mit Schlagauszieher oder geeignetem Werkzeug ausziehen.

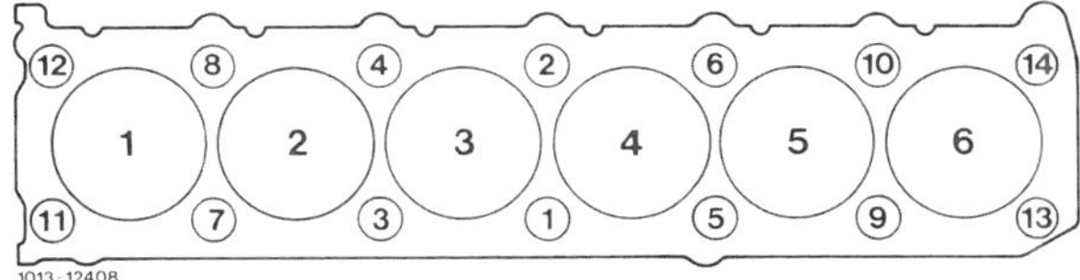

- Zylinderkopfschrauben in umgekehrter Reihenfolge der Numerierung, also von 14 nach 1, herausdrehen. Hierfür wird ein Innenvielzahn-Schlüsseleinsatz benötigt (z.B. HAZET 990 SLg-12). Der Zylinder 1 befindet sich an der „Lüfter"-Seite des Motors.

Einbau

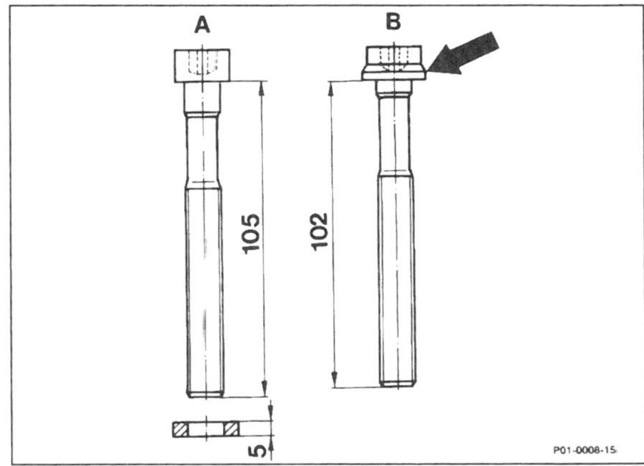

- Länge der Zylinderkopfschrauben –A– messen. Die Länge bis zum Schraubenkopf beträgt im Neuzustand 105 mm. Wenn sie größer als 108,4 mm ist, Zylinderkopfschrauben erneuern. Diese Zylinderkopfschrauben werden mit 5 mm starken Unterlegscheiben eingebaut.

Achtung: Von 11.88 bis 2.89 wurden geänderte Zylinderkopfschrauben –B– eingebaut. Sie haben eine Länge bis zum Schraubenkopf von 102 mm und werden ohne Unterlegscheiben eingebaut. Diese Schrauben müssen ersetzt werden, wenn die Länge über 105 mm liegt.

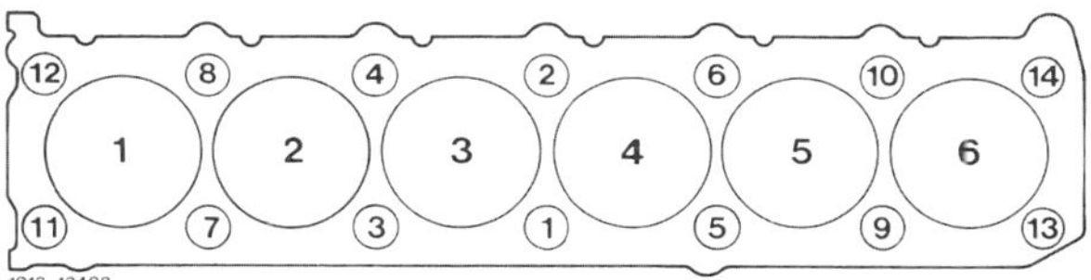

- Zylinderkopfschrauben gemäß der Reihenfolge von 1 bis 14 in **drei Stufen** anziehen.

Achtung: Das Anziehen der Zylinderkopfschrauben ist mit größter Sorgfalt durchzuführen. Vor dem Anziehen der Schrauben sollte der Drehmomentschlüssel auf seine Genauigkeit überprüft werden.

- Beim Anziehen zuerst Zylinderkopfschrauben der Reihe nach – von 1 bis 14 – mit Drehmomentschlüssel und **70 Nm** festziehen. In der **2. Stufe** alle Schrauben von 1 bis 14 mit einem **starren Schlüssel um 90° weiterdrehen.** In der **3. Stufe** Zylinderkopfschrauben von 1 bis 14 mit **starrem Schlüssel um 90° weiterdrehen.**

Achtung: Zum Anziehen der Zylinderkopfschrauben wird eine Winkelscheibe, zum Beispiel Hazet 6690, benötigt. Oder Schlüsselgriff längs zum Motor ansetzen und in einem Zug drehen, bis der Griff quer zum Motor steht.

- Nockenwellenrad an Nockenwelle anschrauben. Es gibt 2 Ausführungen: M6-Gewinde mit **10 Nm** und M7-Gewinde mit **16 Nm** anziehen.
- Verschlußdeckel vorn am Zylinderkopf mit 22 Nm anschrauben.
- Verteilerfinger einbauen, siehe Seite 55.

Ausbau 6-Zylinder-Motor (4-Ventiler, M104)

- Luftfilter ausbauen, siehe Seite 125.
- Kühlmittel ablassen, auch am Kurbelgehäuse, siehe Seite 79.
- Kühlmittel- und Heizungsschläuche am Zylinderkopf abziehen, vorher Schlauchschellen lösen.
- Batterie-Massekabel (–) abklemmen. **Achtung:** Beim Abklemmen der Batterie erlischt Radio-Diebstahlcodierung. Siehe Hinweise „Batterieausbau".

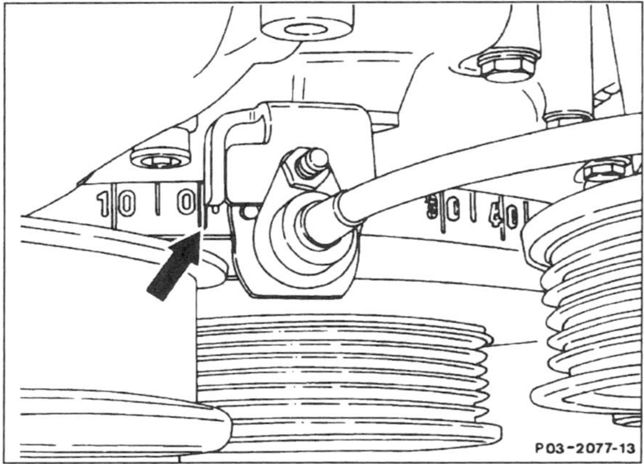
P03-2077-13

- Motor auf Zünd-OT des 1. Zylinders stellen. Dazu Getriebe in Leerlaufstellung bringen, Handbremse anziehen. Kurbelwelle mit Umschaltknarre und Steckschlüsseleinsatz SW 27 an der Zentralschraube der Kurbelwellen-Riemenscheibe in Motordrehrichtung, also im Uhrzeigersinn, durchdrehen bis die Markierungen übereinstimmen, siehe Abbildung.
- Sicherungslasche am Lüfterhaubenring (Verkleidung um den Kühlerlüfter) herausziehen. Verkleidung in aufgedruckter Pfeilrichtung „open" drehen und herausnehmen.
- Zylinderkopfhaube ausbauen, siehe Seite 20.
- Hochspannungsverteiler abschrauben, abnehmen und Zündkerzenstecker abziehen.
- Schutzdeckel und Dichtring am Verteiler abnehmen.
- Kettenspanner ausbauen, siehe Seite 18.

Achtung: Der Kettenspanner muß ausgebaut werden, da beim Herausnehmen der oberen Gleitschiene der Kettenspanner automatisch eine Raste nachspannen würde. Dies würde zu einer Überspannung der Steuerkette führen.

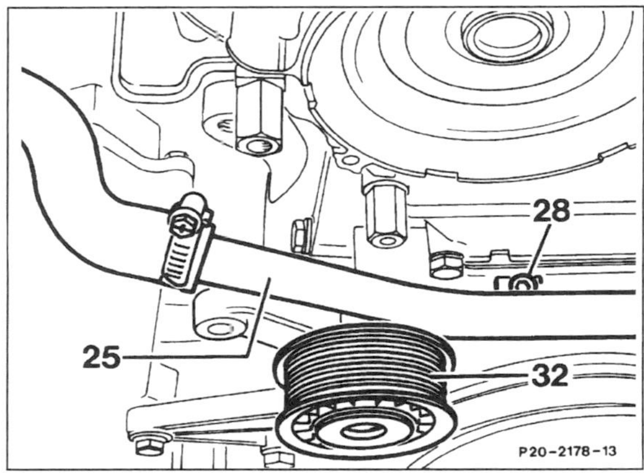

P20-2178-13

- Falls vorhanden, Heißwasser-Rücklaufleitung –25– vom Abschlußdeckel –28– abschrauben. 32 – Umlenkrolle.
- Steckverbindungen am Nockenwellen-Positionsgeber abziehen.

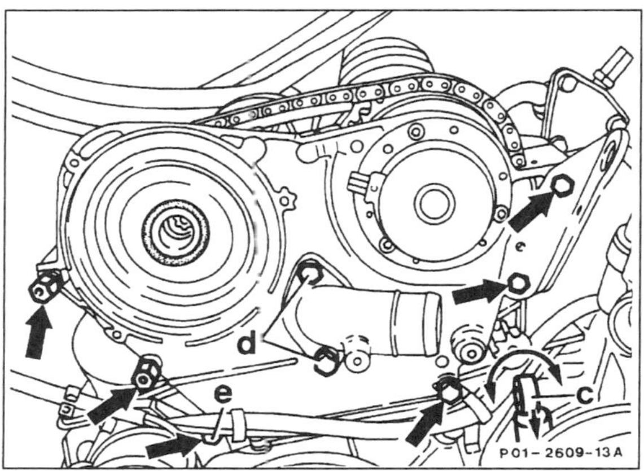

P01-2609-13A

- Spannrollen-Stoßdämpfer –c– vom vorderen Deckel abschrauben und nach unten drücken und drehen. Beilegscheibe beachten, beim Wiedereinbau nicht vergessen.
- Schrauben –Pfeile– für vorderen Deckel herausdrehen, Deckel mit Schraube –e– abnehmen.
- Falls vorhanden, Schrauben –d– für Kühlmittelrücklauf abschrauben.

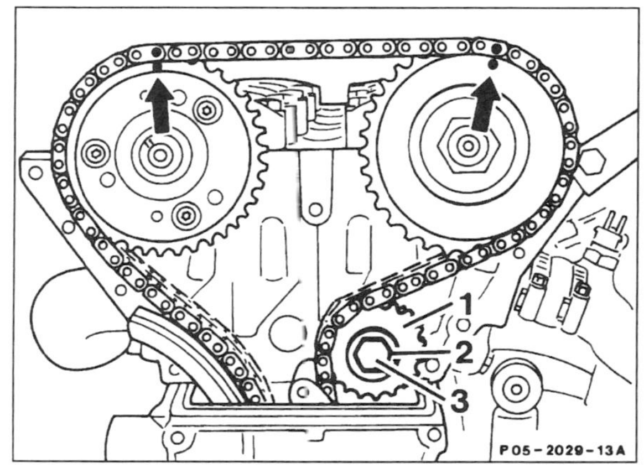

P05-2029-13A

- Stellung der Nockenwellenräder zur Steuerkette mit Filzstift oder Farbe markieren.
- Falls vorhanden, Schraube –3– für Umlenkrad –1– lösen. **Achtung:** Die Schraube hat Linksgewinde, also rechtsherum aufschrauben. Teile zusammen mit Lagerkörper –2– abnehmen.

- Gleitschienenbolzen mit Schlagauszieher oder geeignetem Werkzeug ausziehen.
- Anker am Nockenwellenversteller abschrauben.
- Steuerkette von den Nockenwellenrädern abnehmen.
- Motorleitungssatz abmontieren, dazu alle Kabelbinder des Motorleitungssatzes lösen und sämtliche Steckverbindungen abziehen.
- Falls vorhanden, Tempomatgestänge aushängen.

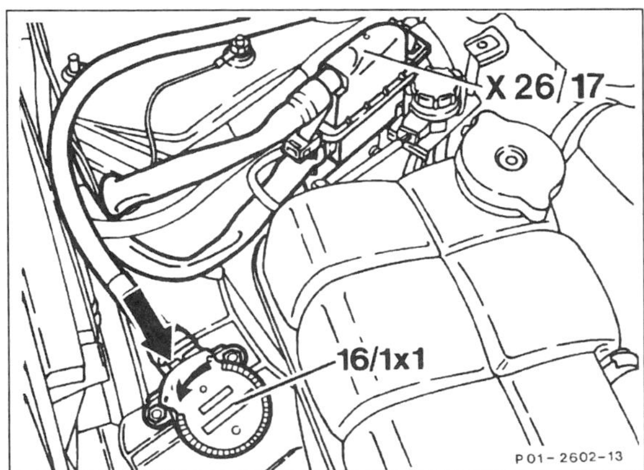

- Steckverbindung Motortrennstelle (X26/17) abziehen. Steckverbindung für Stellglied des elektronischen Fahrpedals (16/1x1) abziehen, dazu Sperrklinke –Pfeil– drücken. Dabei verdreht sich der Stecker mittels einer Spiralfeder um 90°. Motorleitungssätze aus dem Kabelkanal herausnehmen.
- Vorderes Abgasrohr am Abgaskrümmer abschrauben.

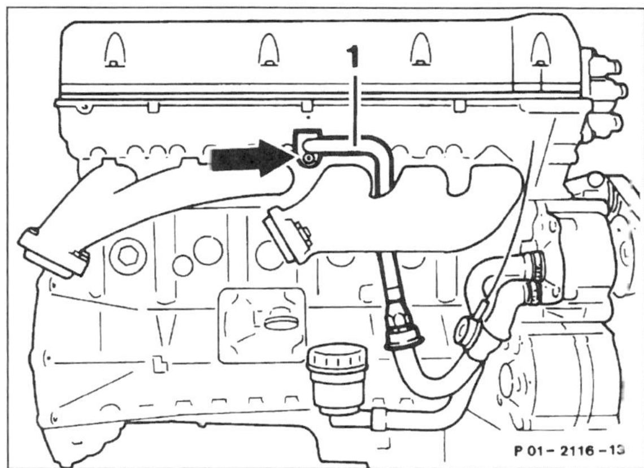

- Lufteinblaseleitung –1– am Zylinderkopf abschrauben.

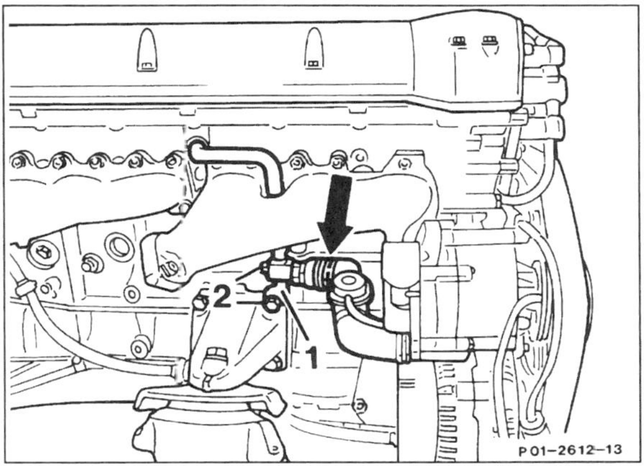

- Schlauch am Rückschlagventil der Lufteinblaseleitung abziehen –Pfeil–, Halter –1– abschrauben.

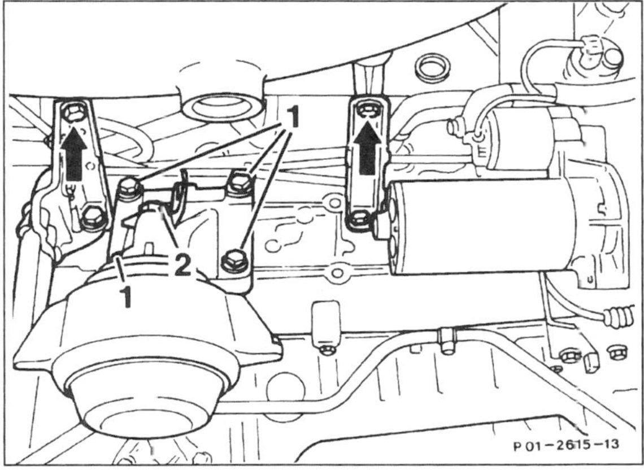

- Halter für Ölmeßstabführungsrohr und Saugrohrabstützung –Pfe le– abschrauben.

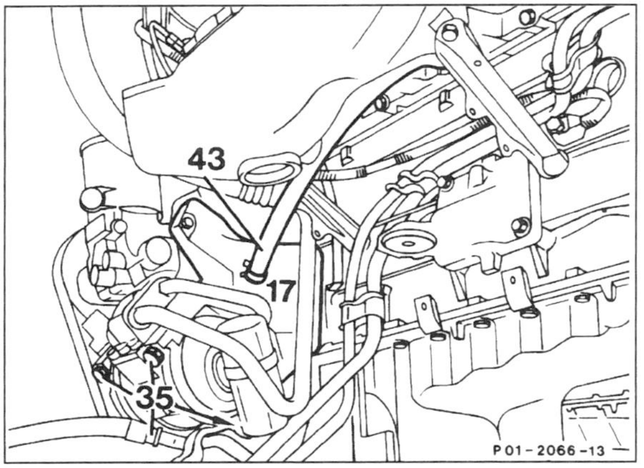

- Leitung –43– der Kurbelgehäusebelüftung am Kombiträger –17– abziehen.

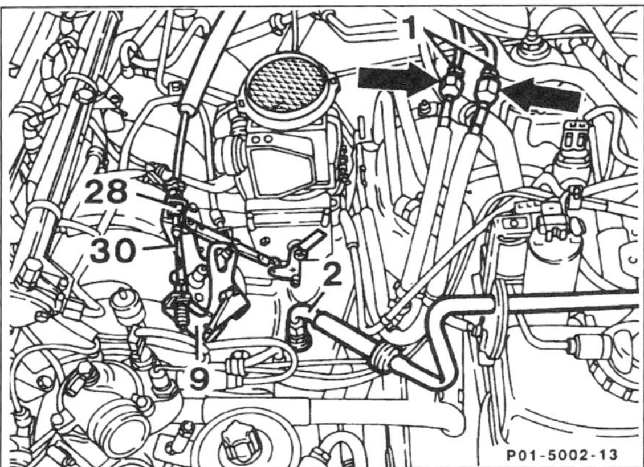

- Tankverschluß kurz öffnen, damit der Überdruck abgebaut wird. Dann Kraftstoffleitungen –Pfeile– abschrauben. Dabei Anschlußstutzen –1– gegenhalten.
- Unterdruckleitung –2– am Ansaugkrümmer abschrauben.
- Gaszug –30– am Drosselklappenstutzen aushängen. Kunststoffclips –28– dabei zusammendrücken, siehe Seite 124.
- Bei automatischem Getriebe: Ölmeßstabführungsrohr am Zylinderkopf hinten abschrauben.

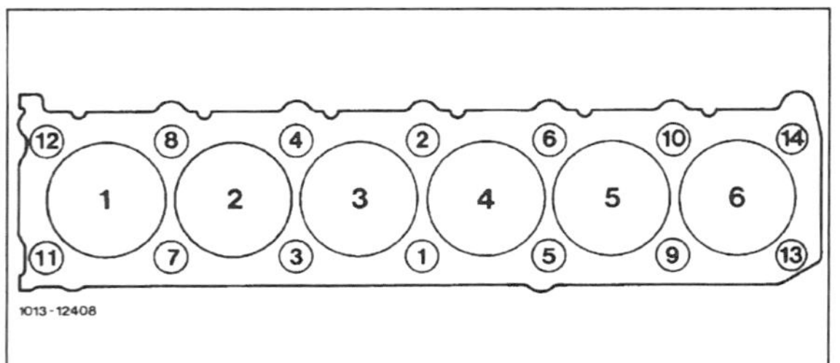

- Zylinderkopfschrauben in umgekehrter Reihenfolge der Numerierung, also von 14 nach 1, herausdrehen. Hierfür wird ein Innenvielzahn-Schlüsseleinsatz benötigt (z.B. HAZET 990 SLg-12). Der Zylinder 1 befindet sich an der „Lüfter"-Seite des Motors.

- Zylinderkopf abheben. Der Zylinderkopf kann auch mit einem Werkstattkran abgehoben werden, dazu entsprechendes Seil oder Kette in die Aufhängeösen einhängen.

Einbau

Vor dem Einbau Zylinderkopf und Zylinderblock mit geeignetem Schaber von Dichtungsresten freimachen. **Darauf achten, daß keine Dichtungsreste in die Bohrungen fallen.** Bohrungen mit Lappen verschließen.

- Zylinderkopf und Motorblock mit Stahllineal in Längs- und Querrichtung auf Planheit prüfen, gegebenenfalls nacharbeiten (Werkstattarbeit).
- Zylinderkopf auf Risse, Zylinderlauffläche auf Riefen überprüfen.
- Bohrungen der Zylinderkopfschrauben sorgfältig von Öl und anderen Rückständen reinigen.
- Zylinderkopfdichtung grundsätzlich ersetzen.
- Neue Dichtung ohne Dichtmittel so auflegen, daß keine Bohrungen verdeckt werden.

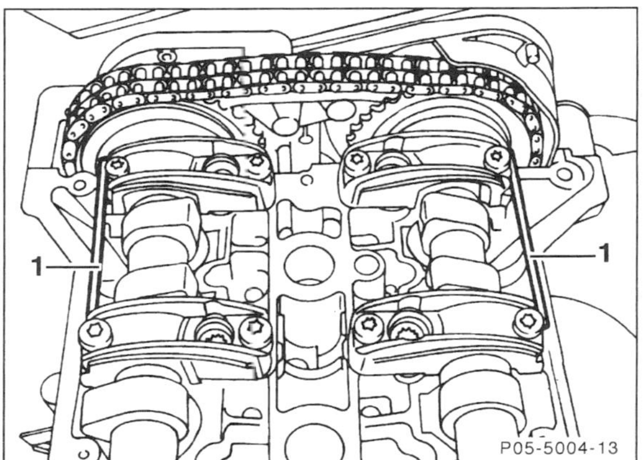

- Vor Aufsetzen des Zylinderkopfes prüfen, ob sich die Nockenwellen in OT-Stellung befinden. In dieser Stellung lassen sich Stifte –1– von 4 mm ∅ direkt oberhalb der Zylinderkopf-Oberkante in die Nockenwellenräder-Flansche einsetzen. Auch die Kurbelwelle muß sich noch in OT-Stellung befinden, siehe Abbildung unter „Ausbau".
- Zylinderkopf aufsetzen. **Achtung:** Der Zylinderkopf wird durch Paßstifte im Zylinderblock zentriert.
- Länge der Zylinderkopfschrauben ab Unterkante Schraubenkopf messen. **Die Länge im Neuzustand beträgt 160 mm.** Bei einer Länge von **162,7 mm** sind die Kopfschrauben auf jeden Fall zu **ersetzen.**
- Zylinderkopfschrauben am Gewinde und an der Kopfauflagefläche einölen, einsetzen und handfest anziehen.

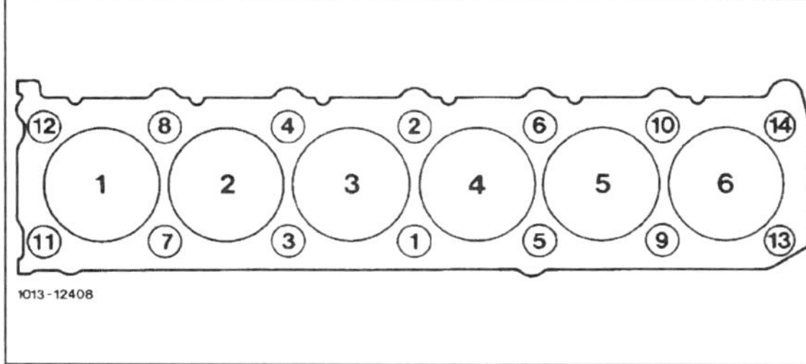

- Zylinderkopfschrauben gemäß der Reihenfolge von 1 bis 14 in **drei Stufen** anziehen.

Achtung: Das Anziehen der Zylinderkopfschrauben ist mit größter Sorgfalt durchzuführen. Vor dem Anziehen der Schrauben sollte der Drehmomentschlüssel auf seine Genauigkeit überprüft werden.

- Beim Anziehen zuerst Zylinderkopfschrauben der Reihe nach – von 1 bis 14 – mit Drehmomentschlüssel und **55 Nm** festziehen. In der **2. Stufe** alle Schrauben von 1 bis 14 mit einem **starren Schlüssel um 90° weiterdrehen.** In der **3. Stufe** Zylinderkopfschrauben von 1 bis 14 mit **starrem Schlüssel um 90° weiterdrehen.**

Achtung: Zum Anziehen der Zylinderkopfschrauben wird eine Winkelscheibe, zum Beispiel Hazet 6690, benötigt. Oder Schlüsselgriff längs zum Motor ansetzen und in einem Zug drehen, bis der Griff quer zum Motor steht.

- Steuerkette auf die Nockenwellenräder auflegen, beim Ausbau angebrachte Farbmarkierungen beachten.
- Stifte 4 mm ∅ aus den Nockenwellenflanschen herausziehen.

Achtung: Die folgenden Punkte beziehen sich auf die Abbildungen unter „Ausbau“.

- Kühlmittelschlauch zur Kühlmittelpumpe aufstecken und mit Schlauchband sichern.
- Gaszug anklemmen und einstellen, siehe Seite 124.
- Tempomatgestänge, falls vorhanden, anschließen.
- Automatisches Getriebe: Ölmeßstabführungsrohr hinten am Zylinderkopf anschrauben.
- Kraftstoff-Hin- und -Rückleitung zusammenschrauben, dabei Anschlüsse nicht vertauschen.
- Unterdruckleitung für Bremskraftverstärker am Saugrohr anschrauben.
- Kurbelgehäusebelüftungsleitung am Kombiträger aufstecken und mit Schlauchschelle sichern.
- Halter für Ölmeßstabführungsrohr und Saugrohrabstützung anschrauben.
- Lufteinblaseleitung mit Anschlußschlauch am Zylinderkopf montieren. Neuen Dichtring zwischen Zylinderkopf und Leitung verwenden.
- Elektrische Anschlußstecker für Motorleitungssatz wieder aufstecken und im Kabelkanal verlegen. Kabelbinder anbringen.
- Anker am Nockenwellenversteller anschrauben.
- Falls vorhanden, Ketten-Umlenkrad mit Lagerkörper mit 35 Nm anschrauben (Linksgewinde).
- Gleitschienenbolzen in den Motorblock einsetzen, dabei muß das Gewinde zum Ausziehen nach außen zeigen.

- Zum Abdichten in die ölfreie Nut des Steuergehäusedeckels links und rechts am Stoß –Pfeile– zum Zylinderkopf jeweils punktförmig Dichtmittel, MERCEDES-Nr. 001 989 61 20, auftragen. Stattdessen kann auch ein anderes handelsübliches Dichtmittel verwendet werden, zum Beispiel „Omnifit FD 10“ oder „Curil“.
- Neue Dichtbeilage ohne zusätzliches Dichtmittel in die ölfreie Nut einlegen. Vorderen Deckel an den Auflageflächen zum Zylinderkopf mit Dichtmittel 002 989 00 20 10 bestreichen.

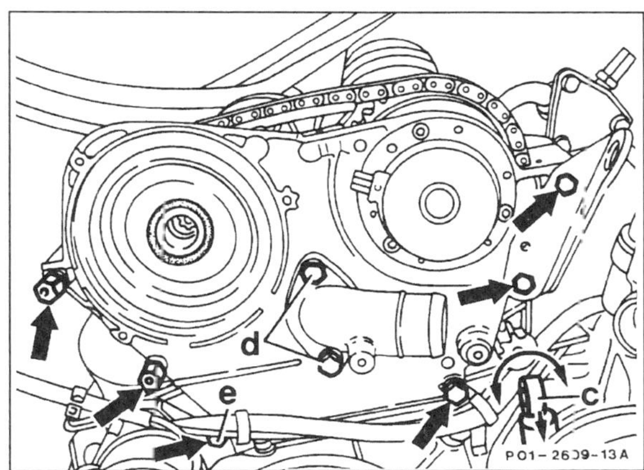

- Vorderen Deckel mit eingesteckter unterer Schraube –e– montieren. Die unteren Schrauben zuerst anziehen, Anzugsmoment 20 Nm.

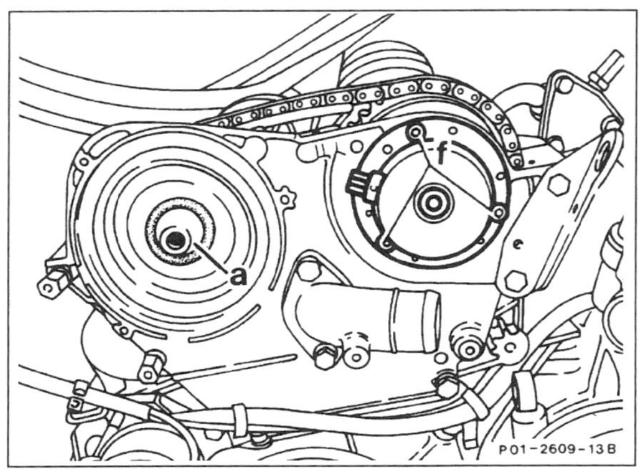

- Nockenwellen-Verstellvorrichtung anschrauben, Gewinde der Befestigungsschrauben –f– mit Dichtmittel, zum Beispiel Curil, abdichten.
- Radialdichtring mit Motoröl bestreichen und auf Nockenwelle schieben. Damit der Dichtring nicht von der Kante beschädigt wird, zuvor Tesaband um den Abschluß der Nockenwelle kleben und nach Anbringen des Dichtringes wieder entfernen. Die Fachwerkstatt benutzt stattdessen eine Einführhülse Ø 20 mm.
- Stoßdämpfer-Spannvorrichtung oben mit Beilage anschrauben.
- Falls ausgebaut, Kühlmittel-Rücklauf anschrauben.
- Elektrische Anschlußstecker an Positionsgeber und Nockenwellen-Verstellvorrichtung anschließen.
- Kettenspanner einbauen, siehe Seite 18.
- Lüfterhaubenring einsetzen, drehen und sichern.
- Zündkabel einstecken und Zylinderkopfhaube einbauen, siehe Seite 20.
- Luftfilter einbauen.
- Abgasrohr am Krümmer anschrauben, siehe Seite 130.
- Kühlmittelschläuche am Zylinderkopf anschließen und mit Schlauchschellen sichern.
- Kühlmittel auffüllen, siehe Seite 79.
- Batterie anklemmen.
- Motor warmlaufen lassen und sämtliche Anschlüsse auf Dichtigkeit prüfen.

Nockenwelle aus- und einbauen

2-Ventilmotoren: 4-Zylinder-Motor bis 8.92 (M102), 6-Zylinder-Motor (M103)

Achtung: Werden Teile der Ventilsteuerung wieder verwendet, müssen diese an gleicher Stelle wieder eingebaut werden. Damit keine Verwechselungen vorkommen, empfiehlt es sich ein entsprechendes Ablagebrett anzufertigen.

Die Nockenwelle wird bei eingebautem Zylinderkopf nach oben ausgebaut. Falls die Nockenwelle erneuert wird, müssen grundsätzlich auch die Kipphebel und Kipphebelachsen erneuert werden.

Ausbau

- Batterie- Masseband abklemmen.
- Luftfilter ausbauen, siehe Seite 95, 107, 122.
- Zylinderkopfdeckel ausbauen, siehe Seite 20.
- Grüne Steuerleitung am TSZ-Schaltgerät abziehen.
- Motor auf Zünd-OT des 1. Zylinders stellen, siehe Seite 55.
- Kettenspanner ausbauen, siehe Seite 18.
- Nockenwellenrad ausbauen, siehe Seite 22.
- Kipphebellagerböcke ausbauen, siehe Seite 33.
- Nockenwelle nach oben herausnehmen.

Anordnung 4-Zylinder-Motor

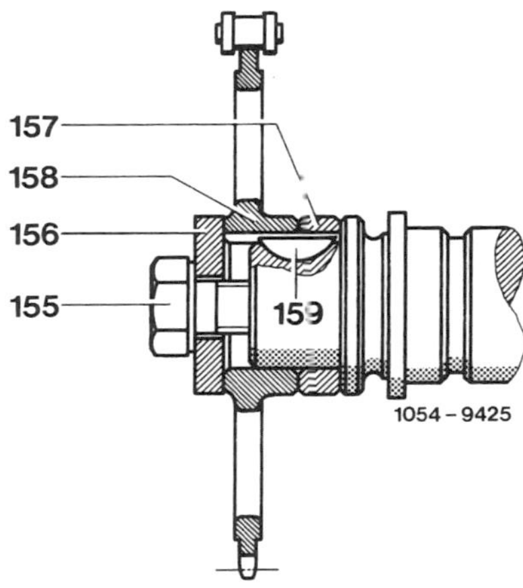

- Scheibenfeder –159– und Abstandsring –157– von der Nockenwelle abnehmen. 155 – Befestigungsschraube, 156 – Scheibe, 158 – Nockenwellen-Zahnrad.

Einbau

Achtung: Bei starker Riefenbildung können die Nockenwellenlager im Zylinderkopf und in den Kipphebellagerböcken um 0,5 mm aufgebohrt werden (Werkstattarbeit). Danach muß eine Nockenwelle mit Übermaß-Lagerzapfen eingebaut werden.

- Sämtliche Einbauteile sorgfältig mit Waschbenzin reinigen, Dichtflächen säubern.

- Nockenwelle mit Motoröl einölen und so einsetzen, daß die Markierung am Fixierbund mit der Kante am Zylinderkopf übereinstimmt –Pfeil–.

Achtung: Falls die Nockenwelle erneuert wird, müssen grundsätzlich auch die Kipphebel und Kipphebelachsen erneuert werden. Bei Lagerfressern oder starker Riefenbildung müssen die Nockenwelle und der Zylinderkopf mit Lagerböcken erneuert werden.

- Kipphebellagerböcke einbauen, siehe Seite 33.
- Scheibenfeder in Nockenwelle einsetzen und Abstandsring aufschieben.
- Nockenwellenrad einbauen, siehe Seite 22.
- Druckfeder mit Dichtring einsetzen und Kettenspanner-Verschlußmutter mit 70 Nm anschrauben.
- Zünd-OT-Stellung des Motors prüfen, siehe Seite 55.
- Zylinderkopfhaube einbauen, siehe Seite 20.
- Luftfilter einbauen, siehe Seite 95, 107, 122.
- Stecker am Schaltgerät aufschieben.
- Batterie-Masseband anklemmen.

Kipphebellagerböcke/Kipphebel aus- und einbauen

2-Ventilmotoren: 4-Zylinder-Motor bis 8.92 (M102), 6-Zylinder-Motor (M103)

Achtung: Die Kipphebellagerböcke dürfen untereinander nicht vertauscht werden.

Ausbau

- Luftfilter ausbauen, siehe Seite 95, 107, 122.
- Zylinderkopfhaube ausbauen, siehe Seite 20.
- Grüne Steuerleitung am TSZ-Schaltgerät abziehen.
- Motor auf Zünd-OT stellen. Die Markierung am Fixierbund der Nockenwelle muß gleichzeitig mit der Kante am Zylinderkopf übereinstimmen, siehe Seite 55.
- Kettenspanner-Verschlußmutter abschrauben. **Achtung:** Mutter steht unter Druck. Druckfeder nicht verlieren. Druckfeder und Dichtring abnehmen, siehe Seite 18.

Achtung: Sofern mindestens ein Kipphebellagerbock eingebaut bleibt, braucht das Nockenwellenrad nicht ausgebaut zu werden.

- Nockenwellenrad ausbauen, siehe Seite 22.

- Ölrohr abschrauben –Pfeile–.

- Befestigungsschrauben –81– herausdrehen und Kipphebellagerböcke –1, 2, 3 und 4, sowie 5 und 6 beim 6-Zylinder– abnehmen. Festsitzende Lagerböcke durch leichte Schläge mit Kunststoffhammer lösen.
- Lagerböcke zusammen mit Kipphebelachse und Kipphebeln herausnehmen.
- Kugelpfanne –210– herausnehmen, siehe Abbildung 1054-11663 auf Seite 37.

Achtung: Beim Abnehmen der Lagerböcke darauf achten, daß die Kugelpfannen nicht an den Ventilspielausgleichern hängenbleiben. Sie können sonst verloren gehen.

- Zum Ausbau der Kipphebel muß die Kipphebelachse herausgezogen werden. Dazu Schraube M8 in die Stirnseite der Kipphebelachse einschrauben und Achse herausziehen.

Einbau

Falls die Kipphebel erneuert werden, sind grundsätzlich auch die Kipphebelachsen und die Nockenwelle zu ersetzen.

An einem Motor darf nur **ein** Lagerbock erneuert werden, da sonst ein Klemmen der Nockenwelle nicht auszuschließen ist. Als Ersatzteil wird ausschließlich ein Kipphebellagerbock geliefert, bei dem die Nockenwellenlager-Halbbohrung um 0,05 mm größer ist. Dadurch wird ein Klemmen der Nockenwelle beim Erneuern des Lagerbockes vermieden.

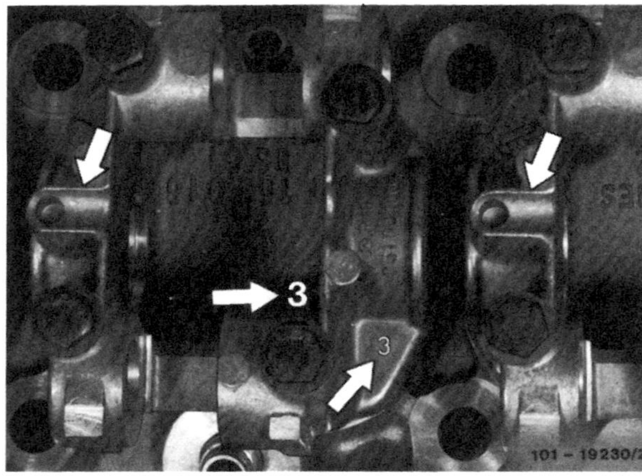

Achtung: Die Kipphebellagerböcke dürfen untereinander nicht vertauscht werden. Sie sind deshalb an der rechten Seite von vorne nach hinten mit den Zahlen 1, 2, 3 und 4 gekennzeichnet. Die Kennzeichnung des Lagerbockes muß mit der Zahl übereinstimmen, die am Zylinderkopf angegossen ist –Pfeile–. Werden die Lagerböcke ersetzt, müssen die entsprechenden Kennzahlen nach dem Einbau eingeschlagen werden.

Unterschiede der Kipphebellagerböcke:

Vorderer Lagerbock: Kennzahl 1, besitzt 2 Lagerstellen.
Mittlere Lagerböcke: Kennzahl 2 und 3, je 1 Lagerstelle.
Hinterer Lagerbock: Kennzahl 4, besitzt Anschlußbohrung für Ölrohr.

- Nockenwellen-Lagerzapfen mit Motoröl einölen.
- Kipphebel-Lagerböcke so einsetzen, daß die Auflageflächen für das Ölrohr nach hinten zeigen –Pfeile oben–. Die Kennzahlen der Lagerböcke müssen auf der rechten Seite (in Fahrtrichtung gesehen) stehen und die Zahlen mit denen am Zylinderkopf übereinstimmen. Die Lagerböcke werden durch je 2 Paßhülsen fixiert.
- Kipphebel und Kipphebelachsen einölen und in Lagerböcke einsetzen.
- Ölrohr ansetzen, Befestigungsschrauben –81 und 81a in Abbildung 105-19279/2– hineindrehen.

Achtung: Vor Einsetzen der Befestigungsschrauben für die Kipphebellagerböcke Kipphebelachse so drehen, daß die Halbbohrungen –Pfeil in Abbildung 105-19273– mit den Bohrungen in den Kipphebeln übereinstimmen. Die Halbbohrungen dienen zur Fixierung der Kipphebelachse durch die Schäfte der Befestigungsschrauben.

- Nockenwellenrad einbauen, siehe Seite 22.
- Befestigungsschrauben über Kreuz mit **21 Nm** festziehen.

Achtung: Die Befestigungsschrauben dürfen nur bei entlasteten Kipphebeln festgezogen werden. Entlastete Kipphebel lassen sich auf und ab bewegen, gegebenenfalls Kurbelwelle weiterdrehen.

- Druckfeder mit Dichtring einsetzen und Kettenspanner-Verschlußmutter mit 70 Nm anschrauben.
- Motor auf Zünd-OT stellen und Stellung der Nockenwelle überprüfen, siehe Seite 55.
- Zylinderkopfhaube einbauen, siehe Seite 20.
- Luftfilter einbauen, siehe Seite 95, 107, 122.
- Stecker am Schaltgerät aufschieben.

Ventilschaftabdichtungen ersetzen

2-Ventilmotoren: 4-Zylinder-Motor bis 8.92 (M102), 6-Zylinder-Motor (M103)

Hoher Ölverbrauch kann auf verschlissene Ventilschaftabdichtungen zurückzuführen sein. Die Ventilschaftabdichtungen können auch bei eingebautem Zylinderkopf ausgebaut werden. Allerdings wird dann Preßluft benötigt.

Ausbau

Achtung: Werden Teile der Ventilsteuerung wieder verwendet, müssen diese an gleicher Stelle wieder eingebaut werden. Damit keine Verwechselungen vorkommen, empfiehlt es sich, ein entsprechendes Ablagebrett anzufertigen.

- Luftfilter ausbauen, siehe Seite 95, 107, 122.
- Zylinderkopfhaube ausbauen, siehe Seite 20.
- Zündkerzen herausdrehen.

- Kolben des jeweiligen Zylinders in den Oberen Totpunkt (OT) bringen, siehe Seite 55.

Achtung: Wenn die OT-Markierung auf der Kurbelwellen-Riemenscheibe mit der Bezugsmarke übereinstimmt, steht der Kolben in Zylinder 1 und 4 im OT. Steht die 180° -Marke der Riemenscheibe der Bezugsmarke gegenüber, dann befinden sich die Kolben für Zylinder 2 und 3 im OT.

- Kipphebel und Kipphebellagerböcke ausbauen, siehe Seite 33.

- Abstützbock für Hebeldrücker anschrauben und Hebeldrücker einhängen.

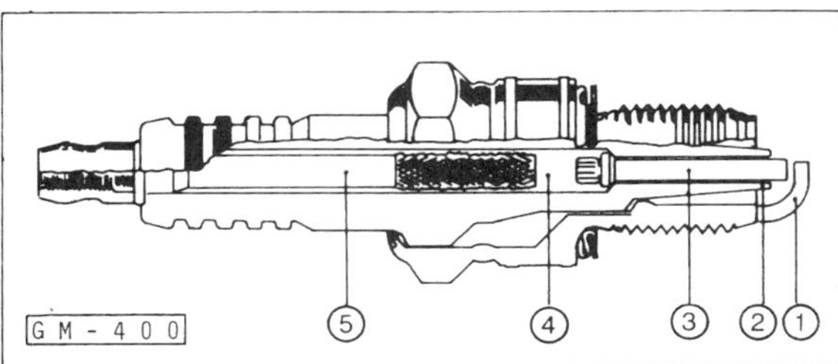

- An einer alten Zündkerze Masseelektrode –1– abkneifen. Keramik-Isolator –2– mit Schraubendreher abbrechen und Mittelelektrode –3– durch Hin- und Herbiegen abbrechen und herausnehmen. Rest der Mittelelektrode zusammen mit Glasschmelze –4– und Anschlußbolzen –5– mit geeignetem Durchschlag (ca. 3 mm) heraustreiben. Dabei Zündkerze in Schraubstock einspannen oder in entsprechendem Schraubendrehereinsatz (Stecknuß) einsetzen. **Achtung:** Das Gewinde der Zündkerze darf nicht beschädigt werden, um Folgeschäden an der Gewindebohrung im Zylinderkopf zu vermeiden.
- Zündkerze in den betreffenden Zylinder einschrauben und mit Druckluftschlauch verbinden.
- Über den Druckluftschlauch ständig mindestens 6 bar Überdruck in den Zylinder blasen.
- Hebeldrücker am Ventilfederteller ansetzen und Ventilfeder zusammendrücken.
- Ventilkegelstücke mit Magnetheber vom Ventilschaft abnehmen.

Achtung: Ventilfeder **nicht** ohne Druckluft ausbauen, sonst können Beschädigungen an Ventilen und Kolben entstehen.

- Ventilfederteller und Ventilfeder herausnehmen.
- Ventilschaft-Abdichtungen mit einem Schraubendreher abdrücken oder mit einer Zange abziehen. **Achtung:** Dabei Ventilschaft und Ventilführung nicht beschädigen.

- Ventilschaft an der Nut –Pfeil– mit feinem Schmirgelleinen entgraten.
- Ventilführungen im Anlagebereich der Ventilschaft-Abdichtungen auf Verschleiß prüfen. Falls kein fester Sitz der Ventilschaft-Abdichtungen mehr gewährleistet ist, Ventilführungen erneuern (Werkstattarbeit).

Einbau

- Eingeschlagene Ventilkegelstücke, Federteller und Druckringe erneuern.
- Ventilführungen, die an der Haltenut für die Ventilschaft-Abdichtung ausgeschlagen sind, müssen erneuert werden (Werkstattarbeit).

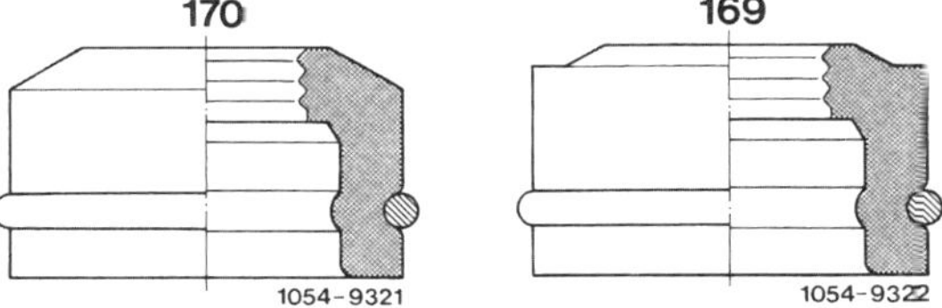

Achtung: Auslaß-Ventilschaft-Abdichtungen –170– und Einlaß-Ventilschaft-Abdichtungen –169– nicht verwechseln.

- Ventilschaft-Abdichtung einölen und von Hand aufdrücken.

Achtung: Bei der Montage der Einlaß-Ventilschaft-Abdichtung vorher Montagehülse auf den Ventilschaft setzen. Die Montagehülse liegt dem Reparatursatz bei. Beim Aufschieben ohne Montagehülse wird die Dichtlippe der Ventilschaft-Abdichtung beschädigt.

- Ventilfedern und Ventilfederteller einsetzen und spannen.
- Ventilkegelstücke einsetzen, Ventilfedern entspannen.
- Kipphebel und Kipphebellagerböcke einbauen, siehe Seite 33.

- Zylinderkopfhaube einbauen, siehe Seite 20.
- Zündkerzen einschrauben, Zündleitungen anschließen, siehe Seite 61.
- Luftfilter einbauen, siehe Seite 95, 107, 122.

Ventil aus- und einbauen

2-Ventilmotoren: 4-Zylinder-Motor bis 8.92 (M102), 6-Zylinder-Motor (M103)

Ausbau

Achtung: Werden Teile der Ventilsteuerung wieder verwendet, müssen diese an gleicher Stelle wieder eingebaut werden. Damit keine Verwechselungen vorkommen, empfiehlt es sich, ein entsprechendes Ablagebrett anzufertigen.

- Zylinderkopf ausbauen und auf 2 Holzleisten legen, siehe Seite 22.
- Ventilschaftabdichtungen ausbauen, siehe Seite 34.

Achtung: Zum Spannen der Ventilfedern kann auch ein handelsüblicher Ventilspanner eingesetzt werden. Je nach verwendetem Werkzeug müssen dann aber Kipphebel, Ansaug- bzw. Abgaskrümmer abgeschraubt werden.

- Ventile zur Brennraumseite aus Zylinderkopf herausziehen.

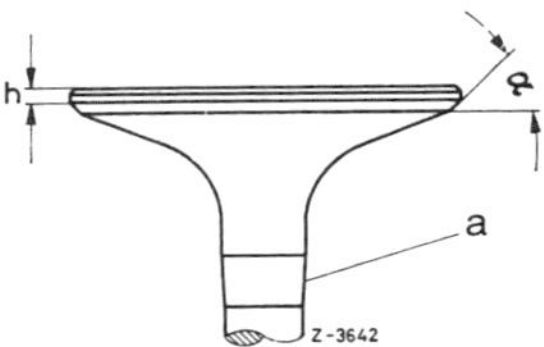

- Ventile reinigen. Ventile mit verbranntem Ventilteller, mit zu geringer Höhe –h– des Ventiltellers und mit abgenütztem oder riefigem Ventilschaft –a– sind zu erneuern.

Höhe –h– des Ventiltellers:

	Neu	Verschleißgrenze
Einlaßventil	**1,6 mm**	**1,0 mm**
Auslaßventil	**2,7 mm**	**2,0 mm**

- Die Werkstatt kann den Ventilschaft auf Schlag prüfen. Der zulässige Schlag darf nicht mehr als 0,03 mm betragen.

Achtung: Auslaßventile sind natriumgefüllt. Sie dürfen nicht eingeschmolzen oder als Werkzeug (z. B. Durchschlag) verwendet werden. Explosionsgefahr!

Einbau

Vor Einbau der Ventile Ventilführungen prüfen, eventuell Ventilsitze nacharbeiten, siehe Seite 37.

Achtung: Wird ein neues Ventil eingebaut, auf jeden Fall vorher Ventilsitz nacharbeiten.

- Ventilschaft an der Anlagefläche der Ventilkegelstücke entgraten.
- Ventilschaft und Ventilführung mit Motoröl leicht einölen und Ventil einsetzen.
- Ventilschaft-Abdichtung einbauen, siehe Seite 34.
- Ventilfeder einbauen, siehe Seite 34.
- Anschließend nächstes Ventil einbauen. Dabei Ein- und Auslaßventil nicht verwechseln.
- Zylinderkopf einbauen, siehe Seite 22.

Ventilführungen prüfen

Bei Instandsetzungsarbeiten von Zylinderköpfen mit undichten Ventilen genügt es nicht die Ventile und Ventilsitze zu bearbeiten beziehungsweise zu erneuern. Es ist außerdem dringend erforderlich, die Ventilführungen auf Verschleiß zu prüfen. Besonders wichtig ist die Prüfung an Motoren mit längerer Laufzeit. Verschlissene Ventilführungen gewährleisten keinen zentrischen Ventilsitz und führen zu hohem Ölverbrauch. Ist der Verschleiß zu groß, sind die Ventilführungen zu erneuern (Werkstattarbeit).

- Ventil ausbauen.

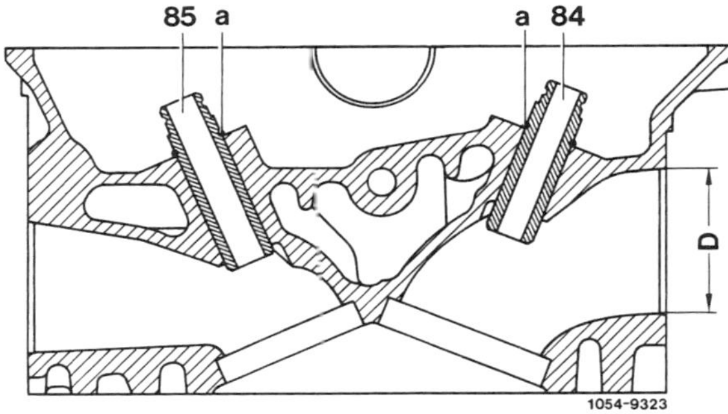

- Ventilführung –84, 85– mit einer Zylinderbürste (Ø ca. 20 mm) reinigen.
- Ventil von der Brennraumseite her in die Ventilführung einführen und Spiel durch seitliches Hin- und Herbewegen des Ventils prüfen. Die Ventilführung darf dabei kein spürbares Spiel aufweisen. –84– Ventilführung für Einlaßventil, –85– Ventilführung für Auslaßventil, –a– Sprengring.
- Gegebenenfalls Ventilführungen erneuern lassen (Werkstattarbeit).

Ventilsitz im Zylinderkopf nacharbeiten

Ventilsitze mit Verschleiß- oder Verbrennungsspuren können nachgearbeitet werden, solange die Korrekturwinkel und Sitzbreiten eingehalten werden. Andernfalls muß der Zylinderkopf ersetzt werden. Ventilsitzringe können mit den üblichen Werkstattmitteln erneuert werden. Für das Nacharbeiten wird ein Ventilsitz-Drehgerät benötigt. Diese Arbeiten sollte man von einer Werkstatt durchführen lassen.

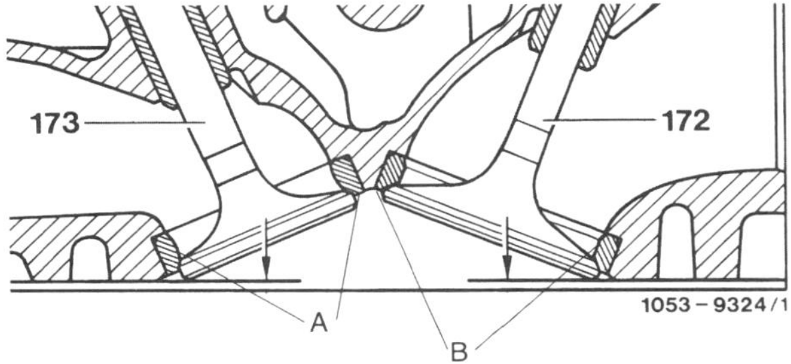

Ventilsitzring –A– für Auslaßventil –173–.
Ventilsitzring –B– für Einlaßventil –172–.

Der hydraulische Ventilspielausgleich

Normalerweise muß ein gewisses Ventilspiel vorhanden sein, um die unterschiedlichen Wärmeausdehnungen der einzelnen Bauteile im Ventiltrieb zu kompensieren. Wenn das nicht geschieht, kann es vorkommen, daß zum Beispiel bei warmem Motor ein Ventil aufgrund der Ausdehnung des Ventilschaftes nicht mehr richtig schließt. Dadurch verschlechtert sich die Motorleistung und Ventil sowie Ventilsitz können verbrennen.

Die hydraulischen Ventilspielausgleicher heben jegliches Ventilspiel auf und gleichen die Größenänderungen im Ventiltrieb durch Wärmeausdehnung und Verschleiß automatisch aus. Dadurch wird ebenfalls die Geräuschentwicklung im Ventiltrieb vermindert.

Durch die hydraulischen Ventilspielausgleicher entfällt das Einstellen des Ventilspiels.

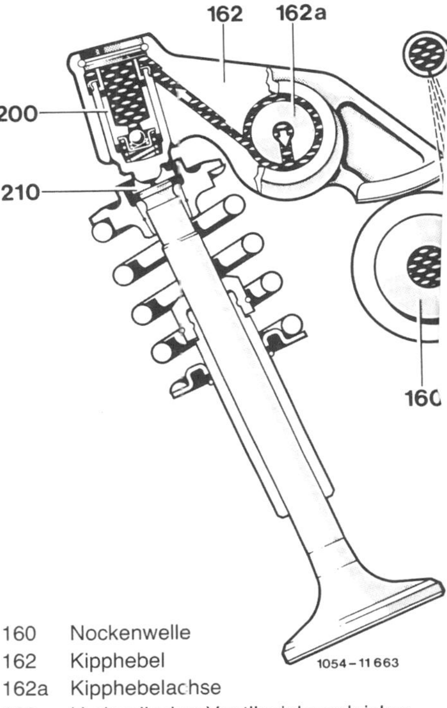

160 Nockenwelle
162 Kipphebel
162a Kipphebelachse
200 Hydraulischer Ventilspielausgleicher
210 Kugelpfanne
A Ölrohr

Die hydraulischen Ventilspielausgleicher sind in die eingebaut und betätigen direkt über die Kugelpfann tile.

Sie bestehen im wesentlichen aus dem Druckbolze Ölvorratsraum und der Führungshülse mit dem Art Vorratsraum und Arbeitsraum werden durch ein Kuge trennt.

Wenn sich die Nockenspitze der Nockenwelle bei la Motor vom Kipphebel wegdreht, wird der Kipphebel u auch das Ausgleichselement entlastet. Eine Feder gleichselement drückt dieses auseinander, bis es spiel am Kipphebel und unten am Ventilschaft anliegt. Dabe nach Bedarf, in den Arbeitsraum etwas Motoröl zu- od ßen.

Sobald die Nockenspitze bei drehender Nockenwelle d hebel um die Kipphebelachse dreht und dadurch d gleichselement zusammendrückt, verschließt das Kugl den Arbeitsraum. Das eingeschlossene Öl wirkt, weil h nicht zusammendrücken läßt, als „hydraulisch starre n dung": Über das Ausgleichselement wird der Ventilscha h unten gedrückt – das Ventil öffnet.

Keilrippenriemen aus- und einbauen/spannen

ämtliche Zusatzaggregate des Motors werden durch einen eilrippenriemen angetrieben. Er ist breiter als bisherige eilriemen und besitzt an der Innenseite mehrere Rippen.

ne automatische Spannvorrichtung sorgt dafür, daß der eilrippenriemen über einen längeren Zeitraum gleichmäßig spannt bleibt. Die Spannvorrichtung besteht aus der annrolle und einem Gummielement, das nach dem Aufle-n des Riemens von Hand gespannt werden muß.

r Riemen muß im Rahmen der regelmäßigen Wartung auf schädigungen geprüft werden.

nach Ausstattung des Fahrzeuges besitzt der Keilriemen e unterschiedliche Länge.

entilmotoren: 4-Zylinder-Motor bis 8.92 (M102), 6-Zy-der-Motor (M103)

ylinder-Motor bis 8.92

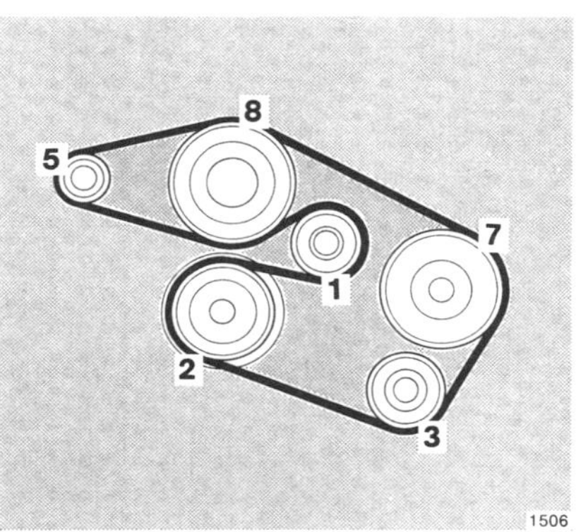

Spannrolle, 2 – Kurbelwellen-Riemenscheibe, 3 – Kälte-pressor-Riemenscheibe, 5 – Drehstromgenerator-Rie-scheibe, 7 – Lenkhilfepumpen-Riemenscheibe, 8 – Kühl-lpumpen-Riemenscheibe. Länge: 1885 mm, oder 1980 (mit Klimaanlage).

6-Zylinder-Motor (M103)

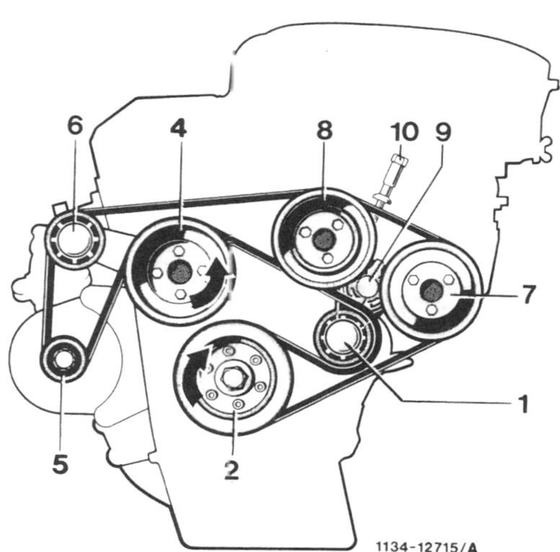

1 – Spannrolle, 2 – Kurbelwellen-Riemenscheibe, 4 – Lüfter-Riemenscheibe, 5 – Generator-Riemenscheibe, 6 – Umlenkrolle, 7 – Lenkhilfepumpen-Riemenscheibe, 8 – Kühlmittelpumpen-Riemenscheibe, 9 – Spannvorrichtung, 10 – Spannmutter. Länge: 2170 mm oder 2255 mm (mit Klimaanlage) beziehungsweise 2415 mm (mit Luftpumpe und Klimaanlage)

Ausbau

- **6-Zylinder-Motor:** *Visco-Lüfterkupplung ausbauen, siehe Seite 76.*

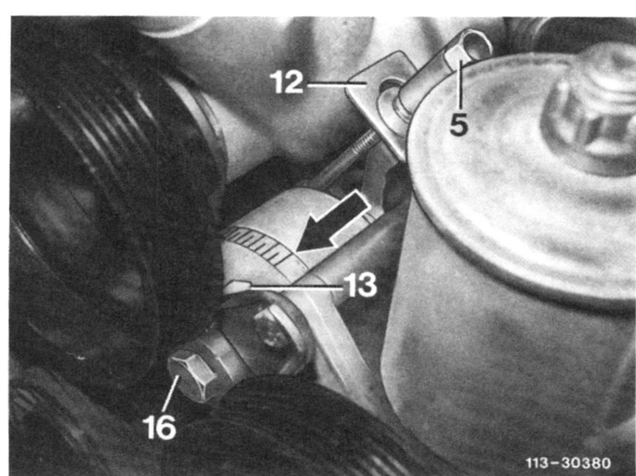

- *Schraube –16– um 1/4 bis 1/2 Umdrehung lösen.*
- *Spannmutter –5– nach links drehen, dadurch Riemen entspannen und abnehmen. Zusätzlich abgebildete Teile: 12 – Spannvorrichtung, 13 – Einstellzeiger, Pfeil – 1. Teilstrich.*

Achtung: *Seit 11.86 wird der Drehstromgenerator unten am Halter mit einer Bundschraube SW 13 befestigt. Bundschraube herausdrehen und Keilrippenriemen durch Schwenken des Generators entspannen beziehungsweise spannen. Die Schraube –16– braucht dann nicht gelöst zu werden.*

- Schraube –25– um 1/4 bis 1/2 Umdrehung lösen.
- Spannmutter –24– linksherum drehen und dadurch Spannvorrichtung so weit entspannen, bis der Riemen –27– abgenommen werden kann.

Einbau

- Riemenscheibenprofile und Spannvorrichtung auf Beschädigung und Verschmutzung prüfen, gegebenenfalls reinigen oder erneuern. Dabei auf ausgeschlagene Lagerstellen der Spannvorrichtung und auf Dellen an den Riemenscheiben achten.
- Keilrippenriemen mit Schmutzeinlagerungen zwischen den Rippen, gelösten Rippen, Ausfransungen, Querrissen oder Rippenbrüchen unbedingt ersetzen.
- Einstellzeiger –22– *(–13– in Abbildung 113-30380)* nach links drehen und auf den 1. Teilstrich stellen –Pfeil–.

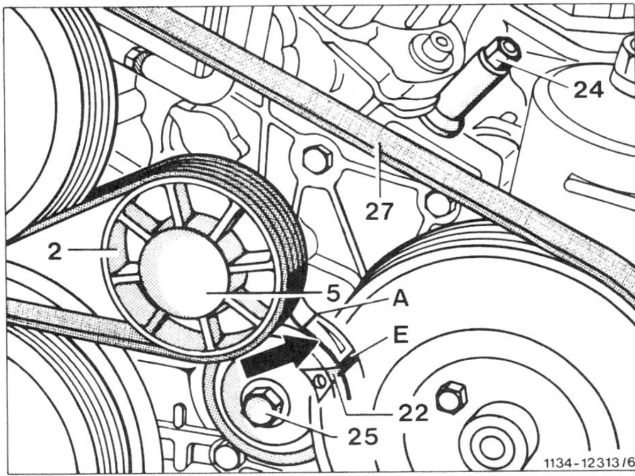

- **4-Zylinder-Motor seit 10.86:** Einstellzeiger nach links schieben, bis die Spitze des Zeigers über dem dünnen Strich –A– der Einstellskala steht.
- Keilriemen auflegen, dabei an der Spannrolle beginnen. Riemen entsprechend der Ziffernfolge in den Abbildungen auflegen.

- Spannmutter –24– nach rechts drehen, bis der Einstellzeiger –22– über dem 5. Teilstrich steht. Dadurch hat der Keilrippenriemen die richtige Spannung. Bei Fahrzeugen mit Servolenkung und/oder Klimaanlage Riemen bis zum 7. Teilstrich spannen.
- ***6-Zylinder-Motor:*** *Siehe auch Abbildung 113-30380. Spannmutter –5– nach rechts drehen, bis der Einstellzeiger –13– über dem 5. Teilstrich steht. Bei Fahrzeugen mit Klimaanlage bis zum 7. Teilstrich spannen.*
- **4-Zylinder-Motor seit 10.86:** Spannmutter –24– nach rechts drehen, bis die Spitze des Einstellzeigers –22– mittig über dem dicken Strich –E– der Einstellskala –Pfeil– steht.
- Schraube –25– festziehen. Anzugsdrehmoment bei SW 19: 75 Nm, bei SW 17: 85 Nm (SW = Schlüsselweite). *Schraube –16– mit 75 Nm festziehen.*
- Sitz des Riemens auf den Riemenscheiben sichtprüfen.
- *Visco-Lüfterkupplung einbauen, siehe Seite 76.*

6-Zylinder-Motor (M104, 4-Ventiler)

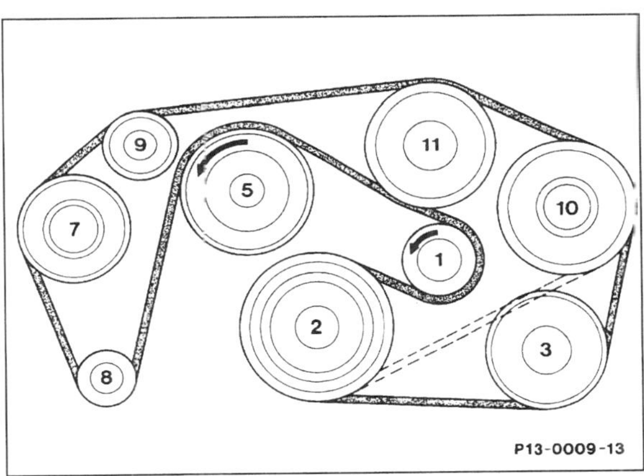

1 – Spannrolle, 2 – Kurbelwellen-Riemenscheibe, 3 – Kältekompressor (Klimaanlage), 5 – Lüfter, 7 – Luftpumpe, 8 – Generator, 9 – Umlenk-rolle oben, 10 – Lenkhilfepumpe, 11 – Kühlmittelpumpe. Länge: 2337 mm oder 2440 mm (mit Klimaanlage)

Ausbau

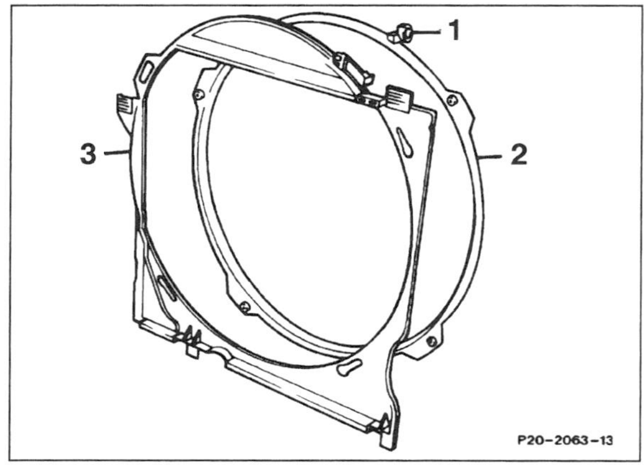

- Sicherungslasche –1– am Lüfterhaubenring (Verkleidung um den Kühlerlüfter) –2– herausziehen. Verkleidung in aufgedruckter Pfeilrichtung „open" drehen und herausnehmen, dabei Lüfterrad drehen.

- Schraube –16– um 1/4 bis 1/2 Umdrehung lösen.
- Spannmutter –5– nach links drehen, dadurch Riemen entspannen und abnehmen. Zusätzlich abgebildete Teile: 13 – Einstellzeiger, Pfeil – 2. Teilstrich.

Einbau

- Riemenscheibenprofile und Spannvorrichtung auf Beschädigung und Verschmutzung prüfen, gegebenenfalls reinigen oder erneuern. Dabei auf ausgeschlagene Lagerstellen der Spannvorrichtung und auf Dellen an den Riemenscheiben achten.
- Keilrippenriemen mit Schmutzeinlagerungen zwischen den Rippen, gelösten Rippen, Ausfransungen, Querrissen oder Rippenbrüchen unbedingt ersetzen.
- Keilriemen auflegen, dabei an der Spannrolle beginnen. Riemen entsprechend der Ziffernfolge in der Abbildung P13-0009-13 auflegen.

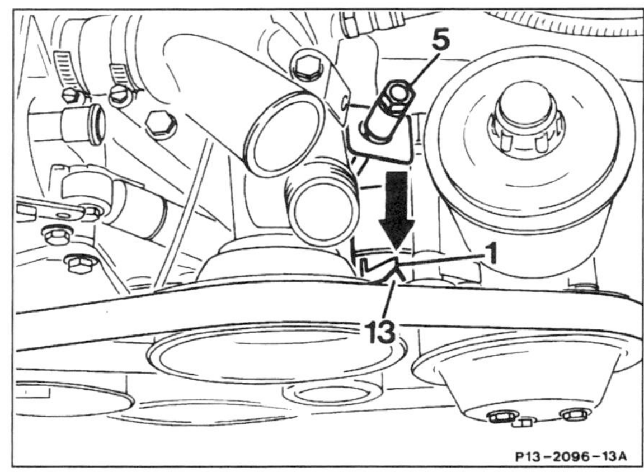

- Einstellzeiger auf Markierung –1– stellen.
- Spannmutter –5– (siehe Abbildung P13-2010-13A) nach rechts drehen, bis der Einstellzeiger –13– mit der Markierung –2– übereinstimmt.
- Schraube –16– mit 75 Nm anziehen.
- Sitz des Riemens auf den Riemenscheiben sichtprüfen.
- Lüfterhaubenring einsetzen, drehen und sichern.

4-Zylinder-Motor seit 9. 92 (M111)

Da der neu entwickelte M111-Motor vor allem Unterschiede beim Ausbau des Zylinderkopfes aufweist, sind diese Arbeiten hier in einem gesonderten Kapitel zusammengefaßt. Alle anderen Kapitel (Motorschmierung, Kühlung, Zünd- und Kraftstoffanlage) gelten auch für den M111-Motor, der seit 9.92 in den Modellen E200 und E220 zum Einsatz kommt.

Wichtigste Neuerung gegenüber dem Vorgänger-4-Zylinder-Motor ist die Auslegung mit je 2 Ein- und Auslaßventilen pro Zylinder. Dies ergibt Vorteile in bezug auf Kraftstoffverbrauch, Leistungscharakteristik und Abgasschadstoffe. Die Ventile werden von den beiden Nockenwellen direkt über wartungsfreie Hydrostößel betätigt. Zum Antrieb der Nockenwellen dient eine Doppelrollenkette, deren Spannung von einem mechanischen Kettenspanner konstant gehalten wird.

Eine variable Steuerung der Einlaßnockenwelle in Abhängigkeit von Motordrehzahl und -last steigert beim 2,2-l-Motor zusätzlich die Drehmomentabgabe bei weiterer Verringerung der Abgasemissionen.

Für die Motor-Schmierung sorgt eine Ölpumpe, die in der Ölwanne sitzt und von der Kurbelwelle über eine Kette angetrieben wird.

Die Steuerung von Zündung und Einspritzung übernimmt eine neuentwickelte, integrierte Motorsteuerung, siehe Seite 122.

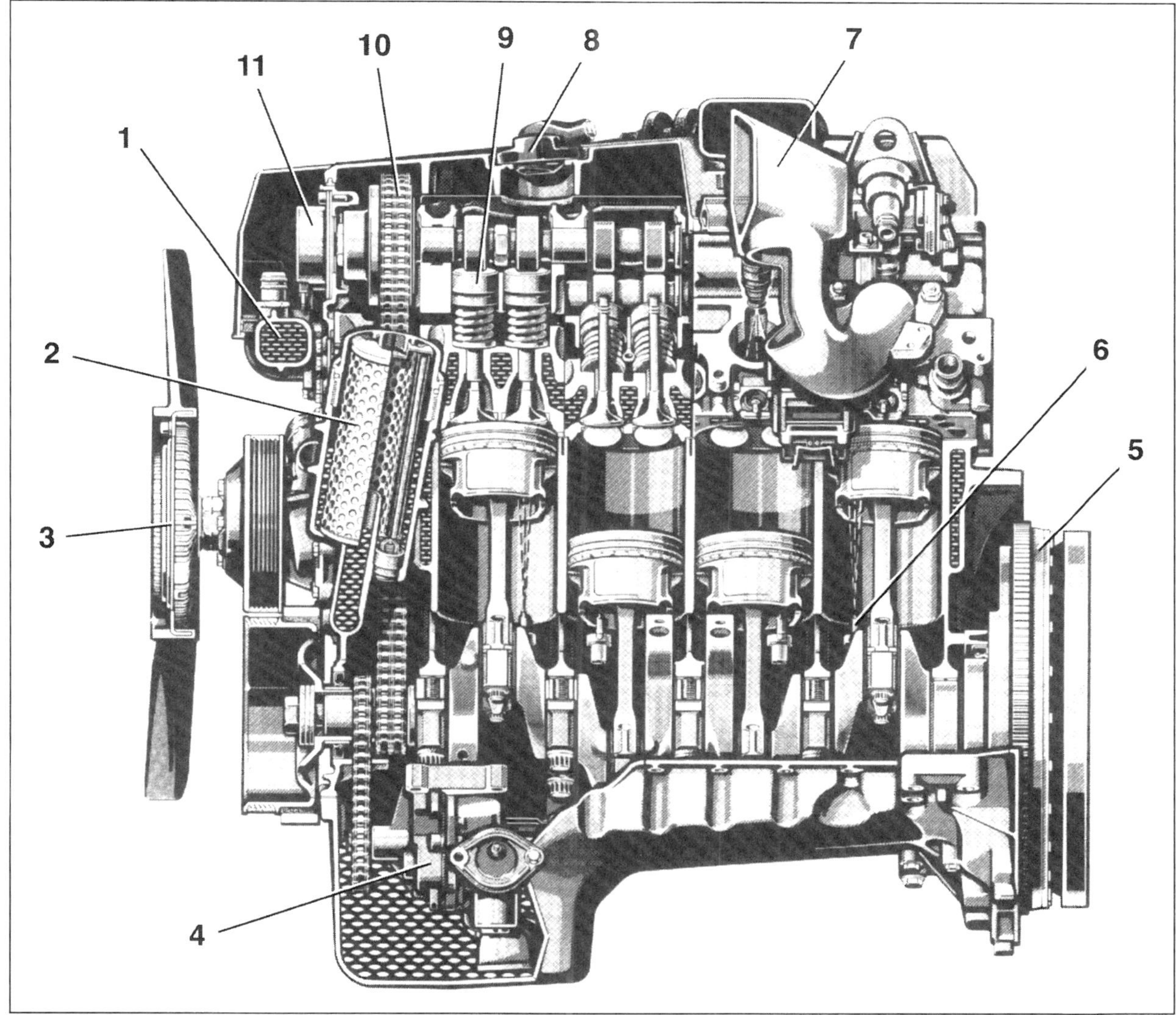

1 – Kühlmittelregler (Thermostat)
2 – Ölfilter
3 – Viscokupplung für Lüfter
4 – Ölpumpe
5 – Schwungrad
6 – Ölspritzdüse (nur 2,2-l-Motor)
7 – Ansaugkrümmer
8 – Öleinfülldeckel
9 – Ventilspielausgleicher
10 – Doppelrollenkette
11 – Nockenwellen-Versteller (2,2-l-Motor)

Zylinderkopfhaube aus- und einbauen

Ausbau

- Luftfilter-Querrohr ausbauen, dazu Schlauchbänder lösen.

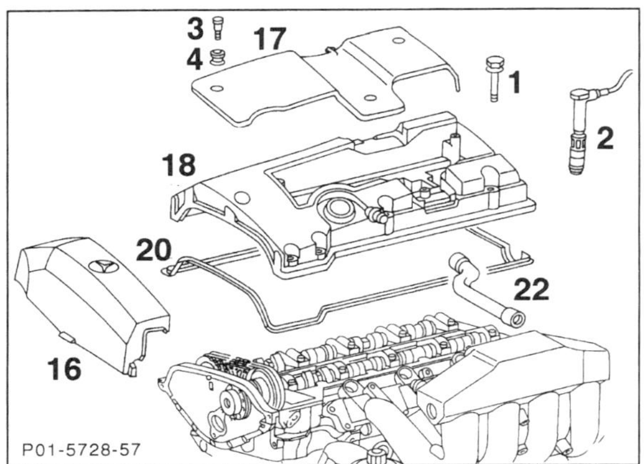

- Motorentlüftungsschlauch –22– an der Zylinderkopfhaube abziehen, vorher Schlauchschelle lösen.
- Abdeckung –16– seitlich ausclipsen und nach oben abnehmen. Schrauben –3– lösen und Abdeckung –17– abnehmen. 4 – Hülse.
- Alle Zündkerzenstecker –2– abziehen, am besten mit einer dafür vorgesehenen Zange (Sonderwerkzeug).
- Kabel für Lambda-Sonde seitlich ausclipsen.
- Schrauben –1– für Zylinderkopfhaube ausschrauben. **Achtung:** Die Schrauben haben unterschiedliche Längen, daher Einbaulage für Wiedereinbau notieren.
- Zylinderkopfhaube –18– mit Dichtung –20– abnehmen.

Einbau

- Dichtung auf Porosität und Quetschungen überprüfen, gegebenenfalls erneuern.
- Beim Einsetzen der Dichtung besonders auf richtigen Sitz in den hinteren Aussparungen achten.
- Schrauben für Zylinderkopfhaube mit 10 Nm gleichmäßig anziehen.
- Zündkerzenstecker in richtiger Anordnung wieder aufstecken.
- Abdeckungen einclipsen und anschrauben.
- Motorentlüftungsschlauch aufstecken und mit Schlauchschelle sichern.
- Luftfilter-Querrohr einbauen.
- Motor warmfahren und Zylinderkopfdeckel auf Dichtheit prüfen, besonders in den hinteren Aussparungen und in den Zündkerzenschächten.

Kettenspanner aus- und einbauen

Achtung: Wurde der Kettenspanner am Sechskant gelöst, muß er grundsätzlich ausgebaut werden, weil sonst beim Einschrauben die Steuerkette überspannen würde.

Ausbau

- Visco-Lüfterkupplung ausbauen, siehe Seite 76.
- Zylinderkopfhaube ausbauen.
- Lüfterhaube ausbauen, siehe Seite 75.

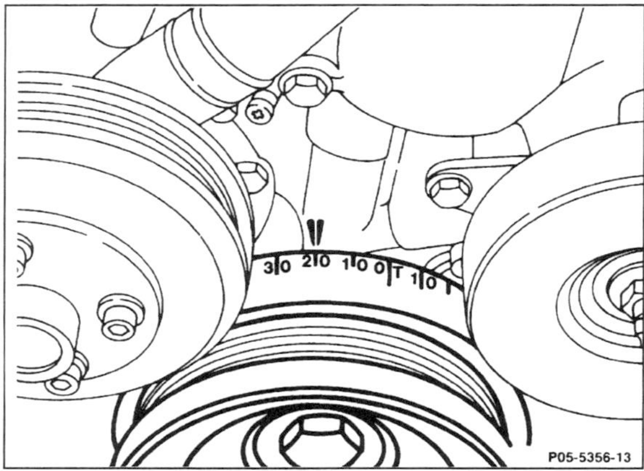

- Motor auf 20° nach Zünd-OT des 1. Zylinders stellen. Dazu Getriebe in Leerlaufstellung bringen, Handbremse anziehen. Kurbelwelle mit Umschaltknarre und Steckschlüsseleinsatz SW 27 an der Zentralschraube der Kurbelwellen-Riemenscheibe in Motordrehrichtung, also im Uhrzeigersinn, durchdrehen bis die Markierungen übereinstimmen.

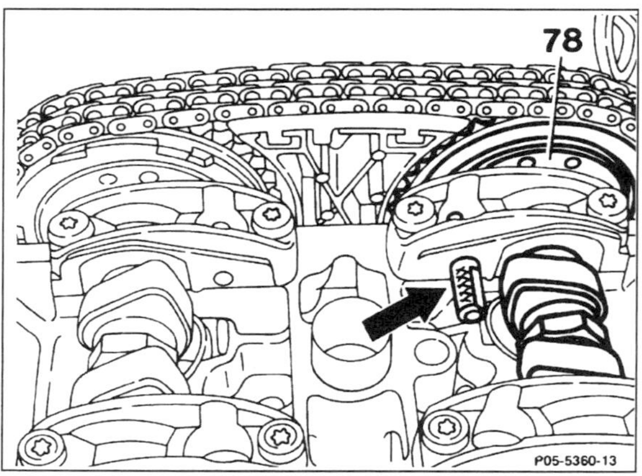

- Auslaßnockenwelle mit einem Dorn –Pfeil– gegen Überspringen sichern, dazu geeigneten Dorn (Mercedes-Nr. 111 589 01 15 00) durch die Bohrung im Nockenwellen-Lagerdeckel in die Bohrung im Nockenwellenflansch –78– einführen. Soll die Kette abgenommen werden, auch Einlaßnockenwelle in gleicher Weise arretieren.
- Generator mit Folie oder Lappen abdecken.

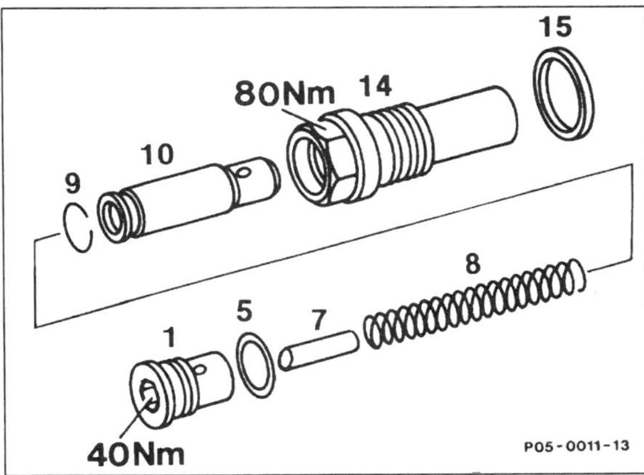

- Verschlußschraube –1– um 1 Umdrehung lösen, dazu wird ein Innensechskantschlüssel SW 10 benötigt.
- Kettenspanner komplett am Teil –14– herausschrauben und abnehmen.
- Verschlußschraube –1– mit Dichtring –5– herausschrauben. Druckfeder –8– komplett mit Füllstift –7– herausnehmen.
- Druckbolzen –10– mit Rastfeder –9– nach hinten herausdrücken.
- Einzelteile sorgfältig mit Kraftstoff reinigen und auf Wiederverwendbarkeit (Anlaufspuren, Riefen) prüfen. Beschädigte Teile austauschen, gegebenenfalls Kettenspanner komplett erneuern.

Einbau

- Kettenspannergehäuse –14– mit **neuem** Dichtring –15– und **80 Nm** am Motorblock einschrauben.
- Teile –7– bis –10– wie vor der Zerlegung zusammensetzen und in das montierte Kettenspannergehäuse einsetzen.
- Verschlußschraube –1– mit **neuem** Dichtring –5– einschrauben, dabei wird die Feder zusammengedrückt. Schraube mit **40 Nm** anziehen.

Achtung: Arretierdorn wieder am Nockenwellenflansch herausziehen.

- Zylinderkopfhaube einbauen.
- Generator-Abdeckfolie entfernen.
- Visco-Lüfterkupplung einbauen, siehe Seite 76.
- Motor starten und Dichtheit des Kettenspanners prüfen.

Zylinderkopf aus- und einbauen

Ausbau

Zylinderkopf nur bei abgekühltem Motor ausbauen. Abgas- und Ansaugkrümmer bleiben angeschlossen.

Eine defekte Zylinderkopfdichtung ist an einem oder mehreren der folgenden Merkmale erkennbar:

- Leistungsverlust.
- Kühlflüssigkeitsverlust. Weiße Abgaswolken bei warmem Motor.
- Ölverlust.
- Kühlflüssigkeit im Motoröl, Ölstand nimmt nicht ab, sondern zu. Graue Farbe des Motoröls, Schaumbläschen am Peilstab, Öl dünnflüssig.
- Motoröl in der Kühlflüssigkeit.
- Kühlflüssigkeit sprudelt stark.
- Keine Kompression auf 2 benachbarten Zylindern.

Ausbau

- Motorhaube senkrecht stellen, siehe Seite 13.
- Batterie-Massekabel (–) abklemmen. **Achtung:** Beim Abklemmen der Batterie erlischt Radio-Diebstahlcodierung. Siehe Hinweise „Batterieausbau".
- Zylinderkopfhaube ausbauen, siehe Seite 20.
- Kühlmittelregler (Thermostat) ausbauen, siehe Seite 73.

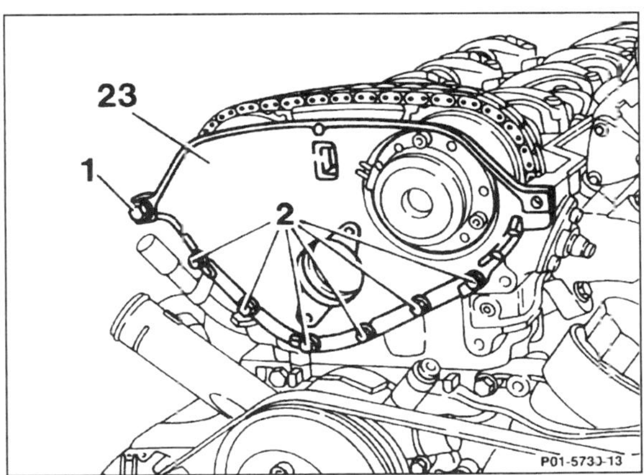

- 2 Schrauben –1– auf beiden Seiten der vorderen Abdeckung –23– ausschrauben. Diese Schrauben haben Gewindedurchmesser 8 mm, außerdem sitzen Paßhülsen hinter der Abdeckung.
- Schrauben –2– (Gewindedurchmesser 6 mm) ausschrauben.
- Abdeckung –23– abnehmen, dabei O-Ring-Dichtung zwischen Abdeckung und Zylinderkopf beachten. Dichtflächen reinigen.

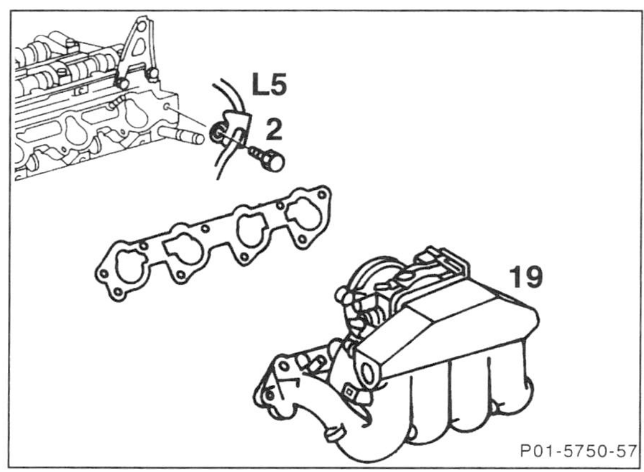

- Saugrohr –19– vom Zylinderkopf abschrauben und mit angeschlossenen Anschlußleitungen zur Seite schwenken.
- Schraube –2– am Halter –L5– für Positionsgeber Kurbelwelle hinten am Zylinderkopf abschrauben.

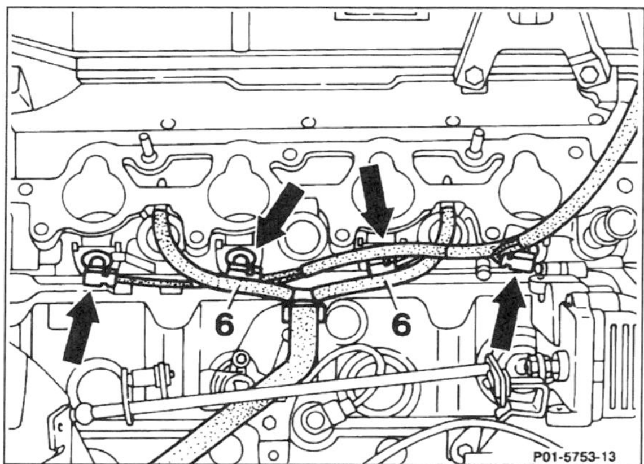

- Entlüftungsleitungen –6– am Zylinderkopf unten abziehen.
- Anschlußstecker für Saugrohrvorwärmung –Pfeile– abziehen.
- Anschlußstecker für Lambda-Sonde (im Bereich der Fahrzeugbatterie) trennen.
- Führungsrohr für Motor-Ölmeßstab am Zylinderkopf abschrauben. Bei Automatikgetriebe, auch Führungsrohr für Getriebe-Ölmeßstab hinten am Zylinderkopf abschrauben.
- Kühlmittel ablassen, auch am Kurbelgehäuse, siehe Seite 79.
- Abgasrohr am Abgaskrümmer abschrauben.
- **2,2-l-Motor:** Nockenwellenversteller am Einlaßnockenwellenrad bis zum Anschlag in Richtung „spät“ rechtsherum verdrehen.
- Motor auf 20° nach Zünd-OT des 1. Zylinders stellen und Kettenspanner ausbauen, siehe Seite 42.
- Lage der Steuerkette zu beiden Nockenwellen-Kettenrädern mit Farbe kennzeichnen, dazu Strich über Kette und Kettenrad ziehen.
- Auslaßnockenwellenrad vom Nockenwellenflansch abschrauben.
- **2,0-l-Motor:** Einlaßnockenwellenrad abschrauben.

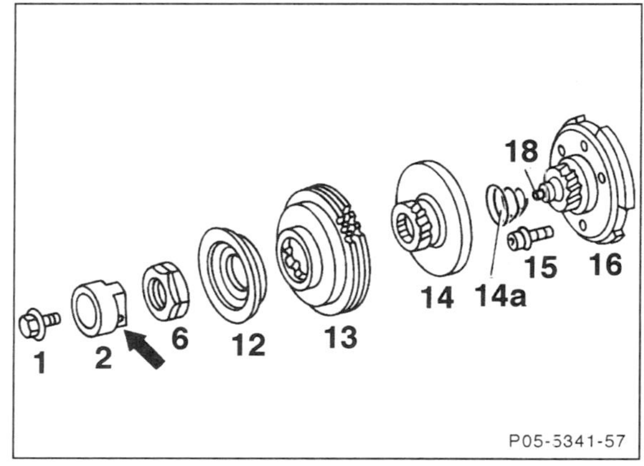

- **2,2-l-Motor:** Am Nockenwellenversteller Anker –2– gegenhalten und Bundschraube –1– abschrauben. Anker vom Steuerkolben –18– abziehen. Mutter –6– abschrauben.
- Steuerkette abnehmen.
- **2,2-l-Motor:** Stellung vom Einlaßnockenwellenrad zur Flanschwelle mit Farbe kennzeichnen, dazu Strich über beide Teile ziehen. Deckel –12–, Einlaßnockenwellenrad –13– , Stellkolben –14– und Kegelfeder –14a– abnehmen. Flanschwelle –16– ausbauen.

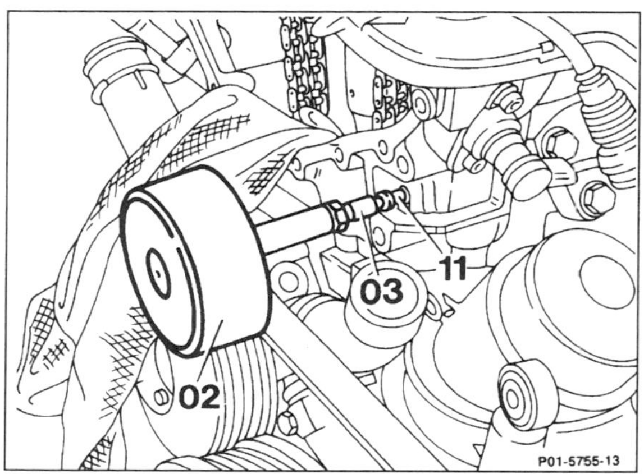

- Gleitschienenbolzen –11– am Gewinde mit Schlagauszieher –02– und Gewindeeinsatz –03– oder geeignetem Werkzeug ausziehen.

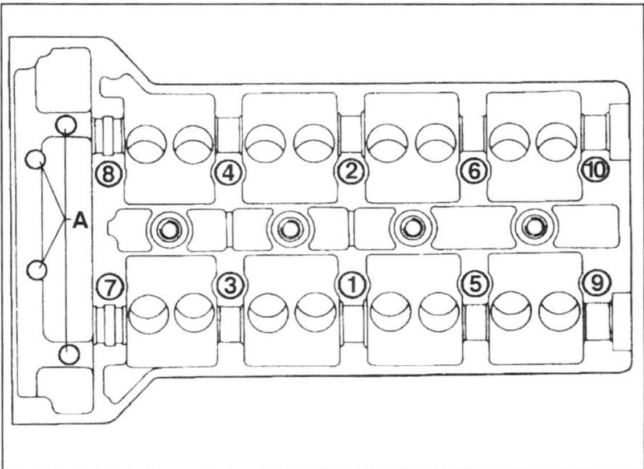

- 4 Kombischrauben –A– zwischen oberem und unterem Steuergehäusedeckel (Deckel, in dem die Steuerkette läuft) herausdrehen.
- Zylinderkopfschrauben in umgekehrter Reihenfolge der Numerierung, also von 10 nach 1, herausdrehen. Hierfür wird ein Innenvielzahn-Schlüsseleinsatz benötigt (z. B. HAZET 990 SLg-12).
- Zylinderkopf abheben. Der Zylinderkopf kann auch mit einem Werkstattkran abgehoben werden, dazu entsprechendes Seil oder Kette in die Aufhängeösen einhängen.

Einbau

Vor dem Einbau Zylinderkopf und Zylinderblock mit geeignetem Schaber von Dichtungsresten freimachen. **Darauf achten, daß keine Dichtungsreste in die Bohrungen fallen.** Bohrungen mit Lappen verschließen.

- Zylinderkopf und Motorblock mit Stahllineal in Längs- und Querrichtung auf Planheit prüfen, gegebenenfalls nacharbeiten (Werkstattarbeit).
- Zylinderkopf auf Risse, Zylinderlauffläche auf Riefen überprüfen.
- Bohrungen der Zylinderkopfschrauben sorgfältig von Öl und anderen Rückständen reinigen.
- Zylinderkopfdichtung grundsätzlich ersetzen.
- Neue Dichtung ohne Dichtmittel so auflegen, daß keine Bohrungen verdeckt werden.
- Zylinderkopf aufsetzen. Vor dem Aufsetzen sicherstellen, daß Nockenwellen und Kurbelwelle wie beim Ausbau stehen und nicht verdreht wurden, sonst können Ventile aufsetzen. **Achtung:** Der Zylinderkopf wird durch Paßstifte im Zylinderblock zentriert.
- Länge der Zylinderkopfschrauben messen. **Die Länge im Neuzustand beträgt 102 mm.** Bei jedem Anziehen unterliegen sie einer bleibenden Längung. Bei einer Länge von **105 mm** sind die Kopfschrauben auf jeden Fall zu **ersetzen.**
- Zylinderkopfschrauben am Gewinde und an der Kopfauflagefläche einölen, einsetzen und handfest anziehen.

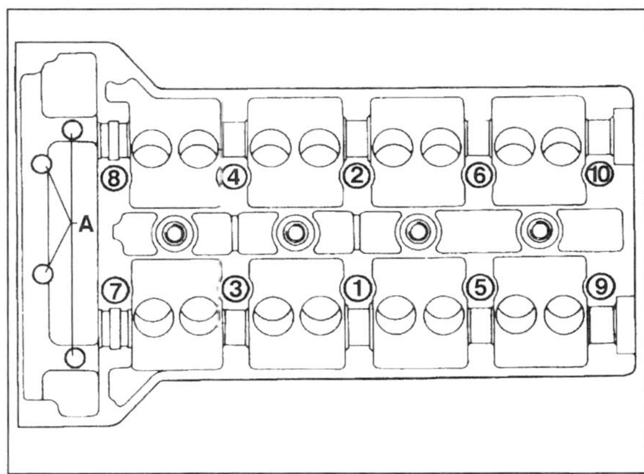

- Zylinderkopfschrauben gemäß der Reihenfolge von 1 bis 10 in **drei Stufen** anziehen.

Achtung: Das Anziehen der Zylinderkopfschrauben ist mit größter Sorgfalt durchzuführen. Vor dem Anziehen der Schrauben sollte der Drehmomentschlüssel auf seine Genauigkeit überprüft werden.

- Beim Anziehen zuerst Zylinderkopfschrauben der Reihe nach – von 1 bis 10 – mit Drehmomentschlüssel und 55 **Nm** festziehen. In der **2. Stufe** alle Schrauben von 1 bis 10 mit einem **starren Schlüssel um 90° weiterdrehen.** In der **3. Stufe** Zylinderkopfschrauben von 1 bis 10 mit **starrem Schlüssel um 90° weiterdrehen.**

Achtung: Zum Anziehen der Zylinderkopfschrauben wird eine Winkelscheibe, zum Beispiel Hazet 6690, benötigt. Oder Schlüsselgriff längs zum Motor ansetzen und in einem Zug drehen, bis der Griff quer zum Motor steht.

- Kombischrauben –A– für Steuergehäusedeckel mit **20 Nm** einschrauben.

Achtung: Die folgenden Punkte beziehen sich auf die Abbildungen unter „Ausbau".

- Gleitschienenbolzen mit Dichtmittel MERCEDES Nr. 002 989 00 20 10 oder anderem geeignetem, handelsüblichem Dichtmittel bestreichen und eintreiben.

2,2-l-Motor:

- Nockenwellenversteller einbauen. Dazu Flanschwelle –16– (Abbildung P05-5341-57) mit **neuen** Torxschrauben (Schlüsselgröße T40) anschrauben. Schrauben wie folgt anziehen: Mit Drehmomentschlüssel **20 Nm** anziehen, dann mit starrem Schlüssel **90°** (1/4 Umdrehung) weiterdrehen.
- Einlaßnockenwellenrad –13– mit Stellkolben –14– und Kegelfeder –14a linksdrehend aufschieben, dabei greift es in die Anschläge der Flanschwelle ein. Die Position auf der Flanschwelle ist vorgegeben, Blockzahn beachten. Die beim Ausbau angebrachten Farbmarkierungen müssen übereinstimmen.
- Steuerkette am Einlaßnockenwellenrad auflegen. Dabei müssen die beim Ausbau angebrachten Farbmarkierungen auf Kettenrad und Kette übereinstimmen.
- Mutter –6– mit **65 Nm** aufschrauben, dabei muß der Sicherungsschlitz nach außen zeigen.

- Anker –2– aufschieben, dabei muß die Spannhülse im Anker über der Abflachung am Steuerkolben –18– liegen.
- Bundschraube –1– wie folgt anziehen: Mit Drehmomentschlüssel **5 Nm** anziehen, dann mit starrem Schlüssel **90°** (1/4 Umdrehung) weiterdrehen. Dabei Anker –2– an der Abflachung mit einem Gabelschlüssel SW24 gegenhalten.

- Auslaßnockenwellenrad, beim 2,0-l-Motor zusätzlich Einlaßnockenwellenrad mit aufgelegter Steuerkette und **neuen** Torxschrauben (Schlüsselgröße T40) anschrauben Farbmarkierungen auf Kettenrad und Kette müssen übereinstimmen. Schrauben wie folgt anziehen: Mit Drehmomentschlüssel **20 Nm** anziehen, dann mit starrem Schlüssel **90°** (1/4 Umdrehung) weiterdrehen.
- Kettenspanner einbauen, siehe Seite 42.

Achtung: Arretierstifte aus den Nockenwellen ziehen.

- Abgasrohr anschließen, siehe Seite 130.
- Kühlmittelschlauch hinten am Zylinderkopf aufstecken und mit Schlauchklemme sichern.
- Kühlmittel auffüllen, siehe Seite 79.
- Ölmeßstab-Führungsrohre für Motor- und Automatikgetriebe am Zylinderkopf anschrauben.
- Kabel für Lambda-Sonde und Saugrohrvorwärmung aufstecken, siehe Abbildungen unter „Ausbau".
- Entlüftungsleitungen am Zylinderkopf aufstecken.
- Halter für Positionsgeber Kurbelwelle hinten am Zylinderkopf anschrauben.
- Ansaugkrümmer am Zylinderkopf anschrauben. Dichtung erneuern, Schrauben gleichmäßig über Kreuz mit 20 Nm anziehen.

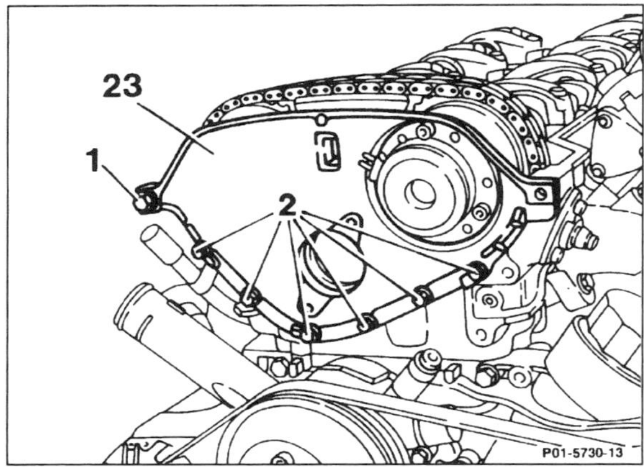

- Dichtflächen für vordere Abdeckung –23– am Zylinderkopf mit Dichtmittel 002 989 00 20 10 oder anderem handelsüblichen Dichtmittel bestreichen.
- Paßhülsen für 2 Schrauben –1– (Gewindedurchmesser 8 mm) hinter der Abdeckung einsetzen. **Neue** O-Ringdichtung für Kühlmittel einsetzen und Abdeckung aufdrücken.
- Schrauben –1– auf beiden Seiten mit **20 Nm**, Schrauben –2– (Gewindedurchmesser 6 mm) mit **10 Nm** anschrauben.

- Kühlmittelregler (Thermostat) einbauen und Kühlmittel auffüllen, siehe Seite 73.
- Zylinderkopfhaube einbauen, siehe Seite 20.
- Batterie-Massekabel anklemmen.

Achtung: Bei Ölverschmutzung aufgrund undichter Zylinderkopfdichtung empfiehlt sich ein vorgezogener Ölwechsel, siehe Seite 68.

- Motor warmfahren und auf Dichtigkeit prüfen.

Keilrippenriemen aus- und einbauen/spannen

Sämtliche Zusatzaggregate des Motors werden durch einen Keilrippenriemen angetrieben. Er ist breiter als bisherige Keilriemen und besitzt an der Innenseite mehrere Rippen.

Eine automatische Spannvorrichtung sorgt dafür, daß der Keilrippenriemen über einen längeren Zeitraum gleichmäßig gespannt bleibt.

Der Riemen muß im Rahmen der regelmäßigen Wartung auf Beschädigungen geprüft werden. Je nach Ausstattung des Fahrzeuges besitzt der Keilriemen eine unterschiedliche Länge.

Ausbau

- Visco-Lüfterkupplung ausbauen, siehe Seite 76.

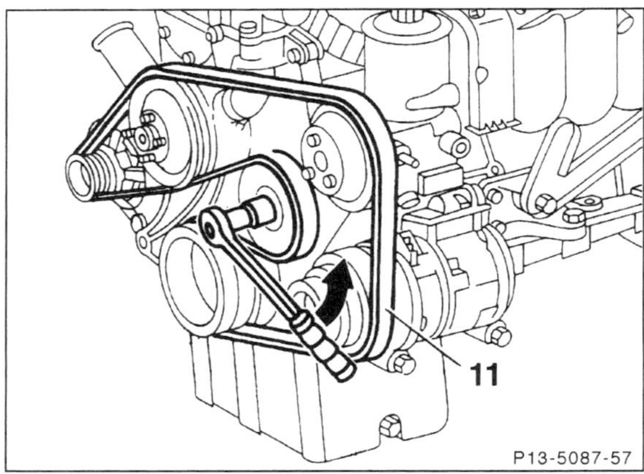

- Schlüssel mit Stecknuß für Außentorx-Schraube an der Spannrolle ansetzen und Keilrippenriemen –11– durch Schwenken entgegen Uhrzeigersinn entspannen. Keilrippenriemen abnehmen.

Einbau

- Riemenscheibenprofile und Spannvorrichtung auf Beschädigung und Verschmutzung prüfen, gegebenenfalls reinigen oder erneuern. Dabei auf ausgeschlagene Lagerstellen der Spannvorrichtung und auf Dellen an den Riemenscheiben achten.
- Keilrippenriemen mit Schmutzeinlagerungen zwischen den Rippen, gelösten Rippen, Ausfransungen, Querrissen oder Rippenbrüchen unbedingt ersetzen.

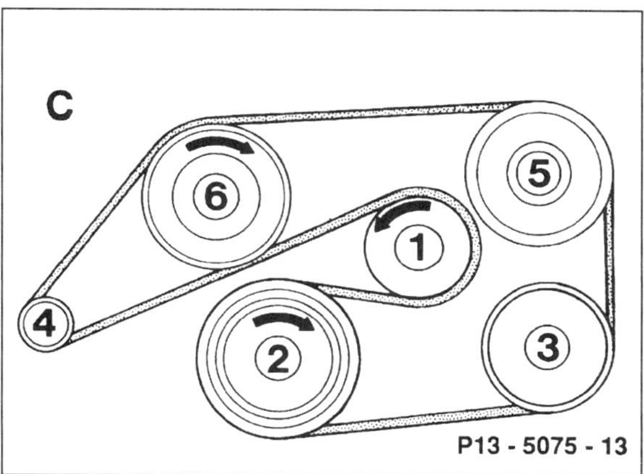

1 – Spannrolle, 2 – Kurbelwellen-Riemenscheibe, 3 – Kältekompressor-Riemenscheibe (nur bei Klimaanlage), 4 – Drehstromgenerator-Riemenscheibe, 5 – Lenkhilfepumpen-Riemenscheibe, 6 – Kühlmittelpumpen-Riemenscheibe. Länge: 2040 mm, oder 2140 mm (mit Klimaanlage).

- Keilriemen auflegen, dabei an der Spannrolle beginnen. Riemen entsprechend der Ziffernfolge in der Abbildung auflegen.

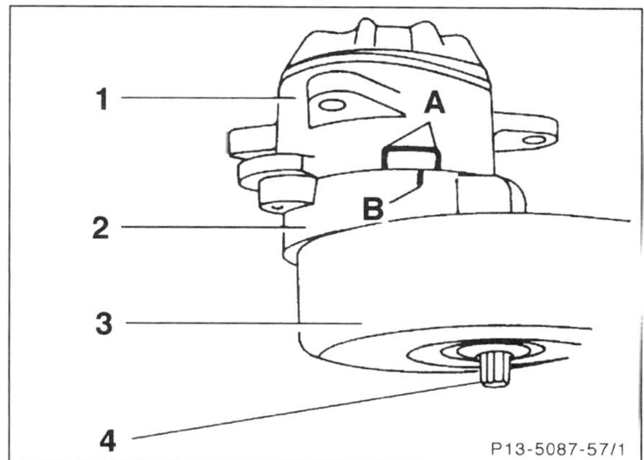

- Spannrolle loslassen. Die Positionsmarkierung –B– muß sich nun im Arbeitsbereich –A– befinden. Wenn nicht, stimmt entweder die Länge des Keilriemens nicht oder die Spannvorrichtung ist fehlerhaft. 1 – Träger; 2 – Spannarm; 3 – Spannrolle; 4 – Außentorx E10.
- Sitz des Riemens auf den Riemenscheiben sichtprüfen.
- Visco-Lüfterkupplung einbauen, siehe Seite 76.

Wartungsarbeiten am Motor

Sichtprüfung auf Ölverlust

Bei ölverschmiertem Motor und hohem Ölverbrauch überprüfen, wo das Öl austritt. Dazu folgende Stellen überprüfen:

- Öleinfülldeckel öffnen und Dichtung auf Porosität oder Beschädigung prüfen.
- Belüftungsschläuche vom Zylinderkopfdeckel zum Luftfilter auf festen Sitz prüfen.
- Zylinderkopfdeckel-Dichtung
- Zylinderkopf-Dichtung
- Trennstelle Zündverteilerflansch
- Ölfilterdichtung: Ölfilterflansch an Motorblock sowie Ölfilter am Flansch
- Anschluß am Ölfilterflansch für Öldruckanzeige
- Ölablaßschraube (Dichtring)
- Ölwannendichtung
- Trennstelle zwischen Motor und Getriebe bzw. Kupplungsabdeckblech (Dichtung an Schwungrad oder Getriebewelle).

Da sich bei Undichtigkeiten das Öl meistens über eine größere Motorfläche verteilt, ist der Austritt des Öls nicht auf den ersten Blick zu erkennen. Bei der Suche geht man zweckmäßiger weise wie folgt vor:

- Motorwäsche durchführen. Motor mit handelsüblichem Kaltreiniger einsprühen und nach einer kurzen Einwirkungszeit mit Wasser abspritzen. Vorher Zündverteiler und Generator mit Plastiktüte abdecken.
- Trennstellen und Dichtungen am Motor von außen mit Kalk oder Talkumpuder bestäuben.
- Ölstand kontrollieren, ggf. auffüllen.
- Probefahrt durchführen. Da das Öl bei heißem Motor dünnflüssig wird und dadurch schneller an den Leckstellen austreten kann, sollte die Probefahrt über eine Strecke von ca. 30 km auf einer Schnellstraße durchgeführt werden.
- Anschließend Motor mit Lampe absuchen, undichte Stelle lokalisieren und Fehler beheben.

Keilrippenriemen prüfen

- Riemen an gut sichtbarer Stelle mit einem Kreidestrich markieren.
- Grüne Steuerleitung am Zündschaltgerät abziehen.
- Motor mit Stecknuß SW 27 an der Kurbelwellen-Riemenscheibe in Motordrehrichtung jeweils ein Stück weiterdrehen, bis die Kreidemarkierung wieder sichtbar wird. Dabei Getriebe in Leerlaufstellung bringen, Handbremse anziehen.

Achtung: Motor nicht rückwärts drehen.

- Keilriemen auf Risse oder verbrannte Stellen kontrollieren, gegebenenfalls ersetzen.
- Grüne Steuerleitung aufschieben.

Kompression prüfen

Der Kompressionsdruck soll alle 60000 km geprüft werden.

Die Kompressionsprüfung erlaubt Rückschlüsse über den Zustand des Motors. Und zwar läßt sich bei der Prüfung feststellen, ob die Ventile oder die Kolben (Kolbenringe) in Ordnung bzw. verschlissen sind. Außerdem zeigen die Prüfwerte an, ob der Motor austauschreif ist bzw. komplett überholt werden muß. Für die Prüfung wird ein Kompressionsdruckprüfer benötigt, der recht preiswert in Fachgeschäften angeboten wird.

Der Druckunterschied zwischen den einzelnen Zylindern darf maximal 1,5 bar (atü) betragen. Falls ein oder mehrere Zylinder gegenüber den anderen einen Druckunterschied von mehr als 1,5 bar (atü) haben, ist dies ein Hinweis auf defekte Ventile, verschlissene Kolbenringe bzw. Zylinderlaufbahnen. Ist die Verschleißgrenze erreicht, muß der Motor überholt bzw. ausgetauscht werden.

Der Kompressionsdruck soll zwischen 10–12 bar (atü) liegen. Die Verschleißgrenze ist bei 8,5 bar (atü) erreicht.

- Zur Prüfung der Kompression soll der Motor betriebswarm sein.

- **2-Ventilmotoren: 4-Zylinder-Motor bis 8.92 (M102), 6-Zylinder-Motor (M103):** Zündung ausschalten. Stecker (grünes Kabel) –Pfeil– am Schaltgerät der Zündanlage abziehen. Das Schaltgerät befindet sich auf der linken Seite am Radlauf.

6-Zylinder-Motor (4-Ventiler, M104):

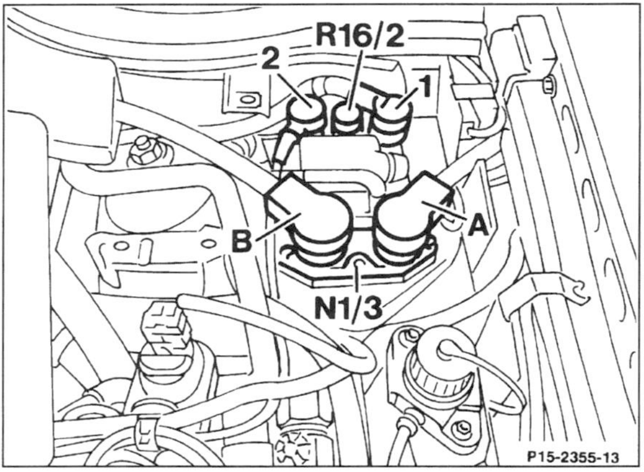

- Zündung ausschalten. Stecker für Positionsgeber (schwarzes Kabel) –2– am Schaltgerät der Zündanlage abziehen. Das Schaltgerät befindet sich auf der linken Seite am Radlauf.

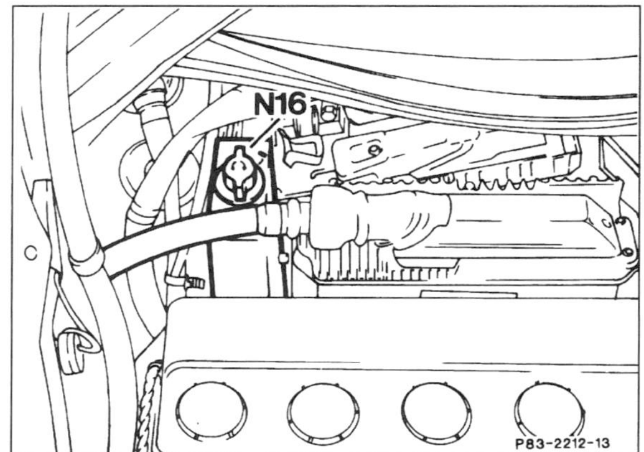

- Abdeckung an der Stirnwand hinter der Batterie abnehmen. Motoraggregate-Steuergerät –N16– ausbauen, um zu verhindern, daß beim Starten Kraftstoff eingespritzt wird. Dazu Knebel entgegen dem Uhrzeigersinn von Stellung »1« in Stellung »0« drehen und Steuergerät nach oben abziehen.

- Kabelschachtabdeckung abnehmen, sämtliche Zündkerzen herausdrehen. Zum Abziehen der Kerzenstecker gibt es eine spezielle Zange, zum Beispiel HAZET 1849.
- Motor mit Anlasser ein paarmal durchdrehen, damit Rückstände und Ruß herausgeschleudert werden. **Achtung:** Getriebe in Leerlaufstellung und Handbremse angezogen.

- Kompressionsdruckprüfer entsprechend der Bedienungsanleitung in die Zündkerzenöffnung drücken oder einschrauben.
- Von Helfer Gaspedal ganz durchtreten lassen und während der ganzen Prüfung mit dem Fuß festhalten.
- Motor ca. 8 Umdrehungen drehen lassen, bis kein Druckanstieg mehr auf dem Meßgerät erfolgt.
- Nacheinander sämtliche Zylinder prüfen und mit Sollwert vergleichen.
- Anschließend Zündkerzen mit 25 Nm einschrauben und Zündkabel aufstecken sowie Abdeckungen anbringen, siehe Seite 62.
- Grüne, beziehungsweise schwarze Steuerleitung am Zünd-Schaltgerät aufschieben.
- **6-Zylinder-Motor (4-Ventiler, M104):** Steuergerät wieder einsetzen und durch Drehen des Knebels auf Stellung „1" sichern. Abdeckung anbringen. **Achtung:** Durch das Durchdrehen des Motors bei abgezogenem Stecker für Positionsgeber am Zünd-Schaltgerät wurde im Motor-Steuergerät ein Fehler abgespeichert. Die Anzeige dieses Fehlers kann in der Fachwerkstatt gelöscht werden.

Starthilfe

Bei der Starthilfe mit einem Starthilfekabel sind einige Punkte zu beachten:

- Der Leitungsquerschnitt der Starthilfekabel soll bei Ottomotoren bis ca. 2,5 l Hubraum mindestens 16 mm^2 (Durchmesser ca. 5 mm) betragen. Bei Dieselmotoren oder Ottomotoren über ca. 2,5 l Hubraum soll der Leitungsquerschnitt mindestens 25 mm^2 betragen. Maßgebend ist dabei jeweils das Fahrzeug mit der entladenen Batterie. Der Leitungsquerschnitt ist in der Regel auf der Packung der Starthilfekabel angegeben. Beim Neukauf ist grundsätzlich ein Starthilfekabel mit isolierten Kabelzangen und 25 mm^2 Querschnitt empfehlenswert, da es sich auch für Motoren mit geringerem Hubraum eignet.
- Beide Batterien müssen eine Spannung von 12 Volt haben.
- Eine entladene Batterie kann bereits bei −10° C gefrieren. Vor Anschluß der Starthilfekabel muß eine gefrorene Batterie unbedingt aufgetaut werden.
- Die entladene Batterie muß ordnungsgemäß am Bordnetz angeklemmt sein.

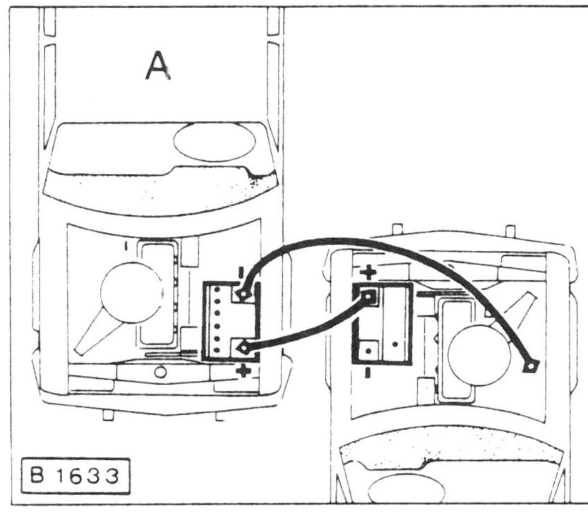

- Fahrzeuge so weit auseinanderstellen, daß kein metallischer Kontakt besteht. Andernfalls könnte bereits beim Verbinden der Pluspole ein Strom fließen.
- Bei beiden Fahrzeugen Handbremse anziehen. Schaltgetriebe in Leerlaufstellung, automatisches Getriebe in Parkstellung „P" schalten.
- Alle Stromverbraucher ausschalten.
- Motor des stromgebenden Fahrzeuges −A− im Leerlauf laufen lassen.
- Starthilfekabel in folgender Reihenfolge anschließen: 1. Rotes Kabel an den Pluspol der entladenen Batterie anklemmen. 2. Das andere Ende des roten Kabels an den Pluspol der stromgebenden Batterie anklemmen. 3. Schwarzes Kabel an den Minuspol der stromgebenden Batterie anklemmen. 4. Das andere Ende des schwarzen Kabels an eine gute Massestelle, zum Beispiel den Motorblock des Empfängerfahrzeuges, anschließen. Dadurch werden Masseverluste vermieden. Unter ungünstigen Umständen könnte beim Anschließen des Kabels an den Minuspol der leeren Batterie, durch Funkenbildung und Knallgasentwicklung die Batterie explodieren.
- Polzangen nochmals auf festen Sitz prüfen. Darauf achten, daß die Starthilfekabel nicht durch sich drehende Teile, wie etwa durch den Kühlerventilator, beschädigt werden können.

Achtung: Die Klemmen der Starthilfekabel dürfen bei angeschlossenen Kabeln nicht in Kontakt miteinander oder mit Masse (Karosserie oder Rahmen) kommen.

- Motor des Empfängerfahrzeuges (leere Batterie) starten und laufen lassen. Beim Starten Anlasser nicht länger als 15 Sekunden ununterbrochen betätigen, da sich durch die hohe Stromaufnahme Polzangen und Kabel erwärmen. Deshalb zwischendurch eine „Abkühlpause" von mindestens 1 Minute einlegen.

- Grundsätzlich Motor des Spenderfahrzeuges während des Startvorganges mit Leerlaufdrehzahl drehen lassen. Dadurch wird eine eventuelle Beschädigung des Generators durch Spannungsspitzen beim Startvorgang vermieden. Sinkt allerdings die Leerlaufdrehzahl stark ab, kann etwas Gas gegeben werden.
- Während des Starthilfevorganges offene Flammen in der Nähe der Batterie vermeiden, weil aus der Batterie brennbare Gase austreten können.
- **Nach der Starthilfe** Kabel in **umgekehrter** Reihenfolge abklemmen.

Achtung: Werden die vorgeschriebenen Anschlußhinweise nicht genau eingehalten, besteht die Gefahr der Verätzung durch austretende Batteriesäure. Außerdem können Verletzungen oder Schäden durch eine Batterieexplosion entstehen. Zudem können Defekte an den elektrischen Anlagen beider Fahrzeuge auftreten.

Störungsdiagnose Motor

Wenn der Motor nicht anspringt, Fehler systematisch einkreisen. Damit der Motor überhaupt anspringen kann, müssen immer zwei Grundvoraussetzungen erfüllt sein: Das Kraftstoff-Luftgemisch muß bis in die Zylinder gelangen, der Zündfunke muß an den Zündkerzen vorhanden sein. Als erstes ist deshalb immer zu prüfen, ob überhaupt Kraftstoff gefördert wird. Wie man dabei vorgeht, steht in den Störungstabellen „Vergaser" und „Einspritzanlage".

Störung: Der Motor springt schlecht oder gar nicht an

Ursache		Abhilfe
Bedienungsfehler beim Starten	**175 CDT-Vergaser:**	■ **Bei kaltem Motor:** Gaspedal einmal langsam durchtreten und wieder loslassen, Kupplung treten, Zündung einschalten, starten, kein Gas geben. Sofort losfahren. Nur bei strengem Frost Motor ca. 30 Sekunden warmlaufen lassen. ■ **Bei warmem Motor:** Während des Anlassens Gaspedal langsam niedertreten. Nach dem Anspringen Gaspedal loslassen. ■ **Bei heißem Motor:** Vor dem Anlassen Gaspedal ganz niedertreten und Vollgas-Stellung beibehalten – nicht pumpen
	2 E-E Vergaser:	■ Gaspedal **nicht** betätigen. Kupplung durchtreten. Zündschlüssel drehen und starten, bis der Motor anspringt. Dann erst Zündschlüssel loslassen.
	Einspritzmotor:	■ **KE-Jetronic:** Gaspedal etwas niederdrücken und festhalten. Kupplung durchtreten. ■ Zündschlüssel drehen und starten, bis der Motor anspringt. Dann erst Zündschlüssel loslassen.
Zündanlage defekt, verschmutzt oder verstellt		Zündanlage entsprechend Störtabelle überprüfen
Kraftstoffanlage defekt, verschmutzt		Kraftstoffanlage entsprechend Störtabelle überprüfen
Anlasser dreht zu langsam		Batterie laden. Falls Einbereichs-Motoröl eingefüllt ist, in der kalten Jahreszeit Winteröl einfüllen. Anlasser überprüfen
Kompressionsdruck zu niedrig		Motor überholen
Längung der Steuerkette		Steuerzeiten überprüfen, Steuerkette ersetzen
Zylinderkopfdichtung defekt		Dichtung ersetzen

Die Zündanlage

Die Zündanlage erzeugt für jeden Zylinder des Motors im richtigen Augenblick den Zündfunken. Dieser setzt das angesaugte Kraftstoff-/Luftgemisch in Brand. In der Zündspule wird hierzu die Batteriespannung von 12 Volt auf etwa 30.000 Volt umgeformt.

Der 4-Zylinder-Motor bis 8.86 ist mit einer Transistorzündanlage (TSZ) ausgerüstet. Seit 9.86 bis 8.92 besitzt er ebenso wie alle 6-Zylinder-Motoren bis 8.92 eine kennfeldgesteuerte Zündanlage (EZL). Motoren seit 9.92 (außer E300 mit 4MATIC) haben eine integrierte Zünd- und Einspritzsteuerung mit Direktzündung.

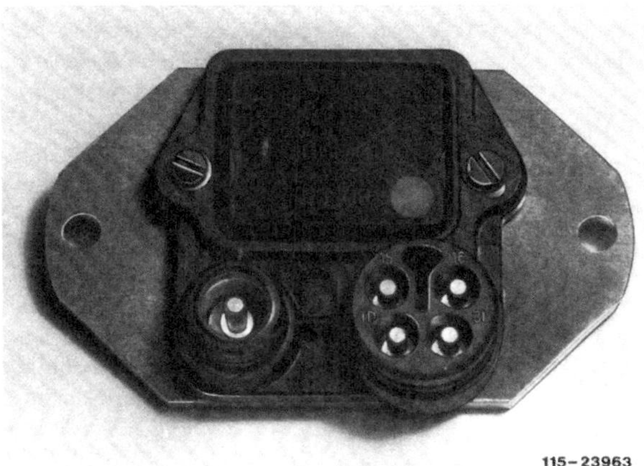
115-23963

Die TSZ-Anlage besteht aus: der Zündspule, den Zündkerzen, dem Zündverteiler mit Induktivgeber und automatischer Zündzeitpunktverstellung und dem **TSZ-Schaltgerät.**

115-28402

Bei der EZL-Anlage wird der Zündfunken durch folgende Teile bestimmt: Zündspule, Zündkerzen, Zündverteiler, Positionsgeber und **EZL-Schaltgerät.**

Die Grundplatte des Schaltgerätes (EZL und TSZ) dient zur Wärmeabfuhr. Vor Montage des Schaltgerätes, Grundplatte und Radlaufblech sorgfältig reinigen und mit Wärmeleitpaste bestreichen, damit eine gute Wärmeabgabe möglich ist.

Achtung: Die Arbeitswärme des Gerätes wird über die Karosserie abgeleitet, deshalb darf der Motor nicht laufen, wenn das Schaltgerät nicht fest installiert ist.

Funktion der TSZ-Anlage

4-Zylinder-Motor bis 8.86

Die Transistorzündanlage (TSZ) ist ein kontaktloses Zündsystem. Anstelle des Unterbrecherkontaktes ist der Zündverteiler mit einem wartungsfreien Induktivgeber ausgestattet. Ein Zündkondensator ist nicht erforderlich. Der Induktivgeber besteht aus einem Dauermagneten, einer Magnetspule und einem mit der Verteilerwelle verbundenen Verteileranker.

Der Induktivgeber steuert das TSZ-Schaltgerät an und bestimmt somit den Aus- und Einschaltpunkt des Zündspulenstromes. Dadurch bestimmt der Induktivgeber auch den Zündzeitpunkt.

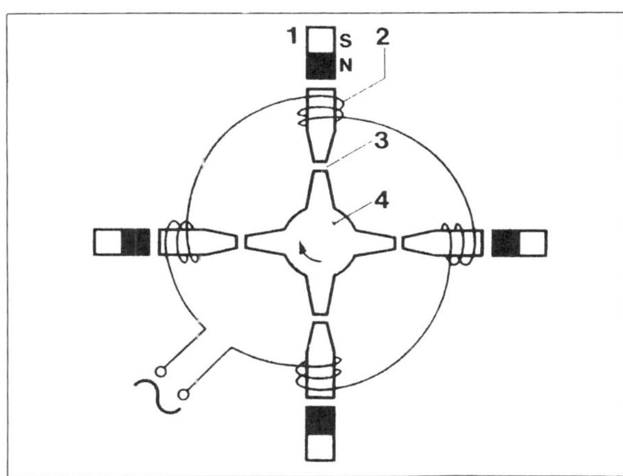

Da sich der Verteileranker –4– mit der Verteilerwelle dreht, ändert sich der Abstand –3– zwischen Verteileranker und den Statorpolen ständig. Dadurch wird in die Magnetspule –2– eine Wechselspannung induziert. Entsprechend den Spannungsänderungen löst das Schaltgerät zusammen mit der Zündspule den Zündfunken aus. Die Zündung erfolgt immer dann, wenn sich die Pole des Verteilerankers gerade wieder von den Statorpolen entfernen. Weitere in der Abbildung dargestellte Teile sind: –1– Dauermagnet, –S– Südpol und –N– Nordpol des Dauermagneten.

Um das Schaltgerät und die Zündspule vor hoher Erwärmung zu schützen, schaltet das Schaltgerät bei eingeschalteter Zündung und stehendem Motor die Spannungsversorgung der Zündspule ab.

Aus Sicherheitsgründen hat die Zündspule eine 5,5 mm große Öffnung mit Verschlußstopfen. Sie dient dazu, die Vergußmasse der Zündspule im Falle eines Schaltdefektes im TSZ-Schaltgerät gezielt austreten zu lassen.

Funktion der kennfeldgesteuerten Zündanlage (EZL)

4-Zylinder-Motor 9.86 – 8.92, 6-Zylinder-Motor bis 8.92

Die kennfeldgesteuerte Zündanlage (EZL) ermöglicht eine noch genauere Bestimmung des Zündzeitpunktes als bei bisherigen Zündanlagen. Außerdem läßt sich die Zündanlage leichter an unterschiedliche Betriebsbedingungen, zum Beispiel andere Kraftstoffart, anpassen.

Bei der EZL wird der optimale Zündzeitpunkt vom jeweiligen Betriebszustand des Motors bestimmt. Als Meßgrößen dienen die Motordrehzahl, die Motortemperatur und der Lastzustand (Saugrohrunterdruck, Drosselklappenstellung). Darunter versteht man die momentane Belastung des Motors. Denn es ist ein Unterschied, ob das Fahrzeug beispielsweise mit 4000/min einen Berg rauf- oder runterfährt.

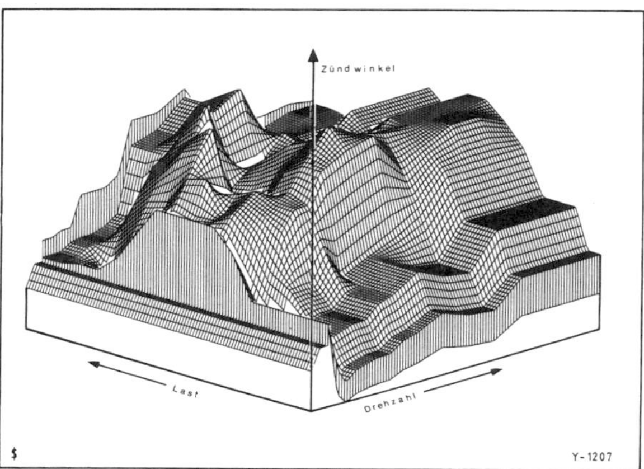

Das erforderliche Kennfeld für die Zündanlage wird durch Versuche auf dem Motorprüfstand ermittelt und anschließend in Fahrversuchen so abgestimmt, daß sich die günstigsten Werte für Verbrauch, Abgas und Fahrverhalten ergeben. Die ermittelten Werte werden im Steuergerät gespeichert.

Während der Fahrt werden aus den Funktionen Motordrehzahl, Motortemperatur und Lastzustand Signale an das Steuergerät gegeben, welches dann aus den festgelegten Zündkennlinien für den momentanen Betriebszustand den richtigen Zündzeitpunkt (zum Beispiel 10° vor OT oder 0°) bestimmt.

Bei Ausfall der Informationen über Motortemperatur, Lastzustand usw. können Mängel im Fahrverhalten auftreten, und zwar durch verringerte Motorleistung. Eventuell kann sich auch der Verbrauch erhöhen. Langfristige Schäden am Motor sind nicht zu befürchten, wenn der Defekt alsbald behoben wird.

Der Zündverteiler hat bei der kennfeldgesteuerten Zündanlage nur noch die Aufgabe, die Zündspannung durch den Verteilerläufer auf die einzelnen Zündkerzen zu verteilen. Der Verteilerläufer wird beim 6-Zylinder-Motor direkt von der Nockenwelle angetrieben. Beim 4-Zylinder-Motor befindet sich der durch die Nebenwelle angetriebene Zündverteiler auf der linken Seite des Motorblocks. Fliehgewichte, Unterdruckdose und Induktivgebersystem werden nicht benötigt, da deren Funktionen vom Mikroprozessor im Steuergerät übernommen werden.

Bis 8.86 wurde die Höchstdrehzahl von 6350 ± 50/min durch Zündabschaltung begrenzt. Das heißt, das Steuergerät schaltet bei Erreichen der Höchstdrehzahl die Zündung ab, und zwar so lange, bis die Drehzahl wieder unter diesen Grenzwert gefallen ist. Seit 9.86 erfolgt die Begrenzung der Drehzahl durch Kraftstoffabschaltung der KE-Jetronic oder des 2E-E Vergasers.

Funktion der Direktzündung

Motoren seit 9.92 (außer E300 mit 4MATIC)

Die Vierventilmotoren verfügen über eine ruhende Hochspannungs-Zündverteilung. In dieser Zündanlage gibt es keine beweglichen Teile, der herkömmliche Zündverteiler mit Verteilerfinger entfällt. Dadurch gibt es keinen Verschleiß mehr, und die Betriebssicherheit wird erhöht. Die Auslösung der Zündfunken durch die Zündspulen erfolgt direkt durch das Motor-Steuergerät, das auch die Benzin-Einspritzung steuert. Die Zündspulen sitzen beim 4-Zylinder-Motor am Motorblock, beim 6-Zylinder-Motor unter der Zylinderkopfhaube. Eine Zündspule bereitet für jeweils 2 Zylinder die Zündfunken auf. Dabei zündet der eine Zündfunke das Gemisch im Zylinder, während der andere Zündfunke in den Auspufftakt des korrespondierenden Zylinders zündet. Zur verbesserten Startsicherheit werden beim Kaltstart mehrere Zündfunken pro Arbeitstakt generiert (sogenannte Funkenbandzündung).

Eine Antiklopfregelung ermöglicht bei Motoren ab 2,2 l Hubraum den wirtschaftlichen Betrieb mit hoher Verdichtung und gleicht unterschiedliche Kraftstoffqualitäten aus. Wenn beim 2,0-l-Motor vorübergehend nur Benzin geringerer Güte zur Verfügung steht, muß über einen Abgleichstecker im Motorraum die Zündung auf ein anderes Kennfeld umgestellt werden. Beim 4-Zylinder-Motor sitzt 1, beim 6-Zylinder sitzen 2 Klopfsensoren am Motorblock. Sie registrieren klopfende Verbrennungen im Motor und beeinflussen durch entsprechende Impulse das Motor-Steuergerät, die Zündung in Richtung „spät" zu verstellen. Dadurch wird das Klopfen des Motors verhindert und Motorschäden vermieden.

Sicherheitsmaßnahmen zur elektronischen Zündanlage

Bei elektronischen Zündanlagen beträgt die Zündspannung bis zu 30 kV. Unter ungünstigen Umständen, zum Beispiel Feuchtigkeit im Motorraum, können Spannungsspitzen die Isolation durchschlagen, was bei Berührung zu Elektroschocks führt.

Um Verletzungen von Personen und/oder die Zerstörung der elektronischen Zündanlage zu vermeiden, ist bei Arbeiten an Fahrzeugen mit elektronischer Zündanlage folgendes zu beachten:

- Zündkabel nicht bei laufendem Motor bzw. bei Anlaßdrehzahl mit der Hand berühren bzw. abziehen.

- Leitungen der Zündanlage nur bei ausgeschalteter Zündung abklemmen. Bei eingeschalteter Zündung kann durch Erschütterung des Verteilers ein Hochspannungsstoß ausgelöst werden.
- Das An- und Abklemmen von Meßgeräteleitungen (Drehzahlmesser/Zündungstester) nur bei ausgeschalteter Zündung vornehmen.
- An Klemme 1 (–) dürfen kein Entstörkondensator und keine Prüflampe angeschlossen werden.
- Meßgeräte und Zündlichtlampen mit Spannungsversorgung 12 Volt bei laufendem Motor nicht an Klemme 15 der Zündspule anklemmen.
- Klemme 1 und Klemme 15 der Zündspule dürfen nicht gegen Masse kurzgeschlossen werden.
- Bei laufendem Motor dürfen Prüfungen, wie z. B. Zündkabel (Klemme 4) mit Abstand gegen Masse halten oder das Abziehen einzelner Kerzenstecker nicht durchgeführt werden.
- Das Prüfen der Zündspannung beim Starten mit abgezogenem Zündkabel Klemme 4 vom Zündverteiler darf nicht durchgeführt werden.
- Bevor der Motor mit Anlaßdrehzahl betrieben (z. B. Kompressionsdruckprüfung) oder von Hand durchgedreht wird, Zündung ausschalten und Stecker für Induktivgeber des Zündverteilers (grünes Kabel) am Schaltgerät abziehen.
- Die Zündspule darf nicht durch eine andere Ausführung ersetzt werden.
- Bei Erhitzung auf mehr als 80° C (z. B. Lackieren, Dampfstrahlen) darf der Motor nicht unmittelbar nach der Aufheizphase gestartet werden.
- Die Motorwäsche ist nur bei Motorstillstand durchzuführen.
- Bei Elektro- und Punktschweißen ist die Batterie komplett abzuklemmen.
- Personen mit einem Herzschrittmacher sollen keine Arbeiten an der elektronischen Zündanlage durchführen.

Zündung prüfen

Außer Direktzündung

Wenn der Motor nicht anspringt, kann das unter anderem durch einen Defekt in der Zündanlage verursacht werden.

- **EZL-Zündung:** Schließwinkel bei Anlaßdrehzahl prüfen. Sollwert 4-Zylinder-Motor: 9° bis 49°, 6-Zylinder-Motor: 1° bis 30°. Wird der Sollwert erreicht, Zündzeitpunkt und Zündspule prüfen, andernfalls Prüfung wie folgt durchführen.

Alle Motoren (außer Direktzündung)

- Deckel von Diagnosesteckdose –4– abnehmen.
- Voltmeter zwischen Buchse 5 und Masse anschließen. Zündung einschalten. Voltmeter muß Batteriespannung (ca. 12 Volt) anzeigen, sonst Zuleitung gemäß Schaltplan überprüfen.

- Mit Voltmeter Spannungsdifferenz zwischen Buchse 5 und 4 der Steckdose prüfen. Sollwert: 0 Volt. **Achtung:** Ist die gemessene Spannung größer als 0,1 Volt, Zündung sofort ausschalten und Steuergerät ersetzen. Außerdem Zündspule prüfen.

TSZ-Anlage

- Schließwinkel bei Anlasserdrehzahl prüfen. Dazu grüne Leitung vom Schaltgerät abziehen und Schließwinkelmeßgerät an Klemme 1 der Diagnosesteckdose, danach an Klemme TD des Schaltgerätes und gegen Masse anschließen, Sollwert: 7° bis 34°.
- Falls die gemessenen Werte größer als 34° sind, Steuergerät erneuern.
- Wenn die gemessenen Werte verschieden sind, Verbindungsleitung gemäß Schaltplan überprüfen.
- Am Stecker der grünen Steuerleitung mit Ohmmeter Widerstand der Geberspule prüfen. Ohmmeter zwischen inneren und äußeren Kontakt des abgezogenen Steckers anschließen (Klemmen 7 und 3), Sollwert: 600 ± 100 Ω.

- Wird der Sollwert nicht erreicht, Steuerleitung am Zündverteiler abziehen, Ohmmeter an die Kontakte am Verteiler anschließen. Wird nun der Sollwert 600 ± 100 Ω angezeigt, Steuerleitung ersetzen, andernfalls Zündverteiler erneuern.

- Am abgezogenen Stecker der grünen Steuerleitung nacheinander die Klemmen 3 und 7 über Ohmmeter gegen Masse anschließen. Das Ohmmeter muß einen Wert von 200 k Ω oder mehr, beziehungsweise unendlich anzeigen.
- Wird der Sollwert nicht erreicht, Steuerleitung am Zündverteiler abziehen und Widerstand an einem der beiden Kontakte gegen Masse prüfen. Sollwert: 200 k Ω oder darüber. Wird der Sollwert erreicht, Steuerleitung ersetzen, andernfalls Zündverteiler erneuern.

EZL-Anlage

- Stecker für Positionsgeber (grüne Leitung) am Steuergerät abziehen –Pfeil–. Widerstand des Gebers prüfen, dazu Ohmmeter an die Buchse und den äußeren Kontaktring des Steckers anschließen. Sollwert 4-Zylinder-Motor: 640 – 1200 Ω, 6-Zylinder-Motor: 730 – 910 Ω. Wird der Sollwert nicht erreicht, Positionsgeber ersetzen.
- Andernfalls Schließwinkel prüfen. Wird kein Schließwinkel angezeigt, Steuergerät erneuern.

Zündspule prüfen

Außer Direktzündung

Die Zündspule kann mit einem Ohmmeter geprüft werden.

- Massekabel von der Batterie abklemmen.
- Abdeckhaube für Zündspule abnehmen. Dazu Clip mit breitem Schraubendreher trennen, Haube etwas spreizen und nach hinten schwenken.
- Anschlüsse an der Zündspule abklemmen.

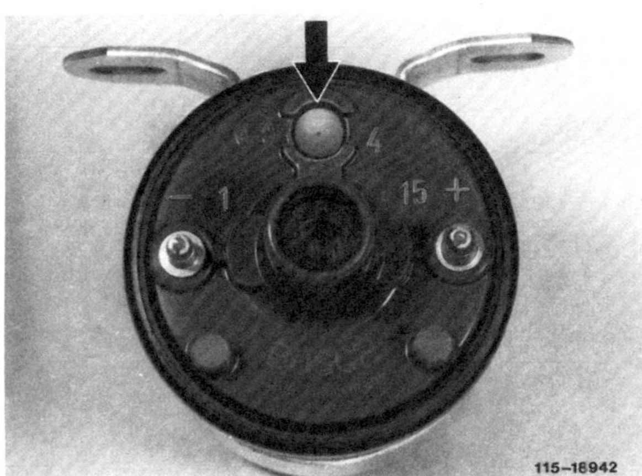

- Wenn der Stopfen –Pfeil– an der Zündspule herausgedrückt ist, Zündspule ersetzen.
- Zündspule auf Haarrisse prüfen, gegebenenfalls ersetzen.
- Primärwiderstand der Zündspule prüfen, dazu Ohmmeter an die Klemmen 1 und 15 anschließen.

- Sekundärwiderstand prüfen, dazu Ohmmeter an die Klemmen 15 und 4 anschließen.

Motor	Zündspulenwiderstand primär	sekundär
4-Zylinder mit TSZ	0,5 – 0,9 Ω	6 – 16 kΩ
4-Zylinder mit EZL	0,3 – 0,5 Ω	7 – 13 kΩ
6-Zylinder mit EZL	0,36 – 0,4 Ω	7 – 11 kΩ

- Elektrische Leitungen an Zündspule anklemmen.
- Abdeckhaube hinten ansetzen, spreizen und nach vorn klappen. Richtigen Sitz der Leitungen in der Abdeckung prüfen, Haube unten mit Zange zusammenclipsen.
- Massekabel an Batterie anklemmen.

Achtung: Wird die Zündspule ersetzt, auf keinen Fall eine Zündspule für eine herkömmliche, unterbrechergesteuerte Zündanlage einbauen. Dadurch würde das Steuergerät zerstört.

Zündkabel prüfen

- Massekabel von der Batterie abklemmen.
- Zündkabel für späteren Einbau mit Klebeband markieren.
- Verteilerkappe abnehmen und Kerzenstecker abziehen. **Achtung:** Dabei am Stecker und nicht am Kabel ziehen.
- Widerstand zwischen den einzelnen Kontakten in der Verteilerkappe und den entsprechenden Kontakten der Zündkerzenstecker prüfen. Sollwert: 1 k Ω.

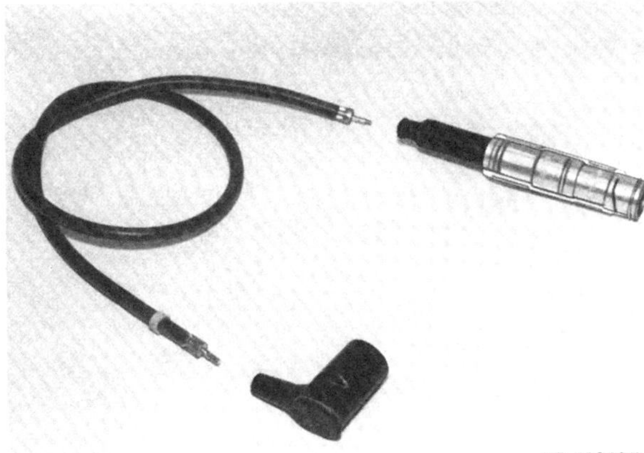
115–18940/1

- Wird der Sollwert nicht erreicht, Kerzenstecker vom Zündkabel abschrauben. Der Widerstand des Steckers muß 1 k Ω betragen. Falls nicht, Kerzenstecker ersetzen, andernfalls Zündkabel beziehungsweise Verteilerkappe erneuern.
- Bei zu hohem Widerstand Kabelanschlüsse reinigen und Prüfung wiederholen, gegebenenfalls Kabel erneuern.
- Verteilerläufer prüfen.
- Massekabel an Batterie anklemmen.

Zündverteilerläufer prüfen

Für einen einwandfreien Zündfunken darf der Widerstand (in Ohm gemessen) nicht zu hoch sein.

- Zündverteilerkappe ausbauen.

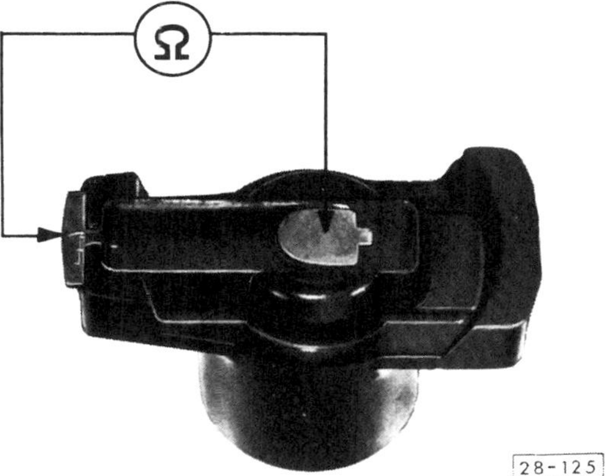

28-125

- Ohmmeter an Zündverteilerläufer anschließen. Der Sollwert beträgt ca. 1 k Ω, Kennzeichnung R 1.

Zündverteiler aus- und einbauen

4-Zylinder-Motor

Ausbau

- Batterie-Massekabel abklemmen.
- Stecker mit grüner Steuerleitung am Verteiler abziehen, vorher Haltelasche abschrauben.
- Verteilerkappe abnehmen, dazu 2 Befestigungshaken lösen. Schraubendreher in den Kreuzschlitz des Hakens einsetzen, nach unten drücken und um ca. 90° (¼ Umdrehung) nach links drehen. Dadurch wird der Haken aus der seitlich am Verteiler angebrachten Befestigungslasche ausgehängt.
- Unterdruckleitung an der Unterdruckdose abziehen.
- Motor auf Zünd-OT des 1. Zylinders stellen. Dazu Getriebe in Leerlaufstellung bringen und Motor mit Steckschlüsseleinsatz (SW 27) an der Zentralschraube der Kurbelwellen-Riemenscheibe in Motordrehrichtung (im Uhrzeigersinn) weiterdrehen, bis die Markierung auf der Kontaktzunge des Verteilerläufers mit der Kerbe auf dem Rand des Verteilergehäuses übereinstimmt, gegebenenfalls Staubschutzkappe etwas anheben.

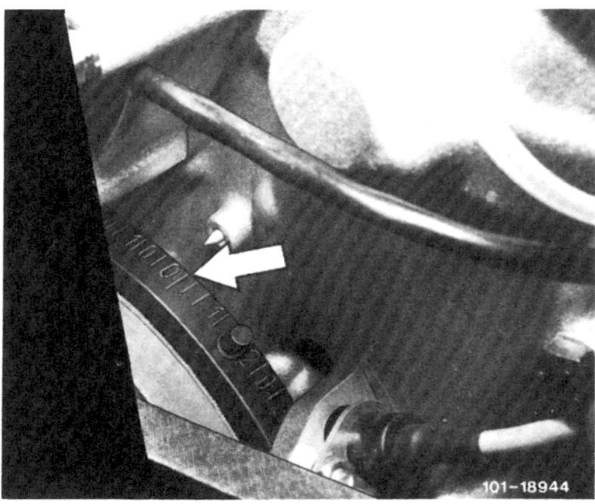

- Gleichzeitig muß der Zeiger am Steuergehäusedeckel über der OT-Markierung der Kurbelwellen-Riemenscheibe stehen –Pfeil–.

Achtung: Motor **nicht** rückwärts drehen.

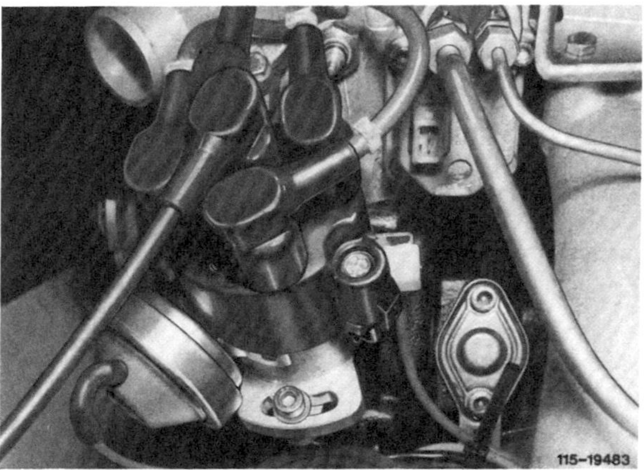

- Befestigungsschraube für Zündverteiler mit Innensechskantschlüssel SW6 herausdrehen und Verteiler herausziehen.

Achtung: Motor bei ausgebautem Verteiler nicht mehr verdrehen.

Einbau

- Vor dem Einbau prüfen, ob sich der Motor noch in der OT-Stellung für Zylinder 1 befindet.
- Zündverteilerwelle so drehen, daß die Markierungen auf Verteilerläufer und Verteilergehäuse übereinstimmen.
- Verteiler so einsetzen, daß sich das Langloch am Verteilerfuß etwa mittig über der Bohrung für die Befestigungsschraube befindet.
- Befestigungsschraube beiziehen, nicht festziehen.
- Zündzeitpunkt behelfsmäßig einstellen. Dazu Zündblitzpistole nach Bedienungsanleitung anschließen. Motor mit Anlasser (Helfer!) durchdrehen und Zündzeitpunktmarke am Steuergehäusedeckel anblitzen.
- Der Zündzeitpunkt ist richtig eingestellt, wenn der Einbauwert auf der Kurbelwellen-Riemenscheibe unterhalb der Bezugsmarke am Steuergehäusedeckel stillsteht, siehe auch Abbildung 101-18944 und Zündzeitpunkttabelle.
- Wird der Sollwert nicht erreicht, Befestigungsschraube für Zündverteiler lösen und Verteiler verdrehen, bis die Markierungen übereinstimmen.
- Befestigungsschraube für Verteiler festziehen.
- Unterdruckleitung aufschieben.
- Sitz der Staubschutzkappe prüfen, die Nase der Kappe muß in die Nut am Rand des Verteilergehäuses eingreifen.
- Senkrechten Sitz der Haltelaschen am Verteilergehäuse prüfen, gegebenenfalls ausrichten und Schraube festziehen.
- Verteilerkappe so aufsetzen, daß sich das Zündkabel für Zylinder 1 über der Kerbe am Rand des Verteilers befindet. Die Kerbe ist nur sichtbar, wenn die Staubschutzkappe etwas angehoben wird. Oben an der Verteilerkappe befindet sich neben dem entsprechenden Zündkabelanschluß in einem Kreis die Bezeichnung „1".
- Richtigen Sitz der Verteilerkappe durch Hin- und Herbewegen prüfen, die Kappe darf sich nicht drehen lassen.
- Die 2 seitlichen Befestigungshaken nach unten drücken, durch Drehen in die Haltelaschen seitlich am Verteilergehäuse einhängen und loslassen.
- Prüfen, ob die Haken an der richtigen Stelle eingehängt sind und die Verteilerkappe fest auf dem Verteiler sitzt.
- Grüne Steuerleitung am Verteiler aufschieben und mit Haltelasche sichern.
- Batterie-Massekabel anklemmen.
- Motor starten und warmlaufen lassen.
- Zündzeitpunkt bei laufendem Motor einstellen.

Hochspannungsverteiler aus- und einbauen

6-Zylinder-Motor

Ausbau

- Schutzhaube mit den beiden seitlichen Laschen ausclipsen und nach oben abziehen.
- Zündkabel abziehen.

- Abschirmkappe –6– abschrauben.
- Verteilerkappe –4– abschrauben.
- Verteilerfinger mit 3 Schrauben vom Mitnehmer abschrauben.

- Innensechskantschraube –4– herausdrehen und Mitnehmer –5– von Hand abziehen.
- Abdichtscheibe –3– (Bild 115–28975) abnehmen.
- Falls erforderlich, Verschlußdeckel abschrauben, siehe Seite 27.

Einbau

- Falls ausgebaut, Verschlußdeckel mit neuer Dichtung und 22 Nm anschrauben, dabei zuerst die beiden unteren Schrauben anziehen. Vorher Anlagefläche am Zylinderkopf mit Dichtmasse Curil K2 bestreichen.
- Abdichtscheibe auflegen.
- Mitnehmer so einsetzen, daß die Nut im Schaft über dem Stift in der Nockenwelle einrastet. Mitnehmer mit 21 Nm anschrauben.
- Verteilerfinger mit 2,5 Nm ganz leicht am Mitnehmer anschrauben.
- Verteilerkappe und Abschirmkappe anschrauben.
- Zündkabel in der Reihenfolge 1-5-3-6-2-4 aufstecken.
- Schutzhaube ansetzen und einrasten.

Achtung: Der Zündzeitpunkt braucht nicht eingestellt zu werden.

Zündspulen aus- und einbauen

Direktzündung

4-Zylinder-Motor

- Steckverbindung zwischen Motor und Zündspulen trennen.
- Falls vorhanden, Tempomat-Gestänge aushängen.

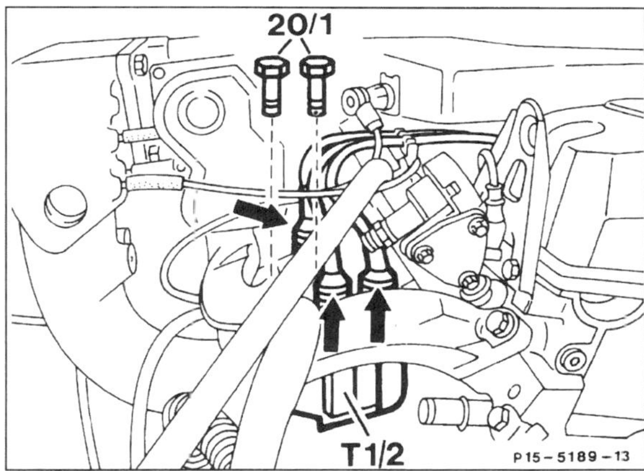

- Zündleitungen –Pfeile– an den Zündspulen abziehen.
- Schrauben –20/1– lösen und Zündspulen –T1/2– herausnehmen. **Achtung:** Die Primäranschlüsse führen Spannungen bis 400 Volt! Daher muß der Halter/Kernpaket immer mit Fahrzeugmasse verbunden sein.
- Abdeckungen an den Zündspulen-Unterseiten aufklappen und Kabel an Klemmen 15 und 1 abschrauben.

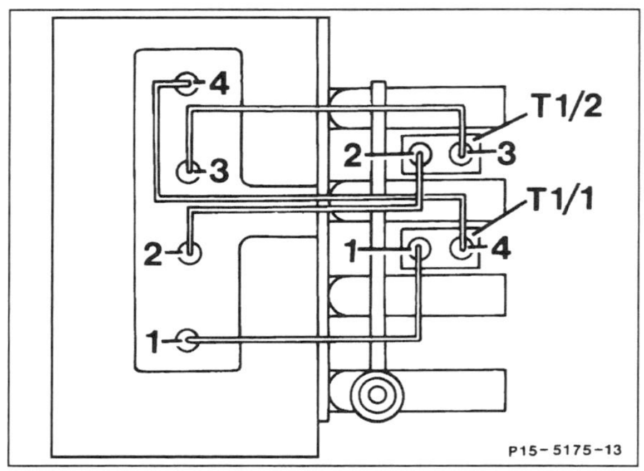

- Zündspulen –T1/1– und –T1/2– in umgekehrter Ausbaureihenfolge wieder einbauen. Die Abbildung zeigt das Anschlußschema der Zündspulen/Zündkerzen. Jeweils eine Zündspule ist für 2 Zündkerzen zuständig.

6-Zylinder-Motor

- Luftfilter-Querrohr ausbauen, dazu Schlauchschellen lösen.
- Zündkerzenabdeckung abschrauben.

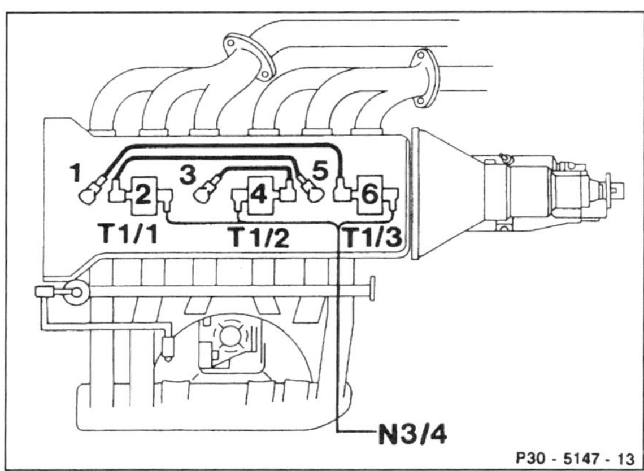

- Die Abbildung zeigt das Anschlußschema der Zündspulen/Zündkerzen. Jeweils eine Zündspule versorgt 2 Zündkerzen mit Hochspannung.

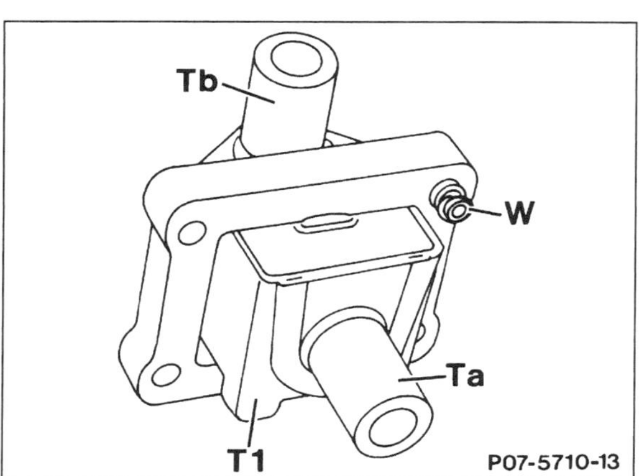

- Die Zündspulen –T1– sind mit einem Zündkerzenstecker über –Ta– direkt auf eine Zündkerze aufgesteckt. –Tb– führt über eine Zündleitung zur korrespondierenden Zündkerze, siehe vorhergehende Abbildung. Führungsstift –W– ist gleichzeitig der Masseanschluß für die Zündspule.
- Zündspule nach oben abziehen, seitliches Zündkabel abziehen.
- Der Einbau erfolgt in umgekehrter Ausbaureihenfolge.

Zündzeitpunkt prüfen

Außer Direktzündung

Der Zündzeitpunkt verstellt sich in der Regel nicht. Er ist zu prüfen, wenn der Verbrauch zu hoch ist beziehungsweise bei Fahrzeugen mit TSZ-Anlage, wenn der Zündverteiler aus- und eingebaut wurde. Bei Fahrzeugen mit Direktzündung braucht der Zündzeitpunkt nicht mehr geprüft zu werden.

Zum Prüfen werden ein Drehzahlmesser und eine Zündblitzpistole benötigt.

Achtung: Die Zündzeitpunktmarkierungen sind mitunter schwierig zu erkennen, weil sie durch andere Bauteile wie Zündkabel, Kühlmittelschläuche oder Keilriemen verdeckt werden. Deshalb empfiehlt es sich vor der Prüfung die günstigste Blickrichtung auf die Zündzeitpunktmarkierungen mit Hilfe einer Taschenlampe festzulegen.

- Motor auf Betriebstemperatur bringen. Die Kühlmitteltemperatur muß zwischen 75° C und 90° C liegen, da sich außerhalb dieses Temperaturbereichs der Zündzeitpunkt ändert. Gegebenenfalls Stecker vom Kühlmittel-Temperaturfühler EZL abziehen und über einen Widerstand von 320 Ω an Masse legen. Dadurch wird eine Kühlmitteltemperatur von 80° C simuliert. Falls ein 4-poliger Temperaturfühler eingebaut ist, Widerstand zwischen die Kontakte »1« und »3« am Stecker anschließen.

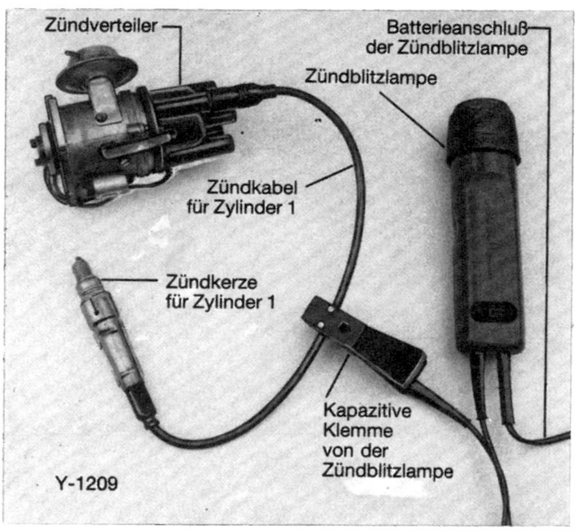

- Drehzahlmesser und Zündblitzpistole nach Bedienungsanleitung anschließen.

- **Unterdruckleitung an der Unterdruckdose des Zündverteilers abziehen** (nur TSZ-Anlage).
- Falls vorhanden, Klimaanlage ausschalten.
- Falls vorhanden, Stecker für Ansaugluft-Temperaturfühler abziehen.
- Motor starten und im Leerlauf drehen lassen.

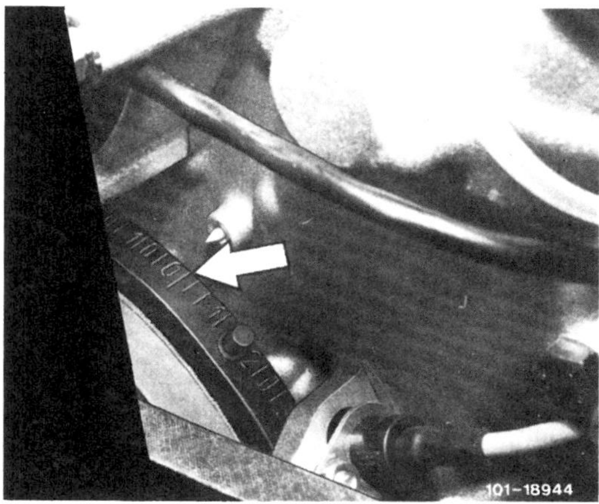

- Zeiger am Steuergehäusedeckel mit Zündblitzlampe anblitzen. Dabei mit der Zündblitzlampe seitlich zwischen Keilriemenspanner und Zündverteiler hindurch auf die Kurbelwellen-Riemenscheibe oberhalb des OT-Gebers leuchten. **Achtung:** Verletzungsgefahr durch drehende Riemenscheiben und Keilriemen.
- Die Zündung ist richtig eingestellt, wenn beim Anblitzen der Prüfwert unterhalb der Bezugsmarke scheinbar stillsteht, siehe Zündzeitpunkttabelle. Die Zündzeitpunktmarkierungen sind sichtbar, wenn man senkrecht von oben zwischen den Zündkabeln hindurch oder schräg von vorn unter dem Keilriemen hindurch schaut.

200, 230 E mit TSZ-Anlage

- Stimmen die Zündzeitpunktmarkierungen nicht überein, Befestigungsschraube für Verteiler mit Innensechskantschlüssel SW 6 etwas lösen, Drehzahl auf 4500/min erhöhen und Zündverteiler verdrehen, bis sich der Einstellwert mit der Bezugsmarke deckt.
- Befestigungsschraube festziehen.
- Leerlaufeinstellung prüfen, siehe Seite 85, 112.
- Anschließend Zündzeitpunkt nochmals prüfen.
- Meßgeräte entfernen, Unterdruckleitung aufstecken.

6-Zylinder-Motor und 200/230 E mit EZL-Anlage

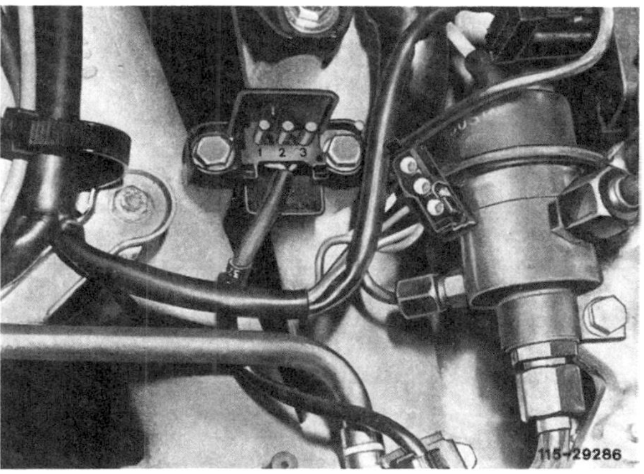

- Steckverbindung für Drosselklappenschalter trennen und Widerstand prüfen. Ohmmeter an die Kontakte 1 und 2 anschließen, Drosselklappe in Leerlaufstellung, Sollwert: 0 Ω. Drosselklappe etwas öffnen, die Anzeige am Meßgerät muß auf ∞ Ω springen. Ohmmeter an die Kontakte 2 und 3 anschließen, Drosselklappe bis zum Anschlag öffnen, Sollwert: 0 Ω. Drosselklappe etwas schließen, die Anzeige muß auf ∞ Ω springen. Werden die Sollwerte nicht erreicht Drosselklappenschalter einstellen beziehungsweise erneuern.
- Zündzeitpunkt prüfen. Gegebenenfalls Unterdruckleitung vom Saugrohr zum Steuergerät auf Dichtigkeit prüfen.
- Temperaturfühler prüfen, siehe Seite 117.

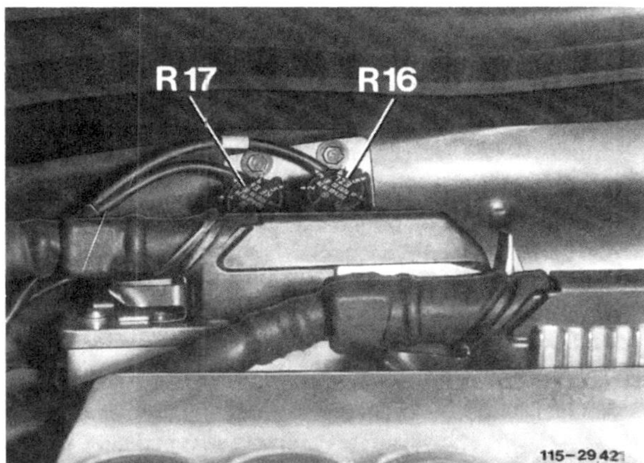

- Stellung des Abgleichsteckers –R 16– prüfen. Die Rastnasen „M–M" müssen sich bei Fahrzeugen bis 8/86 in Stellung „1", seit 9/86 in Stellung „S" befinden. Andernfalls Stekker abziehen und Rastnasen verdrehen. Gegebenenfalls Widerstandswerte am Stecker zwischen dem mittleren und den äußeren Stiften prüfen. Ausgehend von dem nicht belegten äußeren Stift, müssen entgegen dem Uhrzeigersinn folgende Werte erreicht werden: 2,4 kΩ, 1,3 kΩ, 750 Ω, 470 Ω, 220 Ω, 0 Ω. Weitere abgebildete Teile: Der Abgleichstecker –R 17– ermöglicht eine Veränderung des Gemisch-Kennfeldes der KE-Einspritzanlage.
- Wurde kein Fehler gefunden Steuergerät erneuern.
- Sämtliche Stecker aufstecken.

Zündzeitpunkt-Werte (Fahrzeuge ohne Direktzündung)

Modell	Zünd-anlage	Einbauwert vor OT bei Startdrehzahl	Prüfwert		Prüfwert/Einstellwert		
			Leerlauf-drehzahl 1/min	Zündzeit-punkt vor OT	Prüf-Drehzahl 1/min	Zündzeitpunkt Unterdruckschlauch abgezogen	angeschlossen
200	TSZ	13°	800 ± 50	13° ± 3°	4500	32°	–
200 KAT/RÜF bis 8/88	EZL	0° ± 2°	750 ± 50	13° ± 2°	3200	17° ± 2° (N) 24° ± 2° (S)	40° ± 2°
200 KAT/RÜF seit 9/88	EZL	0° ± 2°	750 ± 50	13° ± 2°	3200	16° ± 2° (N) 21° ± 2° (S)	40° ± 2°
200 E KAT/RÜF bis 8/89	EZL	–	750 ± 50	10° ± 2°	3200	19° ± 2° (N) 25° ± 2° (S)	38° ± 2°
200 E KAT/RÜF seit 9/89	EZL	–	770 ± 50	10° ± 2°	3200	19° ± 2° (N) 25° ± 2° (S)	37° ± 2°
230 E	TSZ	15°	750 ± 50	15° ± 3°	4500	32°*	38° ± 4°
230 E KAT/RÜF bis 8/88	EZL	0° ± 2°	750 ± 50	10° ± 2° (m)	3200	21° ± 2° (N) 27° ± 2° (S)	41° ± 2°
230 E KAT/RÜF seit 9/88	EZL	–	750 ± 50	10° ± 2°	3200	19° ± 2° (N) 25° ± 2° (S)	41° ± 2°
230 E KAT/RÜF seit 9/89	EZL	–	750 ± 50	10° ± 2°	3200	16° – 21° (N) 24° ± 2° (S)	41° ± 2°
260 E	EZL	0° ± 2°	700 ± 50	8° – 13° (m)	3750	25° ± 2°	40° ± 2°
260 E KAT/RÜF	EZL	0° ± 2°	700 ± 50	9° ± 2° (m)	–	–	–
300 E	EZL	0° ± 2°	650 ± 50	8° – 13° (m)	3200	25° ± 2°	41° ± 2°
300 E KAT/RÜF	EZL	0° ± 2°	650 ± 50	6° – 11° (m)	–	–	–

*) Bei unverbleitem Eurosuper (95 Oktan): 27°

TSZ = Transistorzündanlage
EZL = Elektronische Zündanlage mit Zündlinienverstellung
KAT = Fahrzeuge mit Katalysator
RÜF = Rückrüstfahrzeuge, nachträglicher Katalysatoreinbau vorgesehen
(S) = Abgleichsteckerstellung „S"
(N) = Abgleichsteckerstellung „N"
(m) = mit Unterdruck, Schlauch bleibt aufgesteckt

Die TSZ-Anlage

Achtung: Der Unterdruckschlauch an der Unterdruckdose des Zündverteilers ist dabei jeweils abgezogen.

Wird zum Beispiel im Ausland nur Kraftstoff mit geringerer Oktanzahl (ROZ unter 98) angeboten, so ist der Zündzeitpunkt in Richtung „spät" zu verstellen. Und zwar: pro 1 ROZ um 1–2° KW (Kurbelwellenwinkel). **Achtung:** Die maximale Zurücknahme darf 6° KW nicht überschreiten.

Achtung: Bei zurückgenommenem Zündzeitpunkt darf der Motor nicht voll belastet werden, hohe Drehzahlen sind zu vermeiden. Der Kraftstoffverbrauch erhöht sich und die Leistung des Motors wird verringert.

Sobald Kraftstoff mit der vorgeschriebenen Oktanzahl (mind. 98 ROZ) zur Verfügung steht, ist wieder auf volle Frühzündung umzustellen.

Die EZL-Anlage

Der Zündzeitpunkt kann durch einen Abgleichstecker an die Oktanzahl des angebotenen Kraftstoffes angepaßt werden.

Bei Fahrzeugen seit 9/86 (RÜF/KAT) befindet sich der EZL-Abgleichstecker an der linken Trennwand zum Motorraum. Dabei stehen „S" für Superkraftstoff und „N" für Normalkraftstoff.
RÜF: Stellung „2" dient zur Korrektur des Zündzeitpunktes um 3° in Richtung spät bei schlechtem Superkraftstoff.
KAT: Stellung „5" korrigiert den Zündzeitpunkt um 3° in Richtung spät bei schlechtem, **unverbleitem** Superkraftstoff. „7" ist die Korrekturstellung um 3° in Richtung spät bei schlechtem, **unverbleitem** Normalkraftstoff.

Bei Fahrzeugen **bis 8/86** sitzt der Abgleichstecker hinter der Batterie. Eine Anpassung des Zündzeitpunktes ist in der Regel nur notwendig, wenn der Motor mit Superkraftstoff von schlechterer Qualität gefahren wird (Ausland).

In diesem Fall Kodierstecker abziehen. Normalerweise stehen die Rastnasen „M–M" des Steckers auf „1". Durch Verdrehen der Rastnasen auf eine höhere Zahl wird der Zündzeitpunkt in Richtung spät verstellt, und zwar pro Raste um 2°. Anschließend Kodierstecker wieder aufschieben.

Die Zündkerzen

Die Zündkerze besteht aus der Mittel-Elektrode, dem Isolator mit Gehäuse und der oder den Masse-Elektrode(n). Zwischen Mittel- und Masse-Elektrode springt der Zündfunke über, der das Kraftstoff-/Luftgemisch entzündet. Man sollte niemals vom vorgeschriebenen Zündkerzentyp abweichen, der unter anderem von der Wärmewert-Kennzahl bestimmt wird.

Die Wärmewert-Kennzahl gibt den Grad der Wärmebelastbarkeit einer Zündkerze an. Je niedriger die Wärmewert-Kennzahl einer Kerze ist, desto höher ist die Wärmebelastbarkeit. Die Kerze kann also die Wärme besser ableiten, wodurch schädliche Glühzündungen (Motorklopfen) verhindert werden. Eine Kerze mit hoher Wärmebelastbarkeit hat allerdings den Nachteil, daß ihre Selbstreinigungstemperatur ebenfalls höher liegt. Sie neigt daher schneller zum Verrußen, insbesondere dann, wenn der Motor häufig seine Betriebstemperatur während der Fahrt nicht erreicht (Stadtverkehr, Kurzstreckenverkehr im Winter).

Der richtige Zündkerzen-Wärmewert wird vom Automobilhersteller festgelegt. Es gibt Zündkerzen mit einem oder mehreren Polen, mit unterschiedlicher Gewindelänge und unterschiedlichem Gewindedurchmesser. Beim Auswechseln von Zündkerzen ist es deshalb wichtig, daß nur solche Kerzen verwendet werden, die der Vorschrift des Automobilherstellers entsprechen.

Die durchschnittliche Lebensdauer von Zündkerzen ist recht unterschiedlich. Dabei spielt auch der Elektrodenwerkstoff eine wichtige Rolle. Die Chrom-Nickel-Legierung zeichnet sich durch sehr hohe Wärmeableitung und hohe Korrosionsfestigkeit aus; Silber bietet das beste Wärmeleitvermögen aller Metalle und Platin-Elektroden verfügen über eine hohe Korrosions- und Abbrandfestigkeit. Die Lebensdauer von Zündkerzen beträgt zwischen 20.000 Kilometer und bis zu 100.000 Kilometer, je nachdem, welcher Elektrodenwerkstoff verwendet wurde und ob ein- oder mehrpolige Zündkerzen zum Einsatz kommen.

Je nach Bauart der Motoren unterscheidet man zwischen zwei verschiedenen Abdichtungsarten zwischen Zündkerze und Zylinderkopf.

Der Flachdichtsitz hat einen unverlierbaren Außendichtring, der am Kerzenkörper angebracht ist. Beim Kegeldichtsitz ist keine zusätzliche Dichtung erforderlich. Bei beengten Einbauverhältnissen werden häufig Zündkerzen mit Flachdichtsitz und kleiner Schlüsselweite des Sechskants verwendet oder aber man verwendet Kerzen mit Kegeldichtsitz, die aufgrund ihrer kompakten Bauart kleinere Außenmaße haben.

Zündkerzenwerte für die E-Klasse-Motoren

Modell	Motor	Zündkerze						AD[1])	EA[2])
		NGK	BOSCH		BERU		CHAMPION		
200	102.922	BP6EFS	H7DC0	HR 78	14K-7DUO	UXK 79	S9YCC	20 Nm	0,8 mm
200E	**102.963**	**BP6EFS**	**H7DC0**	**HR 78**	**14K-7DUO**	**UXK 79**	**S9YCC**	**20 Nm**	**0,8 mm**
230E	102.982	BP6EFS	H7DC0	HR 78	14K-7DUO	UXK 79	S9YCC	20 Nm	0,8 mm
260E	**103.940**	**BP6EFS**	**H8DC0**	**HR 78**	**14K-8DUO**	**UXK 79**	**S10YCC**	**20 Nm**	**0,8 mm**
300E bis 8/85	103.980	BP6EFS	H7DC0	HR 78	14K-7DUO	UXK 79	–	20 Nm	0,8 mm
300E 9/85 – 8/92	**103.983**	**BP6EFS**	**H8DC0**	**HR 78**	**14K-8DUO**	**UXK 79**	**S10YCC**	**20 Nm**	**0,8 mm**
300E-24	104.980	BCP6ES	F8DC4	–	14F-8DU4	UXF 79	C11YCC	30 Nm	0,8 mm
ab 9/92									
E200	111.940	BCP6ES	F8DC4	–	14F-8DU4	UXF 79	C11YCC	30 Nm	0,8 mm
E220	**111.960**	**BCP6ES**	**F8DC4**	**–**	**14F-8DU4**	**UXF 79**	**C11YCC**	**30 Nm**	**0,8 mm**
E280 bis 6/93	104.942	BCP6ES	F8DC4	–	14F-8DUO	UXF 79	C11YCC	30 Nm	0,8 mm
E280 seit 7/93	**104.942**	**BCP6ES**	**F8DC4**	**–**	**14F-8DU4**	**UXF 79**	**C11YCC**	**30 Nm**	**0,8 mm**
E320 bis 6/93	104.992	BCP6ES	F8DC4	–	14F-8DUO	UXF 79	C11YCC	30 Nm	0,8 mm
E320 seit 7/93	**104.992**	**BCP6ES**	**F8DC4**	**–**	**14F-8DU4**	**UXF 79**	**C11YCC**	**30 Nm**	**0,8 mm**
E500	119.974	BCP6ES	F8DC4	–	14F-8DU4	UXF 79	C11YCC	30 Nm	0,8 mm

[1]) AD = Anzugsdrehmoment. [2]) EA = Elektrodenabstand.

Achtung: Die technische Entwicklung geht ständig weiter. Es kann sein, daß inzwischen für einzelne Motoren andere Zündkerzenwerte gelten. Daher empfiehlt es sich, vor einem Neukauf die aktuellen Zündkerzenwerte bei der Fachwerkstatt zu erfragen.

Wartungsarbeiten an der Zündanlage

Die elektronische Zündanlage ist grundsätzlich wartungsfrei, dennoch sollten im Rahmen der Wartung die Anschlüsse und Zündkerzen überprüft werden.

Verteilerkappe prüfen

- Verteilerkappe abnehmen, siehe Seite 55.
- Die Kappe muß innen trocken sein.
- Anschlußkontakte auf Verschleiß und Korrosion prüfen, gegebenenfalls mit Schmirgelleinen reinigen.
- Mittleren Kohlekontakt auf Leichtgängigkeit und Verschleiß prüfen. Dazu Kontakt mit dem Finger eindrücken.
- Verteilerkappe auf Kriechströme untersuchen. Kriechströme zeigen sich durch dünne, unregelmäßige Spuren auf der Oberfläche der Verteilerkappe.
- Verteilerkappe mit sauberem, trockenem Lappen auswischen und auf Haarrisse untersuchen, gegebenenfalls Verteilerkappe auswechseln. Anschließend Kappe innen mit Kontaktspray einsprühen.
- Verteilerläufer abziehen und auf Haarrisse sowie saubere Kontakte prüfen, gegebenenfalls reinigen.
- Filz in der Verteilerwelle mit einem Tropfen Öl ölen.
- Verteilerläufer aufstecken, dabei muß die Nase des Läufers in die Nut der Verteilerwelle einrasten. Verteilerläufer leicht hin- und herdrehen und dadurch festen Sitz prüfen.
- Verteilerkappe einbauen, siehe Seite 55.

Zündkerzen prüfen/ersetzen

Die Zündkerzen sind alle 20.000 km, bei Fahrzeugen seit 6.93 alle 30.000 km zu ersetzen.

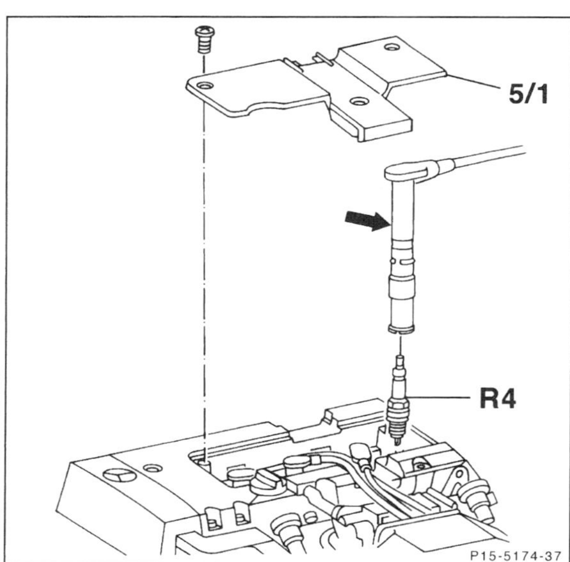

- **4-Zylinder-Motor seit 9/92:** Zündkabel-Abdeckung –5/1– am Zylinderkopf abschrauben. R4– Zündkerze
- **Motoren seit 9.92:** Luftfilter-Querrohr ausbauen, siehe Seite 125.

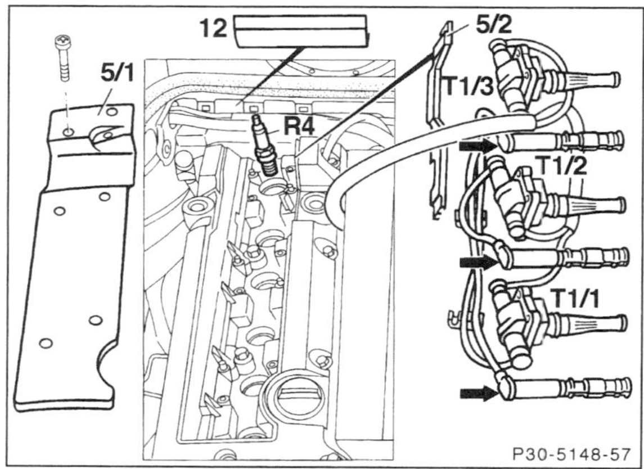

- **6-Zylinder-Motor seit 9/92:** Leitungsschacht –12– ausclipsen. Führungsschiene –5/2– abnehmen. Zündkabel-Abdeckung –5/1– am Zylinderkopf abschrauben. Zündspulen mit angeschlossenen Steuerleitungen herausnehmen und zur Seite legen, siehe Seite 57.
- Motor mindestens auf Handwärme abkühlen lassen.
- Zum leichteren Einbau die Zündkabel entsprechend der Zylinderreihenfolge von 1 bis 4/6 mit Tesaband kennzeichnen. Teilweise ist auf den Zündkabeln bereits die Zahl des zugehörigen Zylinders aufgedruckt.
- Sämtliche Kerzenstecker abziehen, dabei nur an den Steckern und nicht an den Kabeln ziehen. Eine spezielle Zange, zum Beispiel HAZET 1849, erleichtert das Abziehen der Kerzenstecker.
- Zündkerzen-Nischen, wenn möglich, vorsichtig mit Preßluft ausblasen.
- Zündkerzen mit geeignetem Kerzenschlüssel herausschrauben und Kerzengesicht prüfen. Mit einiger Erfahrung lassen sich daraus Rückschlüsse auf den Betriebszustand des Motors ziehen. Es gelten fogende Regeln:

Elektroden und Isolierkörper

- Mittelgrau = richtige Verbrennung und richtiges Arbeiten der Zündkerze
- Schwarz = Gemisch zu fett
- Hellgrau = Gemisch zu mager
- Verölt = Aussetzen der betreffenden Zündkerze oder schlecht abdichtende Kolbenringe.

- Zum Einstellen des Kontaktabstandes Masse-Elektrode nachbiegen. Dafür gibt es ein einfaches, praktisches Werkzeug, andernfalls seitlich gegen die Masse-Elektrode klopfen. Beim Aufbiegen kleinen Schraubendreher am Gewinderand der Kerze abstützen, keinesfalls jedoch an der Mittel-Elektrode, da diese sonst beschädigt wird.
- Gewinde an den Kerzen und im Zylinderkopf reinigen.

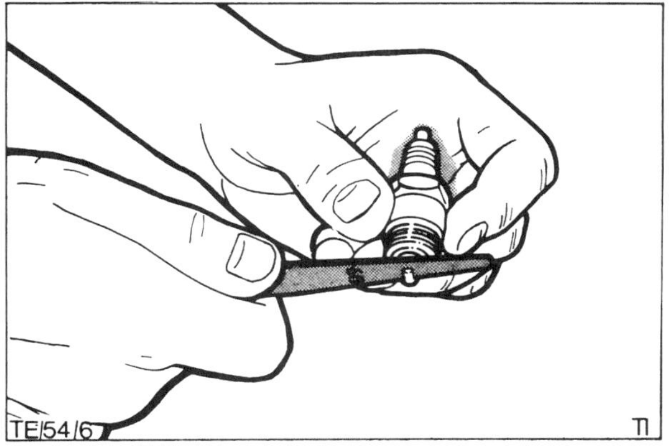

- Elektrodenabstand mit Fühlerblattlehre prüfen. Sollwert: **0,8 mm.**
- Zündkerzen von Hand bis zur Anlage am Zylinderkopf einschrauben. **Achtung:** Dabei Kerzen nicht verkantet ansetzen. Dies gilt insbesondere für die 4-Ventilmotoren. Da hier die Kerzen tief in Zündkerzenschächten sitzen, verwenden die MERCEDES-Werkstätten den Sonder-Kerzenschlüssel 119589010900, der genau in den Kerzenschacht paßt und die Kerze beim Einschrauben führt. Dieser Kerzenschlüssel kann von HAZET unter Nr. 767A-MgT-1 gekauft werden.
- Zündkerzen festziehen. Das Anzugsmoment beträgt bei Zündkerzen mit Flachdichtsitz **30 Nm**, bei Kegeldichtsitz **20 Nm**.

Achtung: Zu fest angezogene Zündkerzen können beim Herausschrauben abreißen oder das Gewinde im Zylinderkopf beschädigen. In diesem Fall Kerzengewinde mit UTC- oder Heli-Coil-Einsätzen reparieren.

- Kerzenstecker aufstecken. Durch Hin– und Herbewegen festen Sitz der Kerzenstecker und Zündkabel prüfen.
- **6-Zylinder-Motor seit 9.92:** Zündspulen mit Führungsschiene und Leitungsschacht einbauen, siehe Seite 57.
- **Motoren seit 9.92:** Zündkabel-Abdeckung am Zylinderkopf anschrauben. Luftfilter-Querrohr einbauen.

Elektrische Anschlüsse prüfen

- Sämtliche elektrischen Anschlüsse an der Zündspule sowie am Verteiler auf festen Sitz prüfen.
- Angerissene Klemmen ersetzen.
- Korrodierte Anschlüsse mit einer Drahtbürste oder Schmirgelleinen reinigen, ggf. mit Kontaktspray einsprühen.
- Die Kontakte müssen in trockenem Zustand sein, andernfalls Kontakte reinigen und mit Kontaktspray einsprühen.

Störungsdiagnose Zündanlage

Störung: Der Motor springt schlecht oder gar nicht an

Ursache	Abhilfe
Kein Zündfunke vorhanden. Verteilerkappe feucht, verschmutzt	■ Verteilerkappe reinigen und trocknen, innen mit Zündspray einsprühen
Risse in der Verteilerkappe, Brandkanäle	■ Verteilerkappe erneuern
Schleifkohle in der Zündverteilerkappe abgenutzt	■ Schleifkohle erneuern
Verteilerläufer defekt	■ Verteilerläufer erneuern
Widerstand des Verteilerläufers zu hoch	■ Verteilerläufer erneuern
Widerstand in Zündkerzenleitung/Zündkerzenstecker zu hoch	■ Zündleitung/Zündkerzenstecker erneuern
Zündkerzenstecker in falscher Reihenfolge aufgesteckt	■ Zündkerzenstecker nach Zündfolge aufstecken 4-Zylindermotor: 1–3–4–2. 6-Zylindermotor: 1–5–3–6–2–4
Zündkerzen wegen zu vieler Startversuche naß	■ Zündkerzen ausbauen und trocknen
Zündkerzen außen feucht und verschmutzt	■ Zündkerzen reinigen, trocknen, Silikonschutzkappe auf Zündkerze und Stecker schieben
Leistung der Zündspule zu gering	■ Elektrische Leitungen an der Zündspule auf festen Sitz und guten Kontakt prüfen
Zündspule gerissen, Brandkanäle	■ Zündspule erneuern
Spannungsverlust durch Berührung elektrischer Anschlüsse bzw. Leitungen mit Schläuchen des Motors	■ Elektrische Leitungen richtig führen
Zündzeitpunkt grob verstellt	■ Zündzeitpunkt korrigieren

Motor-Schmierung

Für die E-Klasse sind Mehrbereichsöle vorgeschrieben. Das Mehrbereichsöl baut auf einem dünnflüssigen Einbereichsöl auf, das durch sogenannte »Viskositätsindexverbesserer« in heißem Zustand stabilisiert wird. Dadurch ist für jeden Betriebszustand die richtige Schmierfähigkeit gegeben.

Es können auch Leichtlauföle (Hochleistungsöle) verwendet werden. Dabei handelt es sich um Mehrbereichsöle, denen unter anderem Reibwertverminderer zugesetzt wurden, wodurch sich die Reibung innerhalb des Motors vermindert. Für das Leichtlauföl wird als Grundöl ein sogenanntes Synthetiköl verwendet.

Anwendungsbereich/Viskositätsklassen

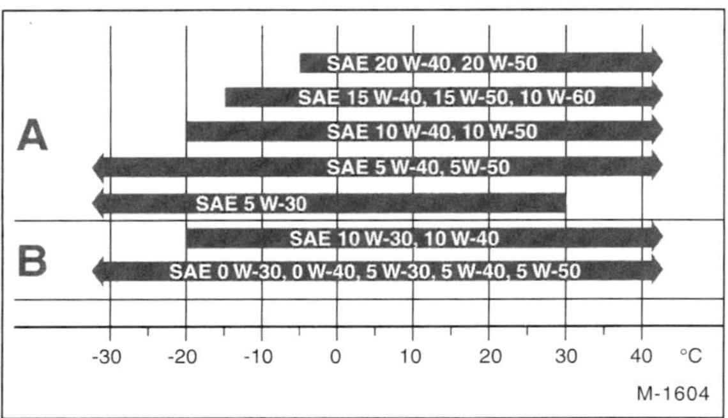

A – Mehrbereichsöle
B – Leichtlauföle (Hochleistungsöle)

In der Abbildung wird die Motoröl-Viskosität in Abhängigkeit von der Außentemperatur dargestellt. Da sich die Einsatzbereiche benachbarter SAE-Klassen überschneiden, können kurzfristige Temperaturschwankungen unberücksichtigt bleiben. Es ist zulässig, Öle verschiedener Viskositätsklassen miteinander zu mischen, wenn einmal Öl nachgefüllt werden muß und die Außentemperaturen nicht mehr der Viskositätsklasse des im Motor befindlichen Öles entsprechen.

Zusatzschmiermittel – gleich welcher Art – sollen weder dem Kraftstoff noch den Schmierölen beigemischt werden.

Spezifikation des Motoröls

Die Qualität eines Motoröls wird durch Normen der Automobil- sowie der Ölhersteller gekennzeichnet.

Die Klassifikation der Motoröle amerikanischer Ölhersteller erfolgt nach dem **API**-System (API: American Petroleum Institut): Die Kennzeichnung erfolgt durch jeweils zwei Buchstaben. Der erste Buchstabe gibt den Anwendungsbereich an: **S** = Service, für **Ottomotoren** geeignet; **C** = Commercial, für **Dieselmotoren** geeignet. Der zweite Buchstabe gibt die Qualität in alphabetischer Reihenfolge an. Von höchster Qualität sind Öle der API-Spezifikation **SL** für Ottomotoren und **CF** für Dieselmotoren.

Europäische Ölhersteller klassifizieren ihre Öle nach der **»ACEA«-Spezifikation** (**A**ssociation des **C**onstructeurs **E**uropéens d'**A**utomobiles), die vor allem die europäische Motorentechnologie berücksichtigt. Öle für PKW-Benzinmotoren haben die ACEA-Qualitätsklassen A1-96 bis A3-96; Dieselmotoröle von B1-96 bis B4-96. Von höchster Qualität sind Öle **»A3«** für Ottomotoren und **»B3«** für Dieselmotoren. **»B4«** ist auf Diesel-Direkteinspritzer abgestimmt, sollte aber nur verwendet werden, wenn ebenfalls die Spezifikation »B3« angegeben ist. **»96«** gibt den Beginn der Gültigkeit der ACEA-Klassifikation im Jahr 1996 an. Motoröle mit höheren Jahreszahlangaben können ebenfalls verwendet werden.

Achtung: Motoröle, die vom Hersteller ausdrücklich als Öle für Diesel-Motoren bezeichnet werden, sind für Ottomotoren nicht geeignet. Es gibt Öle, die sowohl für den Otto- als auch für den Diesel-Motor geeignet sind. In diesem Fall sind beide Spezifikationen (Beispiel: ACEA A3-96/B3-96 oder API SH/CF) auf der Öldose vermerkt.

Das richtige Motoröl für die E-KLASSE

Mehrbereichs- oder Leichtlauföl nach folgenden Spezifikationen verwenden. Die Spezifikation **muß** auf der Öldose angegeben sein. Motoröle höherer Qualitätsstufen können ebenso verwendet werden.

<u>Benzinmotoren:</u> **API SG** oder höher,
ACEA A2-96 oder
ACEA A3-96.

<u>Dieselmotoren:</u> **API CE** oder höher,
ACEA B3-96 oder
ACEA A3-96/B3-96.

Ölverbrauch

Bei einem Verbrennungsmotor versteht man unter dem Ölverbrauch diejenige Ölmenge, die als Folge des Verbrennungsvorganges verbraucht wird. Auf keinen Fall ist Ölverbrauch mit Ölverlust gleichzusetzen, wie er durch Undichtigkeiten an Ölwanne, Zylinderkopfdeckel usw. auftritt.

Normaler Ölverbrauch entsteht durch Verbrennung jeweils kleiner Mengen im Zylinder; durch Abführen von Verbrennungsrückständen und Abrieb-Partikeln. Zudem verschleißt das Öl durch hohe Temperaturen und hohe Drücke, denen es im Motor fortwährend ausgesetzt ist. Auch äußere Betriebsverhältnisse, wie Fahrweise sowie Fertigungstoleranzen haben einen Einfluß auf den Ölverbrauch. Im Normalfall ist dieser Verbrauch so gering, daß zwischen den vorgeschriebenen Ölwechselintervallen nur ein geringfügiges Nachfüllen erforderlich ist.

Unbedingt muß Öl nachgefüllt werden, wenn die »Nachfüll«-Markierung erreicht ist (Nachfüllmenge dann max. 2,0 l). **Achtung:** Motoröl **nicht** über die »Maximal«-Markierung einfüllen. Wurde zuviel Öl eingefüllt, muß das überschüssige Öl abgelassen werden. Sonst kann der Katalysator beschädigt werden, da unverbranntes Öl in die Abgasanlage gelangt.

Der Ölkreislauf

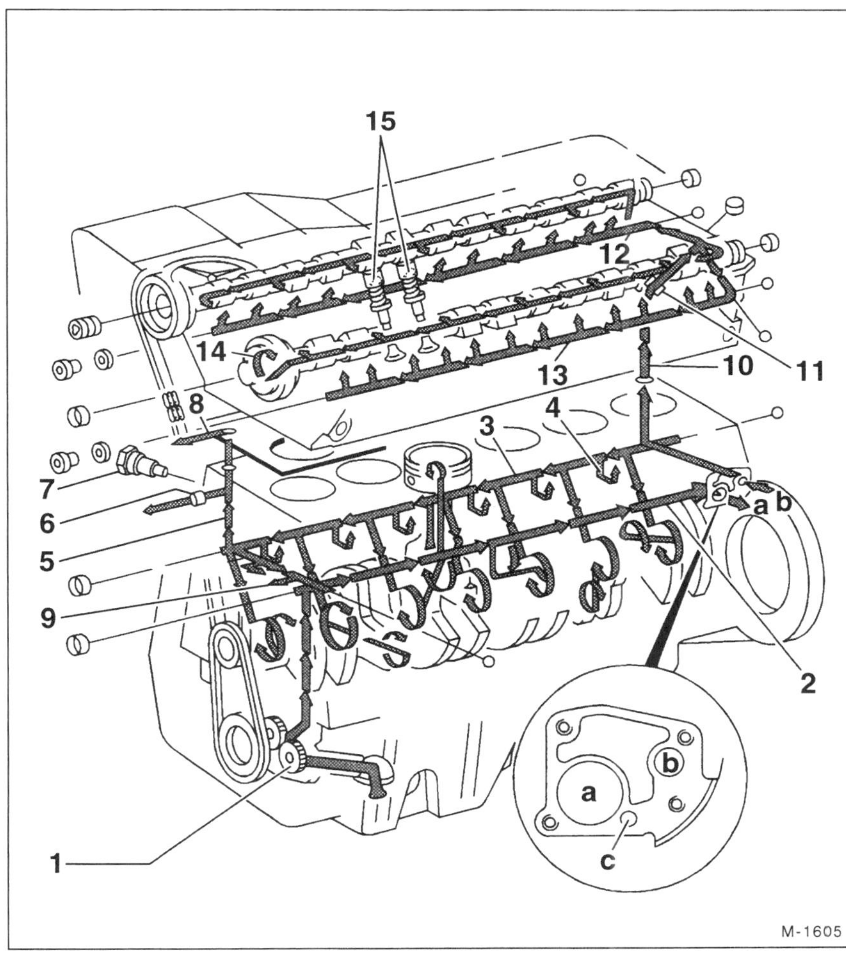

1 – **Ölpumpe**
Saugt das Motoröl über Saugkorb und Saugrohr aus der Ölwanne an.

2 – **Öllängskanal zum Ölfilter**

3 – **Hauptölkanal**
Zu den Lagerstellen.

4 – **Ölspritzdüsen**
Motoröl wird von unten zur Kühlung gegen den Kolbenboden gespritzt.

5 – **Steigleitung zum Kettenspanner**

6 – **Ölrücklaufsperrventil**

7 – **Kettenspanner**

8 – **Entlüftungsöffnung in der Zylinderkopfdichtung**

9 – **Ölspritzdüse für Steuerkette**

10 – **Steigleitung zum Zylinderkopf**

11 – **Öldrossel**
Innendurchmesser 4 mm.

12 – **Ölkanal**
Zur Versorgung der Tassenstößel auf der Auslaßseite.

13 – **Ölkanal**
Zur Versorgung der Tassenstößel auf der Einlaßseite.

14 – **Nockenwellen-Versteller**

15 – **Hydraulische Tassenstößel**

a – **Ölkanal**
Von der Ölpumpe zum Ölkühler.

b – **Ölkanal**
Vom Ölfilter zu den Lagerstellen.

c – **Ablaufbohrung in die Ölwanne**

Die Abbildung zeigt den 6-Zylinder-Motor mit 24 Ventilen.

Die Ölstandsanzeige

Die Ölstandsanzeige besteht im wesentlichen aus dem Ölstandsgeber, der über der Ablaßschraube in die Ölwanne eingeschraubt ist, und der Kontrolleuchte im Schalttafeleinsatz. Die Ölstandsanzeige überwacht den Ölstand in der Ölwanne ab einer Öltemperatur von ca. +60° C.

Sobald die Zündung eingeschaltet wird, leuchtet die Kontrolllampe zur Funktionskontrolle schwach auf und verlischt bei laufendem Motor.

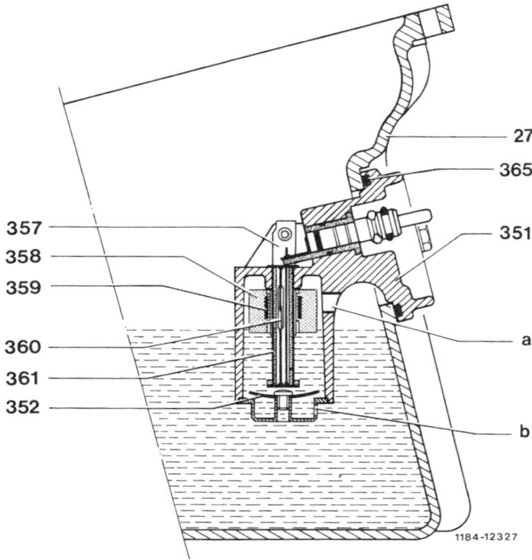

27 Ölwanne
351 Ölstandsgeber
352 Bimetall-Schnappscheibe
358 Schwimmer
359 Magnet
360 Reed-Kontakt
365 O-Ring
a Belüftungsbohrung 8 mm ∅
b Ablaufbohrung 4 mm ∅

Der Ölstand in der Ölwanne wird von einem Schwimmer –358– abgetastet. Bei geringem Ölstand (unter ca. 3,3 l) wird durch einen Magnet –359– im Schwimmer der Reed-Kontakt –360– geöffnet. Dadurch erhält die Elektronik im Schalttafeleinsatz ein Signal und die Kontrollampe leuchtet auf.

Bei sinkendem Ölstand wird je nach Fahrweise die Kontrollleuchte zuerst kurzzeitig und später ständig aufleuchten.

Um bei verschiedenen Fahrzuständen, z. B. scharfe Linkskurve, unnötige Warnungen zu vermeiden, ist in der Elektronik eine Verzögerungsschaltung angebracht. Sie läßt erst ein Aufleuchten der Kontrolleuchte zu, wenn 60 Sekunden lang Ölmangel signalisiert wird.

Zur Vermeidung von Fehlanzeigen bei kaltem Motor (dickflüssiges Öl läuft nur langsam zur Ölwanne zurück) hat der Ölstandsgeber eine Bimetall-Schnappscheibe –352–. Sie verhindert, daß der Schwimmerraum über die Ablaufbohrung –b– bei niedrigen Temperaturen leerläuft.

Die Bimetall-Schnappscheibe öffnet bei einer Öltemperatur von ca. 60° C und schließt bei ca. 30° C.

Beim Ölwechsel wird der Schwimmerraum über die Belüftungsbohrung –a– mit Öl gefüllt. Anschließende Fehlanzeigen sind somit ausgeschlossen.

Die Ölstandsanzeige ist so ausgelegt, daß die Kontrolleuchte kurz vor der „min"-Markierung am Ölmeßstab aufleuchtet (Sicherheitsreserve). Dadurch muß nicht sofort, sondern erst bei nächster Gelegenheit wie z. B. Tankstopp Motoröl nachgefüllt werden.

Empfohlene Nachfüllmenge: 1 Liter

Die Öldruckanzeige

Der Geber für die Öldruckanzeige ist am Ölfilterunterteil angeschraubt, siehe Abbildung 118-29044 unter „Motorölwechsel". Das Anzeigegerät im Schalttafeleinsatz wird über eine elektrische Leitung angesteuert. Bei zunehmendem Öldruck erhöht sich der Ohmsche Widerstand des Druckgebers gegenüber Masse und verändert dadurch den Anzeigewert. Bei 0 bar Öldruck ist der Widerstand des Gebers ca. 10 Ω, bei 1 bar ca. 69 Ω, bei 2 bar ca. 129 Ω, bei 3 bar ca. 184 Ω.

Ölüberdruckventil aus- und einbauen

4-Zylinder-Motor bis 8.92 (M102)

Das Ölüberdruckventil ist beim 4-Zylinder-Motor bis 8.92 (M102) links am Steuergehäusedeckel, bei den anderen Motoren in die Ölpumpe (in der Ölwanne) eingebaut. Es befindet sich im Verbindungskanal zwischen Druck- und Saugraum der Ölpumpe. Steigt der Öldruck über ca. 3 bis 5 bar, öffnet das Ventil und ein Teil des Öles kann in den Saugraum der Pumpe zurückfließen.

Das Ventil ist zu überprüfen, wenn bei normalem Ölstand der Öldruck zu gering ist.

Ausbau

- Verschlußschraube –23– herausdrehen.

Achtung: Die Verschlußschraube steht unter Druck und kann leicht wegspringen.

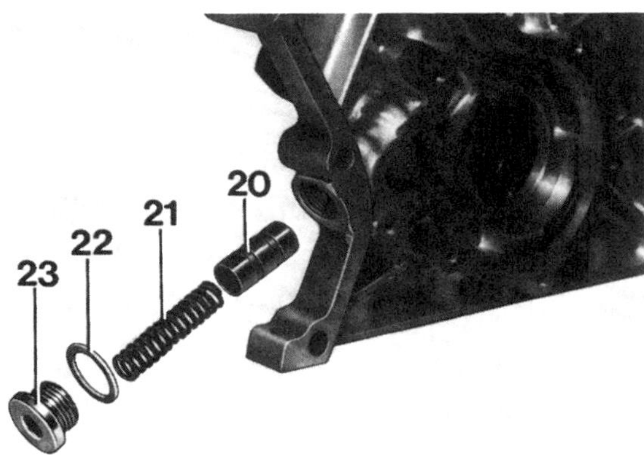

118-25874

- Druckfeder –21– und Kolben –20– herausnehmen.

Achtung: Schwergängigen oder klemmenden Kolben mit einer Außen-Seegerringzange herausziehen.

- Bohrung im Steuergehäusedeckel mit Preßluft ausblasen.
- Kolben im Steuergehäusedeckel mehrmals hin- und herschieben. Falls sich der Kolben nicht leicht hin- und herschieben läßt, Kolben mit Polierleinen leicht abziehen.

Einbau

- Falls der Kolben erneuert wird, neuen Kolben auf Leichtgängigkeit in der Bohrung prüfen. Gegebenenfalls Grat am Kolben mit Schmirgelleinen entfernen.
- Kolben mit neuer Druckfeder einsetzen.
- Verschlußschraube mit neuem Dichtring –22– einschrauben und mit 30 Nm festziehen.
- Motor warmlaufen lassen und Dichtheit der Schraube prüfen.

Ölwanne aus- und einbauen

Ausbau

- Motoröl ablassen, siehe Seite 68.
- Motor an den vorderen Motorlagern abschrauben und mit einem Kran etwas anheben, siehe Kapitel „Motorausbau", Seite 13.
- Querstabilisator an der Vorderachse ausbauen.
- Befestigungsschrauben für Ölwanne herausdrehen und Ölwanne abnehmen.
- Dichtfläche an Ölwanne und Kurbelgehäuse sorgfältig reinigen.

Einbau

- Ölwanne mit neuer Dichtung ansetzen und Befestigungsschrauben gleichmäßig nicht zu fest anziehen, sonst wird die Dichtung gequetscht: M6-(Gewindedurchmesser 6 mm)-Schrauben: 10 Nm; M8-Schrauben: 20 Nm; M10-Schrauben: 40 Nm.
- Motor einbauen, siehe Seite 13.
- Motoröl auffüllen, siehe Seite 68.
- Motor warmlaufen lassen und Ölwanne auf Dichtheit prüfen.

Wartungsarbeiten an der Motor-Schmierung

Motorölwechsel

Der Ölwechsel ist alle 10.000 km, bei Fahrzeugen seit 6.93 alle 15.000 km durchzuführen. Falls wenig gefahren wird, Ölwechsel einmal im Jahr durchführen. Dabei wird gleichzeitig die Filterpatrone gewechselt.

Bei erschwerten Einsatzbedingungen wie Kurzstreckenverkehr, häufiger Kaltstart und staubige Straßenverhältnisse sollten Motoröl und Ölfilter in kürzeren Abständen gewechselt werden. Das Motoröl darf auch mittels einer Sonde abgesaugt werden.

- Motor auf Betriebstemperatur bringen (60° –80° C Kühlmitteltemperatur).

2-Ventilmotoren: 4-Zylinder-Motor bis 8.92 (M102), 6-Zylinder-Motor (M103)

- Ölfilterpatrone –3– am Ölfilterflansch abschrauben. Die Werkstatt benutzt hierfür ein spezielles Werkzeug, zum Beispiel Hazet 2169. Wird ein anderes Werkzeug verwendet, ist vor dem Kauf darauf zu achten, daß es sich entsprechend den Platzverhältnissen im Motorraum am Ölfilter ansetzen und drehen läßt. Unter Umständen muß der Luftfilter ausgebaut werden.

Achtung: Nach dem Abschrauben der Filterpatrone verhindert ein Rücklaufsperrventil, daß das Öl herausfließt. Während des Abschraubens kann etwas Öl herauslaufen, bis das Ventil schließt, deshalb Lappen unterlegen.

- Sollte sich der Ölfilter mit dem Spezialwerkzeug nicht lösen lassen, Luftfilter ausbauen. Spitzen Schraubendreher seitlich in die Filterpatrone eintreiben und Filter losschrauben. Dabei **Schraubendreher am oberen Teil des Filters ansetzen** und Lappen herumlegen; beim Eintreiben kann Öl in den Motorraum spritzen.
- Ölfilterflansch an der Anschraubfläche für die Filterpatrone mit Benzin reinigen.
- Neue Filterpatrone an der Gummidichtung leicht mit Motoröl bestreichen.
- Patrone anschrauben und von Hand festziehen.
- Anschließend Filterpatrone um 90° (1/4 Umdrehung) weiterdrehen oder mit 20 Nm festziehen.

4-Ventilmotoren: 4-Zylinder-Motor seit 9.92 (M111), 6-Zylinder-Motor (M104)

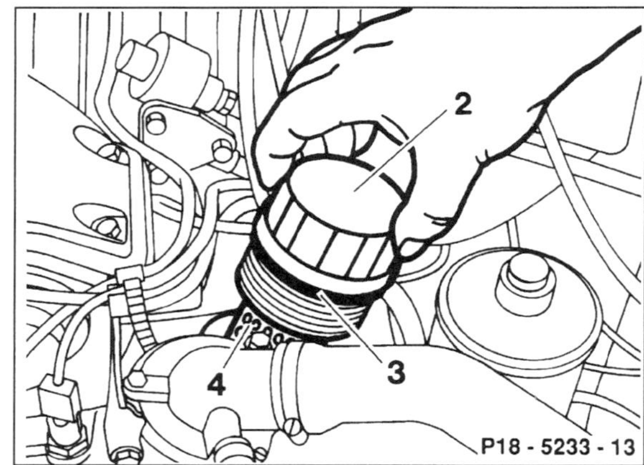

- Ölfilterdeckel –2– mit Steckschlüsseleinsatz SW74 abschrauben.
- Ölfilterdeckel –2– zusammen mit der eingeclipsten Filterpatrone –4– herausnehmen.
- Neue Filterpatrone –4– einsetzen, Dichtring –3– am Ölfilterdeckel erneuern. Deckel –2– mit 25 Nm aufschrauben.

- Motoröl ablassen. Das Motoröl kann auch mit einer entsprechenden Pumpe über das Ölmeßrohr abgesaugt werden.
- Gefäß zum Auffangen des Altöls unter die Ölwanne stellen.
- Ölablaßschraube seitlich an der Ölwanne herausdrehen und Altöl ganz ablassen. Die Ablaßschraube befindet sich am tiefsten Teil der Ölwanne.

Achtung: Werden im Motoröl Metallspäne und Abrieb in größeren Mengen festgestellt, deutet dies auf Freßschäden hin, zum Beispiel Kurbelwellen- oder Pleuellagerschäden. Um Folgeschäden zu vermeiden, müssen nach der Motorreparatur die Ölkanäle und Ölschläuche sorgfältig gereinigt werden. Zusätzlich muß der Ölkühler, falls vorhanden, erneuert werden.

Achtung: Altöl muß auf jeden Fall bei den Altöl-Sammelstellen abgegeben werden. Die Öl-Verkaufsstellen nehmen die entsprechende Menge Altöl kostenlos entgegen, daher Quittung und Ölkanister für spätere Altölrückgabe aufbewahren! Außerdem informieren Gemeinde- und Stadtverwaltungen darüber, wo sich die nächste Altöl-Sammelstelle befindet. **Keinesfalls darf Altöl einfach weggeschüttet oder dem Hausmüll mitgegeben werden.** Größere Umweltschäden wie beispielsweise Grundwasserverseuchung wären sonst unvermeidbar.

- Ölablaßschraube mit neuem Dichtring einschrauben und mit 25 Nm festziehen.

- Neues Motoröl am Einfüllstutzen des Zylinderdeckels einfüllen.

Modell	Ölwechselmenge
200, 200E (-8.92), 230E	5 Liter
ab 9.92: E200, E220	5,8 Liter
260E, 300E	6 Liter
260E-4MATIC, 300E-4MATIC	6,5 Liter
300E-24, E280, E320	7,5 Liter
E420, E500	8 Liter

Mengendifferenz zwischen Min.- und Max.-Markierung am Ölpeilstab: **2** Liter.

- Nach Probefahrt Dichtigkeit der Ablaßschraube und des Ölfilters überprüfen, gegebenenfalls vorsichtig nachziehen.
- Betriebswarmen Motor abstellen und Ölstand nach ca. 2 Minuten nochmals prüfen, gegebenenfalls korrigieren.
- Um die Betriebsverhältnisse des Motors besser überwachen zu können, soll beim Ölwechsel immer ein Öl gleichen Typs und möglichst auch gleicher Marke verwendet werden. Daher ist es zweckmäßig, bei jedem Ölwechsel ein Hinweisschild am Motor zu befestigen, auf dem Marke und Viskosität des Öles vermerkt sind.
- Wahllos abwechselnder Gebrauch verschiedener Öltypen ist ungünstig. Motorenöle gleichen Typs, aber verschiedener Marken sollen möglichst nicht gemischt werden. Motorenöle gleichen Typs und gleicher Marke, aber verschiedener Viskosität können im Bedarfsfall während jahreszeitlicher Überschneidung ohne weiteres nachgefüllt werden.

Störungsdiagnose Ölkreislauf

Störung	Ursache	Abhilfe
Geringer Öldruck nach Anspringen des Motors	■ Öl sehr warm	Unbedenklich, wenn Öldruck beim Gasgeben auf Normalwert steigt
Zu niedriger Öldruck im unteren Drehzahlbereich	■ Öldruckregelventil klemmt in offenem Zustand durch Verschmutzung	Ventil ausbauen und prüfen
Zu niedriger Öldruck im gesamten Drehzahlbereich	■ Zu wenig Öl im Motor ■ Ansaugsieb in der Sauglocke verschmutzt ■ Saugrohr lose oder gebrochen ■ Ölpumpe verschlissen ■ Lagerschaden	Motoröl nachfüllen Ölwanne ausbauen, Ansaugsieb reinigen Ölwanne ausbauen, Saugrohr überprüfen Ölpumpe ausbauen und prüfen, gegebenenfalls ersetzen Motor demontieren
Keine Öldruckanzeige	■ Elektrische Zuleitung durchgescheuert, Kurzschluß gegen Masse ■ Masseschluß im Anzeigegerät ■ Öldruckschalter defekt ■ Anzeigegerät defekt	Leitung erneuern Anzeigegerät ersetzen Schalter auswechseln Anzeige-Instrument auswechseln
Ölstandswarnleuchte leuchtet	■ Ölstand zu niedrig ■ Elektrische Leitung unterbrochen, Steuergerät defekt	Motoröl auffüllen Leitungsunterbrechung beseitigen, Stecker auf guten Kontakt prüfen, ggf. Steuerelektronik im Schalttafeleinsatz erneuern
Öldruck fällt während der Fahrt bei ca. 80–120 km/h auf 2 bar ab, beziehungsweise Öldruck liegt im Leerlauf unter 0,3 bar	■ Ölfiltereinsatz verschmutzt ■ Ölüberdruckventil schwergängig ■ Anzeige-Instrument defekt ■ Ölrücklaufbohrungen im Zylinderkopf verstopft ■ O-Ring am Ölpumpendeckel defekt oder nicht eingebaut	Filtereinsatz erneuern, Öl wechseln Ölüberdruckventil ausbauen, prüfen, gegebenenfalls erneuern Anzeige-Instrument in Armaturentafel erneuern Zylinderkopfdeckel abnehmen, Motoröl in 4–6 Rücklaufbohrungen auf der linken Seite des Zylinderkopfes einfüllen. Fließt das Öl nicht oder nur sehr langsam ab, ist die Bohrung im Kurbelgehäuse nicht gebohrt oder im Rücklauf zur Ölwanne befindet sich eine Gußhaut. Werkstattarbeit. O-Ring prüfen, dazu Steuergehäusedeckel ausbauen, Werkstattarbeit
Blaurauch im Leerlauf und nach Schiebebetrieb, hoher Ölverbrauch	■ Luftfilter verölt ■ Auflagen für Kipphebellagerböcke beschädigt	Luftfilter ausbauen und prüfen, gegebenenfalls erneuern sowie Ölrücklaufbohrungen auf Durchgang prüfen, siehe oben Kipphebellagerböcke ausbauen und Auflageflächen für die Unterlegscheiben an den Lagerböcken auf Kerben, Riefen oder sonstige Beschädigungen prüfen, gegebenenfalls Lagerbock erneuern
Zeiger des Anzeige-Instrumentes bleibt nach Abstellen des Motors auf 3 bar Überdruck stehen	■ Ölüberdruckventil schwergängig ■ Anzeige-Instrument defekt	Ölüberdruckventil ausbauen, prüfen, gegebenenfalls erneuern Anzeige-Instrument erneuern

Die Motor-Kühlung

Der Kühlmittelkreislauf

Der Kühlmittelkreislauf wird thermostatisch geregelt. Solange der Motor kalt ist, zirkuliert das Kühlmittel nur im Zylinderkopf sowie im Motorblock und – bei geöffneter Heizung – im Wärmetauscher. Mit zunehmender Erwärmung öffnet der Kühlmittelregler den großen Kühlmittelkreislauf. Das Kühlmittel wird von der ständig im Einsatz befindlichen Kühlmittelpumpe über den Kühler geleitet. Die Kühlflüssigkeit durchströmt den Kühler von oben nach unten und wird dabei durch die an den Kühlrippen vorbeistreichende Luft gekühlt.

Beim 4-Zylinder-Motor bis 8.92 schaltet ein Thermoschalter über eine Magnetkupplung den Lüfter zu, sobald die Kühlmitteltemperatur auf ca. 100° C steigt. Der Lüfter dreht sich dann entsprechend der Motordrehzahl mit der gleichen Drehzahl wie die Kühlmittelpumpe. Sinkt die Kühlmitteltemperatur auf 98° – 93° C ab, öffnet der Thermoschalter und der Lüfter wird ausgekuppelt.

Im 4-Zylinder-Motor seit 9.92 und allen 6-Zylinder-Motoren ist hinter dem Lüfterrad eine Visco-Kupplung eingebaut. Bei ausgeschalteter Visco-Kupplung dreht sich der Lüfter entsprechend der Motordrehzahl, jedoch nicht schneller als mit 1000/min. Bei einer Kühlmitteltemperatur von ca. 90° C schaltet ein Bimetallstreifen die Visco-Kupplung ein, wodurch die Lüfterdrehzahl entsprechend der Motordrehzahl zunimmt. Übersteigt die Motordrehzahl ca. 4500/min schaltet die Lüfterkupplung automatisch ab, weil das Siliconöl im Innern zu heiß wird. Sobald die Drehzahl wieder unter ca. 4500/min sinkt, wird der Lüfter wieder zugeschaltet.

Durch den nicht ständig mitlaufenden Lüfter wird die nutzbare Motorleistung erhöht und der Kraftstoffverbrauch verringert.

Der Inhalt des Kühlsystems beträgt beim 4-Zylinder-Motor ca. 8,5 Liter, beim 6-Zylinder-Motor ca. 9,0 Liter und bei Fahrzeugen mit Klimaanlage ca. 9,5 Liter.

Kühlmittelkreislauf 4-Zylinder-Motor bis 8.92

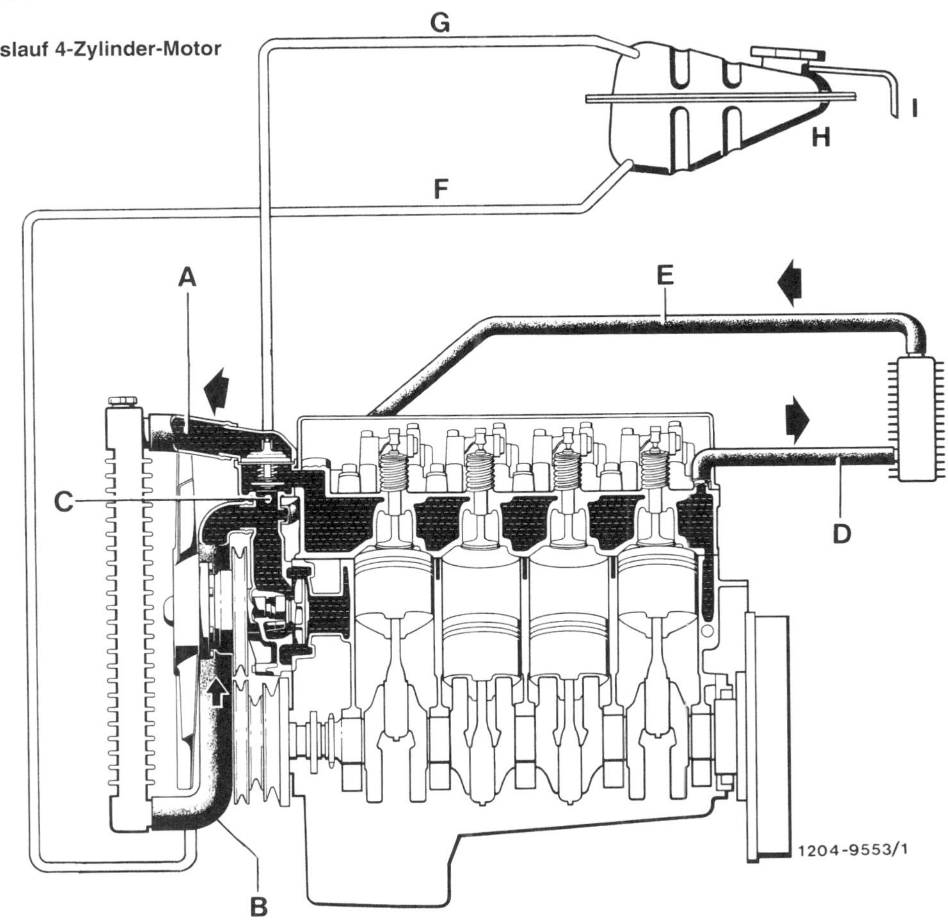

A – Vom Kühlmittelregler zum Kühler
B – Vom Kühler zur Kühlmittelpumpe
C – Verbindung Thermostatgehäuse/Kühlmittelpumpe (kleiner Kreislauf)
D – Zum Wärmetauscher
E – Vom Wärmetauscher zur Kühlmittelpumpe
F – Vom Ausgleichbehälter zur Kühlmittelpumpe
G – Entlüftungsleitung des Kühlmittelkreislaufs zum Ausgleichbehälter
H – Kühlmittel-Ausgleichbehälter
I – Überlaufschlauch

Kühler- Frostschutzmittel

Die Kühlanlage wird vom Werk mit einer Mischung aus Wasser und Kühlerfrost- und Korrosions-Schutzmittel aufgefüllt. Das Kühlkonzentrat verhindert Frost- und Korrosionsschäden und hebt außerdem die Siedetemperatur des Wassers an. Deshalb muß das Kühlsystem unbedingt ganzjährig mit Kühlerfrost- und Korrosionsschutzmittel gefüllt sein.

Achtung: Nur von MERCEDES-BENZ freigegebene Kühlkonzentrate verwenden.

Da der Korrosionsschutz-Anteil in der Kühlflüssigkeit nach einiger Zeit an Wirkung verliert, sollte die Kühlflüssigkeit alle 3 Jahre gewechselt werden.

Achtung: Kühlflüssigkeit ist giftig und muß **ordnungsgemäß entsorgt** werden. Gemeinde- und Stadtverwaltungen informieren darüber, wo sich die nächste Sondermüll-Annahmestelle befindet.

Wird die Kühlflüssigkeit zwischendurch im Rahmen einer Reparatur abgelassen, sollte sie zur Wiederverwendung aufgefangen werden.

Kühlmittel-Mischungsverhältnis

Motor	Frostschutz bis	Kühlkonzentrat	Wasser	Gesamtmenge
4-Zylinder	−30°	3,75 l	4,75 l	8,5 l
	−45°	4,75 l	3,75 l	
6-Zylinder	−30°	4,00 l	5,00 l	9,0 l
	−45°	5,00 l	4,00 l	
Mit Klimaanlage	−30°	4,25 l	5,25 l	9,5 l
	−45°	5,25 l	4,25 l	

Bei einem Mischungsverhältnis von 1:1 reicht der Frostschutz bis mindestens −35° C. Der Frostschutz sollte in unseren Breiten bis ungefähr – 30° C reichen. Das Kühlkonzentrat mit sauberem, kalkarmem Wasser in Trinkwasserqualität mischen.

Achtung: Im Handel sind **silikathaltige** Frostschutzmittel, erkennbar an der **blaugrünen** Farbe, und **silikatfreie** Frostschutzmittel, erkennbar an der **roten** Farbe, erhältlich. Diese unterschiedlichen Frostschutzmittel dürfen auf keinen Fall gemischt werden, sonst können Motorschäden auftreten.

Achtung: Der Anteil des Kühlkonzentrates an der Kühlflüssigkeit darf auf keinen Fall über 60 % liegen, da sich dadurch der Wirkungsgrad des Kühlsystems verringert.

Zuordnung der Meßfühler am Zylinderkopf

Vergasermotor

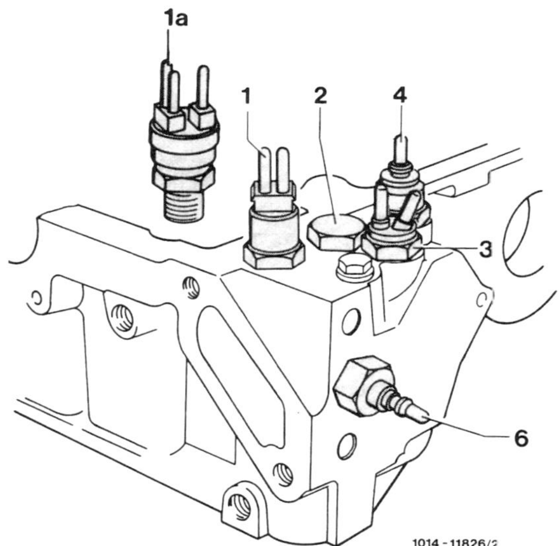

1 Temperaturschalter 100° C für Lüfterkupplung
1a Temperaturschalter 100° C (nur Fahrzeuge mit Klimaanlage)
2 Verschlußschraube M 14 × 1,5
3 Thermoventil 60° C (weiß) für Zündumschaltung
4 Temperaturschalter 50° C für Saugrohrbeheizung
6 Temperaturgeber für Kühlmittel-Temperaturanzeige

4-Zylinder-Einspritzmotor mit KE-Jetronic

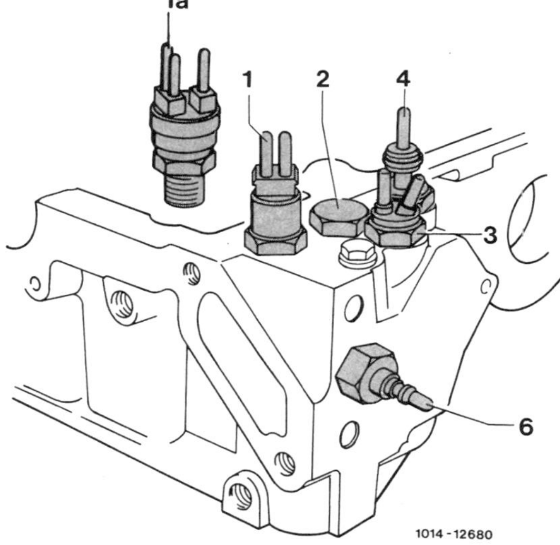

1 Temperaturschalter 100° C für Lüfterkupplung
1a Temperaturschalter 100° C (nur Fahrzeuge mit Klimaanlage)
2 Verschlußschraube M 14 × 1,5
3 Thermoventil 60° C (weiß) für Zündumschaltung
4 Temperaturfühler für KE-Einspritzanlage
6 Temperaturgeber für Kühlmittel-Temperaturanzeige

6-Zylinder-Motor mit KE-Jetronic

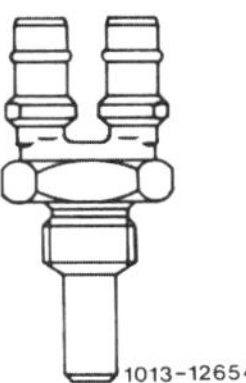

Temperaturfühler für elektronische Zünd- und Einspritzanlage. Der Temperaturfühler befindet sich links hinten am Zylinderkopf.

Geber für Kühlmittelstandsanzeige aus- und einbauen/prüfen

Die Kühlmittelstandsanzeige besteht im wesentlichen aus dem Kühlmittelstandsgeber, vorn am Ausgleichbehälter über dem Anschluß des Kühlmittelschlauches, und der Kontrollampe im Schalttafeleinsatz.

Die Kühlmittelstandsanzeige warnt bei laufendem Motor vor zu geringem Kühlflüssigkeitsstand und dadurch vor einer möglichen Überhitzung des Motors.

Sobald die Zündung eingeschaltet wird, leuchtet die Kontrolllampe zur Funktionskontrolle schwach auf und verlischt bei laufendem Motor.

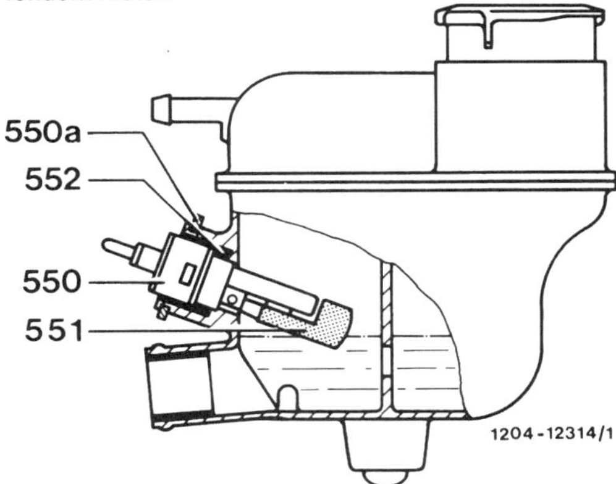

Der Kühlmittelstand im Ausgleichbehälter wird von einem Schwimmer –551– abgetastet. Bei geringem Kühlflüssigkeitsstand schließt ein Kontakt im Geber –550– und die Kontrolllampe leuchtet auf. Je nach Fahrweise wird die Kontrolleuchte zuerst kurzzeitig und später ständig aufleuchten. Leuchtet die Kontrollampe auf, Kühlmittel auffüllen.

Prüfen

- Stecker am Kühlmittelstandsgeber abziehen.
- Ohmmeter zwischen die beiden Kontakte am Geber anschließen. Bei Kühlmittelstand an der Max.-Marke muß das Meßgerät unendlich (∞ Ω) anzeigen. Bei leerem Ausgleichbehälter soll der Widerstand ca. 5 Ω betragen.

Ausbau

- Falls erforderlich, etwas Kühlmittel ablassen.
- Sicherungsring –550a– mit Schraubendreher abhebeln oder mit passender Zange spreizen.
- Geber aus Ausgleichbehälter herausziehen.

Einbau

- Neuen Geber mit neuem Dichtring –552– so in den Ausgleichbehälter einsetzen, daß die unterschiedlich breiten Nasen am Geber in die Öffnung des Ausgleichbehälters eingreifen.
- Sicherungsring aufdrücken.
- Kühlmittel auffüllen.

Kühlmittelregler aus- und einbauen/ prüfen

Achtung: Wenn der Motor nach kurzer Fahrstrecke heiß wird, kann das auch daran liegen, daß sich der Kühler aufgrund von Kalkablagerungen zugesetzt hat.

Der Kühlmittelregler öffnet mit zunehmender Erwärmung des Motors den großen Kühlmittelkreislauf. Bleibt der Kühlmittelregler durch einen Defekt geschlossen, wird der Motor zu heiß. Erkennbar ist das an einer im roten Bereich stehenden Kühlmittel-Temperaturanzeige, während gleichzeitig der Kühler kalt bleibt. Ein defekter Thermostat kann aber auch nach dem Abkühlen der Kühlflüssigkeit weiterhin geöffnet bleiben. Dies erkennt man daran, daß der Motor nicht mehr seine Betriebstemperatur erreicht bzw. daß der Zeiger der Kühlmittel-Temperaturanzeige langsamer ansteigt als bisher oder im Winter die Heizleistung nachläßt.

Ausbau

- Massekabel (–) von der Batterie abklemmen. **Achtung:** Beim Abklemmen der Batterie erlischt Radio-Diebstahlcodierung. Siehe Hinweise „Batterieausbau".
- Kühlmittel ablassen und auffangen.
- **4-Zylinder-Motor bis 8.92:** Entlüftungsleitung am Deckel des Kühlmittelreglergehäuses abziehen. Vorher Schelle öffnen und zurückschieben.
- **4-Zylinder-Motor seit 9.92:** Vordere Kunststoffabdeckung am Zylinderkopf ausclipsen.

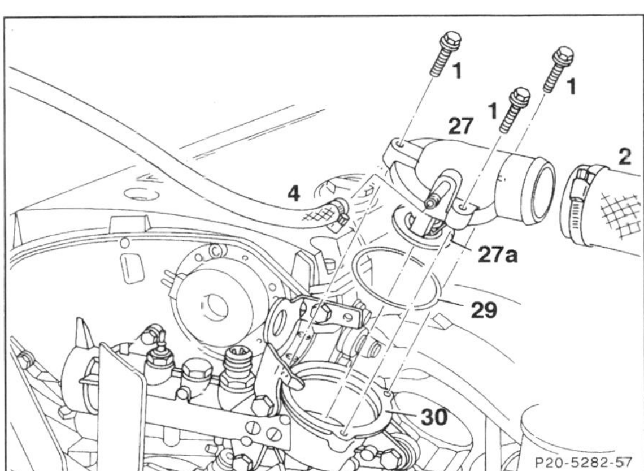

- 3 Befestigungsschrauben –1– herausdrehen, Deckel am Kühlmittelreglergehäuse abnehmen und zur Seite legen. Die Abbildung zeigt den 4-Zylinder-Motor seit 9.92, hier Kühlmittelschläuche –2– und –4– abziehen, dazu Schlauchbänder lösen.
- Kühlmittelregler aus dem Gehäuse herausnehmen. **Achtung:** Beim 4-Zylinder-Motor seit 9. 92 darf der Kühlmittelregler –27a– nicht aus dem Gehäuse –27– genommen werden, er wird dadurch zerstört. Ein Wiedereinbau ist nicht möglich.
- Dichtring entnehmen.

Prüfen

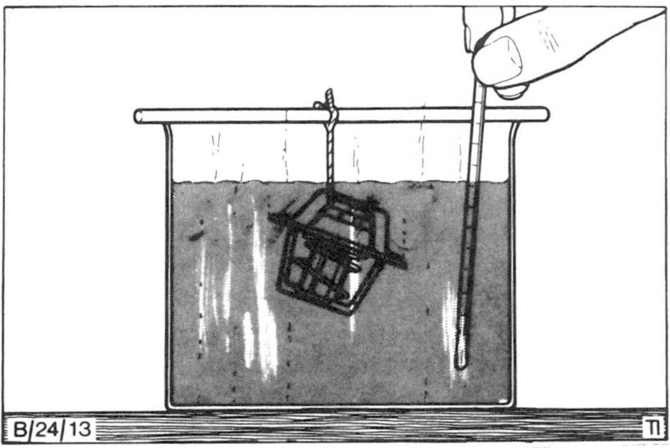

- Kühlmittelregler im Wasserbad erwärmen. Dabei darf der Regler nicht die Wände des Behälters berühren. Temperatur mit einem geeigneten Thermometer kontrollieren.

Bei einer Temperatur von ca. 87° C beginnt die Bimetallfeder des Reglers sich auszudehnen. Die größte Ausdehnung ist bei ca. 102° C erreicht.

- Prüfen ob sich der Regler ausdehnt und wieder schließt, andernfalls Regler ersetzen.

Einbau

- Dichtflächen an Gehäuse und Deckel reinigen.
- Kühlmittelregler mit neuem Dichtring in Gehäuse einsetzen. **Achtung:** Beim Einfüllen des Kühlmittels wird bei den 6-Zylinder-Motoren das Kühlsystem über ein Kugelventil am Kühlmittelregler entlüftet. Aus diesem Grund Kühlmittelregler so einsetzen, daß das Kugelventil sich an der höchsten Stelle befindet.
- Deckel aufsetzen und anschrauben. **Achtung:** Schrauben mit 10 Nm, also nicht zu fest, anziehen.
- Kühlmittelschläuche und Entlüftungsschlauch, wo vorhanden, aufschieben und mit Schellen sichern.
- Kühlmittel auffüllen.
- Batterie-Masseband anklemmen.
- Motor warmlaufen lassen, bis der Lüfter einschaltet. Prüfen, ob der Kühler unten warm wird und das Kühlmittelreglergehäuse dicht ist.

Kühler aus- und einbauen

Nach längerer Laufzeit des Fahrzeuges können sich die dünnen Kanäle im Kühler durch Rückstände im Kühlmittel und Kalkablagerungen zusetzen. Dadurch läßt die Kühlleistung stark nach und der Motor wird zu warm. In diesem Fall hilft nur ein Austauschen des Kühlers.

Ausbau

- Massekabel (–) von Batterie abklemmen. **Achtung:** Beim Abklemmen der Batterie erlischt Radio-Diebstahlcodierung. Siehe Hinweise „Batterieausbau".
- Kühlmittel ablassen, siehe Seite 79.

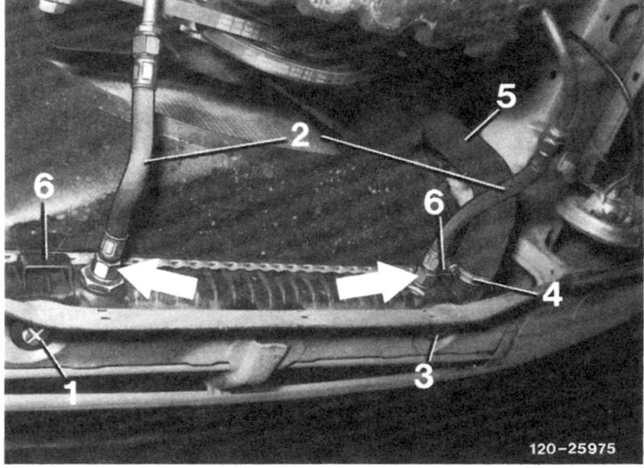

- Bei Fahrzeugen mit automatischem Getriebe Ölleitungen –2– vom und zum Getriebe mit geeigneten Klammern abklemmen und am Kühler abschrauben –Pfeile–. Dabei auf peinliche Sauberkeit achten, Anschlüsse vor dem Abnehmen äußerlich mit Spiritus reinigen. Anschließend kleine Plastiktüten mit Gummiringen auf die Leitungen schieben, damit kein Schmutz eindringen kann.

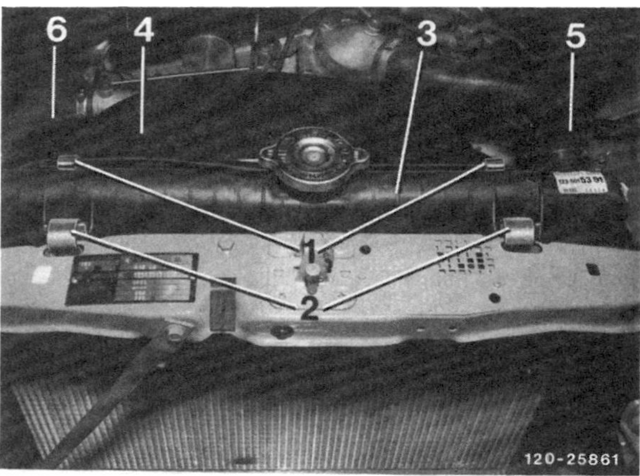

- Oberen und unteren Kühlmittelschlauch –5/6– am Kühler –3– abziehen, vorher Schellen lösen und ganz zurückschieben.

- Haltefedern –1– für Lüfterhaube nach oben herausziehen.
- Lüfterhaube –4– etwas hochziehen und über Lüfter legen.

Achtung: Bei einigen Fahrzeugen ist die untere Haltelasche der Lüfterhaube mit einer Feder an der Halteöse des Kühlers befestigt. In diesem Fall Feder nach unten herausziehen.

- Haltefedern –2– nach oben herausziehen.
- Kühler nach oben herausheben.

Einbau

- Sämtliche Kühlmittelschläuche auf Einschnitte, Risse und sonstige Beschädigungen überprüfen und, falls erforderlich, auswechseln. Gummitüllen der Kühlerhalterung auf einwandfreien Zustand prüfen.

- Kühler von oben so einsetzen, daß die Befestigungszapfen –2– des Kühlers in die Haltelaschen eingreifen.
- Haltefedern oben für Kühler einsetzen; Lüfterhaube ansetzen, nach unten drücken und dabei in die Haltelasche –6– am Kühler einrasten.
- Kühlmittelschläuche aufschieben und mit Schellen sichern.
- Falls abgebaut, Ölkühlerschläuche mit Überwurfmuttern und 20 Nm festschrauben, Klammern entfernen.
- Kühlmittel auffüllen.
- Batterie-Massekabel anklemmen.
- Motor warmlaufen lassen und Schlauchanschlüsse auf Dichtheit prüfen.
- Kühlmittelstand kontrollieren, gegebenenfalls Kühlmittel nachfüllen.

Lüfterhaube aus- und einbauen

Motoren seit 9.92 (4-Ventil-Motoren)

Ausbau

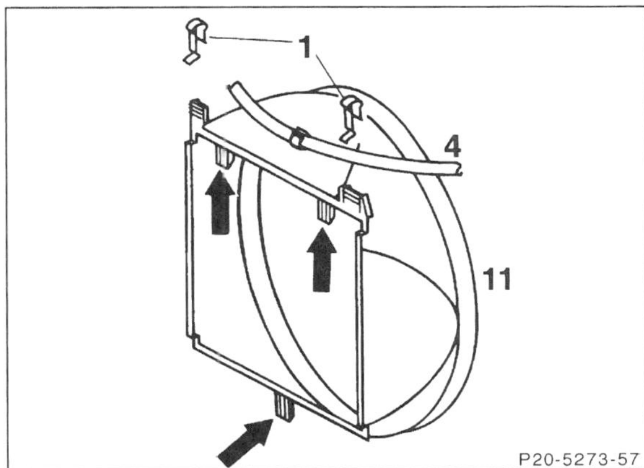

- Kühlmittelschlauch –4– an Lüfterhaube –11– aushängen.
- Haltefedern –1– abziehen, Lüfterhaube nach oben aus den Haltelaschen –Pfeile– abnehmen.

Einbau

- Lüfterhaube mit den Haltelaschen am Kühler einsetzen.

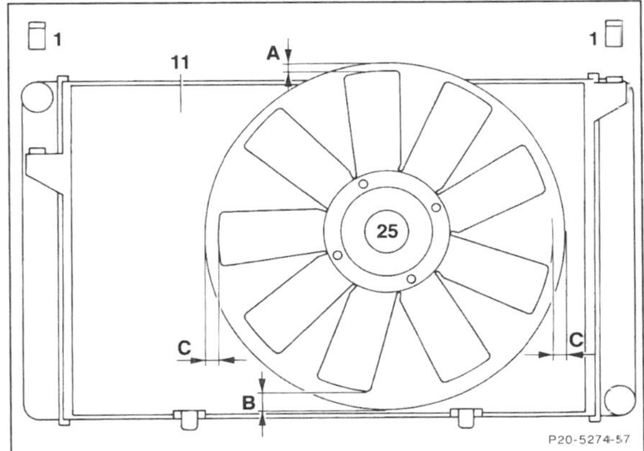

A: 22 – 25 mm; B: 25 – 28 mm; C: 17 – 23 mm.

- Lüfterhaube –11– entsprechend den angegebenen Maßen ausrichten. 2 Haltefedern –1– oben aufdrücken.
- Kühlmittelschlauch an Lüfterhaube einhängen.

Lüfter aus- und einbauen

4-Zylinder-Motor bis 8.92

Ausbau

- Batterie-Massekabel (–) abklemmen. **Achtung:** Beim Abklemmen der Batterie erlischt Radio-Diebstahlcodierung. Siehe Hinweise „Batterieausbau“.
- Luftfilter ausbauen, siehe Seite 95, 107, 125.
- Kühler ausbauen, siehe Seite 74.

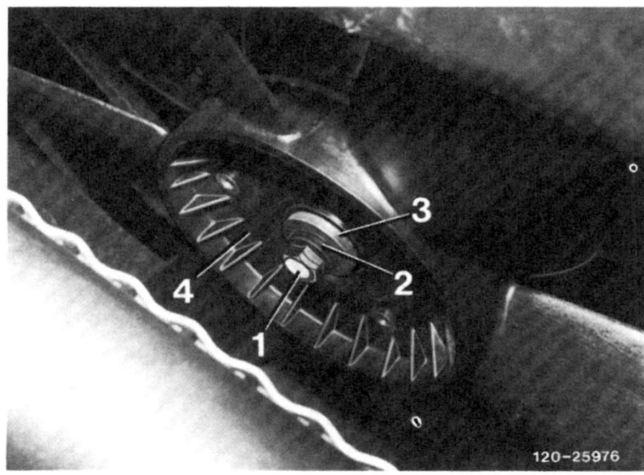

- Zentralschraube –1– herausdrehen und mit Scheiben –2– und –3– abnehmen.
- Lüfterrad –4– herausnehmen.
- Keilriemen ausbauen, siehe Seite 38.

- 4 Innensechskantschrauben –19– herausdrehen und Keilriemenscheibe –12– abnehmen.

- Elektrische Leitung am Magnetkörper abziehen.
- Befestigungsschrauben –Pfeile– (insgesamt 3 Stück) herausdrehen und Magnetkörper abnehmen.

Einbau

- Magnetkörper an Kühlmittelpumpe mit 10 Nm anschrauben, elektrische Leitung aufstecken.
- Riemenscheibe an den Flansch der Pumpenwelle mit 10 Nm anschrauben.

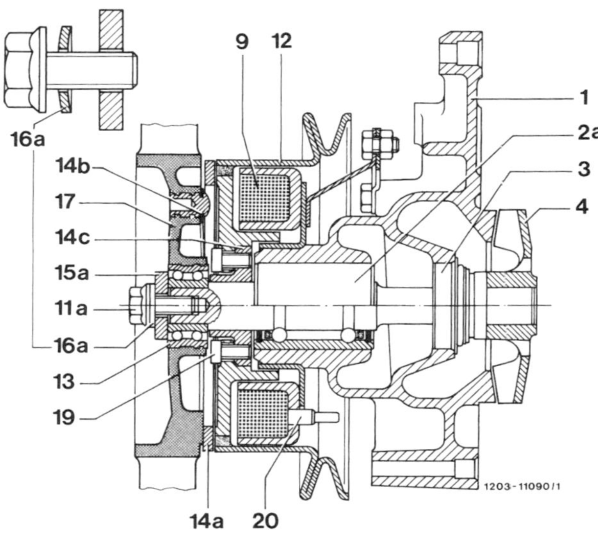

- Lüfter mit Zentralschraube und 25 Nm an Pumpenwelle anschrauben. **Achtung:** Unterlegscheiben nicht vergessen. Die Spannscheibe –16a– zeigt mit dem größeren Durchmesser zur Kühlmittelpumpe.
- Keilriemen einbauen, siehe Seite 38.
- Rücklaufleitung für Vergaservorwärmung an Kühlmittelpumpe anschrauben.
- Heizungs- und Kühlmittelschläuche aufschieben und mit Schellen sichern.
- Kühler einbauen, siehe Seite 74.
- Luftfilter einbauen, siehe Seite 95, 107, 125.
- Batterie-Massekabel anklemmen.

4-Zylinder-Motor seit 9.92 (4-Ventiler, M111)

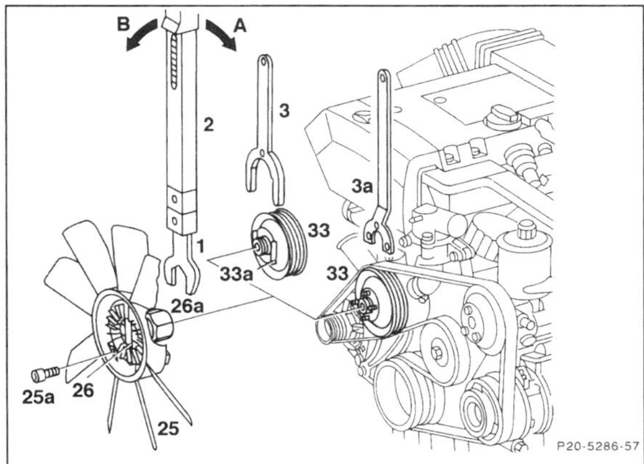

- Visco-Lüfterkupplung –26– an der Mutter –26a– mit einem langen Gabelschlüssel von der Keilriemenscheibe –33– abschrauben. **Achtung:** Die Mutter hat Linksgewinde, zum Lösen also rechtsherum drehen –A–. Dabei Riemenscheibe mit einem selbstangefertigten Schlüssel an den Abflachungen –33a– gegenhalten. Bei anderer Ausführung, Riemenscheibe an den Schrauben gegenhalten.
- Lüfter mit Visco-Kupplung herausnehmen.

Einbau

- Lüftermutter mit **40 Nm** wieder linksherum anschrauben, dabei Riemenscheibe gegenhalten.

6-Zylinder-Motor seit 9.92 (4-Ventiler, M104)

- Lüfterhaube ausbauen, siehe Seite 75.

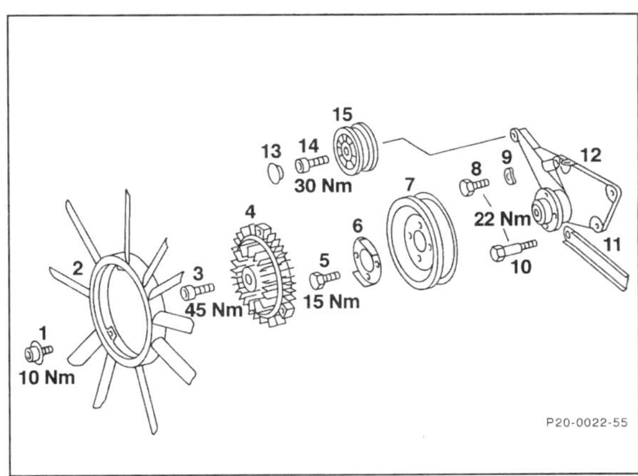

- Visco-Lüfterkupplung mit Schrauben –3– abschrauben. Dabei Riemenscheibe mit einem selbstangefertigten Schlüssel an den Abflachungen der Scheibe –6– gegenhalten.
- Lüfter mit Visco-Kupplung herausnehmen.

Einbau

- Lüfterkupplung mit **45 Nm** wieder anschrauben, dabei Riemenscheibe gegenhalten.
- Lüfterhaube einbauen, siehe Seite 75.

6-Zylinder-Motor (2-Ventiler, M103)

Ausbau

- *Batterie-Massekabel (–) abklemmen.* ***Achtung:*** *Beim Abklemmen der Batterie erlischt Radio-Diebstahlcodierung. Siehe Hinweise „Batterieausbau".*
- *2 Klammern für Lüfterhaube mit Schraubendreher abhebeln, Lüfterhaube etwas hochziehen und über Lüfter legen.*
- *Visco-Lüfterkupplung mit Lüfter von der Keilriemenscheibe abschrauben.* ***Achtung:*** *Wegen der beengten Platzverhältnisse wird ein genau passender Innensechskantschlüssel SW 8 benötigt. Zum Beispiel handelsüblich abgewinkelten Innensechskantschlüssel am kurzen Teil auf 15 mm Länge absägen. Schlüssel ansetzen und den Hebelarm mit einem geeigneten Rohr (mindestens 450 mm lang) verlängern.*

- *Beim Lösen der Inbusschraube Riemenscheibe gegenhalten. Dazu einen abgewinkeltem Rundstahl (∅ = 6 mm) von der Rückseite der Riemenscheibe in die Haltebohrung der Nabe und gleichzeitig in die Haltenut des Lüfter-Lagerbockes einrasten lassen.*
- *Lüfter mit Visco-Kupplung und Abdeckung herausnehmen.*

Einbau

- *Lüfter mit Visco-Kupplung und Abdeckung ansetzen und Lüfterkupplung an der Riemenscheibe anschrauben Innensechskantschraube mit 45 Nm festziehen, gleichzeitig Riemenscheibe gegenhalten.*
- *Anschließend Hilfswerkzeug entfernen.*
- *Lüfterhaube am Kühler ansetzen und nach unten drücken. Oben 2 Blechklammern am Kühler eindrücken.*
- *Batterie-Massekabel anklemmen.*

Kühlmittelpumpe aus- und einbauen

Ausbau

- Heizungsrücklaufleitung –1– und Kühlmittelschlauch –2– an der Kühlmittelpumpe –3– abziehen. Vorher Schellen –Pfeile– ganz öffnen und zurückschieben.
- Rücklaufleitung für Vergaservorwärmung von der Kühlmittelpumpe abschrauben.
- Lüfter ausbauen.
- Keilrippenriemen ausbauen, siehe Seite 38.

- Drehstromgenerator mit vorderem Halter abschrauben und zur Seite legen, dazu Schrauben –2– lösen.

4-Zylinder-Motor

- Verbindungsschlauch für kleinen Kreislauf abziehen. Dazu Schelle –Pfeil– ganz öffnen und zurückschieben.
- Kühlmittelpumpe abschrauben –3– und herausnehmen.
- Dichtflächen an Pumpengehäuse und Steuergehäusedekkel sorgfältig reinigen.
- **6-Zylinder-Motor:** *Sämtliche Kühlmittelschläuche von der Pumpe abziehen und Kühlmittelpumpe mit 4 Schrauben vom Kurbelgehäuse abschrauben.*

Einbau

- **6-Zylinder-Motor:** *Kühlmittelpumpe mit neuem Dichtring ansetzen und gleichmäßig festschrauben. Kühlmittelschläuche aufschieben und mit Schellen sichern.*

4-Zylinder-Motor

- Neue Dichtung an 2 Punkten leicht an die Dichtfläche des Steuergehäusedeckels ankleben.

Achtung: Falls die Dichtung nicht vorhanden ist, Dichtflächen an der Kühlmittelpumpe gleichmäßig und möglichst dünn mit Dichtmittel „Loctite 573 mit Aktivator" bestreichen.

- Kühlmittelpumpe am Steuergehäusedeckel ansetzen und mit 10 Nm anschrauben.
- Verbindungsschlauch für kleinen Kreislauf aufschieben und mit Schelle sichern.
- Sämtliche Kühlmittelschläuche aufschieben und mit Schellen sichern.
- Drehstromgenerator mit vorderem Halter und 45 Nm anschrauben, Keilriemen spannen, siehe Seite 38.
- Lüfter einbauen.

Wartungsarbeiten an der Motor-Kühlung

Kühlmittel wechseln

Das Kühlmittel ist im Rahmen der Wartung alle 3 Jahre zu erneuern.

Achtung: Kühlmittel ist leicht giftig und sollte nicht einfach weggeschüttet werden. Gemeinde- und Stadtverwaltungen informieren darüber, wo sich die nächste Problemstoff-Sammelstelle befindet beziehungsweise wie das alte Kühlmittel entsorgt werden soll.

Ablassen

- Deckel am Ausgleichbehälter nach links drehen bis er einrastet, und Überdruck aus dem Kühlsystem entweichen lassen. Dann Deckel weiterdrehen und ganz abnehmen.

Achtung: Bei heißem Motor vor dem Öffnen des Deckels einen dicken Lappen auflegen, um Verbrühungen durch heiße Kühlflüssigkeit oder Dampf zu vermeiden. Deckel nur bei Kühlmitteltemperaturen unter 90° C abnehmen.

- Sauberes Auffanggefäß unter den Kühler stellen und Ablaßschraube am Kühler herausdrehen.

Achtung: Je nach Fahrzeugausstattung sind unterschiedliche Kühlerausführungen eingebaut. Die Ablaßschraube befindet sich unten am Kühler entweder auf der linken oder auf der rechten Seite. Der Ablaufstutzen kann seitlich oder nach hinten vom Kühler wegführen.

- Untere Motorraumverkleidung ausbauen, siehe Seite 17.

- Geeigneten Ablaufschlauch (Innendurchmesser 12 mm, Länge: 1,5 m) auf den Austrittstutzen –Pfeil– schieben. Schlauch unter dem Radlauf heraus in das Auffanggefäß führen und Ablaßschraube –1– öffnen.

Achtung: Bei Fahrzeugen mit Klimaanlage Klappe für Abschleppöse im Frontspoiler rechts herunterklappen, Ablaufschlauch aufstecken, in Auffanggefäß führen und Ablaßschraube –1– öffnen.

- Ablaßschraube am Kurbelgehäuse herausdrehen. **Achtung:** Beim 6-Zylinder-Motor befindet sich die Ablaßschraube auf der rechten Seite in Höhe des 5. Zylinders. Geeigneten Schlauch auf die Ablaßschraube aufschieben und Schraube nur lösen, nicht abschrauben.
- Kühlmittel ganz ablaufen lassen.
- Ablaßschraube am Kurbelgehäuse mit neuem Dichtring und 30 Nm einschrauben. Beim 6-Zylinder-Motor Ablaßschraube nicht zu fest anziehen.
- Ablaßschraube am Kühler mit 1,5 bis 2 Nm, also handfest hineindrehen.
- Falls aufgesteckt, Ablaufschlauch abnehmen.

Auffüllen

- Kühlmittel über den Einfüllstutzen des Ausgleichbehälters bis zur Marke „Kühlmittel kalt" –Pfeil– auffüllen.

- Fahrzeuge mit Zusatzheizung: Abdeckkappe an der Zusatzheizung abnehmen, Entlüftungsschraube etwas herausdrehen, bis keine Luft mehr austritt. Vorgang nach Warmlaufen des Motors wiederholen.
- Motor warmlaufen lassen, bis der Kühlmittelregler öffnet (Kühlmitteltemperatur 90° –100° C).

Achtung: Bei einer Kühlmitteltemperatur von 60° –70° C Ausgleichbehälter verschließen.

- Kühlsystem – Schlauchanschlüsse sowie Ablaßschrauben und Kühlmittelpumpe – auf Dichtheit prüfen.

Kühlmittel nachfüllen

Kühlmittel ist immer dann nachzufüllen, wenn die Kühlmittelstands–Warnanzeige anspricht. Vor jeder größeren Fahrt sollte der Kühlmittelstand geprüft werden.

- Das Kühlmittel soll bei kaltem Motor bis zur Markierung am Ausgleichbehälter –Pfeil– reichen. Bei warmem Motor kann es ca. 1 cm darüber liegen.

Achtung: Verschlußdeckel für Ausgleichbehälter bei heißem Motor vorsichtig öffnen. Verbrühungsgefahr! Beim Öffnen Lappen über den Verschlußdeckel legen. Verschlußdeckel möglichst bei einer Kühlmittel-Temperatur unter 90° C öffnen.

- Verschlußdeckel beim Öffnen zuerst bis zur ersten Raste drehen und Überdruck entweichen lassen. Danach Deckel weiterdrehen und abnehmen.
- **Kaltes** Kühlmittel nur bei **kaltem Motor** nachfüllen, um Motorschäden zu vermeiden.
- Zum Nachfüllen – auch in der warmen Jahreszeit – nur eine Mischung aus Kühlerfrostschutzmittel und kalkarmem, sauberem Wasser verwenden.

Achtung: Um die Weiterfahrt zu ermöglichen, kann auch, insbesondere im Sommer, reines Wasser nachgefüllt werden. Der Kühlerfrostschutz muß dann jedoch baldmöglichst korrigiert werden.

- Sichtprüfung auf Dichtheit durchführen, wenn der Kühlmittelstand häufig unterhalb der Min.-Markierung steht.

Frostschutz prüfen

Vor Beginn der kühleren Jahreszeit sollte die Konzentration des Frostschutzmittels geprüft werden.

- Motor warmfahren, bis Kühlmittel im Ausgleichbehälter ca. handwarm ist.
- Verschlußdeckel des Ausgleichbehälters vorsichtig öffnen, siehe unter „Kühlmittel nachfüllen“.
- Mit Meßspindel Kühlflüssigkeit ansaugen und am Schwimmer Kühlmitteldichte ablesen. Der Frostschutz soll in unseren Breiten bis mindestens – 30° C reichen.

MERCEDES-Kühlkonzentrat ergänzen

Beispiel: Die Frostschutz-Messung mit der Spindel ergibt einen Frostschutz bis – 10° C. In diesem Fall aus dem Kühlsystem 3 l Kühlflüssigkeit ablassen und dafür 3 l reines Frostschutzkonzentrat auffüllen.

Gemessener Wert in °C	Differenzmenge in Liter
0	4,0
– 5	3,5
–10	3,0
–15	2,0
–20	1,5
–25	1,0

- Verschlußdeckel für Ausgleichbehälter verschließen und nach Probefahrt Frostschutz erneut überprüfen.

Sichtprüfung auf Dichtheit

- Kühlmittelschläuche durch Zusammendrücken und Verbiegen auf poröse Stellen untersuchen, hartgewordene Schläuche ersetzen.
- Die Schläuche dürfen nicht zu kurz auf den Anschlußstutzen sitzen.
- Festen Sitz der Schlauchschellen kontrollieren.
- Dichtung des Verschlußdeckels am Ausgleichbehälter auf Beschädigungen überprüfen.
- Motor warmlaufen lassen, bis Lüfter für Kühler mitläuft. Darauf achten, ob Kühlflüssigkeit im Bereich der Kühlmittelpumpe austritt.
- Wenn bei heißem Motor Kühlmittel aus einer Bohrung unten an der Pumpe läuft, ist in der Regel der Wellendichtring defekt. In diesem Fall Kühlmittelpumpe ersetzen. **Achtung:** Die Ablaufbohrung wird durch die Riemenscheibe verdeckt.
- Mitunter ist es schwierig, die Leckstelle ausfindig zu machen. Dann empfiehlt sich eine Druckprüfung (Spezialgerät erforderlich) durch die Werkstatt. Hierbei kann ebenfalls das Überdruckventil des Verschlußdeckels geprüft werden.

Störungsdiagnose Motorkühlung

Störung: Die Kühlmitteltemperatur-Anzeige steht im roten Bereich

Ursache	Abhilfe
Zu wenig Kühlmittel im Kreislauf	■ Ausgleichbehälter muß bis zur Markierung voll sein
Kühlmittelregler öffnet nicht	■ Prüfen, ob oberer Kühlmittelschlauch warm wird. Wenn nicht, Regler ersetzen
Lüfter läuft nicht, Thermoschalter defekt	■ Stecker vom Thermoschalter abziehen und gegen Masse legen; wenn der Lüfter jetzt mitläuft, Thermoschalter ersetzen
Sicherung Nr. 7 defekt (nur 200, 230 E)	■ Sicherung für Lüfter prüfen
Magnetkörper defekt (nur 200, 230 E)	■ Elektrische Leitung am Magnetkörper abziehen und über Prüflampe gegen Masse legen, Zündung einschalten. Wenn die Lampe aufleuchtet, Magnetkörper ersetzen, andernfalls Leitungsunterbrechung beseitigen
Lüfter läuft nicht, Bimetallstreifen in der Viscokupplung defekt	■ Bei einer Kühlmitteltemperatur von ca. 90°–95 °C Motor mit 4000–5000/min laufen lassen, dabei muß die Drehzahl des Lüfters deutlich ansteigen. Andernfalls Lüfterkupplung prüfen, gegebenenfalls Bimetallstreifen ersetzen.
Kühlmittelpumpe defekt	■ Kühlmittelpumpe ausbauen und überprüfen
Geber für Kühlmitteltemperaturanzeiger defekt	■ Geber überprüfen lassen
Kühlmitteltemperaturanzeige defekt	■ Anzeigegerät überprüfen lassen

Störungsdiagnose Kühlmittelstandsanzeige

Störung	Ursache	Abhilfe
Kontrollampe leuchtet bei laufendem Motor und richtigem Kühlmittelstand	■ Geber defekt	Mit Ohmmeter prüfen, ggf. ersetzen
	■ Masseschluß in elektrischer Leitung	Leitung nach Stromlaufplan prüfen
	■ Anzeige-Instrument defekt	Ersetzen
Kontrollampe leuchtet nicht beim Einschalten der Zündung	■ Lampe defekt	Ausbauen und prüfen
	■ Leitungsunterbrechung	An Buchse 9 und 6 des 15-fach-Steckers muß bei eingeschalteter Zündung ca. 12 V anliegen, sonst Unterbrechung nach Stromlaufplan beseitigen
	■ Anzeige-Instrument defekt	Ersetzen
Kontrollampe leuchtet bei laufendem Motor und leerem Ausgleichbehälter nicht	■ Geber defekt	Geber mit Ohmmeter prüfen, ggf. ersetzen
	■ Unterbrechung in elektrischer Zuleitung	Stecker am Geber abziehen, braun/gelbe Leitung über Voltmeter an Pluspol der Batterie anschließen, Sollwert ca. 12 V, sonst Masseverbindung M1 nach Stromlaufplan prüfen. Andere Leitung am Stecker nach Stromlaufplan prüfen

Die Kraftstoffanlage

Zur Kraftstoffanlage gehören der Kraftstoffbehälter, die Kraftstoffleitungen, der Kraftstoff-Filter, die Kraftstoffpumpe und der Vergaser beziehungsweise die Einspritzanlage mit Luftfilter.

Der Kraftstoffbehälter ist über der Hinterachse angeordnet. Er faßt je nach Modell und Ausstattung 70 l oder 90 l Kraftstoff. Der jeweilige Kraftstoffvorrat wird dem Fahrer durch eine Kraftstoffvorratsanzeige angezeigt. Über ein Belüftungssystem wird der Tank belüftet.

Beim Tanken aus Kanistern empfiehlt es sich, den Kraftstoff durch einen sauberen Lappen zu filtern.

Vergaser/Einspritzanlage

Der 109-PS-Motor ist bis 8.86 mit einem Stromberg-Flachstromvergaser 175 CDT und seit 9.86 ebenso wie der 105-PS-Motor mit einem Pierburg Fallstrom-Registervergaser 2E-E ausgerüstet. Die anderen Motoren besitzen eine Benzineinspritzung, die unterschiedlich aufgebaut sein kann: Bis 8.92 ist eine Bosch KE-Jetronic eingebaut. Motoren seit 9.92 sind mit einer Bosch-P-Motronic (nur E200) beziehungsweise HFM-Anlage ausgestattet.

Vergasereinstellung

Jeder Vergaser wird im Werk geprüft und eingestellt. An dieser Einstellung sollte nichts verändert werden. Sehr hoher Kraftstoffverbrauch und schlechte Motorleistung haben nämlich fast immer andere Ursachen, wobei Fahrweise und Verkehrsbedingungen eine besonders große Rolle spielen. Man kann sich für gewöhnlich auf ein sorgfältiges Einstellen des Leerlaufs beschränken. Eine korrekte Leerlaufeinstellung ist überhaupt wichtiger als man gemeinhin glaubt, denn sie beeinflußt noch bis zu mittleren Drehzahlen hinauf den Übergang des Motors.

Achtung: Da die Fahrzeuge mit einer Transistorzündanlage ausgestattet sind, müssen verschiedene Punkte beachtet werden, um Verletzungen von Personen bzw. die Zerstörung der TSZ-Anlage zu vermeiden, siehe Seite 52.

Hinweis: Die Schrauben an Vergaser oder Einspritzanlage, mit denen die Abgaszusammensetzung verändert werden kann, müssen aufgrund gesetzlicher Bestimmungen eingriffsicher gemacht werden. Die Lage und Anzahl der Einstellschrauben ist vom Vergasertyp abhängig.

Die Sicherungskappen lassen sich zum Teil mit einer Zange oder einem Schraubendreher entfernen. Bei manchen Kappen ist es zweckmäßig, eine Blechschraube von entsprechendem Durchmesser in die Kunststoffkappe einzuschrauben, dann mit einer Zange Schraube mitsamt Kappe herausziehen. Die Sicherungskappen werden dabei zerstört. Nach einer Einstellung müssen die Einstellschrauben mit neuen Kappen (Ersatzteil) gesichert werden.

Sofern die Abgas-Werte nicht den gesetzlichen Vorschriften entsprechen, erlischt die ABE (Allgemeine Betriebserlaubnis). Fehlen am Vergaser die Sicherungskappen, kann dies bei einer polizeilichen Überprüfung des Fahrzeugs zu einem Bußgeldverfahren führen.

Sicherheits- und Sauberkeitsregeln bei Arbeiten an der Kraftstoffversorgung

Bei Arbeiten an der Kraftstoffversorgung sind die folgenden Regeln zur Sicherheit und Sauberkeit sorgfältig zu beachten:

Sicherheitshinweise

- **Kein offenes Feuer, nicht rauchen, keine glühenden oder sehr heißen Teile in die Nähe des Arbeitsplatzes bringen. Unfallgefahr! Feuerlöscher bereitstellen.**
- **Unbedingt für gute Belüftung des Arbeitsplatzes sorgen. Kraftstoffdämpfe sind giftig.**
- Das Kraftstoffsystem steht unter Druck. Beim Öffnen der Anlage kann Kraftstoff herausspritzen, daher austretenden Kraftstoff mit einem Lappen auffangen. **Schutzbrille tragen.**

- Verbindungsstellen und deren Umgebung vor dem Lösen gründlich mit Kaltreiniger oder Benzin reinigen.
- Ausgebaute Teile auf einer sauberen Unterlage ablegen und abdecken. Folien oder Papier verwenden. Keine fasernden Lappen benutzen!
- Ersatzteile erst unmittelbar vor dem Einbau aus der Verpackung nehmen. Nur saubere Teile einbauen.
- Bei geöffneter Kraftstoffanlage möglichst nicht mit Druckluft arbeiten. Das Fahrzeug möglichst nicht bewegen.

Vergaser aus- und einbauen

Ausbau

- Batterie-Massekabel (–) abklemmen. **Achtung:** Beim Abklemmen der Batterie erlischt Radio-Diebstahlcodierung. Siehe Hinweise „Batterieausbau“.

- Verbindungsschlauch –1– am Ansaugstutzen abziehen, vorher Klemmschelle lösen.

- Unterdruckschlauch –3– am Vergaser abziehen.
- Stecker –2– von Thermoverzögerungsventil und Starterdeckelbeheizung abziehen.
- Kraftstoffzulauf- und Rücklaufschlauch –5– und –6– abziehen und mit passender Schraube verschließen.

Achtung: Falls der Motor warm ist, vor dem Abziehen der Kühlmittelschläuche Überdruck aus dem Kühlsystem entweichen lassen, siehe Seite 79.

- Kühlmittelschläuche –4– am Starterdeckel abziehen und mit Draht hochhängen, damit kein Kühlmittel ausläuft. Vorher Schellen ganz öffnen und zurückschieben.
- Gaszug aushängen, siehe Seite 14.

107 – 20939

- Massekabel –1– am Vergaser abschrauben.
- Stecker vom Leerlaufabschaltventil abziehen.

107 – 24574

- Vergaser vom Gummiflansch abschrauben und herausnehmen.
- Dichtung abnehmen und Anlagefläche am Vergaser reinigen.
- Gummiflansch vom Ansaugrohr abschrauben und auf Porosität oder Beschädigung prüfen.
- Ansaugrohr gegebenenfalls mit sauberem Tuch abdecken.

Einbau

- Gummiflansch am Ansaugrohr mit 15 Nm anschrauben.
- Vergaser mit neuer Dichtung am Gummiflansch mit 50 Nm anschrauben.
- Stecker für Leerlaufabschaltventil, Thermoverzögerungsventil und Starterdeckelbeheizung aufschieben.
- Gaszug einhängen und, falls erforderlich, einstellen.

107 – 20923

- Unterdruckleitungen am Vergaser anschließen. A – für Unterdruckregler, B – für Zündverstellung (roter Farbring), C – für Startautomatik.
- Massekabel an Vergaser anschließen, vorher Kontaktstellen sorgfältig reinigen.

Achtung: Wenn kein guter Massekontakt vorliegt, kann ein einwandfreies Leerlaufabschaltventil trotz Stromzuführung nicht schalten.

- Kraftstoffschläuche entsprechend Abbildung 107–20922 aufschieben und mit Schellen sichern.
- Kühlmittelschläuche am Starterdeckel aufschieben und mit Schellen sichern.

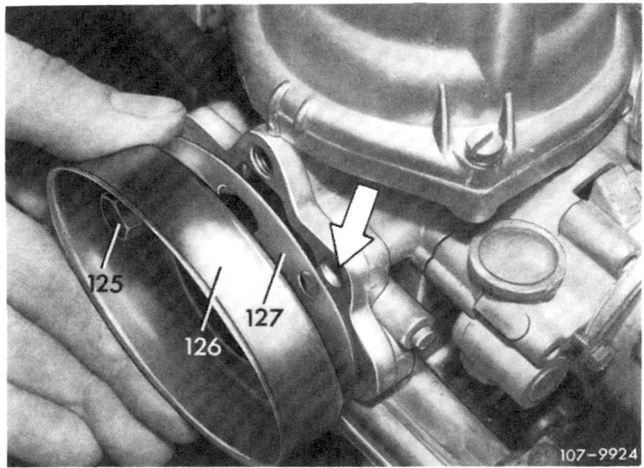

- Am Zwischenstück –126– die Befestigungsschrauben –125– auf ein Anzugsdrehmoment von 30 Nm prüfen.

Achtung: Wird die Dichtung –127– ersetzt, darauf achten, daß die Entlüftungsbohrung –Pfeil– nicht verdeckt wird. Sonst kann es zu erhöhtem Kraftstoffverbrauch kommen.

- Luftkolbendämpfer-Ölstand prüfen, gegebenenfalls nachfüllen.
- Verbindungsschlauch aufschieben und mit Schelle sichern.
- Batterie-Massekabel anklemmen.
- Leerlauf und CO-Gehalt im Abgas einstellen.

Gaszug/Gasgestänge einstellen

- Gasgestänge auf Leichtgängigkeit und Verschleiß prüfen.
- Motor auf Betriebstemperatur bringen, 70° – 80° C Kühlmitteltemperatur. Erfolgt die Einstellung bei kaltem Motor, muß die Startverbindungsstange ausgehängt werden.
- Klimaanlage ausschalten.
- Kugelpfanne –21– am Tempomat aushängen, siehe Seite 87.

- Bei automatischem Getriebe Kugelpfanne –19– abdrükken.
- Motor starten und im Leerlauf drehen lassen.

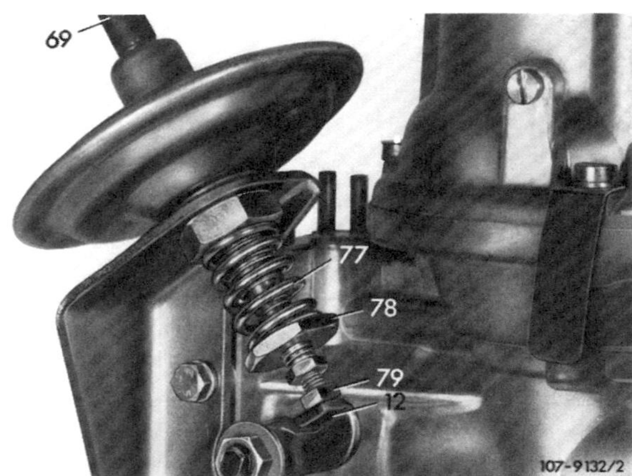

- Bei eingezogener Reglerstange Unterdruckschlauch –69– mit Schraubklemme abklemmen. Motor abstellen. Der Hebel –12– darf in dieser Stellung nicht an der Einstellschraube –79– anliegen, andernfalls Einstellmutter –78– entsprechend verdrehen.

Leerlaufanschlag einstellen

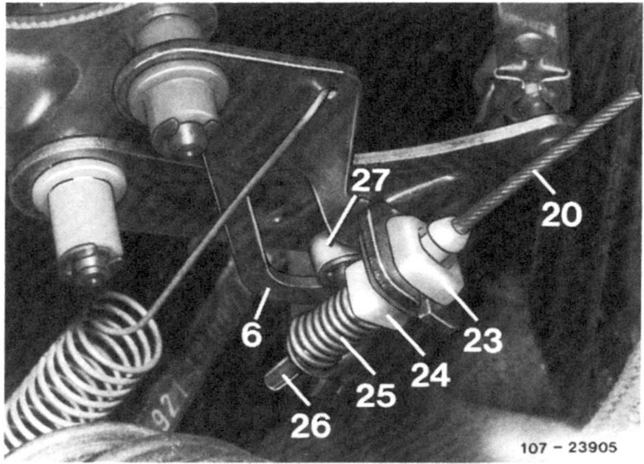

- Bowdenzug –20– am Betätigungshebel –6– aushängen. Dazu Führungshülse –24– aus Gummitülle –23– herausziehen. Tülle mit Schraubendreher aus Betätigungshebel herausdrücken und Bowdenzug durch den seitlichen Schlitz am Hebel herausnehmen.

- Klemmschraube –30– lösen.
- Betätigungshebel –6– so weit verdrehen, bis die Rolle –27– spielfrei am Leerlauf-Endanschlag des Betätigungshebels anliegt.
- In dieser Stellung Klemmschraube –30– festziehen.
- Bowdenzug seitlich in den Betätigungshebel einführen, Gummitülle eindrücken und mit Führungshülse sichern.

Vollgasanschlag einstellen

- **Schaltgetriebe:** Gaspedal ganz niedertreten und dort halten; dazu geeignetes Brett zwischen Sitz und Pedal klemmen.
- **Automatisches Getriebe:** Gaspedal bis zum Kickdown-Anschlag niedertreten und dort halten. Kickdown-Schalter nicht betätigen.

- Der Drosselklappenhebel muß jetzt am Vollgasanschlag -Pfeil- anliegen. Andernfalls Einstellschraube –21– (in Abbildung 107–23909) entsprechend verdrehen.
- Gaspedal langsam in Leerlaufstellung zurückkommen lassen. Die Rolle –27– muß nun spielfrei am Leerlaufanschlag des Betätigungshebels anliegen und zwischen dem Nippel –26– sowie der Druckfeder –25– darf kein Spiel vorhanden sein.

- Andernfalls im Fahrzeuginnern am Gaspedal die Einstellmutter –232– entsprechend verdrehen.
- Kugelpfanne am Tempomat einstellen und einhängen, siehe Seite 87.
- Steuerdruckzug –19– einstellen und einhängen, siehe Seite 149.
- Schraubklemme vom Unterdruckschlauch abnehmen.

Leerlaufdrehzahl und CO-Gehalt einstellen

- Motor warmfahren und abstellen, Öltemperatur 65°–75° C
- Klimaanlage ausschalten, bei Automatik-Fahrzeugen Wählhebel in Stellung „P" legen.
- Elektrische Verbraucher ausschalten.
- Drehzahlmesser und CO-Meßgerät nach Vorschrift anschließen; Luftfilter aufgeschraubt lassen.

Achtung: Schlauch für Kurbelgehäuseentlüftung bleibt aufgesteckt.

- Motor starten und im Leerlauf drehen lassen.
- Ansauganlage auf Dichtheit prüfen. Dazu alle Dichtstellen der Ansauganlage mit einem Pinsel und Benzin bestreichen. Wenn sich dabei kurzfristig die Drehzahl erhöht, dann saugt der Motor Nebenluft an. Undichte Stelle lokalisieren und beseitigen.

Achtung: Kraftstoffdämpfe nicht einatmen – giftig! Benzin nicht auf glühende Teile oder Zündanlage spritzen. Feuergefahr!

- Stecker vom Temperaturschalter –2– abziehen und mit selbst angefertigter Prüfleitung gegen Masse legen. Dadurch wird verhindert, daß die Kühlmitteltemperatur während der Einstellung über 100° C steigt.

- Leerlaufdrehzahl mit Einstellschraube –55– auf Sollwert einstellen, siehe Seite 95.
- Die Einstellschraube –55– ist die längere der beiden auf dem Drosselklappenhebel montierten Schrauben.

Achtung: Nach jeder Verstellung kurz Gas geben.

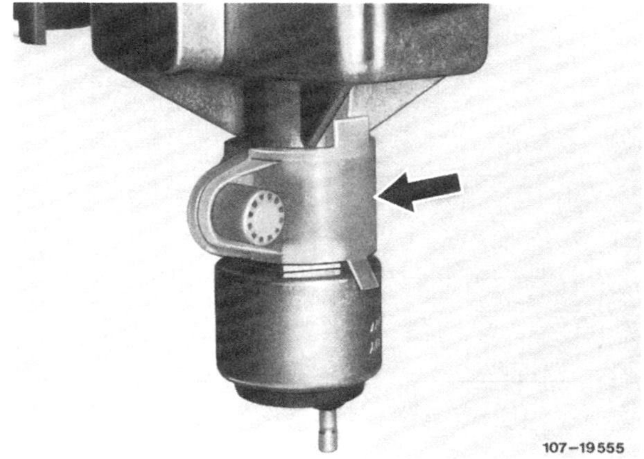

- Zum Einstellen des CO-Wertes Sicherungskappe mit Zange abziehen, dann Sicherungs-Manschette –Pfeil– vom Leerlaufabschaltventil abnehmen.

- Kontermutter –59– lösen und CO-Gehalt durch Verdrehen des Leerlaufabschaltventils –9– einstellen. Nach jeder Verstellung kurz Gas geben. Durch Herausdrehen des Leerlaufabschaltventils wird das Gemisch fetter, durch Hineindrehen magerer. Sollwert, siehe Seite 95.
- Kontermutter festziehen.
- Sicherungsmanschette ansetzen und mit neuer Sicherungskappe befestigen.
- Gasgestänge einstellen, siehe Seite 84.
- Falls vorhanden, Tempomat einstellen, siehe Seite 87.

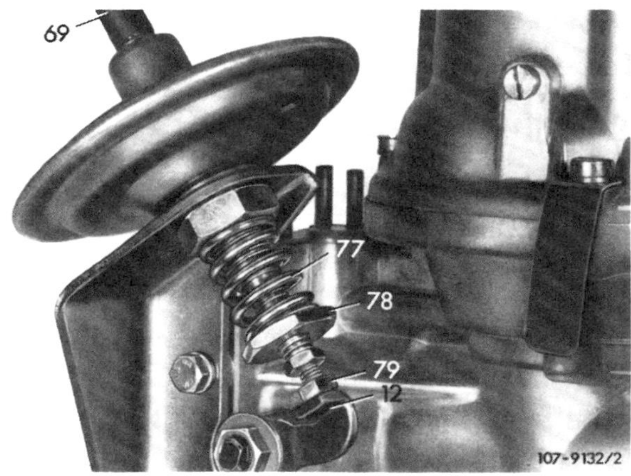

- Unterdruckschlauch –69– abziehen.
- Kontermutter für Einstellschraube –79– lösen, dabei Membranstange gegenhalten.
- Motordrehzahl mit Einstellschraube –79– auf 1400/min einstellen.
- Unterdruckschlauch aufschieben.
- Mit Fühlerlehre prüfen, ob zwischen Einstellschraube –79– und Drosselklappenhebel –12– ein Abstand von 0,5 mm vorhanden ist. Gegebenenfalls Abstand mit Einstellmutter –78– einstellen.
- Bei Fahrzeugen mit Automatik-Getriebe Handbremse anziehen und eine Fahrstufe einlegen. Falls vorhanden, Servolenkung ganz einschlagen. Dabei muß der Motor noch rund laufen, gegebenenfalls Drehzahl mit Einstellmutter –78– nachregulieren.
- Falls vorhanden, zusätzlich Klimaanlage einschalten. Der Unterdruckregler muß nun ganz ausfahren und die Drosselklappe anstellen, etwas öffnen. Der Motor muß rund laufen.
- Stecker für Temperaturschalter aufschieben.

Luftkolbendämpfer-Ölstand prüfen

- Motor auf Betriebstemperatur bringen, Öltemperatur 70°–80° C.

- Verschlußschraube abschrauben.
- Der Ölstand muß bis zum unteren Deckelrand –Pfeil– reichen, andernfalls ATF-Getriebeöl (ATF = Automatic-Transmission-Fluid) nachfüllen.

Tempomat einstellen

- Motor im Leerlauf laufen lassen.

- Regulierstange –21– am Hebel des Stellgliedes aushängen, dann Hebel im Uhrzeigersinn in Leerlaufstellung drücken.
- Regulierstange so einstellen, daß sich die Kugelpfanne direkt über dem Kugelzapfen des Hebels befindet. Dazu Kontermutter lösen und Kugelpfanne auf der Regulierstange verdrehen.
- Nach Übereinstimmung Kugelpfanne um 2 Umdrehungen auf die Stange aufschrauben und Kontermutter anziehen.
- Kugelpfanne auf Kugelzapfen des Tempomathebels aufstecken.

Leerlaufabschaltventil prüfen

Das Leerlaufabschaltventil verschließt beim Ausschalten der Zündung oder bei Erreichen der Höchstdrehzahl von 6200 ± 50/min die Kraftstoffzufuhr zur Kraftstoffdüse. Außerdem wird am Abschaltventil der CO-Gehalt eingestellt. Bei defektem Ventil läuft der Motor nach Abstellen der Zündung etwas nach. Wenn das Ventil in geschlossenem Zustand hängenbleibt, springt der Motor nicht an.

Motor springt nicht an:

- Stecker am Leerlaufabschaltventil –9– abziehen.
- Prüflampe am Stecker und gegen Masse anschließen.
- Anlasser betätigen. Wenn die Prüflampe bei eingeschalteter Zündung oder während der Betätigung des Starters aufleuchtet, Relais für Leerlaufabschaltventil prüfen.

Achtung: Prüflampe muß nach Abschalten der Zündung 6–16 Sekunden lang aufleuchten.

- Prüfleitung an Pluspol der Batterie anschließen und wechselweise mit dem Kontaktstift des Abschaltventiles verbinden und trennen. Das Ventil muß dabei klicken, andernfalls Masseverbindung zum Vergaser prüfen, gegebenenfalls Ventil ersetzen.

Achtung: Wenn das Ventil klickt, der Motor aber trotzdem nicht anspringt, kräftig gegen das Ventil klopfen und Motor starten. Auch wenn der Motor jetzt anspringt, Ventil baldmöglichst ersetzen.

Motor bleibt nach Abschalten der Zündung nicht sofort stehen

- Motor ist betriebswarm, Öltemperatur 65° – 75° C.
- Motor starten und im Leerlauf belassen.
- Stecker vom Leerlaufabschaltventil abziehen. Steckkontakt am Ventil über Hilfsleitung mit dem Pluspol der Batterie verbinden. Der Motor muß stehenbleiben, andernfalls Masseanschluß am Vergaser prüfen, gegebenenfalls Abschaltventil ersetzen.

Masseanschluß am Vergaser prüfen

- Prüflampe zwischen Vergaser und Pluspol der Batterie anschließen.
- Wenn die Prüflampe aufleuchtet und das Leerlaufabschaltventil trotz Stromzufuhr nicht abschaltet, Ventil ersetzen.
- Leuchtet die Prüflampe nicht, Massekabel am Vergaser abschrauben und Kontakte gründlich reinigen, Massekabel wieder anschließen und Prüfung wiederholen. Gegebenenfalls Unterbrechung in der Masseleitung aufspüren und beseitigen.

Relais für Leerlaufabschaltventil prüfen

Das Relais befindet sich im Relaiskasten auf der linken Seite im Motorraum, siehe auch Seite 242.

Achtung: Bei Fahrzeugen mit Automatik-Getriebe sitzt das Relais in einem Relaishalter hinter der Batterie und steuert gleichzeitig die Kickdown-Abschaltung.

- Motor im Leerlauf laufen lassen.
- Voltmeter zwischen den abgezogenen Stecker des Leerlaufabschaltventils und Masse anschließen.
- Zündung ausschalten. Das Meßgerät muß jetzt ca. 6–16 Sekunden lang Batteriespannung (ca. 12 Volt) anzeigen, andernfalls Sicherung Nr. 11 prüfen.
- Bei einwandfreier Sicherung Relais herausziehen. Zündung einschalten und Voltmeter an Masse sowie nacheinander an die Klemmen 5 und 8 der Relaisplatte anschließen. Anschließend Voltmeter an die Klemmen –1– (Masse) und –8– anschließen, siehe Seite 242.
- Das Meßgerät muß jeweils Batteriespannung anzeigen, andernfalls Leitungen gemäß Schaltplan überprüfen.
- Motor starten, Stecker am Leerlaufabschaltventil ist aufgesteckt.
- Klemmen 7 und 8 am Relaisplatz mit kurzer Prüfleitung verbinden. Das Leerlaufabschaltventil muß schalten und der Motor stehenbleiben. Andernfalls Leitung von Klemme 1 zum Leerlaufabschaltventil auf Unterbrechung prüfen.
- Wurde bei diesen Prüfungen kein Fehler festgestellt, Relais für Leerlaufabschaltventil erneuern.

Leerlaufabschaltventil aus- und einbauen

Der Vergaser braucht dazu nicht ausgebaut zu werden.

- Elektrische Leitung am Abschaltventil –9– abziehen.
- Sicherungsmanschette abnehmen.
- Kontermutter –59– in Abbildung 107–19123 lösen und Ventil herausschrauben. Mutter nicht abschrauben.

Einbau

107–20936

- Beschädigte Dichtringe –Pfeile– ersetzen.
- Leerlaufabschaltventil bis zur Kontermutter einschrauben. Wird ein neues Ventil verwendet, Kontermutter auf gleichen Abstand bringen wie am alten Ventil.
- Elektrische Leitung aufstecken.
- Leerlauf und CO-Gehalt einstellen.
- Kontermutter festziehen.

Kraftstoffrücklaufventil prüfen

Dichtigkeitsprüfung

- Motor auf Betriebstemperatur bringen, Öltemperatur 65° –75° C.
- Drehzahlmesser und CO-Meßgerät anschließen.
- Motor starten und im Leerlauf belassen.

107 – 20932

- Unterdruckschlauch –Pfeil– mit Flachzange abklemmen.
- Wenn sich die Leerlaufdrehzahl beziehungsweise der CO-Gehalt ändern, ist die Unterdruckmembrane im Kraftstoffrücklaufventil undicht. In diesem Fall Membran erneuern.

Funktionsprüfung

107 – 20925

- Kraftstoffrücklaufschlauch an der Rücklaufleitung abziehen.
- Rücklaufschlauch in einen geeigneten Behälter halten.
- Motor starten und im Leerlauf belassen.
- Am Rücklaufschlauch muß Kraftstoff –Pfeil– austreten, sonst Ventil ersetzen.

Markierung für Starterdeckel prüfen

- Die Markierungen –Pfeile– an Starterdeckel und Vergasergehäuse müssen sich genau gegenüber stehen. Falls nicht, Spannschrauben lösen und Starterdeckel entsprechend verdrehen.

Pulldown-Dose auf Dichtheit prüfen

Die Pulldown-Einrichtung hat die Aufgabe, das Startanreicherungsventil nach dem Kaltstart zu schließen, um eine Überfettung des Startgemisches zu vermeiden.

- Drehzahlmesser und CO-Meßgerät nach Bedienungsanleitung anschließen.
- Motor auf Betriebstemperatur bringen, Öltemperatur 70° – 80° C.
- Elektrische Leitung vom Temperaturschalter abziehen und gegen Masse legen, siehe Seite 85.

- Handelsübliches Unterdruckmeßgerät mit einem Meßbereich von 0–1000 mbar an die Leitung –1– der Pulldown-Dose anschließen. 2– Meßleitung.
- Motor starten und im Leerlauf belassen.
- Sobald der Unterdruck nicht mehr weiter ansteigt, Unterdruckschlauch vom Saugrohr zur Pulldown-Dose mit Klemme oder Zange abklemmen.
- Motor abstellen. Innerhalb von 1 bis 2 Minuten darf der Unterdruck nicht abfallen, andernfalls liegt eine Undichtheit vor, zum Beispiel Unterdruckanschluß im Pulldown-Deckel, Dichtung für Pulldown-Deckel defekt, Pulldown-Membrane gerissen.
- Thermoverzögerungsventil prüfen.
- Leitung für Temperaturschalter aufschieben.
- Leerlauf einstellen.

Warmlaufdrehzahl und Warmlaufabgaswert einstellen

- Drehzahlmesser und CO-Meßgerät nach Bedienungsanleitung anschließen.
- Motor auf Betriebstemperatur bringen, Öltemperatur 70° –80° C.
- Elektrische Leitung vom Temperaturschalter abziehen und gegen Masse legen, siehe Seite 85.

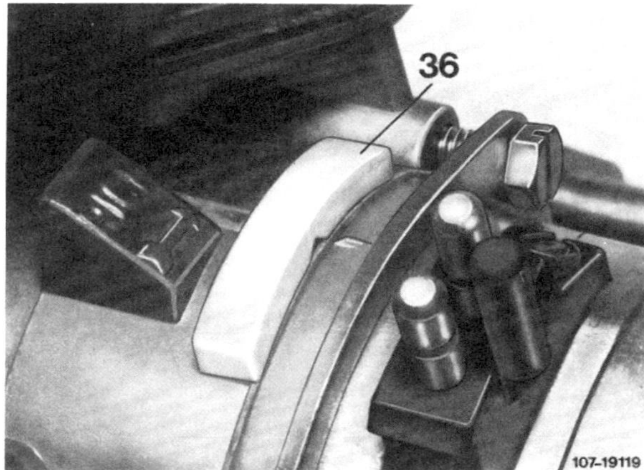

- Plastikabdeckung –36– ausclipsen und herausnehmen.

- Motor mit 2500/min laufen lassen, dazu Drosselklappenhebel anheben. Dann mit kleinem Schraubendreher durch den Einstellschlitz am Startergehäuse Mitnehmerhebel –86– in Richtung Motor bis zu einem fühlbaren Anschlag drücken.

Achtung: Nicht über den Anschlag wegdrücken.

- Drosselklappenhebel loslassen, dabei Mitnehmerhebel –86– weiterhin am Anschlag –88– halten.
- Der Starterhebel –85– liegt nun auf der zweithöchsten Raste der Stufenscheibe –87–, also in Pulldown-Stellung.
- Warmlaufdrehzahl und Warmlaufabgaswert ablesen, Sollwert siehe Seite 95.

- Wird der Sollwert nicht erreicht, Warmlaufdrehzahl an der Einstellschraube –41– einstellen. Hineindrehen = Drehzahlerhöhung, Herausdrehen = Drehzahlsenkung.

Achtung: Die Warmlaufdrehzahl-Einstellschraube ist die kürzere der beiden am Drosselklappenhebel –42– montierten Schrauben.

- Warmlaufabgaswert einstellen.

- Sicherungsstopfen –Pfeil– entfernen, dazu Holz- oder Blechschraube mit entsprechendem Durchmesser in den Stopfen einschrauben, anschließend mit einer Zange die Schraube und damit den Stopfen herausziehen.
- Abgaswert mit der Warmlaufabgas-Einstellschraube einstellen, Hineindrehen = Gemisch wird fetter, Herausdrehen = Gemisch wird magerer. Sollwert siehe Seite 95.
- Anschließend neuen, blauen Sicherungsstopfen eindrükken.
- Mitnehmerhebel loslassen.
- Ansaugluftvorwärmung prüfen.
- Elektrische Saugrohrbeheizung prüfen.
- Leitung für Temperaturschalter aufschieben.

Thermoverzögerungsventil / Pulldownventil prüfen

Der kalte Motor erhält beim Starten ein besonders fettes Kraftstoff/Luftgemisch, damit er leichter anspringt. Bei laufendem Motor schließt die Pulldown-Einrichtung über Unterdruck das Startanreicherungsventil, um eine Überfettung des Warmlaufgemisches zu vermeiden. Das Thermoverzögerungsventil bestimmt den Einschaltzeitpunkt der Pulldown-Einrichtung nachdem der Motor angesprungen ist. Während bei warmem Motor die Pulldown-Einrichtung sofort wirksam wird, „verzögert' bei niedrigen Temperaturen das Ventil den Einschaltzeitpunkt.

- Motor auf Betriebstemperatur bringen, Öltemperatur ca. 70°–80° C.

Funktion prüfen

- Unterdruckschlauch –50– am Vergaser abziehen. Mit Mund am Unterdruckschlauch saugen, dabei darf kein Durchgang vorhanden sein. Andernfalls ist der Dichtring im Thermoverzögerungsventil –23– defekt oder die Bimetall-Ventilplatte schaltet nicht. In diesem Fall Thermoverzögerungsventil ersetzen.
- Thermoverzögerungsventil ausbauen. Ventil abkühlen, zum Beispiel unter Leitungswasser halten, gleichzeitig am Unterdruckschlauch, dem mittleren Anschluß des Ventils, saugen. Sobald die Temperatur des Ventils unter +20° C fällt, muß es auf Durchgang schalten. Andernfalls ist die Bimetallplatte im Ventil defekt, Ventil erneuern. 27– Belüftungsrohr.

Elektrische Beheizung prüfen

- Thermoverzögerungsventil wieder einbauen. Am mittleren Anschluß des Ventils Prüfschlauch aufschieben. Motor starten (Helfer) und gleichzeitig am Prüfschlauch saugen. Nach einigen Sekunden muß das Ventil klicken, und es darf kein Durchgang mehr vorhanden sein.

- Falls das Thermoverzögerungsventil –254– nicht schaltet, Stecker –84– abziehen und bei laufendem Motor Prüflampe zwischen die beiden Kontakte anschließen. Wenn die Prüflampe leuchtet, Thermoverzögerungsventil ersetzen, andernfalls Sicherung Nr. 2 im Sicherungskasten und Leitungen sowie Anschlüsse gemäß Schaltplan prüfen.

Verzögerungszeit prüfen

- Temperatur des Thermoverzögerungsventils liegt unter +20° C, Motor kalt.
- Unterdruckschlauch –50– am Vergaser abziehen und daran saugen. Es muß Durchgang vorhanden sein. Gleichzeitig Motor starten (Helfer) und die Zeit mit der Stoppuhr messen, bis das Ventil umschaltet, also bis kein Durchgang mehr vorhanden ist.

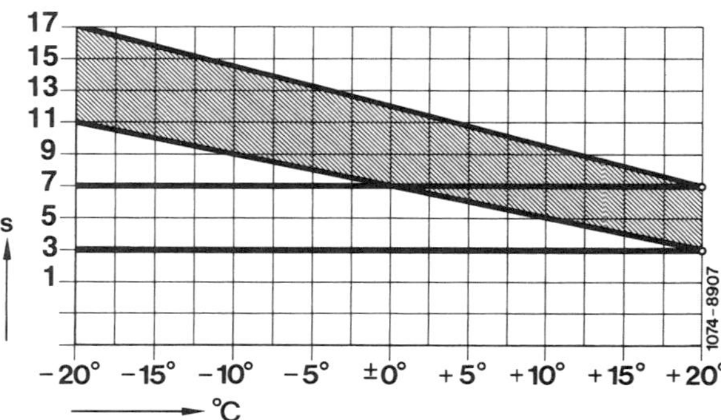

- Die gemessene Zeit ist die Verzögerungszeit. Diese Zeit mit der im Diagramm angegebenen Sollzeit vergleichen. Zum Beispiel: Umgebungstemperatur ist +15° C, die gemessene Zeit liegt bei 6 Sekunden, also innerhalb des erlaubten Toleranzbereiches. Das Ventil ist hinsichtlich der Verzögerungszeit in Ordnung. Der Toleranzbereich bei –15° C liegt zwischen 10 und 16 Sekunden.
- Wenn das Ventil nicht schaltet oder die Schaltzeit außerhalb des Toleranzbereiches liegt, Stecker vom Thermoverzögerungsventil bei laufendem Motor abziehen und mit Voltmeter Spannungs- und Masseanschluß am Stecker prüfen. Dazu Voltmeter an schwarz-blaue Leitung und an Masse anschließen, dann Voltmeter an braune Leitung (–) und an den Pluspol der Batterie anschließen. Wenn beidesmal Batteriespannung angezeigt wird, Thermoverzögerungsventil ersetzen. Andernfalls Sicherung Nr. 11 und elektrische Leitungen gemäß Schaltplan überprüfen.

Startautomatik aus- und einbauen

Ausbau

- Bei warmem Motor Überdruck im Kühlsystem abbauen, siehe Seite 80.

- Kühlmittelschläuche am Starterdeckel –18– mit je einer Klemme abklemmen, Schlauchschellen ganz lösen und zurückschieben, Kühlmittelschläuche abziehen. Stehen keine geeigneten Klemmen zur Verfügung, Kühlmittelschläuche mit Draht nach oben gerichtet aufhängen, damit keine Kühlflüssigkeit ausläuft.
- Stecker –84– abziehen, Schrauben –24– herausdrehen und Starterdeckel mit Dichtung abnehmen.
- Unterdruckleitung am Pulldown-Deckel abziehen, siehe Seite 90.

- Verbindungsstange –26– am Starterhebel –85– aushängen.
- 3 Befestigungsschrauben –17– herausdrehen und Gehäuse –16– für Startautomatik abnehmen.

Einbau

- Gehäuse am Vergaser mit neuer Dichtung ansetzen und festschrauben.
- Verbindungsstange am Starterhebel einhängen.
- Starterdeckel mit neuer Dichtung ansetzen, dabei Bimetallfeder in Mitnehmerhebel einhängen. Klemmschrauben beiziehen.
- Starterdeckel entsprechend den Markierungen einstellen, siehe Seite 90.
- Klemmschrauben festziehen.
- Elektrische Leitung anschließen.
- Kühlmittelschläuche aufschieben und mit Schellen sichern.
- Unterdruckleitung am Pulldown-Deckel aufschieben.

Elektrische Saugrohrbeheizung prüfen

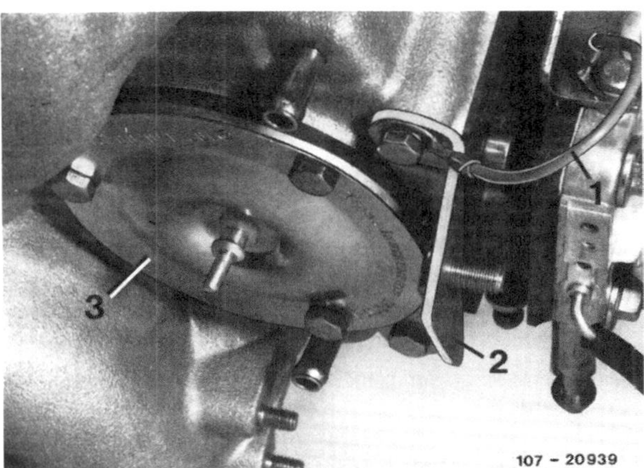

Bei Kühlmitteltemperaturen unter ca. +40° C wird nach dem Starten des Motors der Vorwärmdeckel –3– der Saugrohrbeheizung elektrisch aufgeheizt. Bei einer Temperatur von 50° ± 3° C wird durch einen Temperaturschalter der Strom unterbrochen und der Vorwärmdeckel nicht mehr beheizt.

Die Prüfung kann bei kaltem Motor (Kühlmitteltemperatur unter +40° C) oder bei warmem Motor (Kühlmitteltemperatur über ca. +50° C) erfolgen.

Achtung: Beschrieben wird die Prüfung bei kaltem Motor. Bei warmem Motor ist zusätzlich folgendes zu beachten:

- Überdruck aus Kühlsystem abbauen, siehe Seite 80.
- Temperaturschalter ausbauen und auf unter +40° C abkühlen. Dazu Schalter unter Leitungswasser halten.
- Elektrische Leitung vom Vorwärmdeckel abziehen.
- Temperaturschalter über Prüfleitung gegen Masse anschließen. **Achtung:** Temperaturschalter dabei so ablegen, daß er sich nicht erwärmen kann. Nicht auf den Motor legen.

Prüfen

Prüfvoraussetzungen: Kühlmitteltemperatur unter ca. +40° C, Motor kalt.

- Grüne Steuerleitung vom Steuergerät der Zündanlage abziehen, siehe Seite 49.
- Zündschlüssel kurz in Startstellung drehen, dann loslassen. Zündung ist eingeschaltet.

Achtung: Es genügt nicht, nur die Zündung einzuschalten.

- Elektrische Leitung am Vorwärmdeckel abziehen, Prüflampe zwischen Stecker und Masse anschließen. Die Prüflampe muß aufleuchten. Andernfalls Ansteuerung von Relais für Saugrohrvorwärmung prüfen.

Vorwärmdeckel prüfen

- Stecker am Vorwärmdeckel aufschieben.
- Relais für Saugrohrvorwärmung abziehen, siehe Seite 242.
- Prüflampe an die Klemmen 3 und 1 am Relaisplatz anschließen. Die Prüflampe muß leuchten. Andernfalls Stekker am Vorwärmdeckel abziehen und an Masse halten. Wenn die Lampe jetzt leuchtet, Vorwärmdeckel ersetzen. Sonst rot-gelbe Leitung vom Vorwärmdeckel zu Klemme 1 auf Unterbrechung prüfen.

Abschaltpunkt prüfen

- Zündung ausschalten und grüne Steuerleitung am Steuergerät aufstecken.
- Motor warmlaufen lassen, bis die Kühlmitteltemperatur über ca. +50° C beträgt.
- Stecker am Vorwärmdeckel abziehen. Prüflampe zwischen Stecker und Masse anschließen.
- Die Prüflampe darf nicht leuchten, sonst Temperaturschalter erneuern.

Ansteuerung für Relais prüfen

Nur wenn am Vorwärmdeckel keine Spannung anliegt.

Prüfvoraussetzungen: Grüne Steuerleitung abgezogen, Zündung eingeschaltet, vorher Zündschlüssel kurz in Startstellung gedreht.

- Relais abziehen.
- Prüflampe zwischen Klemme 1 und Batterie-Pluspol anschließen. Die Lampe muß aufleuchten. Andernfalls elektrische Leitung vom Temperaturschalter abziehen und gegen Masse legen. Leuchtet jetzt die Prüflampe auf, Temperaturschalter erneuern.
- Prüflampe nacheinander an die Klemmen 3 und Masse sowie 4 und Masse anschließen. Leuchtet die Lampe nicht auf, Sicherung Nr. 11 sowie Leitungen gemäß Schaltplan prüfen.
- Falls die Prüflampe bei allen drei Prüfungen aufleuchtet, Relais ersetzen.
- Grüne Steuerleitung am Steuergerät aufschieben.

Vorwärmdeckel aus- und einbauen

Ausbau

- Elektrische Leitung –Pfeil– am Vorwärmdeckel abziehen.
- 3 Befestigungsschrauben herausdrehen.

- Saugrohrstütze –1– abschrauben.
- Vorwärmdeckel vorsichtig heraushebeln.

Achtung: Dabei Isolierring nicht beschädigen.

- Gummidichtring aus dem Saugrohr herausnehmen.

Einbau

- Neuen Gummidichtring auf Vorwärmdeckel aufschieben, Isolierring ansetzen und Vorwärmdeckel am Saugrohr einsetzen.
- Vorwärmdeckel anschrauben.
- Saugrohrstütze anschrauben.
- Elektrische Leitung aufschieben.

Luftfilter aus- und einbauen

Ausbau

- 3 Befestigungsschrauben für Luftfilterdeckel herausdrehen.
- Unterdruckschlauch am Ansaugkrümmer abziehen.

- Schlauchschelle am Gummi–Zwischenstück –2– lösen und zurückschieben, Gummistück vom Anschlußstutzen des Luftfilterdeckels abziehen.
- Falls erforderlich, Verbindungsrohr –3– am Vergaser abnehmen. Dazu Schlauchschelle öffnen.
- 7 Schnellverschlüsse lösen und Luftfilterdeckel abnehmen.
- Ansaugschlauch –1– aus der Verkleidung neben dem Kühler herausziehen.
- Filtereinsatz herausnehmen.
- Luftfiltergehäuse mit 3 Muttern von den Gummi–Metallagern abschrauben.
- Luftfiltergehäuse etwas hochheben und dabei aus dem Warmluftschlauch herausziehen. Motorentlüftungsschlauch unten am Luftfiltergehäuse vom Zylinderkopfdeckel abziehen.
- Luftfiltergehäuse nach hinten unter dem Kühlmittel–Entlüftungsschlauch hervorziehen und herausheben.

Einbau

- Luftfiltergehäuse einsetzen, dabei Motorentlüftungsschlauch am Zylinderkopfdeckel aufschieben und richtigen Sitz am Warmluftschlauch prüfen.
- Luftfiltergehäuse anschrauben.
- Filtereinsatz so einsetzen, daß die Markierung „TOP/OBEN" nach oben zeigt.
- Motorentlüftungsschlauch aufschieben.
- Ansaugschlauch in die Verkleidung einschieben.
- Falls ausgebaut, Luftschlauch am Ansaugstutzen des Vergasers mit Schlauchschelle befestigen.
- Luftfilterdeckel aufsetzen, Verbindungsstück aufschieben und mit Schlauchschelle anschrauben.
- Luftfilterdeckel anschrauben, Schnellverschlüsse spannen und Unterdruckschlauch am Ansaugkrümmer aufschieben.

Vergaserdaten 175 CDT-Vergaser

Typ	175 CDT
Leerlaufdrehzahl	800 ± 50/min
CO-Gehalt	1,0 ± 0,5 Vol %
Unterdruckregler Drehzahl, Unterdruckschlauch abgezogen	1400 ± 50/min
Abstand –a–	ca. 0,5 mm
Leerlaufabschaltventil, Verzögerungszeit	6 – 16 s
Starterdeckel-Kennzeichnung	200
Warmlaufdrehzahl	1700 ± 100/min
Warmlauf-CO-Gehalt	6,0 ± 1,0 Vol %
Düsennadel	UC
Kraftstoffdüse	100
Schwimmernadelventil	2,25
Dichtring, Dicke	1,5 mm
Schwimmerstand, Kugel eingedrückt	18 – 19 mm

Die 2E-E Vergaseranlage

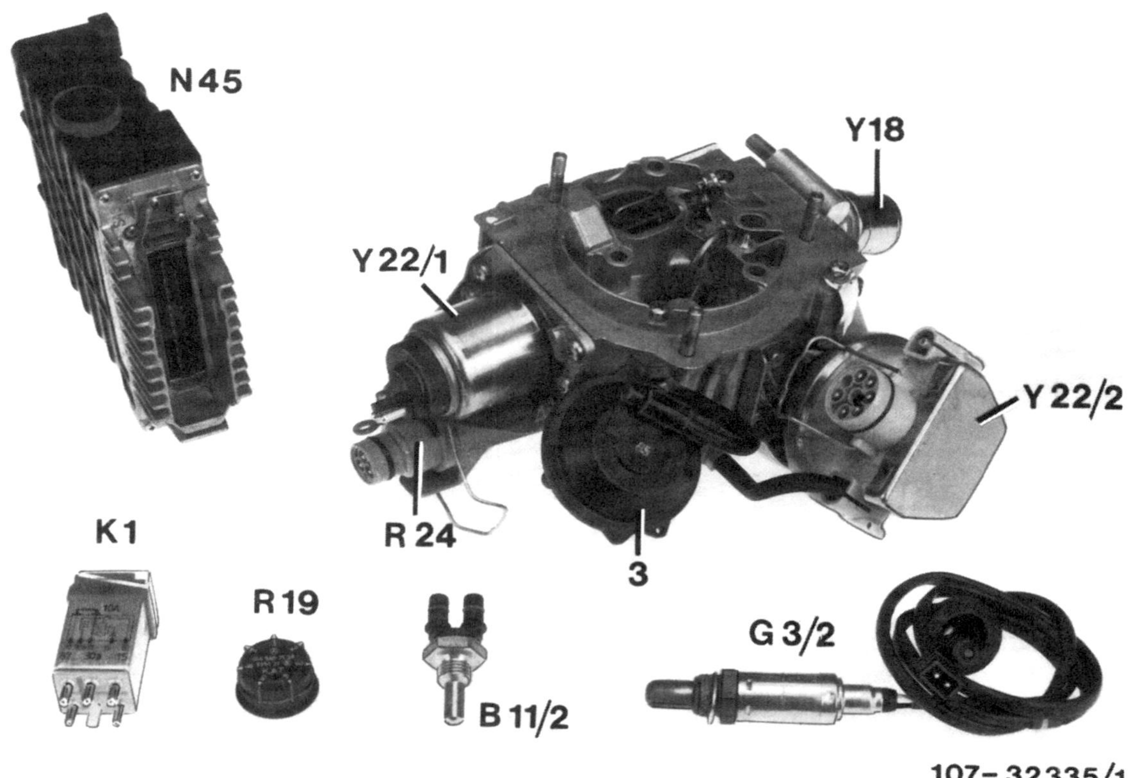

Der 2E-E Vergaser ist ein Fallstrom-Registervergaser mit 2 Stufen. Die herkömmlichen Steuereinrichtungen für Start-, Warmlauf- und Beschleunigungsanreicherung, sowie das Leerlaufabschaltventil sind entfallen. Die Funktionen der entfallenen Steuereinrichtungen werden von zwei Stellgliedern, dem Vordrosselsteller –Y22/1– und dem Drosselklappenansteller –Y22/2– übernommen, die von einem elektronischen Steuergerät –N45– mit Mikroprozessor angesteuert werden. Das Steuergerät sitzt hinter der Batterie, daneben ist das Überspannschutz-Relais –K1– eingebaut.

Bei Fahrzeugen mit Katalysator ist im vorderen Abgasrohr die Lambda-Sonde –G3/2– eingebaut. Sie mißt den Restsauerstoffgehalt im Abgas und gibt dabei ein charakteristisches Spannungssignal an das Steuergerät ab. Daraufhin verändert das Steuergerät das angesaugte Kraftstoff-/Luftverhältnis so, daß die Abgase im Katalysator optimal nachverbrannt werden können.

Zusätzlich abgebildete Teile: R19 – Abgleichstecker Vergaseranlage, B11/2 – Temperaturfühler Kühlmittel, R24 – Drosselklappen-Potentiometer, 3 – Membrandose für 2. Vergaserstufe, Y18 – Schwimmerkammer-Belüftungsventil.

Achtung: Bei eingeschalteter Zündung beziehungsweise bei laufendem Motor darf der Stecker am Vergaser-Steuergerät **nicht** abgezogen werden, da durch Spannungs- oder Stromspitzen das Steuergerät zerstört werden kann.

Düsenanordnung 2E-E Vergaser

34 – Leerlauf-Kraftstoffdüse
43 – Hauptdüse für 1. Stufe
44 – Hauptdüse für 2. Stufe
55 – Übergangskraftstoffdüse 2. Stufe

Vergaser aus- und einbauen

Ausbau

- Luftfilter ausbauen, siehe Seite 107.

107-32299

- Elektrische Leitungen von folgenden Bauteilen abziehen: Vordrosselsteller, Drosselklappenansteller, Drosselklappen-Potentiometer, Bypaßheizung und Schwimmerkammer-Belüftungsventil. Leitungshalter am Vergaser abschrauben.
- Kraftstoffzu- und Rücklaufschlauch –schwarze Pfeile– abziehen, vorher Schellen lösen.
- Sämtliche Unterdruckschläuche am Vergaser mit Tesaband markieren, damit sie wieder an der richtigen Stelle eingebaut werden. Anschließend Schläuche abziehen.
- Gasgestänge am Drosselklappenhebel abdrücken.
- Befestigungsschrauben –4– herausdrehen.

107-32291

- Masseband –Pfeil– am Saugrohr abschrauben.
- Vergaser abnehmen.
- Ansaugrohr mit einem sauberen Lappen abdecken, damit kein Schmutz hineinfallen kann.

Einbau

- Lappen abnehmen, Vergaser aufsetzen und anschrauben.
- Masseband am Saugrohr anschrauben.
- Gasgestänge am Drosselklappenhebel aufdrücken.
- Unterdruckschläuche entsprechend den angebrachten Markierungen aufschieben.
- Kraftstoffzu- und Rücklaufschlauch aufschieben und mit Schellen sichern.
- Sämtliche elektrische Leitungen aufstecken.
- Dichtring –8– in Abbildung 107-32291 auf Beschädigung oder Porosität prüfen, gegebenenfalls ersetzen.
- Luftfilter einbauen, siehe Seite 107.

Gaszug einstellen

- Gasgestänge auf Leichtgängigkeit und Verschleiß prüfen.

130-32317

- Verbindungsstange –1– aushängen.
- Prüfen, ob der Regulierhebel am Anschlag –Pfeil– anliegt Andernfalls vom Fahrzeuginnenraum Einstellmutter –232– entsprechend einstellen, siehe Abbildung 130-28917/1 auf Seite 85.
- Verbindungsstange bei ganz eingezogenem Stößel am Drosselklappenansteller einstellen.
- **Stößel einziehen.** Dazu Stecker am Drosselklappenansteller abziehen und über Hilfsleitungen Pin 2 mit Masse und Pin 8 mit Batterie Plus verbinden. Dadurch öffnet das elektromagnetische Belüftungsventil. Schlauch am Belüftungsventil (links vom elektrischen Anschluß) abziehen, Handvakuumpumpe anschließen und so lange pumpen, bis der Stößel ganz eingezogen ist. Zwischen Drosselklappenhebel und Stößel ist dann ein Spalt vorhanden.

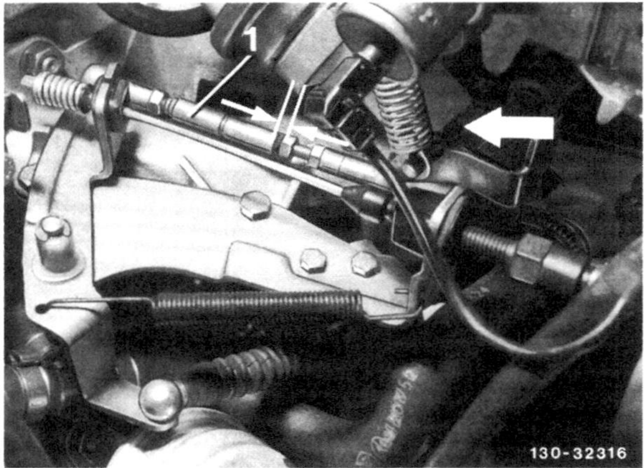

- Verbindungsstange –1– so einstellen, daß der Leerweg ca. 0,2 mm beträgt. Der rechte Pfeil zeigt auf den Stößel des Drosselklappenanstellers.

Vollgasanschlag einstellen

- **Schaltgetriebe:** Gaspedal ganz niedertreten und dort halten; dazu geeignetes Brett zwischen Sitz und Pedal klemmen.
- **Automatisches Getriebe:** Gaspedal bis zum Kickdown-Anschlag niedertreten und dort halten. Kickdown-Schalter nicht betätigen.
- Der Drosselklappenhebel –27– in Abbildung 130-32317 muß jetzt am Vollgasanschlag –28– anliegen.
- Andernfalls Einstellschraube –21– entsprechend verdrehen.
- **Automatikgetriebe:** Steuerdruckzug –2– mit Einstellschraube –22– einstellen, siehe Seite 149.

CO-Gehalt prüfen/einstellen

Achtung: Bei Fahrzeugen mit Katalysator ist ein spezieller Lambda-Regelungstester erforderlich.

- Motor auf Betriebstemperatur bringen, Öltemperatur 60°–80° C.
- Sämtliche elektrischen Verbraucher ausschalten. Bei Automatikfahrzeugen Wählhebel in Stellung „P" legen.
- Drehzahlmesser, CO-Meßgerät und Zündblitzlampe nach Vorschrift anschließen. **Achtung:** Meßgeräte nur bei ausgeschalteter Zündung anschließen.
- Zündzeitpunkt prüfen, siehe Seite 58.
- Leerlaufdrehzahl prüfen, Sollwert siehe Seite 106.

Achtung: Die Leerlaufdrehzahl kann beim 2E-E Vergaser nur geprüft, aber nicht eingestellt werden. Sie wird ausschließlich elektronisch geregelt. Die Drehzahl kann allenfalls um 100/min erhöht werden, indem der Abgleichstecker in Stellung „7" gebracht wird.

Fahrzeuge ohne Katalysator:

- CO-Gehalt prüfen, Sollwert siehe Seite 106.

- Falls der CO-Gehalt nicht mit dem Sollwert übereinstimmt, CO-Einstellschraube entsprechend verdrehen.

Fahrzeuge mit Katalysator:

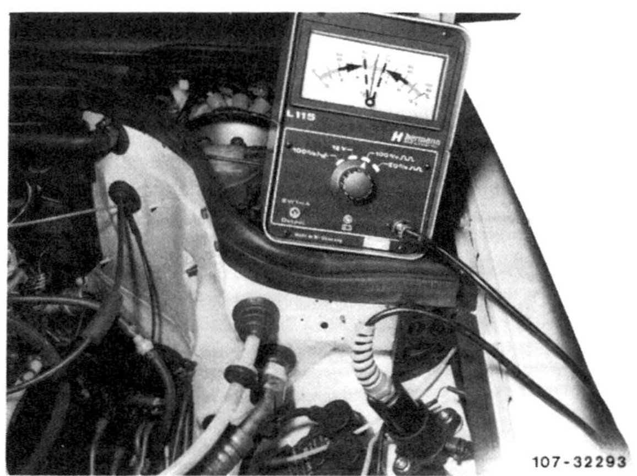

- Motor abstellen, Lambda-Regelungstester auf den Meßbereich „100 %" stellen und an der Diagnose-Steckdose anschließen.
- Motor starten und im Leerlauf drehen lassen. Der Zeiger des Meßgerätes soll um den Einstellwert von 50 % nach beiden Seiten gleich pendeln.
- Andernfalls CO-Einstellschraube entsprechend verdrehen. **Hineindrehen:** Gemisch magerer, Zeiger geht nach rechts. **Herausdrehen:** Gemisch fetter, Zeiger geht nach links.
- CO-Gehalt am Abgas-Endrohr prüfen, Sollwert siehe Seite 106.

Achtung: Falls der Motor im Leerlauf auf die vorgeschriebene Öltemperatur von 60°–80° C gebracht wurde, oder schon einige Zeit im Leerlauf läuft, Motor vor der Messung ca. 1 Minute mit 3000/min laufen lassen. CO-Messung unmittelbar danach durchführen.

Vergaser prüfen

- Motor warmlaufen lassen. Für die Prüfung muß die Kühlmitteltemperatur zwischen 60° und 80° C liegen. Motor abstellen.
- Luftfilter ausbauen, siehe Seite 107.

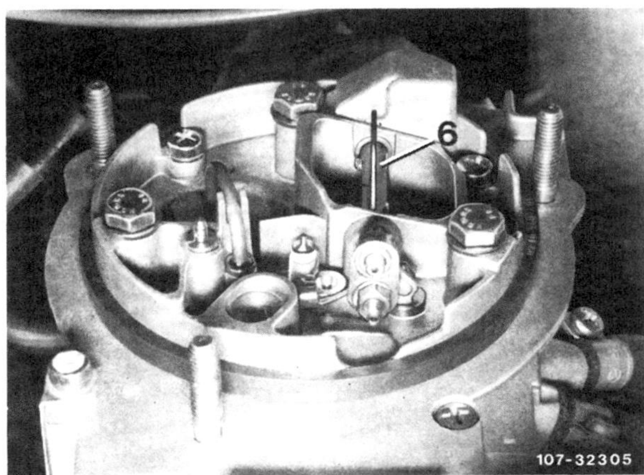

107-32305

- Vordrossel –6– von Hand ganz schließen, dann **langsam** wieder loslassen. Die Vordrossel muß von selbst ganz öffnen.
- Zündung einschalten. Die Vordrossel muß hörbar vibrieren.
- Zündung ausschalten.
- Stecker am Temperaturfühler abziehen und über eine Prüfleitung mit einem 2,5 kΩ-Widerstand gegen Masse legen. Durch den Widerstand wird eine Kühlmitteltemperatur von +20° C simuliert.

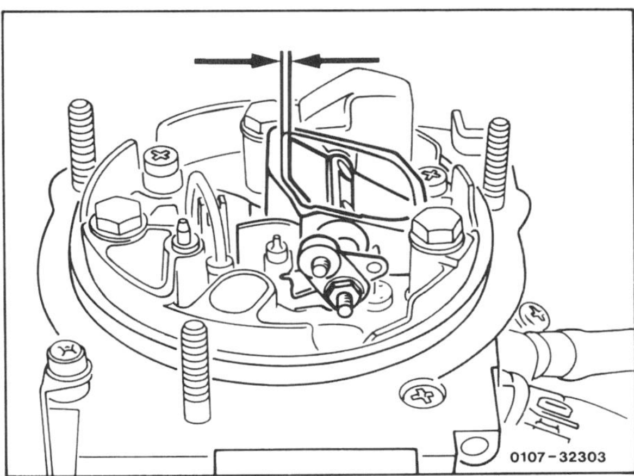
0107-32303

- Zündung einschalten und am oberen Flügel der Vordrossel das Spaltmaß mit einem Bohrer von entsprechendem Durchmesser prüfen. Sollwert: **1,5 mm**.
- Luftfilter einbauen, siehe Seite 107.

Überspannschutz prüfen

Der Überspannschutz schützt das elektronische Steuergerät vor zu hohen Spannungen. Das Überspannschutz-Relais befindet sich im Motorraum auf der rechten Seite hinter der Batterie. An seiner Oberseite ist eine 10-A-Sicherung eingebaut.

Der Überspannschutz –K1– ist zu prüfen, wenn sämtliche elektronischen Bauteile der Vergaseranlage ausgefallen sind beziehungsweise, wenn der Motor schlecht anspringt und unrund läuft.

107-32306

- Bei ausgeschalteter Zündung Stecker –Pfeil– vom Steuergerät –N45– abziehen.
- Zündung einschalten.

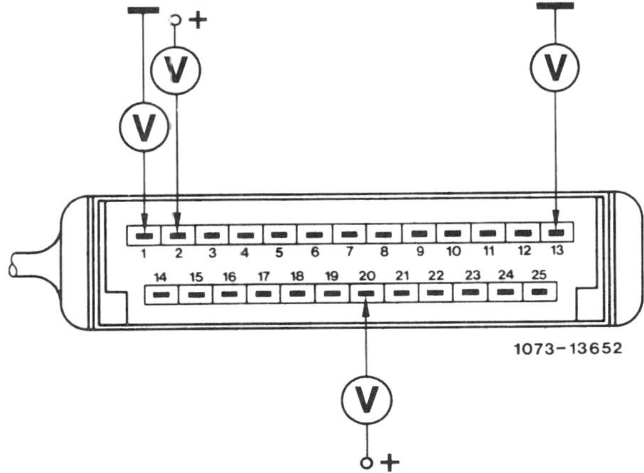

1073-13652

- Voltmeter zwischen Klemme 1 am Stecker und Masse anschließen. Sollwert: Batteriespannung (ca. 12 Volt).
- Voltmeter zwischen Batterie Plus und Klemme 2 anschließen. Sollwert: Batteriespannung (ca. 12 Volt).
- Auf dieselbe Weise die Klemmen 13 und 20 prüfen, siehe Abbildung 1074-13652. Es muß jeweils Batteriespannung anliegen.
- Zündung ausschalten.
- Sicherung am Überspannschutz –K1– prüfen, gegebenenfalls ersetzen. Dazu Überspannschutz-Relais aus dem Relaishalter ziehen und Sicherung seitlich aus der roten Kappe herausziehen.

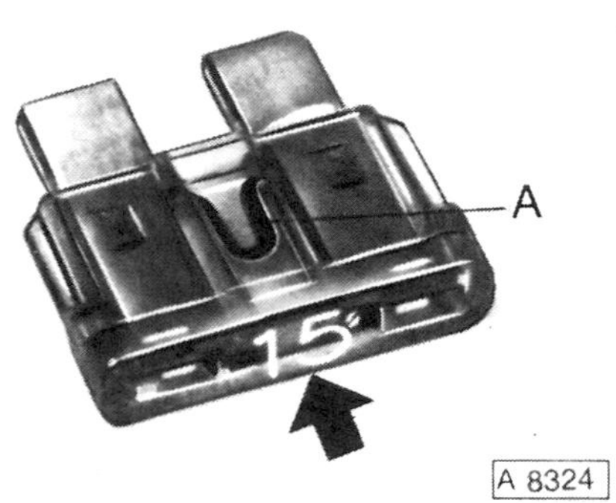

Achtung: Dabei handelt es sich um eine Flachsicherung mit Messerkontakten. Die sonst im Fahrzeug eingesetzen Streifensicherungen können hier nicht verwendet werden. A = Schmelzfaden, Pfeil = eingeprägte Nennstromstärke in Ampère. Für das Überspannschutz-Relais wird eine 10-Ampère-Sicherung benötigt.

- Sicherung Nr. 11 für Vergaserelektrik im Sicherungskasten prüfen, gegebenenfalls ersetzen.
- Mit Voltmeter prüfen, ob am Steckplatz des Überspannschutzes Spannung beziehungsweise Masse anliegt. An den Buchsen 1 und 6 muß Batteriespannung, an Buchse 5 Masse anliegen. Gegebenenfalls elektrische Zuleitung überprüfen.
- Wenn bisher kein Fehler gefunden wurde, Überspannschutz-Relais erneuern.
- Falls an den Klemmen 13 des Steuergerätesteckers keine Spannung beziehungsweise an Klemme 2 oder 20 keine Masse anliegt, Leitungsverlauf gemäß Schaltplan prüfen.

Temperaturfühler prüfen

Über den NTC-Temperaturfühler erhält das Steuergerät der Vergaseranlage Informationen über die jeweilige Motortemperatur. Der Widerstand des Temperaturfühlers ändert sich dabei je nach Kühlmitteltemperatur.

Der Temperaturfühler befindet sich am Zylinderkopf.

Seit 9/88 ist ein 4-poliger Doppel-Temperaturfühler eingebaut. Das heißt, 2 voneinander unabhängige Temperaturfühler sind in einem Gehäuse integriert. Ein Fühler ist dabei der 2-EE-Vergaseranlage, der andere der EZL-Zündanlage zugeordnet.

Prüfen

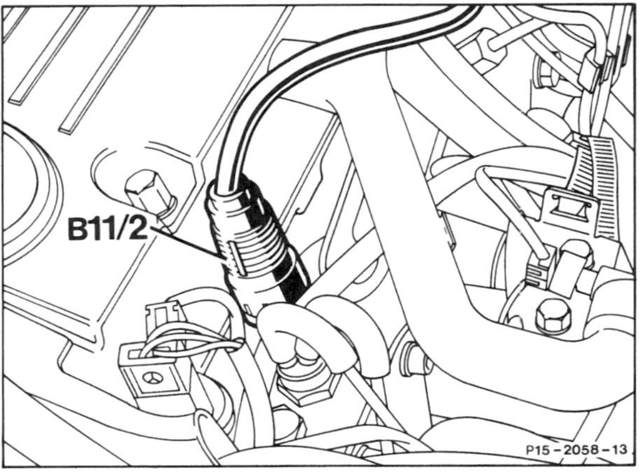

- Stecker vom Temperaturfühler B11/2 abziehen.

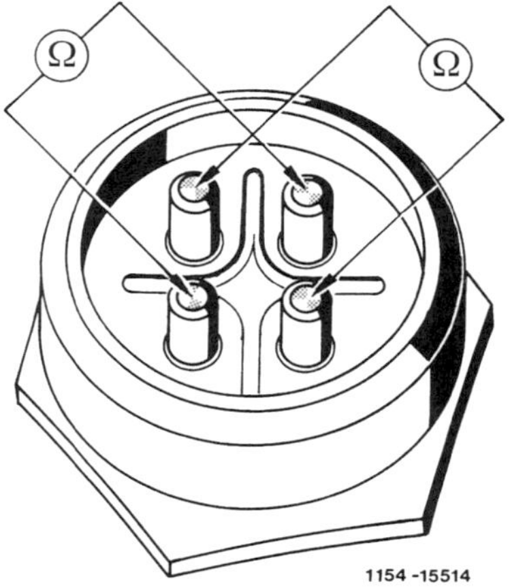

- Ohmmeter an die diagonal gegenüberliegenden Klemmen anschließen und Widerstand des jeweiligen Fühlers messen.
- Gemessenen Wert mit Sollwert im Diagramm vergleichen, siehe Abbildung 1074-11116 auf Seite 117.

Achtung: Prüfung immer bei 2 unterschiedlichen Kühlmitteltemperaturen durchführen. Der Temperaturfühler kann zur Prüfung auch ausgebaut werden.

- Werden die Sollwerte nicht erreicht, Temperaturfühler auswechseln.
- Stecker auf Temperaturfühler aufschieben. Der Stecker kann beliebig aufgesteckt werden, da die Kennlinien der beiden Temperaturfühler gleich sind. Steckerbelegung:
  1 = Temperaturfühler EZL
  2 = Temperaturfühler 2-EE-Vergaser
  3 = Masse Motor am Saugrohr für EZL
  4 = Masse Steuergerät 2-EE-Vergaser

Vordrosselsteller prüfen/ aus- und einbauen

Die exzentrisch gelagerte Vordrossel entspricht in etwa der Starterklappe beim bisherigen Vergaser. Durch die Vordrossel wird das Mischungsverhältnis von Kraftstoff und Luft bei Kaltstart, Warmlauf und Beschleunigung geregelt. Betätigt wird die Vordrossel über ein Gestänge durch den Vordrosselsteller. Dabei handelt es sich um einen kleinen Elektromotor, der vom Vergaser-Steuergerät angesteuert wird und so ausgelegt ist, daß er sehr schnelle Verstellgeschwindigkeiten ermöglicht. Gleichzeitig wird über einen Hebel auf der anderen Seite der Vordrosselachse der Querschnitt der Leerlaufluftkorrekturdüse je nach Stellung der Vordrossel verändert.

Prüfen

- Motor warmlaufen lassen, Kühlmitteltemperatur 60°–80° C.
- Motor abstellen.
- Luftfilter ausbauen, siehe Seite 107.

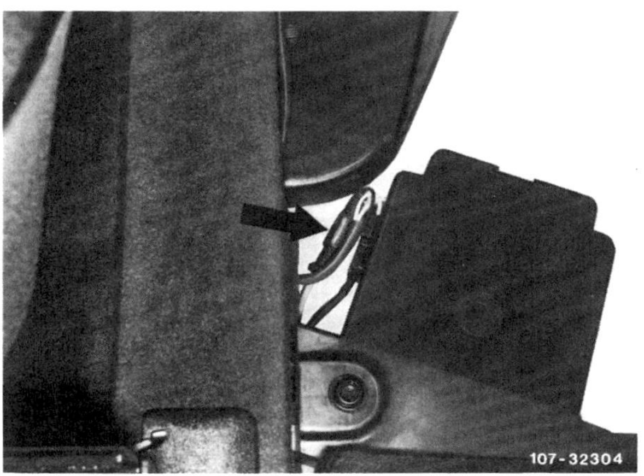

107-32304

- Falls vorhanden, Kupplung der Lambda-Sonde trennen.
- Stecker am Vordrosselsteller abziehen und Ampèremeter mit einem Meßbereich von 10 Ampère anschließen. Anschließen des Meßgerätes, siehe auch Seite 118.
- Zündung einschalten, nicht starten. Am Vordrosselsteller muß nun ein Strom von 0,2 ± 0,1 A fließen.

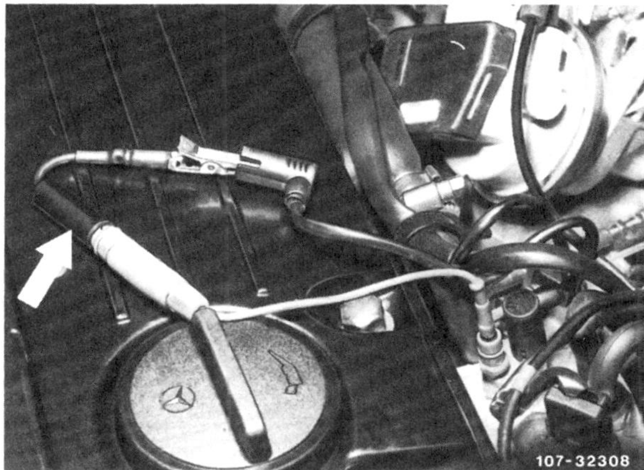

107-32308

- Stecker am Temperaturfühler abziehen und über eine Prüf leitung mit einem 2,5 kΩ -Widerstand –Pfeil– gegen Masse legen. Durch den Widerstand wird eine Kühlmitteltemperatur von +20° C simuliert.
- Motor starten und im Leerlauf drehen lassen. Stromwert 0,7 ± 0,2 A, Spaltmaß 3,5–6 mm, siehe auch Abbildung 107-32303 auf Seite 99.
- Widerstandskabel abnehmen und Stecker am Temperaturfühler aufschieben. Bei 80° C müssen der Stromwert 0,5 ± 0,2 A und das Spaltmaß 5,5–8 mm betragen.
- Motor abstellen, Zündung ausschalten. Ampèremeter abnehmen, Stecker am Vordrosselsteller aufschieben.
- Werden die Stromwerte nicht erreicht: Temperaturfühler, Überspannschutz sowie Leitungsverlauf nach Schaltplan prüfen. Wenn kein Fehler gefunden wird, ist das Steuergerät defekt.
- Falls die Stromwerte erreicht werden, die Vordrossel aber nicht auf das richtige Spaltmaß öffnet, Widerstand des Vordrosselstellers prüfen.
- Stecker vom Vergaser-Steuergerät bei ausgeschalteter Zündung abziehen und Ohmmeter zwischen die Klemmen 10 und 12 anschließen. Sollwert 1,2 – 1,8 Ω.
- Beträgt der Meßwert ∞ Ω, Stecker am Vordrosselsteller abziehen und Widerstand direkt an den Kontakten des Stellers messen. Beträgt der Widerstand immer noch ∞ Ω ist die Wicklung unterbrochen und der Vordrosselsteller muß ausgewechselt werden. Falls jetzt der Sollwert erreicht wird, Leitungsunterbrechung zum Stecker des Steuergerätes beseitigen.

107-32270/1

- Isolationswiderstand prüfen. Sollwert: ∞ Ω. Gegebenenfalls Vordrosselsteller erneuern.
- Luftfilter einbauen, siehe Seite 107.

Ausbau

- Luftfilter ausbauen, siehe Seite 107.

107-32267

- Stecker am Vordrosselsteller –2– abziehen. 1– Drosselklappenpotentiometer.
- Mittlere der 3 linken Befestigungsschrauben herausdrehen.
- Haltering nach links drehen und aus dem Gehäuseanguß herausheben. Vordrosselsteller mit Haltering abnehmen.
- Verstellhebel des Vordrosselstellers durch Verdrehen auf Leichtgängigkeit über den vollen Verdrehwinkel prüfen.

Einbau

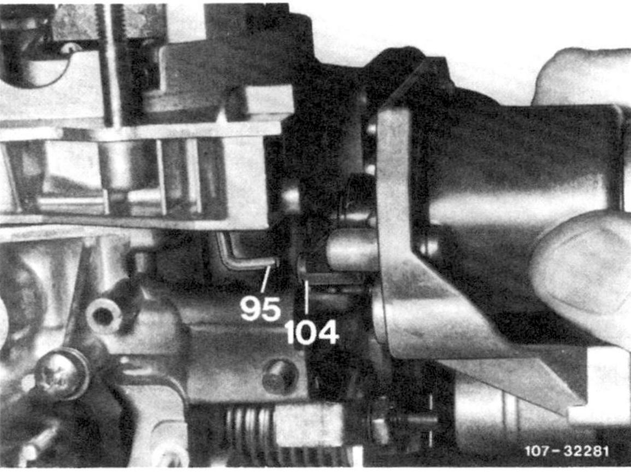

107-32281

- Vordrosselsteller so ansetzen, daß die Betätigungsstange –95– in den Verstellhebel –104– eingreift.

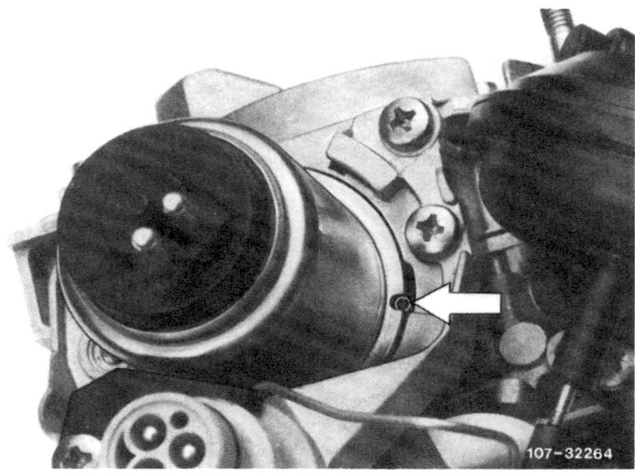
107-32264

- Vordrosselsteller so drehen, daß der Arretierungsstift in die vorgesehene Aussparung eingreift –Pfeil–.
- Haltering mit der gewölbten Seite zum Vergasergehäuse ansetzen und festschrauben.
- Luftfilter einbauen, siehe Seite 107.

Drosselklappen-Potentiometer aus- und einbauen / prüfen

Das Drosselklappen-Potentiometer ist mit der Drosselklappenwelle verbunden und meldet dem Vergaser-Steuergerät die aktuelle Stellung der Drosselklappe.

Prüfen

- Luftfilter ausbauen, siehe Seite 107.
- Stecker am Drosselklappen-Potentiometer abziehen.

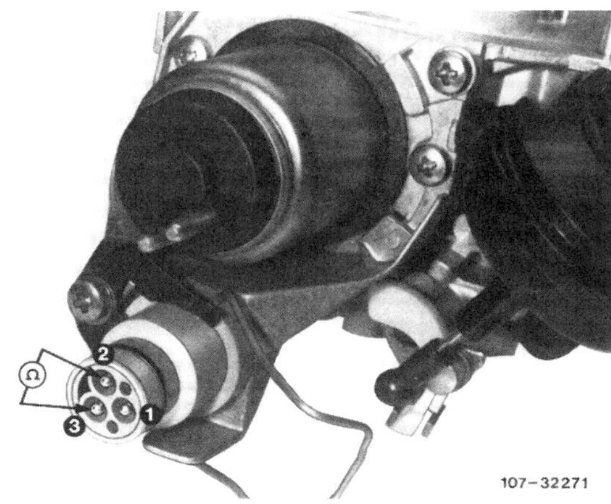

107–32271

- Gesamtwiderstand prüfen, dazu Ohmmeter zwischen die Kontakte 2 und 3 anschließen. Sollwert: 1,4–2,6 kΩ.
- Schleiferwiderstand prüfen, dazu Ohmmeter zwischen die Kontakte 1 und 3 anschließen. Bei Motorstillstand, der Stößel des Drosselklappenanstellers ist dann ganz ausgefahren, soll der Widerstand ca. 500 Ω betragen. Anschließend Drosselklappenhebel langsam bis zum Vollgasanschlag drücken, dabei muß der Widerstand stetig bis auf 1,4–2,6 kΩ ansteigen.
- Werden die Widerstands-Sollwerte nicht erreicht, Drosselklappen-Potentiometer ersetzen.
- Stecker am Drosselklappen-Potentiometer aufschieben.
- Luftfilter einbauen, siehe Seite 107.

Ausbau

- Luftfilter ausbauen, siehe Seite 107.

107–32267

- Befestigungsschraube –schwarzer Pfeil– herausdrehen und Halteklammer für Drosselklappen-Potentiometer –1– abnehmen

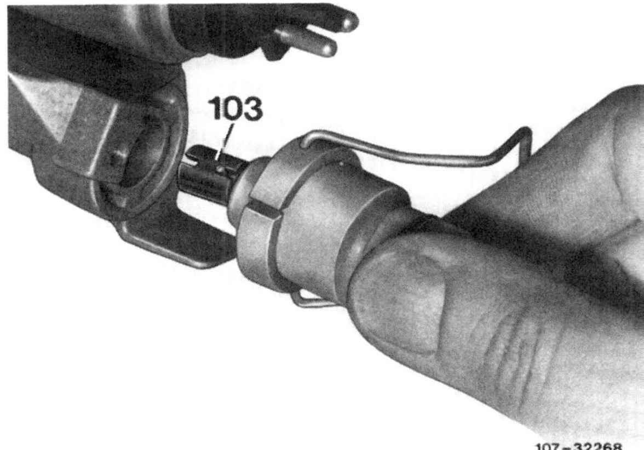

107–32268

- Potentiometer mit Kupplung –103– herausziehen. **Achtung:** Die Kupplung ist nur aufgesteckt; darauf achten, daß sie nicht herunterfällt.
- Kupplung abnehmen und Schlepphebel des Potentiometers auf Leichtgängigkeit und vollen Winkelweg von ca. 90° prüfen. Federkraft der Rückstellfeder prüfen.

Einbau

- Kupplung auf Schlepphebel aufsetzen.

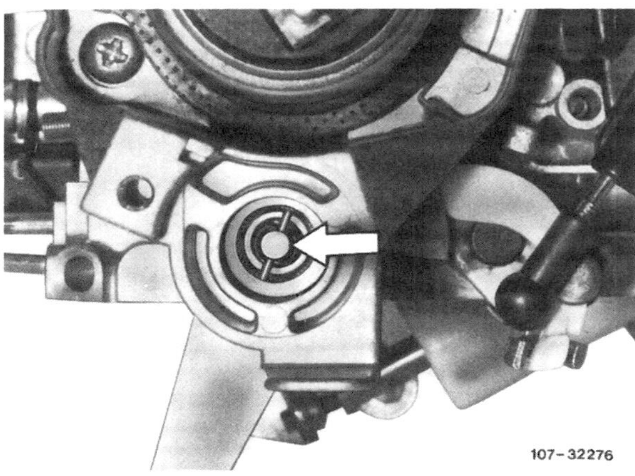

107-32276

- Drosselklappen-Potentiometer so einsetzen, daß die Führungsschlitze der Kupplung in die Mitnehmer –Pfeil– der Drosselklappenwelle eingreifen.

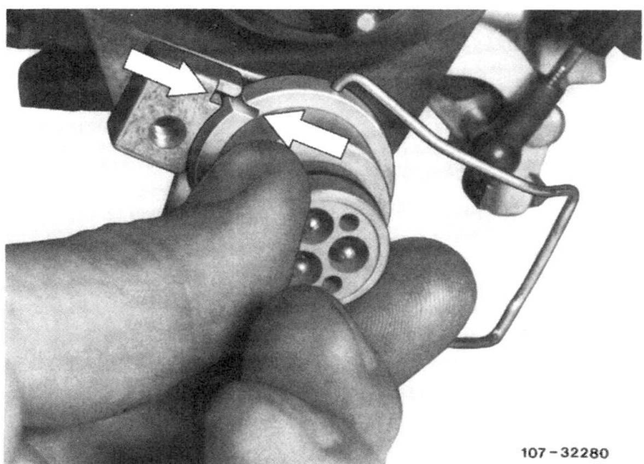

107-32280

- Potentiometer so weit verdrehen, bis sich die beiden Arretierungsschlitze –Pfeile– gegenüberstehen.
- Halteplatte für Potentiometer in den Arretierungsschlitz einsetzen und anschrauben.
- Luftfilter einbauen, siehe Seite 107.

Die Kraftstoffverdunstungsanlage

Fahrzeuge mit 2E-E Vergaser sind mit einer Kraftstoffverdunstungsanlage ausgerüstet. Bei höheren Außentemperaturen und abgestelltem Motor verdampft im Tank und in der Schwimmerkammer ein Teil des Kraftstoffes. Diese Kraftstoffdämpfe werden, um die Umwelt zu schonen, in einem Aktivkohlebehälter gespeichert. Bei laufendem Motor werden die Kraftstoffdämpfe durch den Motor-Unterdruck aus dem Aktivkohlebehälter wieder abgesaugt und im Motor verbrannt.

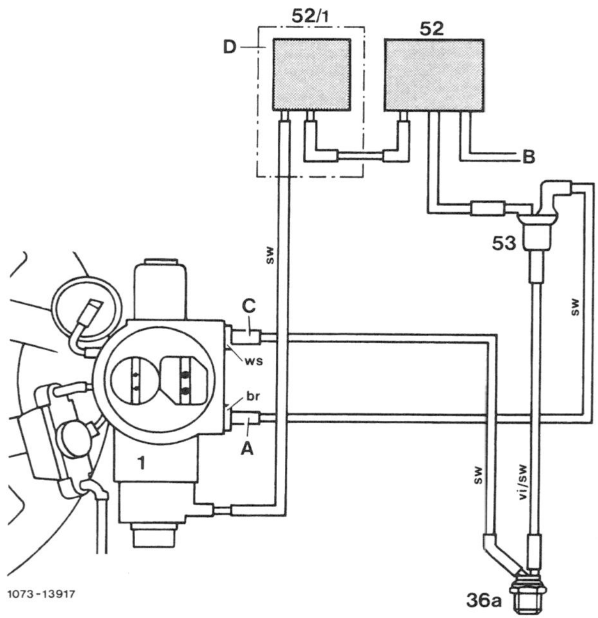

1073-13917

1 Vergaser
36a Thermoventil 50° C, rot
52 Aktivkohlebehälter für Kraftstoffbehälter
52/1 Aktivkohlebehälter für Schwimmerkammer
53 Regenerierventil
A Absauganschluß
B Zum Kraftstoffbehälter
C Unterdruckanschluß
D Einsatz fließend

Saugrohrbeheizung prüfen

Prüfen

Prüfvoraussetzung: Die Kühlmitteltemperatur beträgt +20° C. Falls die Kühlmitteltemperatur höher ist, Stecker am Temperaturfühler abziehen und eine Temperatur von +20° C simulieren, siehe Seite 117.

114-32315

- Stecker für Saugrohrbeheizung abziehen und Ampèremeter (Meßbereich bis 20 A) dazwischenschalten.
- Motor starten und im Leerlauf drehen lassen. Sollwert: 5–13 A.

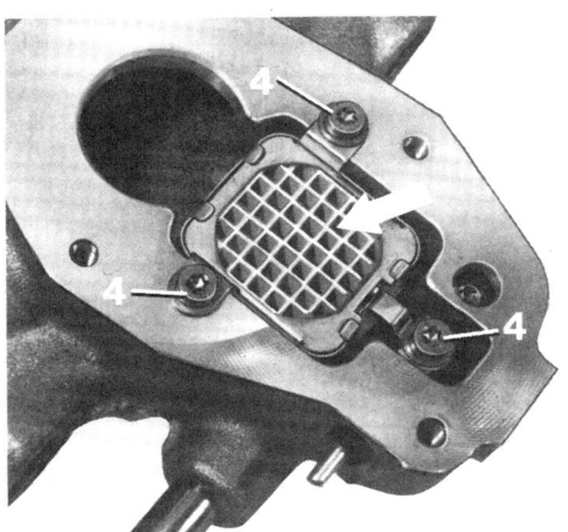

114-32312

- Liegt der Stromwert außerhalb der Toleranz, Heizgitter für Saugrohrbeheizung erneuern. Dazu Vergaser ausbauen.
- Schrauben –4– lösen.
- Heizgitter –Pfeil– herausnehmen.
- Neues Aluminium-Gitter einsetzen und mit drei Schrauben –4– festziehen. **Achtung:** Die kürzere der drei Schrauben ist mit dem elektrischen Kontaktstift zu verschrauben.

114-32314

- Fließt kein Strom Relais für Saugrohrbeheizung abziehen.
- Mit Voltmeter bei laufendem Motor prüfen, ob an den Klemmen 3 und 4 Batteriespannung und an Klemme 5 Masse (von Klemme 14 des Steuergerätes) anliegt.
- Wenn die Spannungsversorgung in Ordnung ist, Relais für Saugrohrbeheizung ersetzen.
- Andernfalls Sicherung Nr. 2 für Vergaserelektrik im Sicherungskasten überprüfen, gegebenenfalls ersetzen.
- Liegt keine Masse an, Leitung zu Klemme 14 am Stecker des Vergaser-Steuergerätes prüfen, gegebenenfalls Unterbrechung beseitigen.
- Liegt keine Unterbrechung vor, Steuergerät erneuern.

Vergaserdaten

Vergasertyp Herstellungszeitraum		Pierburg 2 E-E Registervergaser Bis 8/89		Seit 9/89	
Bestückung		1. Stufe	2. Stufe	1. Stufe	2. Stufe
Lufttrichter	∅ mm	23	29	23	29
Mischkammer	∅ mm	29	34	29	34
Hauptdüse		X 110	X 135	X 112,5	X 127,5
Luftkorrekturdüse (mit Mischrohr)		92,5	70	92,5	70
Leerlaufkraftstoffdüse		X 50	–	X 50	–
Düsennadel-Leerlaufluftkorrektur	Nr.	5	–	5	–
Übergangskraftstoffdüse		–	70	–	60
Vollastanreicherungsrohr:					
Einstellung über Vorzerstäuber	mm	–	13,5 ± 1,0	–	13,5 ± 1,0
Kraftstoffrücklaufbohrung	mm	1,0	–	1,0	–
Drosseldüse Unterdruckdose	mm	–	0,85	–	0,85
Schwimmernadelventil	mm	2,5		2,5	
Schwimmergewicht	g	7,9 ± 0,5		7,9 ± 0,5	
Schwimmerstand	mm	27,5 ± 1,0		27,5 ± 1,0	
Motorhöchstdrehzahl-Begrenzung (Kraftstoffabsperrung)	1/min	6150 ± 50		6150 ± 50	

Einstellung

Vordrossel-Spaltmaß	bei +20 °C bei +80 °C	3,5–6 mm 5,5–8 mm
Strom am Vordrosselsteller	Zündung eingeschaltet (Motorstillstand)	0,2 ± 0,1 A
	bei +20 °C im Leerlauf	0,7 ± 0,2 A
	bei +80 °C im Leerlauf	0,5 ± 0,2 A
	bei Motorhöchstdrehzahlbegrenzung	ca. 3 A (minus)
Vordrosselsteller	Wicklungswiderstand Isolationswiderstand (Masseschluß)	1,2–1,8 Ω ∞ Ω
Temperaturfühler-Kühlmittel (NTC)	bei +20 °C bei +80 °C	2,2–2,8 kΩ 290–370 Ω
Drosselklappen-Potentiometer	Gesamtwiderstand	1,4–2,6 kΩ
	Schleiferwiderstand im Stellbereich: a) bei Motorstillstand (Stößel DKA ganz ausgefahren) b) bei Vollgas	 ca. 500 Ω 1,4–2,6 KΩ
Drosselklappenansteller		
Dichtheit	Drosselklappenansteller mit Unterdruck beaufschlagen, bis ca. 600 Ω erreicht sind. **Abgelesener Wert darf in 1 Min. um max. 200 Ω ansteigen.**	
Stößelleichtgang	Stößel soll von ganz eingezogener Stellung **in 1–2 Sekunden ganz ausfahren.**	
Potentiometer	Gesamtwiderstand	1,4–2,6 kΩ
	Schleiferwiderstand im Stellbereich: a) Stößel in Schubstellung b) Stößel in Startstellung	 < 400 Ω 1–2,6 kΩ
Evakuierungs- und Belüftungsventil	Wicklungswiderstand	26–35 Ω
Drosselklappenansteller-Grundeinstellung	Abstand Drosselklappenhebel-Anschlagschraube	2,0 ± 0,05 mm
Saugrohrbeheizung	Strom am Heizgitter (PTC) (bei Betriebstemperatur, +20 °C simuliert)	5–13 A
Bypaßbeheizung	Strom am Heizelement (PTC) (bei Betriebstemperatur, +20 °C simuliert)	1–6 A

Leerlaufabgaswert		**mit Kat.** 1,0 ± 0,5 % CO	**ohne Kat.** ≦ 0,5 % CO
Leerlaufdrehzahlen	mechanisches Getriebe sowie automatisches Getriebe **ohne** Fahrstellung	700–800/min	
	automatisches Getriebe **mit** Fahrstellung	600–700/min	
	Mit Klimaanlage jeweils	plus 80/min	
Lambda-Regelung	Regelbereich	–	50 ± 10 %
	Steuerspannung: Gemisch fett	–	> 450 mV
	Gemisch mager	–	< 450 mV
	Stromaufnahme Beheizung	–	> 0,5–1,3 A

Ansaugluftvorwärmung prüfen

- Bei kaltem Motor und einer Außentemperatur unter +13° C in den Ansaugstutzen –14– schauen.
- Die Klappe muß nach oben stehen und die Kaltluftzufuhr ganz sperren.

Achtung: Bei einer Außentemperatur zwischen 13 und 25° C ist die Klappe etwas angehoben und gibt die Kaltluftzufuhr entsprechend der Temperatur frei.

- Liegt die Außentemperatur über 25° C, muß sich die Klappe ganz unten befinden. Sie gibt dann die Kaltluftzufuhr ganz frei und verschließt gleichzeitig die Warmluftzufuhr von unten vollständig.

Thermostat aus- und einbauen

Der Thermostat steuert die Stellung der Luftklappe für die Ansaugluftvorwärmung in Abhängigkeit von der Temperatur der Ansaugluft.

Ausbau

- Ansaugstutzen –14– abnehmen.

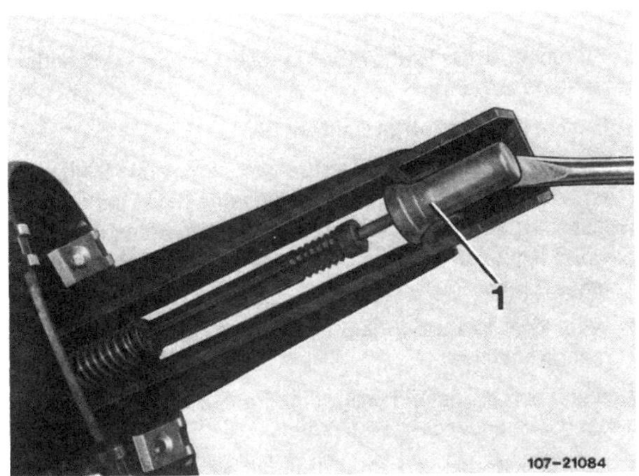

- Thermostat –1– mit Schraubendreher aus der Halterung herausdrücken.

Einbau

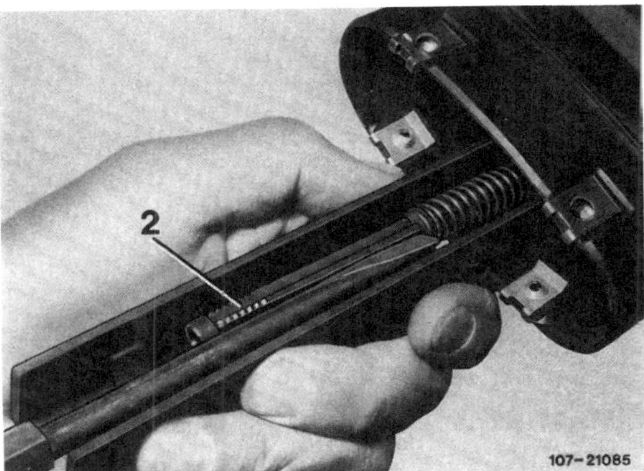

- Regelstange –2– gegen die Federkraft so weit zurückdrücken, bis der Thermostat spannungsfrei in die Halterung eingesetzt werden kann.
- Luftfilter-Ansaugrohr einbauen.

Luftfilter aus- und einbauen

Ausbau

- Unterdruckschlauch am Ansaugkrümmer abziehen.
- Luftschlauch –1– am Ansaugstutzen abziehen.
- Drahtklammern öffnen, Muttern lösen, Luftfilterdeckel –10– (siehe Abbildung 109-19306) abnehmen und Filtereinsatz herausnehmen.
- Luftfiltergehäuse mit 3 Befestigungsmuttern vom Vergaser und 2 Muttern von den Gummilagern abschrauben.

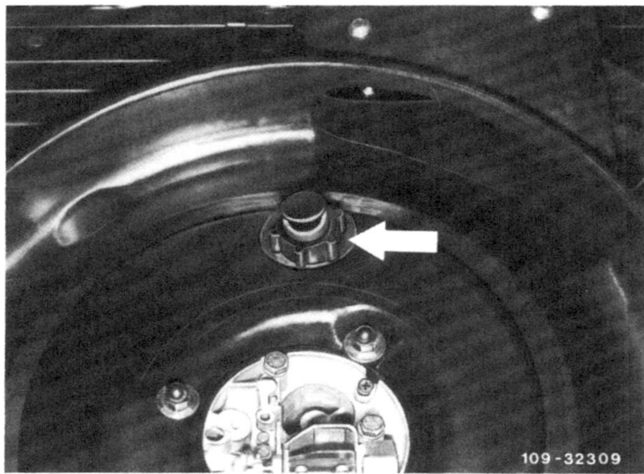

- Gewindemutter für Motorentlüftung abschrauben.
- Schlauch für Kurbelgehäuseentlüftung unten am Gehäuse abziehen.
- Filtergehäuse abnehmen.

Einbau

- Gummidichtring zwischen Luftfilter und Vergaser auf Porosität oder Beschädigung prüfen, gegebenenfalls ersetzen.
- Schlauch für Kurbelgehäuseentlüftung unten am Filtergehäuse aufschieben.
- Filtergehäuse anschrauben, Filtereinsatz einlegen und Deckel mit Drahtklammern befestigen.
- Luftschlauch aufschieben.
- Unterdruckschlauch am Ansaugkrümmer aufschieben.

Kraftstoffpumpe aus- und einbauen

Die Kraftstoffpumpe befindet sich seitlich am Zylinderkopf neben dem Verteiler.

Ausbau

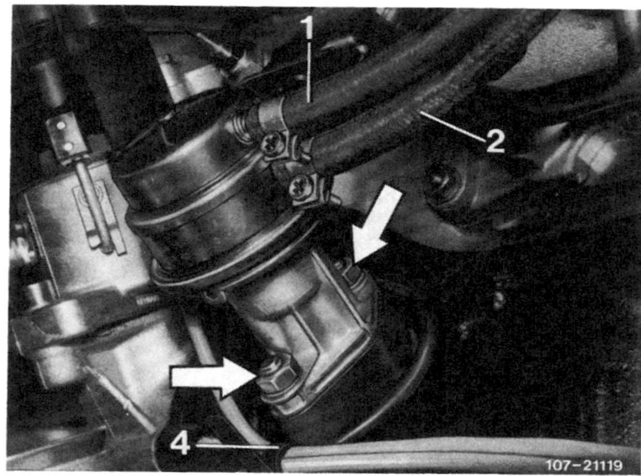

- Saug- und Druckschlauch –1–/–2– mit je einer Klemme abklemmen. Steht eine geeignete Klemme nicht zur Verfügung, nach dem Abziehen der Leitungen eine Schraube mit entsprechendem Durchmesser in die Kraftstoffschläuche stecken, damit kein Kraftstoff ausläuft.
- Kraftstoffschläuche an der Pumpe abziehen, vorher Schellen lösen.
- Kabelbinder –4– vom Isolierflansch der Pumpe lösen und Kabel zur Seite legen.
- Muttern –Pfeile– abschrauben und Kraftstoffpumpe mit Isolierflansch herausnehmen.

Einbau

107–21144

- Betätigungsstößel so in den Isolierflansch einsetzen, daß der Sicherungsring zur Kraftstoffpumpe zeigt. Durch Hin- und Herbewegen Stößel auf Leichtgängigkeit prüfen.
- Kraftstoffpumpe mit Isolierflansch ansetzen und festschrauben.
- Kabelbinder anclipsen.
- Kraftstoffschläuche aufschieben und mit Schellen sichern. Schlauch –1– kommt vom Tank, Schlauch –2– geht zum Vergaser.
- Gummidichtringe –Pfeil– am Isolierflansch auf Beschädigung prüfen. Gegebenenfalls Isolierflansch erneuern. Die Dichtringe sind nicht einzeln erhältlich.

Störungsdiagnose Vergaser

Bei Störungen in der Kraftstoffzufuhr ist die Anlage in folgender Reihenfolge zu prüfen:

- Prüfen, ob Kraftstoff im Behälter ist.
- Kraftstoffschlauch zwischen Kraftstoffpumpe und Vergaser am Vergaser abziehen und in geeignetes Gefäß halten. Anlasser kurz betätigen, dabei muß aus dem Schlauch stoßweise Kraftstoff austreten. **Achtung:** Brandgefahr, kein offenes Feuer!
- Wird kein Kraftstoff gefördert, Zuleitung zur Kraftstoffpumpe abziehen.
- Wenn dort Kraftstoff herausläuft, Pumpe auf Undichtigkeiten beziehungsweise Sieb prüfen.
- Läuft kein Kraftstoff heraus, Kraftstoffleitung zum Tank ausbauen und durchblasen.
- Tankbelüftung verschlossen, reinigen.
- Filter im Kraftstofftank ausbauen und reinigen.

Störung	Mögliche Ursache	Abhilfe
1. Der kalte Motor springt nicht an	1. Leerlaufabschaltventil öffnet nicht	Abschaltventil prüfen
	2. Startautomatik schaltet nicht	
	a) Starterdeckel nicht auf Markierung	Auf Markierung stellen
	b) Bimetallfeder im Startergehäuse gebrochen	Bimetallfeder ersetzen
	c) Startschieber schwergängig, hängt	Starterdeckel ausbauen, Startschieber durch Mitnehmerhebel betätigen, ggf. Startschieber ausbauen und mit Polierleinen etwas abziehen
	d) Startanreicherungsventil schwergängig, hängt	Pulldown-Stange mit kleinem Schraubendreher nach oben drücken, Anreicherungsventil betätigen, wenn schwergängig, Startergehäuse ersetzen
	e) Thermoverzögerungsventil hängt in geschlossener Stellung, Belüftungsrohr am Thermoverzögerungsventil verstopft	Thermoverzögerungsventil prüfen, gegebenenfalls ersetzen
	3. Drosselklappe steht nicht in Startstellung	Warmlaufdrehzahl prüfen, einstellen
	4. Drosselklappenansteller defekt	Drosselklappenansteller prüfen, ggf. erneuern
	5. Kühlmittel-Temperaturfühler defekt	Temperaturfühler prüfen
	6. Drosselklappen-Potentiometer defekt	Erneuern
	7. Vordrosselsteller defekt	Vordrosselsteller prüfen, ggf. ersetzen
	8. Motordrehzahl (TD-Signal) fehlt	TD-Signal am Steuergerät prüfen
	9. Vergaser läuft über	Schwimmerstand prüfen
2. Motor bleibt nach dem Kaltstart stehen	1. Drosselklappe steht nicht in Startstellung	Warmlaufdrehzahl prüfen, einstellen
	2. Thermoverzögerungsventil hängt in geöffneter Stellung	Thermoverzögerungsventil prüfen, kurzfristige Abhilfe: Belüftungsrohr am Ventil verschließen, bei warmem Motor Belüftungsrohr freigeben
	3. Luftkolben geht nicht ganz zurück	Luftkolben gangbar machen, ggf. Luftkolbendämpfer erneuern
	4. Nicht genügend Kraftstoff in der Schwimmerkammer durch Ausdampfen bei heiß abgestelltem Motor	Durchstarten, Gaspedal mehrmals durchtreten, dann bei niedergetretenem Pedal starten
	5. Saugrohrbeheizung defekt	Prüfen
	6. Ansaugluftvorwärmung defekt	Prüfen
	7. Bypass-Leerlaufsystem vereist	Bypassheizung prüfen
	8. Vordrossel schwergängig	Vordrossel gangbar machen, ggf. Vergaserdeckel erneuern
	9. Wie unter 1.5–8	Wie unter 1.5–8
3. Motor bleibt vor Erreichen der Betriebstemperatur stehen	1. Drosselklappe steht nicht in Startstellung	Warmlaufdrehzahl prüfen, einstellen
	2. Falsche Leerlaufeinstellung	Drehzahl und CO-Gehalt einstellen
	3. Startautomatik schaltet nicht:	
	a) Starterdeckel nicht auf Markierung	Auf Markierung stellen
	b) Keine Beheizung	Anschluß wieder herstellen, evtl. Starterdeckel erneuern
	c) Bimetallfeder defekt oder ausgehängt	Starterdeckel erneuern oder Feder einhängen
	d) Pulldown-Membran gerissen	Pulldown-Dose auf Dichtheit prüfen
	e) Thermoverzögerungsventil wird nicht beheizt	Thermoverzögerungsventil prüfen
	4. Saugrohrbeheizung defekt	Prüfen

Störung	Mögliche Ursache	Abhilfe
4. Heißstart schwierig	Überfetten durch Ausdampfen und Tropfen von Kraftstoff infolge des Hitzestaus	Mit Vollgas starten (Gaspedal festhalten)
5. Leerlauf unregelmäßig – Motor bleibt stehen (Motor warm)	1. Leerlaufeinstellung	
	a) Drehzahl zu niedrig	Einstellen
	b) CO-Wert zu niedrig/zu hoch	Einstellen
	2. Leerlaufdüsendurchgang zu gering	
	a) Düse verschmutzt	Reinigen
	b) Düse beschädigt	Erneuern
	c) Düsennadel verbogen	Erneuern
	3. Luftkolbendämpfung zu gering	Dämpferölstand prüfen, nachfüllen, ggf. Luftkolbendämpfer ersetzen
	4. Undichtigkeiten an Saugrohr, Zwischenflansch, Vergaser	Dichtstellen bei laufendem Motor mit Pinsel und Kraftstoff bestreichen, bei Undichtigkeit erhöht sich die Drehzahl kurzfristig. In diesem Fall Dichtungen ersetzen
	5. Wie unter 3.3 und 3.4.	
	6. Drosselklappenansteller-Grundeinstellung falsch	Grundeinstellung prüfen
	7. Wie 1.5, 1.9 und 2.8	Wie 1.5, 1.9 und 2.8
6. Übergangsstörungen beim Beschleunigen	1. Drosselklappe schwergängig	Gangbarmachen
	2. Gaszug hakt	Gangbar machen bzw. erneuern
	3. Lager für Drosselklappenwelle ausgeschlagen	Vergaser erneuern
	4. Wie 1.5–8 sowie 2.8	Wie 1.5–8 sowie 2.8

W Wartung an der Vergaseranlage

Vergaser prüfen

- Vergasergelenke sowie Gaszug reinigen und mit MoS_2-Paste schmieren.
- Funktion der Ansaugluft-Vorwärmung prüfen, siehe Seite 107.
- Leerlaufdrehzahl und CO-Gehalt prüfen.

Luftfiltereinsatz auswechseln

Der Luftfiltereinsatz ist alle 20000 km zu erneuern. Bei stärkerem Staubanfall Filtereinsatz in kürzeren Abständen erneuern.

- 2 Befestigungsschrauben für Luftfilter lösen.
- Drahtklammern öffnen und Luftfilterdeckel abnehmen.
- Filtereinsatz herausnehmen.
- Filtergehäuse sorgfältig auswischen.

Achtung: Filtereinsatz weder mit Benzin reinigen noch mit Öl benetzen.

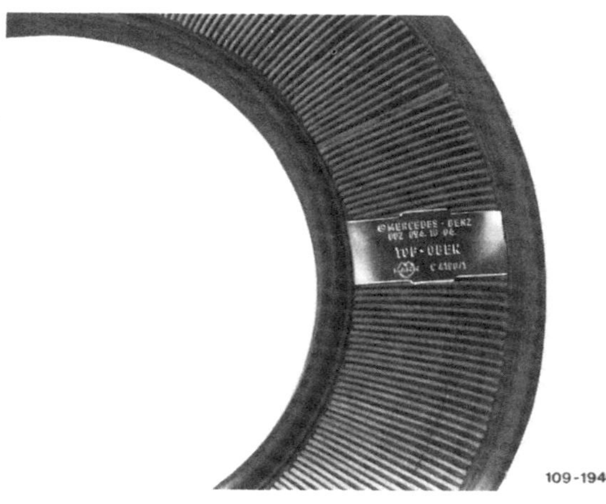

109-19401

- Filtereinsatz so einlegen, daß die Bezeichnung „TOP · OBEN" nach oben zeigt.
- Deckel aufsetzen, anschrauben und mit Drahtklammern sichern.

Die Einspritzanlage

Die im MERCEDES (Typ 124) eingebauten Benzinmotoren ab 87 kW/118 PS sind mit einer Benzin-Einspritzanlage ausgerüstet, die unterschiedlich aufgebaut sein kann: Bis 8.92 wurde generell eine mechanisch/elektronisch gesteuerte **KE-Jetronic** eingebaut. Diese Einspritzung wird auf den folgenden Seiten abgehandelt. In den 4-Ventil-Motoren seit 9.92 kommt ein vollelektronisches Motormanagement zum Einsatz, das gleichzeitig die Benzin-Einspritzung und die Zündung steuert, siehe Seite 122.

Schemazeichnung der KE-Jetronic

Motor 102 seit 9/89

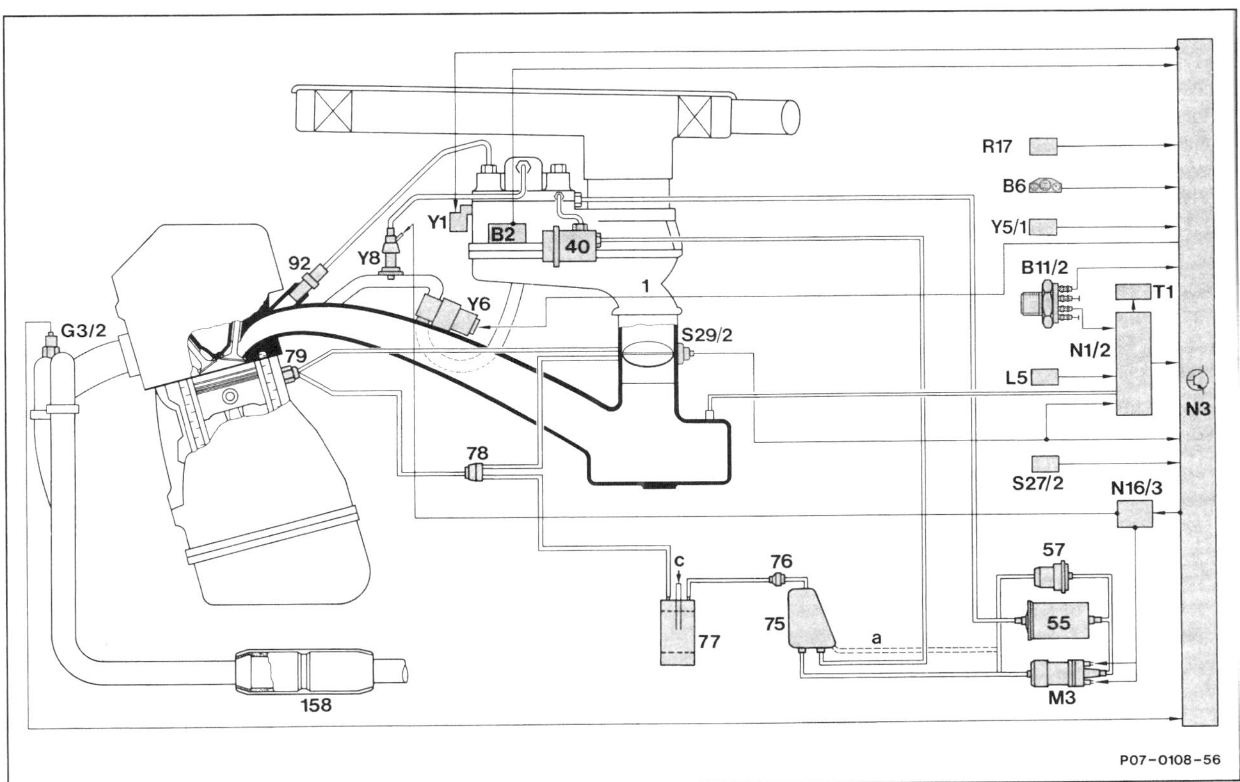

1	Gemischregler
40	Membrandruckregler
55	Kraftstoffilter
57	Kraftstoffspeicher
75	Kraftstoffbehälter
76	Lüftungsventil
77	Aktivkohlebehälter
78	Regenerierventil
79	Thermoventil 70° C
92	Einspritzventil
158	Unterbodenkatalysator
B2	Geber Luftmengenmesser
B6	Hall-Geber-Geschwindigkeit
B11/2	Temperaturfühler Kühlmittel, 4-polig
G3/2	Lambda-Sonde, beheizt
L5	Positionsgeber Kurbelwelle
M3	Kraftstoffpumpe (200 TE, 230 TE: 2 Pumpen)
N1/2	Schaltgerät Elektronische Zündung (EZL)
N3	Steuergerät KE-Einspritzanlage
N16/3	Relais Kraftstcffpumpe
R17	Abgleichstecker KE-Einspritzanlage
S27/2	Mikroschalter Schubabschaltung
S29/2	Drosselklappenschalter
T1	Zündspule
Y1	Elektrohydraulisches Stellglied
Y5/1	Elektromagnetische Kupplung Kältekompressor
Y6	Leerlaufsteller
Y8	Startventil
a	Leitungsverlegung beim Kombi
c	Belüftung

Die KE-Jetronic ist eine mechanische Benzineinspritzung, die elektronisch gesteuert wird. Das mechanische Grundsystem sorgt für ausreichende Notlaufeigenschaften bei Ausfall der Elektronik.

Der Kraftstoff wird aus dem Kraftstoffbehälter von der elektrischen Kraftstoffpumpe angesaugt und über Kraftstoffspeicher und -Filter zum Kraftstoffmengenteiler gefördert. Die Luftmenge wird vom Motor über das Saugrohr angesaugt und vom Luftmengenmesser gemessen. Der Kraftstoffmengenteiler teilt entsprechend der gemessenen Luftmenge den einzelnen Zylindern über das jeweilige Einspritzventil die Kraftstoffmenge zu. Zusätzliche Fühler und Geber sorgen auch in extremen Temperatur- und Fahrsituationen für die richtig bemessene Kraftstoffmenge.

Zur Senkung des Kraftstoffverbrauchs ist die Einspritzanlage mit einer Schubabschaltung ausgestattet. Das bedeutet, wenn der Fahrer den Fuß vom Gaspedal nimmt, wird automatisch die Kraftstoffzufuhr zu den Einspritzventilen gesperrt. Das Einschalten der Schubabschaltung ist abhängig von der Motordrehzahl und der Betriebstemperatur. Ein Mikroschalter am Gasgestänge sorgt dafür, daß schon beim leichtesten Gasgeben die Kraftstoffzufuhr einsetzt. Dadurch ist sichergestellt, daß das Fahrzeug auch nach der Schubphase ruckfrei beschleunigt.

- Der Kraftstoffspeicher hält den Kraftstoff auch nach Abschalten des Motors über einen längeren Zeitraum unter Druck. Dadurch verhindert man Dampfblasenbildung und verbessert das Heißstartverhalten.
- Die Kraftstoffpumpe ist als Rollenzellenpumpe ausgelegt und hat eine Förderleistung von ca. 80 Liter pro Stunde.
- Das Kraftstoffpumpenrelais versorgt die Kraftstoffpumpe und das Kaltstartventil beim Starten und bei laufendem Motor mit Strom. Nach Abschalten der Zündung, beziehungsweise wenn keine Zündimpulse mehr erfolgen (Motor abgewürgt, Zündung eingeschaltet), sperrt das Relais die Stromzufuhr zur Pumpe. Zusätzlich steuert das Kraftstoffpumpenrelais die Einschaltzeit des Kaltstartventils.
- Das Kaltstartventil spritzt bei kaltem Motor während des Startvorganges zusätzlich Kraftstoff in das Sammelsaugrohr, damit der Motor leichter anspringt.
- Der Membrandruckregler regelt den Systemdruck auf ca. 5,4 bar.
- Das elektrohydraulische Stellglied sitzt am Kraftstoffmengenteiler und regelt die zu den Einspritzventilen fließende Kraftstoffmenge in Abhängigkeit vom Betriebszustand des Motors. Das heißt, es sorgt für die Gemischanfettung beim Kaltstart und Warmlauf beziehungsweise für die Beschleunigungs- und Vollastanreicherung. Zusätzlich verschließt es die Kraftstoffzufuhr im Schiebebetrieb oberhalb von 1500/min.
- Der Leerlaufsteller reguliert die Leerlaufluftmenge unter Umgehung der Drosselklappe. Dadurch wird eine gleichbleibende Leerlaufdrehzahl erreicht, unabhängig davon, ob gerade Zusatzverbraucher, wie etwa Servolenkung, oder Kältekompressor, eingeschaltet sind. Angesteuert wird der Leerlaufsteller vom elektronischen Steuergerät für KE-Einspritzung.
- Bei Fahrzeugen mit Katalysator ist im vorderen Abgasrohr die Lambda-Sonde eingeschraubt. Sie mißt den Restsauerstoffgehalt im Abgas und gibt dabei ein charakteristisches Spannungssignal an das KE-Steuergerät ab. Daraufhin regelt das Steuergerät das angesaugte Kraftstoff-/Luftverhältnis so, daß die Abgase im Katalysator optimal nachverbrannt werden können. Damit die Betriebstemperatur der Sonde von über 300° C möglichst schnell erreicht und anschließend konstant gehalten werden kann, wird sie über das Kraftstoffpumpenrelais elektrisch beheizt.

Achtung: Bei Arbeiten an der Einspritzanlage ist auf peinliche Sauberkeit zu achten. Vor der Demontage sind die entsprechenden Teile mit Benzin zu säubern. **Die Anlage steht unter hohem Druck. Deshalb ist vor dem Auswechseln von Teilen zum Druckabbau die Kraftstoffleitung am Kaltstartventil langsam zu lösen. Dabei Lappen um Kraftstoffanschluß legen. Spritzgefahr!** Austretenden Kraftstoff mit Lappen auffangen.

Achtung: Bei eingeschalteter Zündung beziehungsweise bei laufendem Motor darf der Stecker am KE-Steuergerät **nicht** abgezogen werden, da durch Spannungs- oder Stromspitzen das Steuergerät zerstört werden kann.

Sauberkeitsregeln bei Arbeiten an der Einspritzanlage

- Verbindungsstellen und deren Umgebung vor dem Lösen gründlich mit Kraftstoff reinigen.
- Ausgebaute Teile auf einer sauberen Unterlage ablegen und abdecken. Folien oder Papier verwenden. Keine fasernden Lappen benutzen!
- Geöffnete Bauteile sorgfältig abdecken bzw. verschließen, wenn die Reparatur nicht umgehend ausgeführt wird.
- Nur saubere Teile einbauen. Ersatzteile erst unmittelbar vor dem Einbau aus der Verpackung nehmen.
- Bei geöffneter Anlage: Möglichst nicht mit Druckluft arbeiten. Das Fahrzeug möglichst nicht bewegen.

Leerlaufdrehzahl/CO-Gehalt prüfen

Achtung: Aufgrund der elektronischen Leerlaufdrehzahlregelung kann die Leerlaufdrehzahl nicht eingestellt, sondern nur kontrolliert werden. Zum Einstellen des CO-Gehaltes bei KAT-Fahrzeugen wird ein Lambda-Regelungstester benötigt.

Prüfvoraussetzung: Motor hat Betriebstemperatur. Sämtliche Zusatzverbraucher ausgeschaltet.

- Drehzahlmesser und CO-Prüfgerät nach Vorschrift anschließen.
- Bei Automatikfahrzeugen Wählhebel in Stellung „P" legen.
- Zündzeitpunkt prüfen, siehe Seite 58.
- Ansaugtrakt auf Dichtheit prüfen. Dazu im Leerlauf sämtliche Dichtstellen des Ansaugtraktes mit einem Pinsel und Benzin bestreichen. Wenn sich die Drehzahl kurzfristig erhöht, saugt der Motor an der gerade bestrichenen Stelle Nebenluft an. In diesem Fall ist die entsprechende Dichtung zu erneuern.

Achtung: Kraftstoff nicht auf glühende Teile oder Zündanlage spritzen, Feuergefahr! Kraftstoffdämpfe nicht einatmen – giftig!

- Einstellung Gaszug/Drosselklappengestänge prüfen.
- Motor starten und im Leerlauf drehen lassen.
- Die Leerlaufdrehzahl prüfen. Wenn der Sollwert nicht erreicht wird, Leerlaufsteller und Kaltstartventil prüfen. Leerlaufdrehzahl 200 E: 770 ± 50/min, 230 E: 750 ± 50/min, 260 E: 650 ± 50/min, 300 E: 650 ± 50/min, 300 E-24: 700 ± 50/min.
- CO-Gehalt prüfen. Sollwert: 1,0 ± 0,5 Vol.%, **KAT:** ≦ 0,5 Vol.%.

Achtung: Zum Einstellen des CO-Gehaltes bei KAT-Fahrzeugen wird ein Lambda-Regelungstester benötigt. Tester an der Diagnosesteckdose anschließen und Tastverhältnis an der CO-Einstellschraube auf 50 ± 10 % einstellen. Dabei pendelt die Anzeige des Meßgerätes. Beim 6-Zylinder-Motor Tastverhältnis zusätzlich bei 2500/min prüfen. Dieser Wert darf vom Leerlaufwert nicht mehr als ± 10 % abweichen, sonst CO-Gehalt nachregulieren.

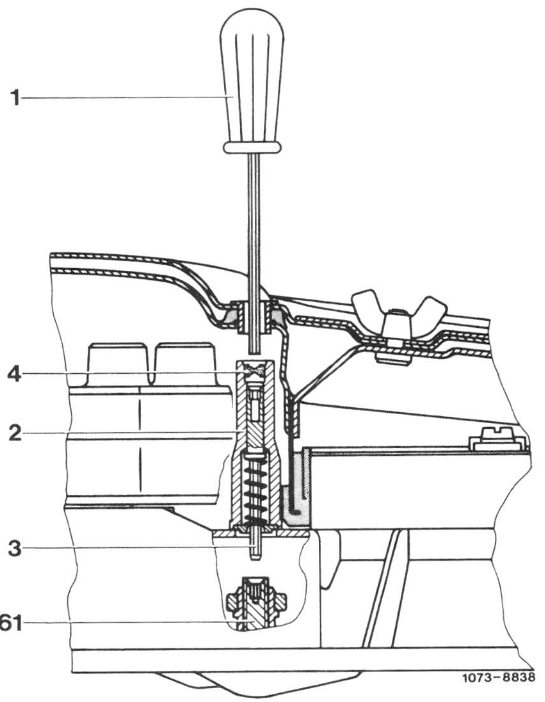

- Sicherungsstopfen –4– mit Auszieher durch die Aussparung am Luftfilteroberteil herausziehen. Steht das Spezialwerkzeug nicht zur Verfügung, geeignete Holz- oder Blechschraube in den Sicherungsstopfen einschrauben, dann Schraube zusammen mit Stopfen herausziehen.
- Mit schmalem Schraubendreher –1– Einstellvorrichtung –2– gegen die Federkraft nach unten drücken und etwas drehen, bis der Sechskant –3– in die CO-Einstellschraube –61– einrastet. Schraubendreher nach links drehen – Gemisch wird mager/Tastverhältnis steigt; nach rechts drehen – Gemisch wird fetter/Tastverhältnis sinkt.
- Schraubendreher loslassen, damit die Einstellvorrichtung aus der CO-Einstellschraube ausrastet.
- Anschließend etwas Gas geben, dann CO-Wert prüfen, gegebenenfalls nochmals nachstellen.
- Nach der Einstellung blauen Sicherungsstopfen mit einem Dorn von 6,5 mm Durchmesser eindrücken.
- Feststellbremse anziehen und Wählhebel in eine Fahrstufe legen, Klimaanlage einschalten, Servolenkung ganz einschlagen. Dabei muß der Motor einwandfrei rundlaufen. Andernfalls elektronische Leerlaufdrehzahlregelung prüfen.
- Meßgeräte abklemmen.

Leerlaufsteller prüfen

Der Leerlaufsteller reguliert die Leerlaufluftmenge unter Umgehung der Drosselklappe. Diese zusätzliche Leerlaufluftmenge wird hinter dem Luftmengenmesser entnommen, damit dem Motor auch entsprechend mehr Kraftstoff zugeführt wird. Dadurch wird eine gleichbleibende Leerlaufdrehzahl erreicht, unabhängig davon, ob gerade Zusatzverbraucher, wie etwa Servolenkung, oder Kältekompressor, eingeschaltet sind. Angesteuert wird der Leerlaufsteller vom elektronischen Steuergerät für KE-Einspritzung.

Der Leerlaufsteller ist unter anderem zu prüfen, wenn die Leerlaufdrehzahl zu hoch oder zu niedrig ist. Ein Ausfall der Spannungsversorgung führt immer dazu, daß die Leerlaufdrehzahl zu hoch ist.

Der Leerlaufsteller befindet sich am Sammelsaugrohr in der Nähe des Kraftstoffmengenteilers.

- Drehzahlmesser und Lambda-Regelungstester beziehungsweise Schließwinkelmeßgerät nach Vorschrift anschließen.
- Motor starten und im Leerlauf drehen lassen. Tastverhältnis und Leerlaufdrehzahl prüfen. **Achtung:** Je nach verwendetem Meßgerät erfolgt die Anzeige in Prozent (%) oder Grad (°∢).

Modell	Leerlaufdrehzahl 1/min	Tastverhältnis in %	in °∢
200 E	770 ± 50	–	–
230 E	750 ± 50	43 ± 7	38 ± 7
260 E, 300 E	650 ± 50	40 ± 5	24 ± 3
300 E-24	700 ± 50	–	–

4-Zylinder-Motor bis 8/86

107 – 26736

- Wenn die Anzeige etwas größer oder kleiner ist, Sollwert an der Bypaßschraube –Pfeil– einregulieren. Gegebenenfalls Mikroschalter prüfen.
- Falls die Anzeige pendelt (Motor sägt), Drehzahl-Signal am Stecker des Steuergerätes für Einspritzanlage prüfen. Dazu Motor abstellen und Voltmeter am Stecker des Steuergerätes, Klemme 25, anschließen. Motor starten und im Leerlauf drehen lassen. Wenn jetzt eine Spannung von 9 Volt anliegt, Steuergerät erneuern. Andernfalls Leitungsunterbrechung gemäß Schaltplan ermitteln und beseitigen.
- Zeigt das Meßgerät 0°∢ oder 90°∢ (0% oder 100%) an, Zündung ausschalten und Stecker am Leerlaufsteller abziehen. Voltmeter zwischen Buchse 2 des Steckers und Masse (Motorblock) anschließen. Zündung einschalten und Spannung prüfen. Sollwert: ca. 12 Volt, andernfalls Leitungsunterbrechung gemäß Schaltplan ermitteln und beseitigen.
- Voltmeter nacheinander zwischen den Buchsen 1 und 3 anschließen. Bei eingeschalteter Zündung müssen jeweils ca. 0 Volt anliegen. Andernfalls Leitung zwischen Klemme 20 am Stecker des Steuergerätes und Batterie-Masse prüfen.
- Mit Ohmmeter Leitungen zwischen Leerlaufsteller (Buchsen 1 und 3) und Steuergerät (Klemmen 4 und 3) auf Durchgang prüfen, siehe auch Seite 234.
- Widerstand am Leerlaufsteller prüfen. Dazu Ohmmeter nacheinander zwischen Stift 2 und 3 sowie zwischen 2 und 1 anschließen. Das Meßgerät muß jedesmal ca. 12 Ω anzeigen, sonst Leerlaufsteller erneuern. Wenn die Widerstände dem Sollwert entsprechen, Steuergerät erneuern.

4-Zylinder-Motor seit 9/86 und 6-Zylinder-Motor

- *Falls das Meßgerät beim 4-Zylinder-Motor 0°∢ oder 90°∢ (0% oder 100%) beziehungsweise beim 6-Zylinder-Motor 0°∢ oder 60°∢ (0% oder 100%) anzeigt, Zündung ausschalten. Stecker am Leerlaufsteller abziehen und an die Kontakte des Stellers über Hilfskabel Batterie-Plus (Kontakt 2) sowie Masse (Kontakt 1) kurzzeitig anlegen. Der Leerlaufsteller muß nun hörbar schalten, andernfalls Leerlaufsteller ersetzen.*
- *Voltmeter zwischen dem rot/gelben Anschluß des Steckers und Masse anschließen. Zündung einschalten. Falls das Meßgerät Batteriespannung (12 Volt) anzeigt, rot/weiße Leitung auf Durchgang prüfen und gegebenenfalls Unterbrechung beseitigen.*
- *Falls keine Unterbrechung vorhanden ist, Eingabesignale am Steuergerät prüfen, gegebenenfalls Steuergerät ersetzen.*

Nur Fahrzeuge mit automatischem Getriebe

- Betriebswarmen Motor im Leerlauf laufen lassen. Feststellbremse anziehen.
- Beliebige Fahrstufe einlegen und Leerlaufdrehzahl prüfen. Sollwert 4-Zylinder-Motor: 570 bis 670/min, 6-Zylinder-Motor: 500 bis 600/min.
- Andernfalls Voltmeter zwischen Klemme 16 des Steuergerätes und dem Pluspol der Batterie anschließen. In Stellung „P" und „N" muß das Meßgerät Batteriespannung (ca. 12 Volt) anzeigen. Sobald eine Fahrstellung eingelegt wird, soll die Spannung abfallen. Ist dies nicht der Fall, Unterbrechung gemäß Schaltplan ermitteln und beseitigen. **Achtung:** Zum Anschließen des Meßgerätes und beim Abziehen und Aufstecken des Steckers am Steuergerät, Zündung ausschalten. Anschließend Motor wieder starten.

Achtung: Bei Analogmeßgeräten, das heißt bei Meßgeräten mit Zeigeranzeige, kann im Gegensatz zu Meßgeräten mit Ziffernanzeige die Spannung bis auf 0 Volt abfallen.

Fahrzeuge mit Klimaanlage

- Betriebswarmen Motor im Leerlauf laufen lassen. Feststellbremse anziehen.
- Kältekompressor einschalten und Leerlaufdrehzahl prüfen. Sollwert 4-Zylinder-Motor: 570 bis 670/min, 6-Zylinder-Motor: 500 bis 600/min.
- Andernfalls Voltmeter zwischen Klemme 19 des Steuergerätes und Masse (Motorblock) anschließen. Kältekompressor einschalten, das Meßgerät muß Batteriespannung (ca. 12 Volt) anzeigen, bei ausgeschaltetem Kompresser darf keine Spannung anliegen (ca. 0 Volt). Ist dies nicht der Fall, Unterbrechung gemäß Schaltplan ermitteln und beseitigen. **Achtung:** Zum Anschließen des Meßgerätes und beim Abziehen und Aufstecken des Steckers am Steuergerät, Zündung ausschalten. Anschließend Motor wieder starten.

Gaszug/Drosselklappengestänge einstellen

Leerlaufanschlag einstellen

260 E, 300 E

200 E, 230 E

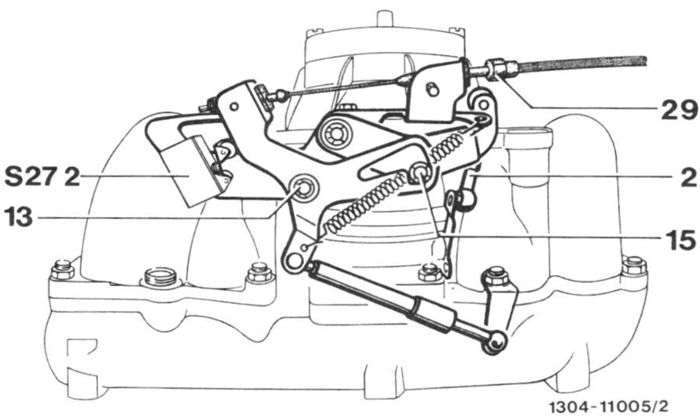

- Die Rolle –15– im Drosselklappenhebel –13– muß spannungsfrei am Leerlaufanschlag anliegen. Andernfalls Verbindungsstange –2– entsprechend verstellen.

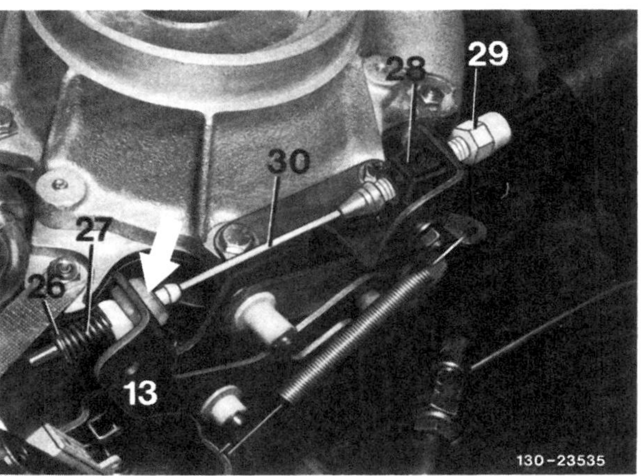

Bowdenzug einstellen

- Bei abgestelltem Motor Gaspedal bis zum Vollgasanschlag durchtreten lassen (Helfer) oder mit einem Brett zwischen Vordersitz und Pedal in Vollgasstellung festklemmen.
- Prüfen, ob der Drosselklappenhebel am Vollgasanschlag anliegt. Gegebenenfalls Einstellschraube –29– entsprechend verdrehen.
- Gaspedal langsam in Leerlaufstellung zurückkommen lassen. In dieser Stel ung muß die Rolle im Drosselklappenhebel spannungsfrei am Leerlaufanschlag anliegen und der Mikroschalter S27/2 betätigt sein. Der Schalter klickt, wenn er betätigt wird.

Vollgasanschlag einstellen

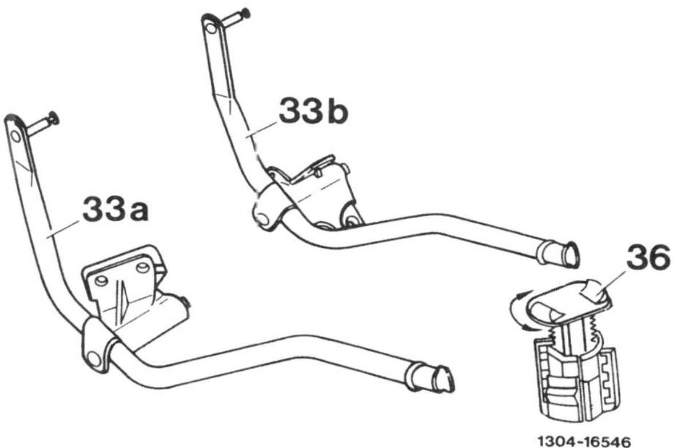

- Vollgasanschlag –36– im Fußraum durch Linksdrehung ausrasten und den Anschlagbolzen etwas herausziehen. 33a – Gashebel Typ 124, 33b – Gashebel Typ 201 (MERCEDES 190).
- Gaspedal langsam in Vollgas-Stellung bringen, bis der Drosselklappenhebel am Vollgasanschlag des Luftmengenmessers anliegt.
- In dieser Stellung Vollgasanschlag –36– im Innenraum durch Rechtsdrehung einrasten.
- Leerlauf- und Bowdenzugeinstellung nochmals kontrollieren.
- Falls vorhanden, Tempomat-Einstellung prüfen.

Dichtheit der Einspritzanlage prüfen

Bei Heißstartschwierigkeiten ist die Einspritzanlage auf Dichtheit zu prüfen. Beschrieben wird die Sichtprüfung, außerdem müssen die Kraftstoffdrücke geprüft werden (Werkstattarbeit).

- Luftfilter ausbauen.
- Die Kraftstoffanschlüsse am Mengenteiler dürfen nicht feucht sein, gegebenenfalls Anschlüsse vorsichtig nachziehen.
- Kraftstoffpumpenrelais abziehen und die Klemmen 7 und 8 mit Prüfleitung kurz verbinden, damit im Kraftstoffsystem Druck aufgebaut wird.

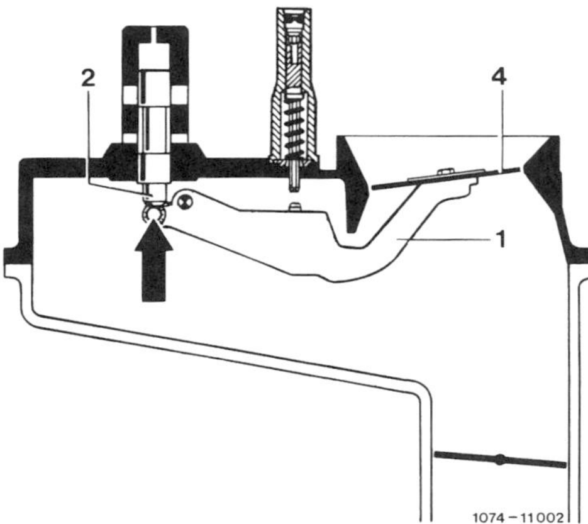

- Steuerkolben –2– auf Dichtheit prüfen. Dazu Stauscheibe –4– schnell ganz nach unten drücken und in dieser Stellung festhalten. 1– Verstellhebel.
- Im Luftführungsgehäuse darf in dieser Stellung nur eine geringe Menge Kraftstoff sichtbar werden, sonst Dichtring für Steuerkolben erneuern. Dazu ist der Kraftstoffmengenteiler auszubauen (Werkstattarbeit).
- Wurde kein Fehler gefunden, Kraftstoffdrücke prüfen lassen (Werkstattarbeit).
- Kraftstoffpumpenrelais aufstecken und Luftfilter einbauen.

Kaltstartventil prüfen

Das Kaltstartventil spritzt während der Starterbetätigung bei kaltem Motor zusätzlich Kraftstoff in das Saugrohr. Und zwar hängt die Einspritzdauer von der Kühlmitteltemperatur ab. Bei – 20° C wird beispielsweise ca. 10 Sekunden lang Kraftstoff eingespritzt. Wird der Motor bei höherer Kühlmitteltemperatur gestartet, ist die Einspritzdauer entsprechend geringer. Bei ca. + 60° C tritt das Kaltstartventil überhaupt nicht mehr in Aktion. Angesteuert wird das Kaltstartventil durch das Kraftstoffpumpenrelais.

Ein defektes Kaltstartventil verursacht Startschwierigkeiten (kalt und warm), Übergangsstörungen und hohen Kraftstoffverbrauch.

- Grüne Steuerleitung vom Zündschaltgerät abziehen, siehe Seite 47.
- Luftfilter ausbauen, siehe Seite 122.

Spannungsversorgung prüfen

- Stecker vom Temperaturfühler für Kühlmittel abziehen, siehe Seite 116.

- Stecker am Kaltstartventil –98– abziehen. Voltmeter an die schwarz/rosa Leitung des Steckers und an Masse (Motorblock) anschließen.
- Anlasser betätigen. Das Meßgerät muß ca. 10 Volt anzeigen. Ist dies der Fall, Kaltstartventil ausbauen und prüfen. Andernfalls Leitungen zwischen Kaltstartventil und Kraftstoffpumpenrelais beziehungsweise zwischen Buchse 2 am Relaisplatz und Klemme 9 am Steuergerät nach Schaltplan auf Unterbrechung prüfen. Gegebenenfalls Kabel ersetzen.
- Falls kein Fehler gefunden wurde, Voltmeter zwischen Buchse 12 (Klemme 50) am Relaisplatz und Masse anschließen. Während der Anlasser betätigt wird, müssen ca. 10 Volt anliegen. In diesem Fall Kraftstoffpumpenrelais ersetzen, andernfalls Leitungsunterbrechung nach Schaltplan beseitigen.

Kaltstartventil prüfen

- Überdruck im Kraftstoffsystem abbauen, siehe Seite 112.
- Leitung vom Temperaturfühler bleibt abgezogen, Kraftstoffpumpenrelais ist aufgesteckt.
- Kraftstoffleitung am Kaltstartventil abschrauben.
- Kaltstartventil herausschrauben, Kraftstoffleitung wieder anschrauben und Ventil in Meßbecher halten.
- Stecker am Kaltstartventil aufschieben.
- Anlasser kurz betätigen. Das Kaltstartventil muß in einem gleichförmigen Kegel abspritzen.
- Kaltstartventil an der Düse abtrocknen.
- Am Kaltstartventil darf innerhalb einer Minute kein Tropfen abfallen. Auch äußerlich darf das Ventil nicht feucht werden.
- Stecker am Temperaturfühler aufschieben.
- Kaltstartventil mit neuer Dichtung einbauen, Kraftstoffleitung mit ca. 10 Nm anziehen.
- Grüne Steuerleitung am Zündschaltgerät aufschieben.
- Luftfilter einbauen, siehe Seite 122.

Tempomat einstellen

Achtung: Tritt bei Fahrzeugen mit Tempomat „Ruckeln im Tempomatbetrieb über ca. 60 km/h" auf, Relais für Tempomat abziehen und die Klemmen 2 und 3 mit Prüfleitung verbinden. Wenn bei der Probefahrt der Fehler nicht mehr auftritt, Relais ersetzen. Andernfalls elektrische Leitungen nach Schaltplan auf Unterbrechung prüfen.

- Prüfen, ob der Hebel des Stellgliedes am Leerlaufanschlag des Tempomats anliegt. Dazu Zugstange –21– aushängen und Hebel im Uhrzeigersinn gegen den Leerlaufanschlag drücken.
- Anschließend Zugstange wieder einhängen; dabei muß der Hebel des Stellgliedes um ca. 1 mm vom Leerlaufanschlag angehoben werden.
- Andernfalls Zugstange einstellen. Kugelpfanne abdrücken, Kontermutter lösen und Kugelpfanne auf- oder abschrauben und Kontermutter wieder festziehen.

Temperaturfühler prüfen

Über den NTC-Temperaturfühler erhält das Steuergerät der Einspritzanlage Informationen über die jeweilige Motortemperatur. Der Widerstand des Temperaturfühlers ändert sich dabei je nach Kühlmitteltemperatur.

Der Temperaturfühler befindet sich beim 4-Zylinder-Motor am Meßfühlerkasten des Zylinderkopfes und beim 6-Zylinder-Motor hinten links am Zylinderkopf, siehe auch Seite 72, 73.

Seit 9/89 ist ein 4-poliger Temperaturfühler für KE-Jetronic und EZL-Zündanlage eingebaut. Die Kennlinien des Doppel-Temperaturfühlers sind gleich wie bisher, siehe dazu auch Seite 100.

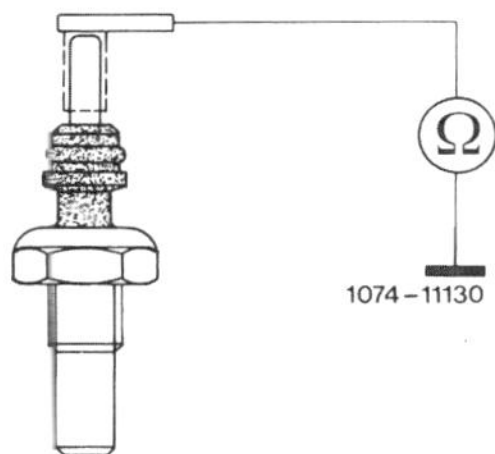

- Stecker am Temperaturfühler abziehen und mit Ohmmeter Widerstand des Fühlers gegen Masse prüfen.

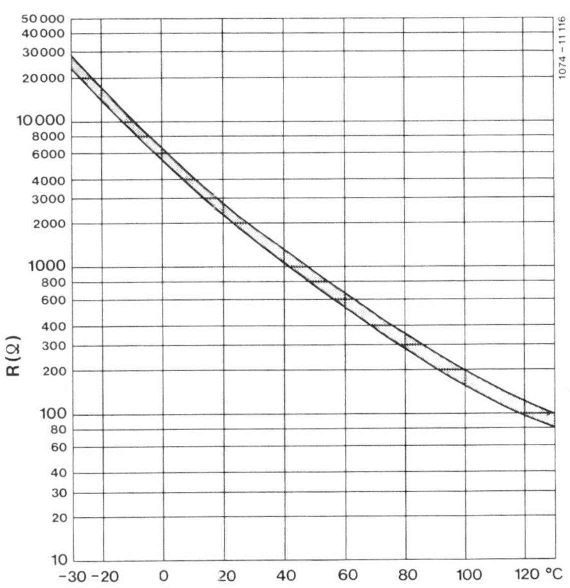

- Gemessenen Wert mit Sollwert im Diagramm vergleichen. Beispiel: Bei einer Kühlmitteltemperatur von +20° C muß das Meßgerät einen Widerstand von 2,2 – 2,8 k Ω anzeigen; bei +80° C einen Widerstand von 290–370 Ω.

Achtung: Prüfung immer bei 2 unterschiedlichen Kühlmitteltemperaturen durchführen. Der Temperaturfühler kann zur Prüfung auch ausgebaut werden.

- Werden die Sollwerte nicht erreicht, Temperaturfühler auswechseln.

Überspannschutz prüfen

Der Überspannschutz schützt das elektronische Steuergerät vor zu hohen Spannungen. Das Überspannschutz-Relais befindet sich im Motorraum auf der rechten Seite hinter der Batterie. An seiner Oberseite ist eine 10-A-Sicherung eingebaut.

Der Überspannschutz ist zu prüfen, wenn sämtliche elektronischen Bauteile der Einspritzanlage ausgefallen sind, beziehungsweise wenn der Motor schlecht anspringt und unrund läuft.

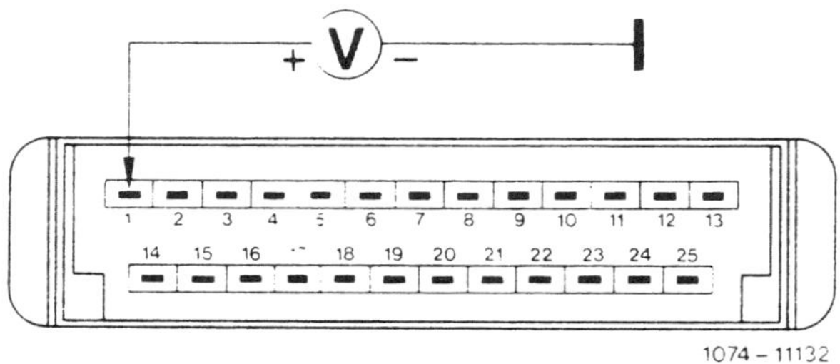

- Voltmeter zwischen Klemme 1 am Stecker des Steuergerätes für Einspritzung und Masse anschließen.
- Zündung einschalten, Sollwert: Batteriespannung (ca. 12 Volt).
- Zündung ausschalten.
- Sicherung am Überspannschutz prüfen, gegebenenfalls ersetzen. Dazu Überspannschutz-Relais aus dem Relaishalter ziehen und Sicherung seitlich aus der roten Kappe herausziehen.

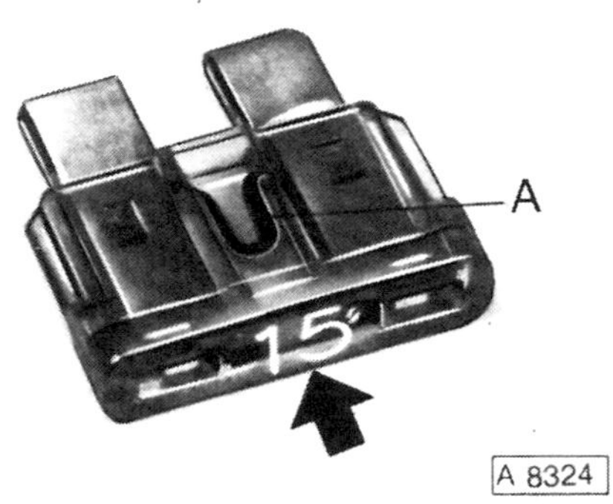

Achtung: Dabei handelt es sich um eine Flachsicherung mit Messerkontakten. Die sonst im Fahrzeug eingesetzten Streifensicherungen können hier nicht verwendet werden. A = Schmelzfaden, Pfeil = eingeprägte Nennstromstärke in Ampère. Für das Überspannschutz-Relais wird eine 10-Ampère-Sicherung benötigt.

- Zündung einschalten. Wenn die Sicherung erneut durchbrennt, Überspannschutz-Relais abziehen und mit Voltmeter prüfen, ob an Klemme 30 Batteriespannung (ca. 12 V) anliegt. Andernfalls elektrische Leitungen nach Schaltplan prüfen.
- Bei ausgeschalteter Zündung Ohmmeter zwischen Klemme 87 des Relaisplatzes für Überspannschutz und Klemme 1 am Stecker des Steuergerätes anschließen. Falls Unterbrechung ($\infty\ \Omega$) vorhanden ist, Verbindungsleitung rot ersetzen.
- Bleibt die Sicherung beim Einschalten der Zündung unbeschädigt, Überspannschutz-Relais abziehen und Klemme 30 mit Klemme 87 durch kurze Hilfsleitung verbinden. Nun muß an Klemme 1 des Steuergerätes Batteriespannung anliegen, andernfalls Spannungsversorgung für Klemme 30, sowie rote Leitung an Klemme 1 des Steuergerätes wie oben beschrieben prüfen.
- Voltmeter an Klemme 15 (+) und Klemme 31 (−) am Relaisplatz für Überspannschutz anschließen. Bei eingeschalteter Zündung muß Batteriespannung anliegen, andernfalls Leitungsunterbrechung nach Schaltplan beseitigen.
- Liegt Batteriespannung an, Überspannschutz-Relais erneuern.

Ruhelage der Stauscheibe prüfen/einstellen

Die Stauscheibe im Luftmengenmesser wird in Abhängigkeit der angesaugten Luftmenge mehr oder weniger abgesenkt. Wenn die Ruhelage der Stauscheibe zu hoch ist, springt der Motor nicht mehr an. Überdies kann es bei falsch eingestellter Ruhelage der Stauscheibe zu Heißstartschwierigkeiten und zu Übergangsstörungen kommen.

- Luftfilter ausbauen.
- Kraftstoffpumpenrelais abziehen und mit Prüfleitung die Klemmen 7 und 8 an der Relaisfassung verbinden. Dadurch läuft die Kraftstoffpumpe an und baut Druck auf. Anschließend Verbindungsleitung abnehmen und Relais aufstekken.

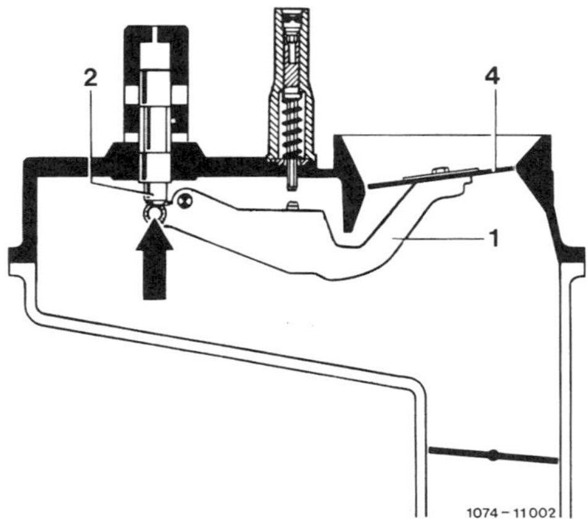

- Stauscheibe –4– von Hand nach unten drücken. Dabei muß über den ganzen Weg ein gleichmäßiger Widerstand spürbar sein.

- Stauscheibe schnell aufwärts bewegen, dabei darf kein Widerstand spürbar sein, da der träge folgende Steuerkolben –2– vom Verstellhebel –1– abhebt. Bei langsamer Aufwärtsbewegung muß der Steuerkolben kraftschlüssig folgen.
- Bei Schwergängigkeit von Verstellhebel oder Steuerkolben Kraftstoffmengenteiler ersetzen.

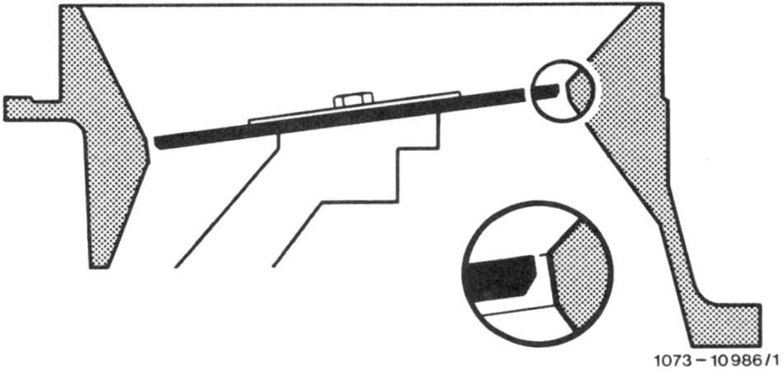

- Die Oberkante der Stauscheibe muß mit der Oberkante des Kegelanfangs –Pfeil– am Lufttrichter übereinstimmen. Dabei ist eine maximal 0,2 mm höhere Lage der Stauscheibe noch zulässig.
- In dieser Stellung muß zwischen Verstellhebel und Steuerkolben ein Spiel von 1–2 mm vorhanden sein. Dazu Stauscheibe etwas nach unten drücken, bis leichter Widerstand spürbar wird.

Einstellen

- **Bei zu hoher Lage:** Führungsbolzen –Pfeil– mit Dorn etwas tiefer einschlagen. Falls erforderlich, Kraftstoff-Zulaufstutzen herausdrehen.

Achtung: Führungsbolzen nicht zu tief einschlagen.

- **Bei zu niedriger Lage:** Gemischregler ausbauen und Bolzen von unten etwas herausschlagen.

Achtung: Mehrmaliges Versetzen des Bolzens in beiden Richtungen vermeiden.

- Luftfilter einbauen.
- Leerlauf einstellen.

Kraftstoffpumpenrelais prüfen

Das Kraftstoffpumpenrelais befindet sich in einem separaten Relaishalter rechts hinten im Motorraum, hinter der Batterie. Es versorgt die Kraftstoffpumpe und das Kaltstartventil beim Starten und bei laufendem Motor mit Strom. Sobald keine Zündimpulse mehr erfolgen, Zündung abgeschaltet oder Motor bei eingeschalteter Zündung abgewürgt, sperrt das Relais die Stromzufuhr zur Pumpe. Seit 9/86 übernimmt das Kraftstoffpumpenrelais als zusätzliche Funktion die Drehzahlbegrenzung (bisher Unterbindung des Zündfunkens durch das Zündschaltgerät). Wenn die Höchstdrehzahl (6-Zylinder-Motor: 6350 ± 50/min, 4-Zylinder-Motor: 6200 ± 50/min) erreicht wird, unterbricht das Relais die Kraftstoffzufuhr zu den Einspritzventilen so lange, bis die Drehzahl wieder unter den Grenzwert gefallen ist.

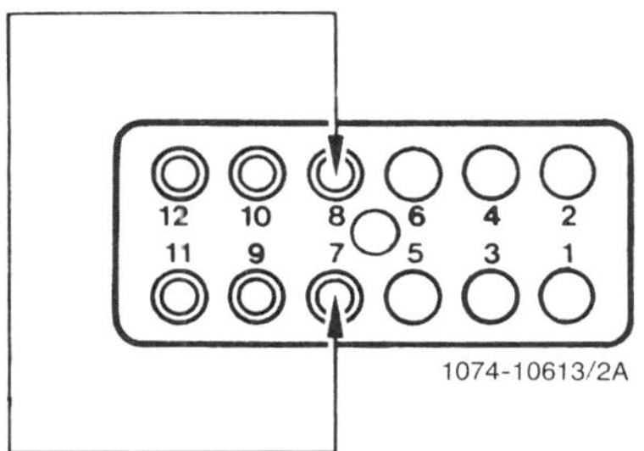

Wenn zur Prüfung der Einspritzanlage die Kraftstoffpumpe laufen soll, ohne daß der Motor läuft, Relais abziehen und die Klemmen 7 und 8 mit kurzer Prüfleitung verbinden.

Achtung: Zur Prüfung des Kraftstoffpumpenrelais muß die Batterie geladen sein.

- Relais abziehen.

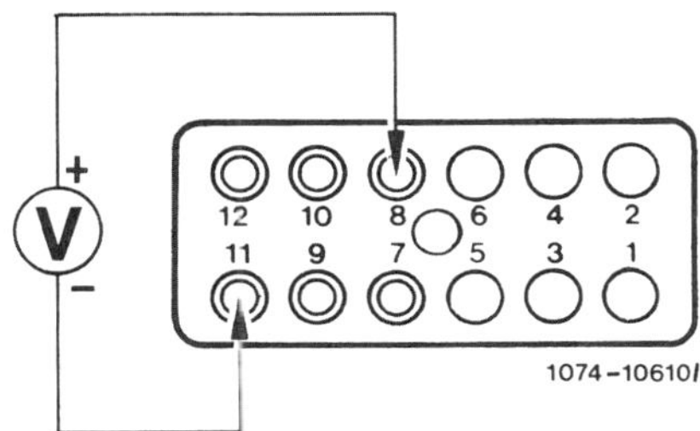

- Voltmeter an Klemme 8 (+) und 11 (–) am Relaisplatz anschließen. Sollwert: ca. 12 Volt.
- Andernfalls Voltmeter zwischen Klemme 8 und Masse schalten. Wenn das Meßgerät jetzt ca. 12 Volt anzeigt, braune Leitung nach Schaltplan auf Unterbrechung prüfen. Sonst rote Leitung nach Schaltplan prüfen, gegebenenfalls ersetzen.
- Zündung einschalten, Voltmeter an Klemme 9 (+) und Masse anschließen. Sollwert: ca. 12 Volt. Andernfalls rosa/rote Leitung zum Sicherungskasten auf Unterbrechung prüfen, gegebenenfalls erneuern.
- Schließwinkelmeßgerät an Klemme 10 (+) und Masse anschließen. Starter betätigen, Meßwert ablesen und mit Sollwert vergleichen. 230 E mit TSZ-Anlage: 7° bis 34°, 230 E mit EZL-Zündung: 9° bis 49°, 6-Zylinder-Motor: 1° bis 30°.

- Andernfalls grün/gelbe Leitung zum Zündschaltgerät auf Durchgang prüfen. Wenn Durchgang vorhanden ist, Steuergerät der Zündanlage ersetzen.
- Die Klemmen 7 und 8 mit kurzer Prüfleitung verbinden. Wenn die Pumpe jetzt anläuft, Kraftstoffpumpenrelais ersetzen.
- Andernfalls schwarz/rot/weiße Leitung zur Kraftstoffpumpe auf Durchgang prüfen, gegebenenfalls Leitung ersetzen.
- Falls Durchgang vorhanden ist, Kraftstoffpumpe ersetzen.

Kraftstoffpumpe prüfen

Achtung: Kein offenes Feuer, Brandgefahr! Für die Prüfung der Förderleistung muß der Kraftstoffbehälter mindestens halbvoll sein.

- Kraftstoffpumpenrelais abziehen.
- Voltmeter an Kraftstoffpumpe anschließen.
- Die Klemmen 7 und 8 am Relaisplatz verbinden. Die Kraftstoffpumpe muß anlaufen, und die Spannung an der Pumpe muß mindestens 11,5 Volt betragen. Andernfalls Batterie beziehungsweise elektrische Leitungen nach Schaltplan prüfen.
- Prüfleitung abnehmen.

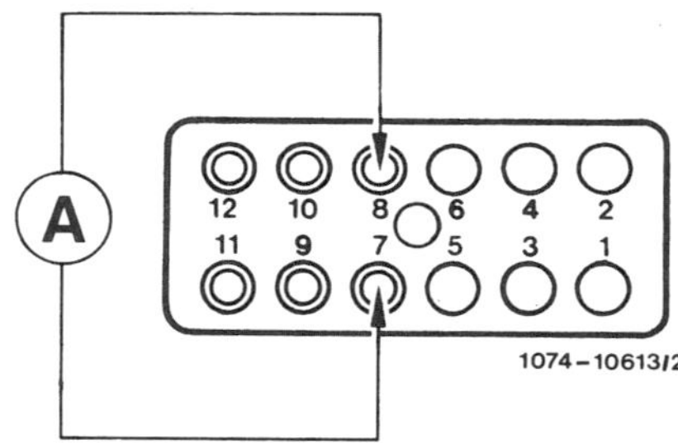

- Ampèremeter an die Klemmen 7 und 8 anschließen. Die Stromaufnahme der Kraftstoffpumpe soll ca. 6 Ampère betragen. Liegt der Wert über 7 A, Kraftstoffpumpe erneuern.
- **Seit 7/85** ist eine größere Kraftstoffpumpe mit einer Stromaufnahme von 7–10 A eingebaut. Bei über 10 A Steckverbindung Heizung Lambda-Sonde trennen und Prüfung wiederholen. Gegebenenfalls Pumpe erneuern.

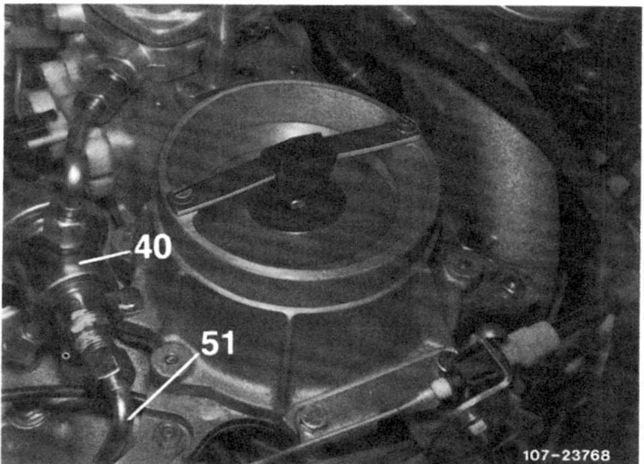

- Kraftstoff-Rücklaufleitung –51– am Membrandruckregler –40– abschrauben.

- Zusätzlichen Kraftstoff-Druckschlauch anschrauben und in Meßbecher halten. Hierzu werden ein ca. 50 cm langes Stück Kraftstoffschlauch, ein kurzes Rohr mit Dichtkegel, eine Schlauchschelle sowie eine Überwurfmutter M 14x1,5 benötigt.
- Die Klemmen 7 und 8 am Relaisplatz des Kraftstoffpumpenrelais maximal 50 Sekunden lang mit Prüfleitung verbinden. **Achtung:** Bei Fahrzeugen mit einer großen Pumpe oder 2 in Reihe geschalteten Kraftstoffpumpen (300 CE/ TE/ E-24), Pumpe maximal 40 Sekunden laufen lassen.
- Die Förderleistung soll in dieser Zeit ca. 1 Liter betragen, andernfalls folgende Prüfungen durchführen:
- Überwurfmutter am Zulaufstutzen des Kraftstoffmengenteilers abschrauben, Sieb herausnehmen und durchblasen, gegebenenfalls erneuern.
- Kraftstoffleitungen auf Knicke und Quetschungen prüfen, gegebenenfalls auswechseln.
- Leckleitung (kurzer Schlauch) am Kraftstoffspeicher mit Schraubklemme abklemmen und Fördermenge nochmals prüfen. Wird nun die vorgeschriebene Fördermenge erreicht, Kraftstoffspeicher ersetzen.
- Kraftstoffilter ersetzen und Fördermenge nochmals prüfen. Wenn die Fördermenge immer noch zu gering ist, Kraftstoffpumpe ersetzen.

Achtung: Falls 2 Kraftstoffpumpen vorhanden sind, durch eine Druckprüfung defekte Pumpe ermitteln. Dazu Druckleitung an der Pumpe 1, zwischen Kraftstoffbehälter und Hinterachse, abschrauben und Manometer (0–10 bar) anschließen. Pumpen laufen lassen. Der Kraftstoffdruck muß bei 2 bis 4 bar liegen. Liegt der Wert unter 2 bar, ist die Pumpe 1 defekt. Liegt der Wert über 4 bar, ist die Pumpe im Kraftstoffpumpenpaket defekt.

- Kraftstoffleitung mit ca. 10 Nm am Druckregler anschrauben.
- Kraftstoffpumpenrelais aufstecken.

Kraftstoffpumpe aus- und einbauen

Die Kraftstoffpumpe –M3– befindet sich, in Fahrtrichtung gesehen, rechts vor der Hinterachse am Rahmenboden. Weitere abgebildete Teile: 14 – Kraftstoffspeicher, 21 – Kraftstofffilter, 35 – Gummihalterungen, Pfeil – Abstands-Kunststoffhülse.

Ausbau

- Fahrzeug hinten aufbocken.
- Batterie-Massekabel abklemmen.
- Tankverschluß kurz öffnen und wieder verschließen, dadurch wird der Überdruck im Kraftstoffbehälter abgebaut.
- Schutzkasten abschrauben, siehe unter „Kraftstoffilter ausbauen".
- Kraftstoff-Saugschlauch mit einer Schraubklemme abklemmen.
- Kraftstoffleitung an Speicher, Pumpe und Filter abschrauben.
- Kraftstoffschlauch an der Kraftstoffpumpe abziehen, vorher Schelle lösen.
- Elektrische Leitungen abziehen.
- 2 Befestigungsschrauben lösen und Kraftstoffpumpe herausziehen.

Einbau

- Kraftstoffpumpe mit Kunststoffhülse einsetzen.
- Kraftstoffleitung an Speicher, Pumpe und Filter mit neuen Dichtringen anschrauben.
- Befestigungsschrauben für Halter festziehen.

Achtung: Die Kunststoffhülse muß auf beiden Seiten des Halters überstehen. Keinesfalls darf der Halter direkt an der Kraftstoffpumpe anliegen.

- Kraftstoffschlauch an Pumpe aufschieben und mit Schelle sichern.
- Elektrische Kabel aufstecken. Die Anschlußklemmen müssen in Einbaulage senkrecht stehen.
- Schraubklemme abnehmen.
- Batterie-Massekabel anklemmen.
- Motor starten und Dichtheit der Kraftstoffanschlüsse kontrollieren.
- Schutzkasten anschrauben.
- Fahrzeug ablassen.

Lambda-Sonde prüfen

Prüfvoraussetzung: Motor ist betriebswarm.

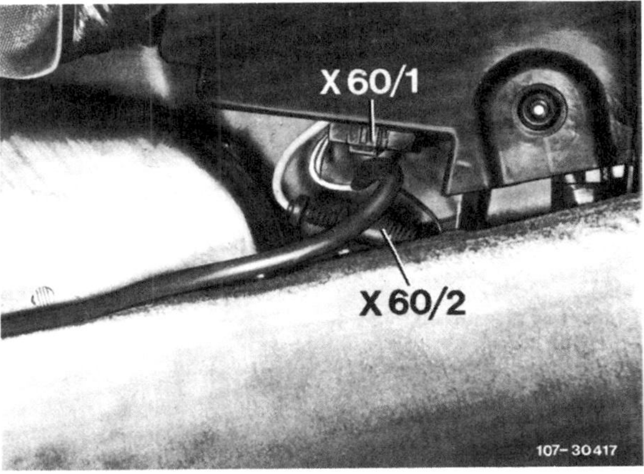

- Steckverbindung –X60/2– trennen.
- Voltmeter zwischen Stecker der Lambda-Sonde und Masse anschließen.
- Motor starten. Sollwert: 450–1000 mV. Andernfalls Lambda-Sonde erneuern.
- Steckverbindung –X60/1– für die Sondenbeheizung trennen.
- Voltmeter an den zweipoligen Stecker vom Kraftstoffpumpenrelais anschließen (sw/rt bzw. sw/rtws = +, br = –).
- Kraftstoffpumpenrelais abziehen.
- Klemme 7 und 8 mit Hilfskabel kurzzeitig überbrücken. Das Meßgerät muß Batteriespannung (ca. 12 V) anzeigen.
- Ampèremeter zwischen die Steckverbindung der Sondenbeheizung anschließen, siehe auch Seite 000.
- Klemme 7 und 8 mit Hilfskabel kurzzeitig überbrücken. Das Meßgerät muß 0,5 bis 1,3 A anzeigen. Andernfalls Lambda-Sonde erneuern.

Luftfilter aus- und einbauen

Ausbau

- Luftschlauch abziehen.

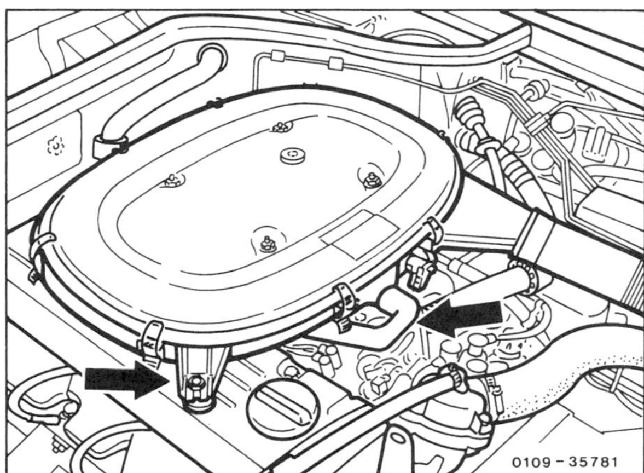

- 1 Mutter seitlich am Halter sowie 3 beziehungsweise 4 Muttern oben am Luftfilter abschrauben.
- Luftfilter nach oben etwas abziehen. Am Luftfilterunterteil Schlauch für Kurbelgehäuseentlüftung am Zylinderkopfdeckel und am Anschluß für die Membrandruckregler-Entlüftung abziehen.
- Luftfilter abnehmen.

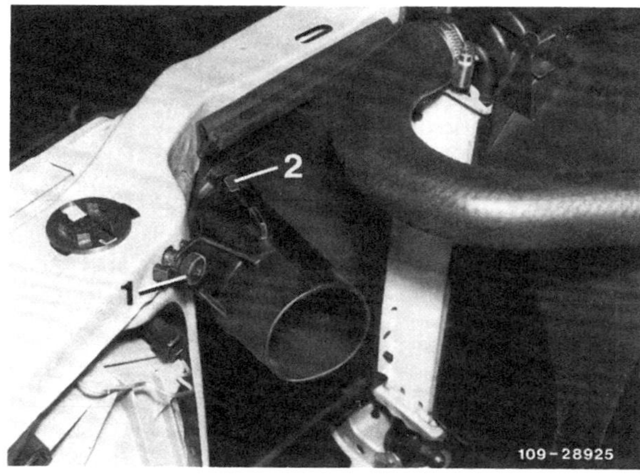

- Falls erforderlich, Lufttrichter ausclipsen. Vorher Spreizstift –1– um 90° (¼ Umdrehung) nach links drehen und herausziehen, Kunststoffbügel –2– nach unten drücken und Lufttrichter herausnehmen.

Einbau

- Luftfilterdeckel abnehmen, damit beim Aufsetzen des Luftfilters der richtige Sitz des Dichtringes am Luftmengenmesser kontrolliert werden kann.
- Luftfilter über Kraftstoffmengenteiler legen. Entlüftungsschlauch am Zylinderkopfdeckel und an der Entlüfterleitung aufschieben.

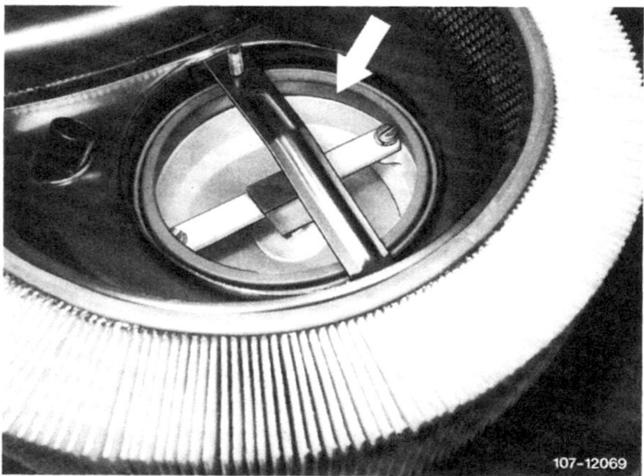

- Luftfilter aufsetzen, dabei auf richtigen Sitz des Dichtringes –Pfeil– achten.
- Luftfilterdeckel aufsetzen und mit Drahtklammern befestigen, Muttern anschrauben.
- Falls ausgebaut, Lufttrichter einclipsen und mit Spreizstift sichern.
- Luftschlauch aufschieben.

Die PMS- und HFM- Motorsteuerung

Die MERCEDES-Motoren seit 9.92 (außer E300 4MATIC) sind mit einer kombinierten elektronischen Zünd- und Einspritzanlage ausgerüstet. Die Regelung des Zünd- und Einspritzsystems wird von einem gemeinsamen Steuergerät übernommen. In diesem Kapitel wird hauptsächlich auf den Einspritzteil des Systems eingegangen.

Alle Teile der Einspritzanlage sind langzeitstabil und wartungsarm, Reparaturen sind daher äußerst selten. Ein Großteil der Überprüfungsarbeiten ist nur mit teueren Prüfgeräten und entsprechenden Fachkenntnissen möglich.

Arbeitsweise der P-Motronic (Modell E200)

Der Kraftstoff wird aus dem Kraftstoffbehälter von der elektrischen Kraftstoffpumpe angesaugt und über den Kraftstoffilter zum Verteilerrohr gefördert, an dem die Einspritzventile sitzen. Ein Druckregler am Verteilerrohr hält den Druck im Kraftstoffsystem in Abhängigkeit vom Ansaugrohr-Unterdruck konstant. Die Einspritzventile werden elektrisch angesteuert und spritzen den Kraftstoff intermittierend, also stoßweise, in das Ansaugrohr vor die Einlaßventile. Dabei werden die Einspritzventile halbsequentiell angesteuert, das heißt pro Kurbelwellenumdrehung spritzen abwechselnd jeweils 2 Einspritzventile gleichzeitig ein. Bei Zündstörungen wird die betreffende Gruppe zum Schutz des Katalysators abgeschaltet.

Die Luftmenge wird vom Motor über Luftfilter und Saugrohr angesaugt. Der Unterdruck im Saugrohr wird über einen Fühler erfaßt und dient als Maß für die angesaugte Luftmenge. Da der Unterdruck von der Drosselklappenstellung (Gaspedalstellung) sowie der Motordrehzahl abhängt, ist er ein Maß für die aktuelle Motorlast. Daher wird diese Steuerung auch P-Steuerung genannt, das „P" steht als physikalische Größe für Druck.

Das Steuergerät regelt entsprechend dem Unterdruck und der jeweiligen Motordrehzahl die Einspritzzeit und dadurch die Einspritzmenge. Bei längerer Öffnung des Einspritzventils wird mehr Kraftstoff eingespritzt. Zusätzliche Fühler und Stellglieder sorgen auch in extremen Fahrsituationen für die richtig bemessene Kraftstoffmenge.

- Das Steuergerät der Einspritzanlage regelt die Leerlaufdrehzahl durch einen Leerlaufsteller. Dieser reguliert die Leerlaufluftmenge unter Umgehung der Drosselklappe. Dadurch wird eine gleichbleibende Leerlaufdrehzahl erreicht, unabhängig davon, ob gerade Zusatzverbraucher, wie etwa Servolenkung oder Kältekompressor, eingeschaltet sind.
- Das elektronische Steuergerät befindet sich im Motorraum hinter der Batterie unter einer Abdeckung. Dort sitzt auch das Kraftstoffpumpenrelais.
- Das Kraftstoffpumpenrelais versorgt die Kraftstoffpumpe mit Strom. Eine Sicherheitsschaltung unterbricht die Stromzufuhr, sobald keine Drehzahlimpulse mehr erfolgen, zum Beispiel wenn der Motor abgewürgt wurde.
- Am Schwungrad und am Einlaß-Nockenwellenrad sitzen Induktivsensoren. Sie übermitteln die Information über die aktuelle Motor-Drehzahl und -Position an das Steuergerät der Einspritzanlage.
- Die Lambda-Sonde (Sauerstoffsensor) mißt den Sauerstoffgehalt im Abgasstrom und schickt entsprechende Spannungssignale an das Steuergerät. Daraufhin regelt das Steuergerät die eingespritzte Kraftstoffmenge, so daß die Abgase im Katalysator optimal nachverbrannt werden.
- Im Saugrohr sitzt vor den Einlaßventilen jedes Zylinders ein Heizelement. Beim Kaltstart sorgen sie durch die Vorwärmung für eine bessere Kraftstoffverdampfung und vermindern dadurch den Verbrauch.
- Der Ansaugluft-Temperaturfühler mißt die Temperatur der angesaugten Luft, ein zweiter Temperaturfühler am Kühlmittel-Reglergehäuse mißt die Kühlmitteltemperatur.
- Das Magnetventil für Tankentlüftung wird je nach Betriebszustand des Motors angesteuert. Auftretende Kraftstoffdämpfe im Tank werden von einem Aktivkohlefilter gespeichert und über das Ventil der Verbrennung zugeführt. Die Kraftstoffdämpfe werden also durch den Aktivkohlefilter größtenteils wirtschaftlich genutzt und gelangen nicht ins Freie.
- Die Zündanlage besitzt keine beweglichen Bauteile mehr und ist daher bis auf die Zündkerzen verschleißfrei. Wird ein Abgleichstecker im Motorraum abgezogen, darf Kraftstoff niedrigerer Qualität getankt werden, siehe Kapitel „Zündanlage". Wird wieder Superkraftstoff (mindestens 95 ROZ) getankt, den Abgleichstecker wieder aufstecken.

HFM-Steuerung (Modelle E220, E280, E320)

Die HFM-Steuerung ist eine Weiterentwicklung der P-Motronic. Änderungen:

- Anstelle des Luft**druck**messers ist ein Heißfilm-Luft**massen**messer eingebaut. Der Luftmassenmesser hat den Vorteil des automatischen Ausgleichs von Lufttemperatur- und Luftdichte- (Höhen-) -Einflüssen. Funktionsprinzip der Luftmassenmessung: Eine elektrisch erwärmte Sensorplatte wird durch die vorbeistreichende Ansaugluft abgekühlt. Um die Temperatur der Sensorplatte konstant zu halten, ändert sich der Heizstrom entsprechend der Dichte/Temperatur der angesaugten Luft. Anhand der Schwankungen des Heizstromes erkennt die HFM-Steuerung die Masse der angesaugten Luft und regelt dementsprechend die Einspritzmenge.
- Die Einspritzventile werden einzeln (sequentiell) angesteuert, dadurch noch exaktere Kraftstoffzumessung möglich.
- Eine Anti-Klopfregelung dient der Ermittlung und Einstellung des optimalen Zündzeitpunkts, auch bei niedrigerer Kraftstoffqualität. Bei einer Zündstörung wird die Kraftstoffzufuhr zum betreffenden Zylinder abgeschaltet.
- Mit Hilfe eines elektrisch/hydraulischen Stellglieds wird die Einlaßnockenwelle gegenüber dem Kettenrad vom Steuergerät verstellt. Durch Verstellung in Richtung „spät" wird die Laufruhe des Motors im Leerlauf verbessert, beziehungsweise bei hohen Drehzahlen die Leistung gesteigert. Im unteren und mittleren Drehzahlbereich wird bei frühem Schließen der Einlaßventile die Zylinderfüllung und dadurch das Drehmoment verbessert.
- **6-Zylinder-Motoren:** Zur Verbesserung des Drehmomentverlaufs bei niedrigen Drehzahlen kommt ein Resonanz-Schaltsaugrohr zum Einsatz, das in Abhängigkeit der Motordrehzahl die Luftstrecke zu den Zylindern variiert. Hierzu ist das Luftsammelrohr hinter der Drosselklappe durch eine pneumatisch betätigte Klappe in zwei Hälften geteilt: Je ein Luftstrom wird zu jeweils 3 Zylindern geleitet. Die Länge der Ansaugwege sorgt bei niedrigen Drehzahlen durch Resonanzeffekte für eine gute Zylinderfüllung und damit für ein hohes Drehmoment. Bei hohen Drehzahlen öffnet die Klappe, um das Leistungspotential des Motors voll nutzen zu können.

Achtung: Das Einstellen des Leerlaufs und des CO-Werts ist bei der HFM- und PMS-Steuerung nicht mehr nötig. Das System überwacht sich selbst und speichert auftretende Fehler in einem Fehlerspeicher ab. Die MERCEDES-Werkstatt kann die Fehler durch ein Auslesegerät abrufen und gezielt beheben. Ein Fehler macht sich nicht unbedingt durch schlechtes Fahrverhalten bemerkbar. Daher ist es ratsam, in gewissen Abständen eine MERCEDES-Werkstatt aufzusuchen. Bei Arbeiten an der Einspritzanlage Sauberkeits- und Sicherheitsregeln beachten, siehe Seite 112.

Gaszug/Drosselklappengestänge einstellen

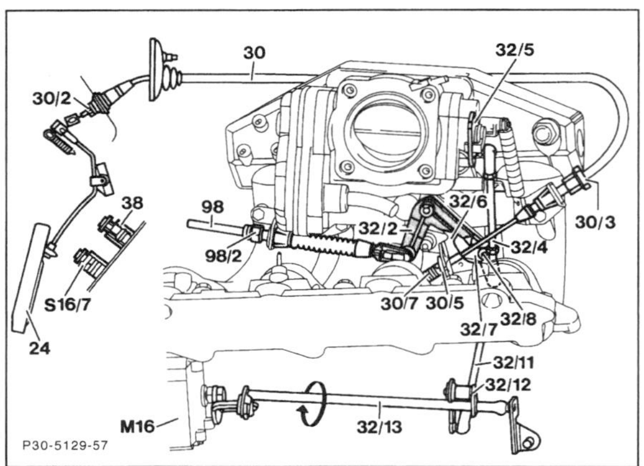

Bowdenzug –30– einstellen

- Bei abgestelltem Motor und nicht betätigtem Gaspedal muß zwischen Mitnehmerfeder –30/7– und Führungsstück –30/5– ein Spiel von 0,5 bis 1,0 mm vorliegen, sonst an der Einstellschraube –30/3– einstellen.
- Der Winkelhebel –32/5– muß am Drosselklappen-Leerlaufanschlag anliegen, sonst Verbindungsstange –32/4– entsprechend verstellen.
- Die Rolle –32/8– muß spannungsfrei am Endanschlag Regulierhebel –32/7– anliegen. Andernfalls Verbindungsstange –32/4– entsprechend verstellen.
- Steuerdruck-Bowdenzug –98– einstellen. Dazu Einstellschraube –98/2– drehen, bis die Spitze des Schlepphebels –32/2– mit der Spitze am Kulissenhebel –32/6– auf gleicher Höhe steht.
- Bei abgestelltem Motor Gaspedal bis zum Vollgasanschlag durchtreten lassen (Helfer) oder mit einem Brett zwischen Vordersitz und Pedal in Vollgasstellung festklemmen. Bei automatischem Getriebe, Kickdown-Schalter –S16/7– nicht betätigen.
- Prüfen, ob der Drosselklappenhebel am Vollgasanschlag anliegt. Automatisches Getriebe: Gegebenenfalls Einstellschraube –30/3– entsprechend verdrehen. Mechanisches Getriebe:

Vollgasanschlag einstellen (nur Schaltgetriebe)

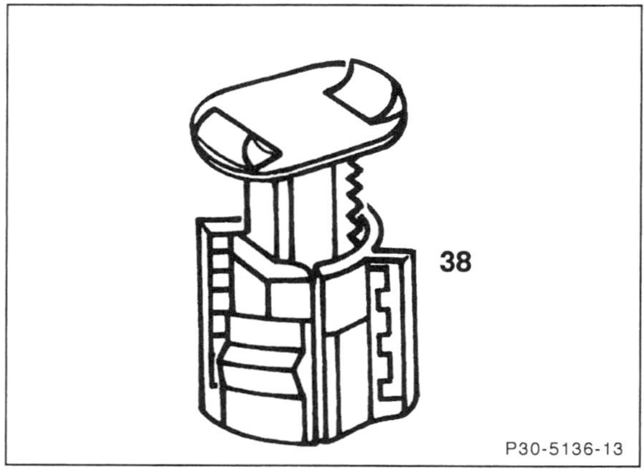

- Vollgasanschlag –38– im Fußraum durch Linksdrehung ausrasten und den Anschlagbolzen etwas herausziehen.
- Gaspedal langsam in Vollgas-Stellung bringen, bis der Drosselklappenhebel am Vollgasanschlag anliegt.
- In dieser Stellung Vollgasanschlag –38– im Innenraum durch Rechtsdrehung einrasten.
- Gaspedal –24– (siehe Abb. P30-5129-57) loslassen. Zwischen Mitnehmerfeder –30/7– und Führungsstück –30/5– muß ein Spiel von 0,5 bis 1,0 mm vorliegen, gegebenenfalls im Wageninnern mit Einstellmutter –30/2– einstellen.
- Bowdenzug –30– zwischen Endstück und Führungsstück –30/5– mit Korrosionsschutzfett einfetten.
- Falls vorhanden, Tempomat-Einstellung prüfen.

Tempomat einstellen

- Verbindungsstange –32/11– an einer Seite am Kugelkopf aushängen.
- Regulierhebel –32/7– muß sich in Leerlaufstellung befinden.
- Regulierwelle –32/13– am Tempomat-Stellglied –M16– im Uhrzeigersinn –Pfeilrichtung– drehen. Das Stellglied befindet sich dann in Leerlaufstellung.
- Anschließend Verbindungsstange wieder einhängen; dabei muß der Hebel des Stellgliedes um ca. 1 mm vom Leerlaufanschlag angehoben werden.
- Andernfalls Verbindungsstange einstellen. Kugelpfanne abdrücken, Kontermutter lösen und Kugelpfanne auf- oder abschrauben. Kontermutter wieder festziehen.

Kraftstoffpumpenrelais ersetzen

- Zündung ausschalten.

- Abdeckung –95– hinter der Batterie ausbauen.

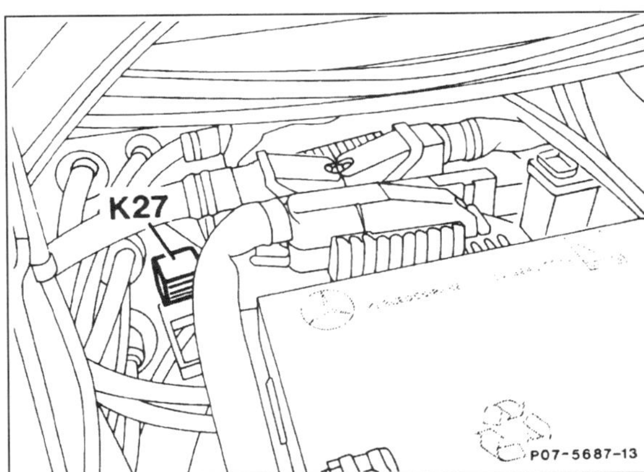

- Kraftstoffpumpenrelais –K27– abziehen und ersetzen. Die Abbildung zeigt Fahrzeuge mit HFM-Steuerung. Rechts vom Relais sitzt das elektronische HFM-Steuergerät. Beim Modell mit PMS (E200) sitzt das Relais weiter rechts, das PMS-Steuergerät ist im Motorraum hinter dem ABS-Hydraulikblock untergebracht.
- Abdeckung hinter Batterie anbringen.

Achtung: Es empfiehlt sich, anschließend eine MERCEDES-Werkstatt aufzusuchen, um eventuell abgespeicherte Fehlercodes auslesen und löschen zu lassen.

Luftfilter aus- und einbauen

Ausbau

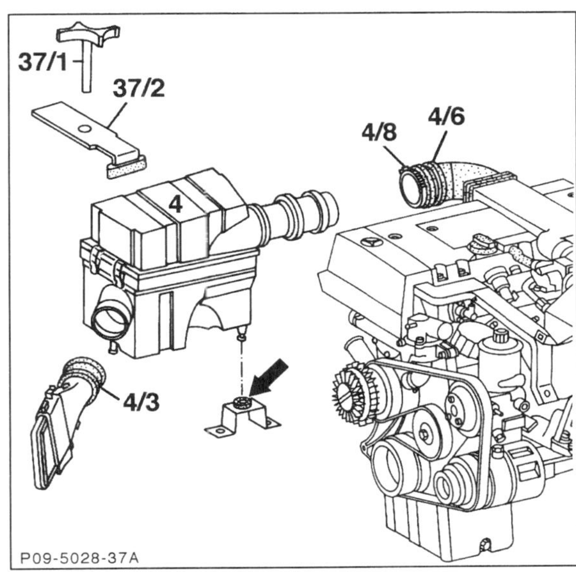

- PMS-Steuerung (Modell E200): Schelle –4/8– lösen und Schlauch –4/6– am Luftfilter –4– abziehen.
- HFM-Steuerung: Spannbügel öffnen und Heißfilm-Luftmassenmesser aus Luftfilter –4– herausziehen. O-Ring prüfen, gegebenenfalls erneuern.
- Luftansaugschlauch –4/3– abziehen.
- Mutter –37/1– lösen und Luftfilter herausnehmen, dabei Halter 37/2 anheben. **Hinweis:** Der Luftfilter muß beim Einbau mit den Haltenasen in die Gummilager –Pfeil– gedrückt werden.

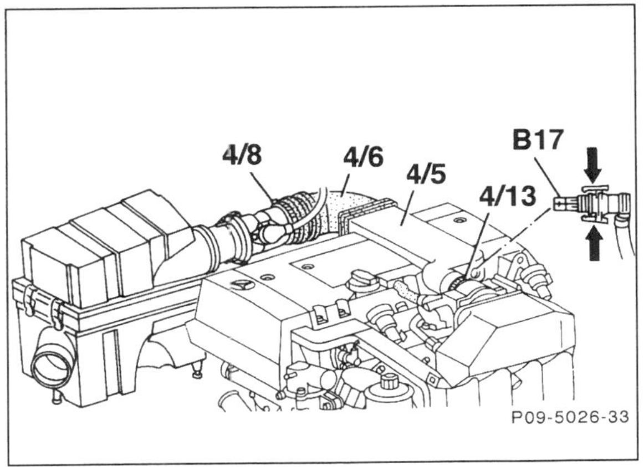

- Falls erforderlich, Luftfilter-Querrohr ausbauen. Dazu Temperaturfühler für Ansaugluft –B17– herausziehen, Halteklammern –Pfeile– zusammendrücken.

- Schellen –4/8–, –4/13– aufschrauben und Luftfilter-Querrohr –4/5– mit Formschlauch –4/6– abziehen. **Hinweis:** Das Luftfilter-Querrohr muß beim Einbau mit den beiden Aufnahmen an der Unterseite in die entsprechenden Haltenasen an der Zündleitungs-Abdeckung gedrückt werden.

Einbau

- Teile in umgekehrter Ausbaureihenfolge einbauen, Einbauhinweise beachten. Nach dem Einsetzen des Temperaturfühlers für Ansaugluft –B17– Halteklammern nach außen drücken, bis sie hörbar einrasten.

W Wartungsarbeiten an der Einspritzanlage

Luftfiltereinsatz wechseln

Der Luftfiltereinsatz ist alle 60.000 km auszuwechseln. **Achtung:** Bei erhöhtem Staubanfall Filtereinsatz in kürzeren Abständen wechseln. Einsatz weder mit Benzin reinigen noch mit Öl benetzen.

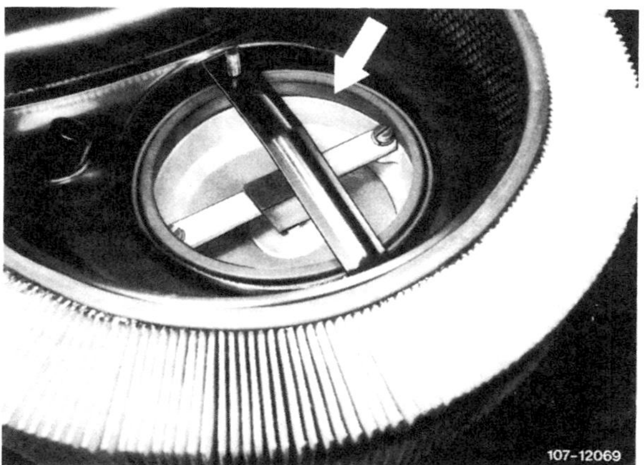
107-12069

- **Luftfilter oberhalb des Motors:** Luftfilterdeckel abnehmen, dazu Befestigungsmutter abschrauben und Verschlußklammern öffnen.
- **Luftfilter am Radkasten:** Luftfilterdeckel abnehmen, dazu seitliche Verschlußklammern öffnen.
- Filtereinsatz herausheben.
- Filtergehäuse und Deckel mit sauberem Lappen auswischen.
- Dichtung am Luftfilterdeckel auf Beschädigung prüfen, gegebenenfalls ersetzen.
- Neuen Filtereinsatz einlegen, dabei auf festen Sitz des Abdichtgummis achten.
- Deckel auflegen und mit Verschlußklammern sichern, bei Filter oberhalb des Motors Befestigungsmutter anschrauben.

Kraftstoffilter aus- und einbauen

Der Kraftstoffilter ist alle 60.000 km zu ersetzen. Im Kraftstoffilter ist zusätzlich ein Dämpfer zur Geräuschminderung integriert.

Ausbau

- Fahrzeug hinten aufbocken.
- Batterie-Massekabel abklemmen. **Achtung:** Beim Abklemmen der Batterie erlischt die Radio-Diebstahlcodierung. Siehe Hinweise „Batterieausbau".
- Tankverschluß kurz öffnen und wieder verschließen, dadurch wird der Überdruck im Kraftstoffbehälter abgebaut.

107-31545

- Schutzkasten für Kraftstoffpumpensystem abschrauben.

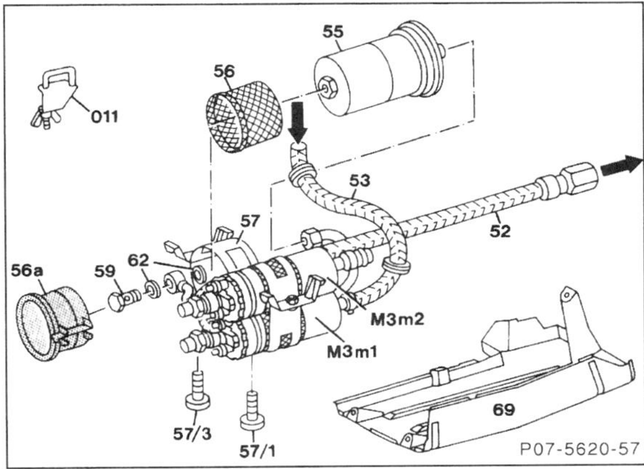

- Kraftstoff-Saugschlauch –53– und Kraftstoff-Druckschlauch –52– mit Schraubklemmen abklemmen.
- Falls vorhanden, Hohlschraube –59– am Kraftstoffilter –55– abschrauben und auslaufenden Restkraftstoff auffangen. **Achtung:** Benzin ist giftig und feuergefährlich.
- Kraftstoff-Druckschlauch –52– am Kraftstoffilter abschrauben.
- Befestigungsschrauben am Halter –57– herausdrehen, Halter herunterklappen und Kraftstoffilter herausnehmen.

Einbau

- Neuen Kraftstofffilter mit Kunststoffhülse –56–/Kunststofffolie –56a– einsetzen.
- Kraftstoffleitungen am Filter mit neuen Dichtringen anschrauben.
- Halter hochklappen und festschrauben.

Achtung: Die Kunststoffhülse muß an beiden Seiten des Halters überstehen. Der Halter darf keinesfalls direkt auf dem Kraftstoffilter montiert werden, da sonst Kontaktkorrosion auftreten kann.

- Kraftstoffschläuche anschließen und mit Schellen sichern.
- Schraubklemme abnehmen.
- Batterie-Massekabel anklemmen.
- Motor starten und Dichtheit der Kraftstoffanschlüsse kontrollieren.
- Schutzkasten anschrauben.
- Fahrzeug ablassen.
- Batterie-Massekabel anklemmen.

Störungsdiagnose Einspritzanlage KE-Jetronic

Bevor anhand der Störungstabelle der Fehler aufgespürt wird, müssen folgende Prüfvoraussetzungen erfüllt sein: Bedienungsfehler beim Starten ausgeschlossen: Sowohl für den kalten wie warmen Motor gilt: Gaspedal etwas niederdrücken und während des Startvorgangs festhalten. Bei heißem Motor: Gaspedal vor dem Starten ganz durchtreten und Vollgasstellung beibehalten, bis der Motor anspringt. Kraftstoff im Tank, Motor mechanisch in Ordnung, Batterie geladen, Anlasser dreht mit ausreichender Drehzahl, Zündeinstellung und Zündanlage sind in Ordnung, keine Undichtigkeiten an der Kraftstoffanlage, Verschmutzungen im Kraftstoffsystem ausgeschlossen, Kurbelgehäuse-Entlüftung in Ordnung, elektrische Masseverbindung (Motor – Getriebe – Aufbau) vorhanden. **Achtung:** Wenn Kraftstoffleitungen gelöst werden, müssen diese vorher mit Benzin gesäubert werden.

Störung: Der Motor springt nicht an

Ursache	Abhilfe
Elektro-Kraftstoffpumpe läuft beim Betätigen des Anlassers nicht an (keine Laufgeräusche hörbar)	Leicht gegen das Pumpengehäuse klopfen, damit sich eine eventuell hängengebliebene Pumpe lösen kann. Prüfen, ob Spannung an der Pumpe anliegt, dazu beide Kabel abziehen und Prüflampe dazwischenschalten, elektrische Kontakte auf gute Leitfähigkeit überprüfen
Ruhelage der Stauscheibe falsch	Ruhelage der Stauscheibe überprüfen, wenn der Motor überhaupt nicht anspringt
Kraftstoffpumpenrelais defekt	Relais überprüfen
Temperaturfühler defekt	Temperaturfühler prüfen
Kraftstoffdrücke falsch	Drücke überprüfen lassen

Störung: Der kalte Motor springt schlecht an, läuft unrund	
Kaltstartventil defekt	Kaltstartventil überprüfen
Leerlaufsteller defekt	Leerlaufsteller überprüfen
Beschleunigungsanreicherung unwirksam	Beschleunigungsanreicherung prüfen
Überspannungsschutz defekt	Überspannungsschutz-Relais prüfen
Temperaturfühler defekt	Temperaturfühler prüfen
Elektrohydraulisches Stellglied hängt	Stellglied prüfen
Drossel im Kraftstoffmengenteiler defekt	Drossel prüfen
Kraftstoffdrücke falsch	Kraftstoffdrücke prüfen lassen

Störung: Der heiße Motor springt nicht an	
Kaltstartventil undicht	Kaltstartventil prüfen
Luftansaugsystem undicht	Dichtstellen und Anschlüsse im Ansaugsystem prüfen
Ruhelage der Stauscheibe falsch	Ruhelage der Stauscheibe prüfen

Störung: Der Motor setzt aus	
Elektrische Verbindungen zur Kraftstoffpumpe zeitweise unterbrochen	Steckverbindungen und Anschlüsse von elektrischen Leitungen an der Kraftstoffpumpe, dem Luftmengenmesser und dem Kraftstoffpumpen-Relais auf feste und widerstandslose Verbindung prüfen. Sicherung und Kontaktstellen am Kraftstoffpumpen-Relais prüfen. Kontakte reinigen bzw. erneuern
Dampfblasenbildung	Kraftstoff-Saugleitung erneuern, Kraftstoffpumpe prüfen
Kraftstoffilter defekt	Kraftstoffilter erneuern
Kraftstoffpumpe defekt	Kraftstoffpumpe prüfen
Kraftstoffmengenteiler defekt	Kraftstoffmengenteiler überprüfen
Einspritzventil defekt	Einspritzventile prüfen

Störung: Zu hoher Kraftstoffverbrauch	
Temperaturfühler defekt	Temperaturfühler prüfen
CO-Gehalt/Leerlaufdrehzahl falsch	Leerlauf-Grundeinstellung prüfen
Kraftstoffdrücke falsch	Kraftstoffdrücke prüfen lassen

Tankgeber aus- und einbauen/prüfen

Mit sinkendem Kraftstoffspiegel sinkt auch der Schwimmer im Tankgeber ab. Durch einen Schleifkontakt am Schwimmer erhöht sich dabei der elektrische Widerstand des Gebers. Dadurch sinkt die Spannung am Anzeigeinstrument, und der Zeiger der Kraftstoffanzeige geht in Richtung „leer" zurück.
Sinkt der Schwimmer weiter ab, wird in einer bestimmten Stellung der Warnkontakt geschlossen und am Schalttafeleinsatz leuchtet die Reserve-Warnleuchte auf.

Achtung: Tankgeber nicht bei vollem Tank ausbauen. Füllmenge höchstens 62 Liter. Kraftstoffdämpfe sind giftig und feuergefährlich, deshalb auf besonders gute Belüftung des Arbeitsplatzes achten. Kein offenes Feuer, Brandgefahr!

Ausbau

- Batterie-Masseband (–) abklemmen. **Achtung:** Beim Abklemmen der Batterie erlischt Radio-Diebstahlcodierung. Siehe Hinweise „Batterieausbau".
- Verkleidung für Kraftstoffbehälter ausbauen.

- Stecker –66– vom Tankgeber abziehen.

- Dichtflansch –65a– mit Schlüsseleinsatz SW 46 herausschrauben.
- Tankgeber zuerst nach oben, dann nach hinten herausziehen.

Prüfen

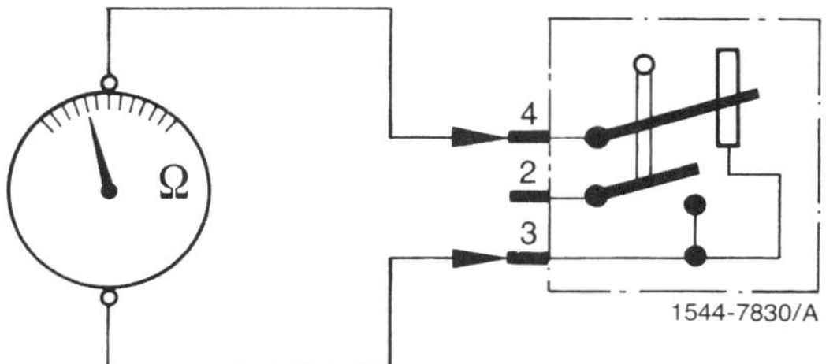

1544-7830/A

- Ohmmeter an die Klemmen 4 und 3 anschließen.
- Tankgeber in Einbaulage halten, der Schwimmer befindet sich unten und die Anzeige im Fahrzeug würde „Reserve" anzeigen. Sollwert: ca. 85,6 ± 2,5Ω.
- Tankgeber um 180° drehen (auf den Kopf stellen), der Schwimmer befindet sich oben und die Anzeige im Fahrzeug würde „voll" anzeigen. Sollwert: ca. 3,3 ± 0,7Ω.
- Reserve-Warnkontakt prüfen: Ohmmeter an Klemme 2 und 3 anschließen und Widerstand messen. Sollwerte: in Einbaulage ca. 0 Ω ; um 180° gedreht ∞ Ω .

Einbau

- Vor Einbau eines neuen Tankgebers, Sicherungsstift für Schwimmer entfernen.

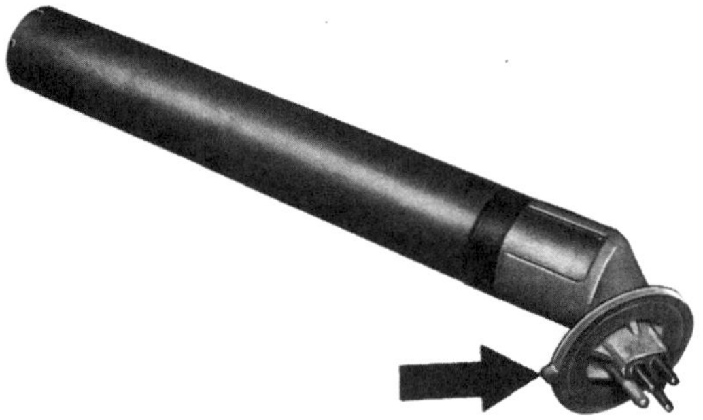

147–23633

- Tankgeber mit der Nase –Pfeil– nach unten einsetzen.

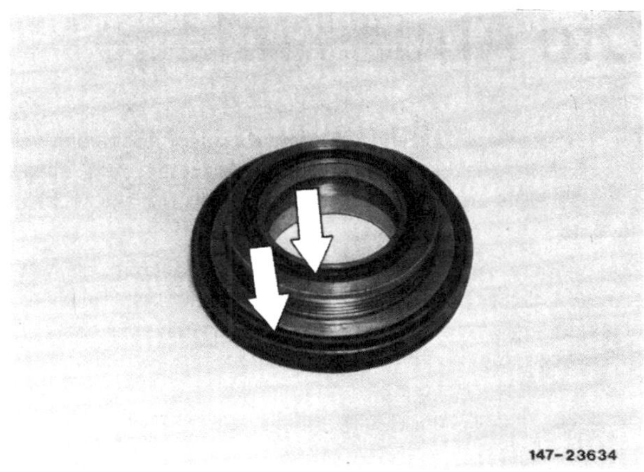

147–23634

- Dichtflansch mit 2 neuen Dichtringen –Pfeile– und 40 Nm anschrauben.
- Elektrischen Stecker aufschieben.
- Verkleidung für Kraftstoffbehälter einbauen.
- Batterie-Masseband anklemmen.
- Kraftstoffanzeige im Innenraum auf Funktion prüfen.

Lambda-Sonde aus- und einbauen

Ausbau

- Steckverbindung für Lambda-Sonde und Sondenbeheizung trennen. Die Steckverbindung befindet sich im Innenraum vor dem Beifahrersitz unter dem Bodenteppich.
- Elektrische Leitung mit Gummitülle durch das Bodenblech nach außen schieben.

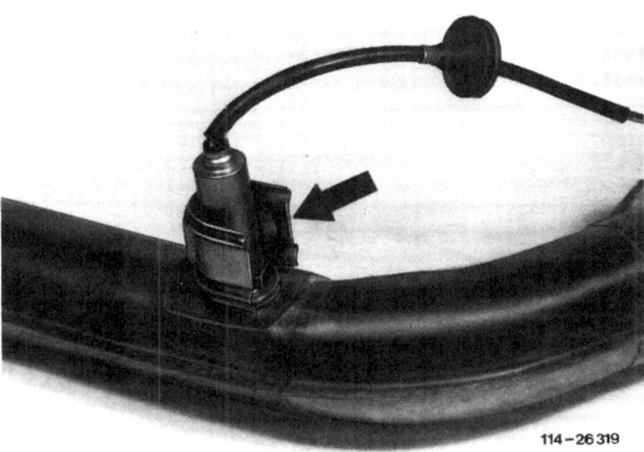

114–26319

- Abschirmblech –Pfeil– abziehen und Lambda-Sonde aus dem vorderen Abgasrohr herausschrauben.

Einbau

- Gewinde der Lambda-Sonde mit Heißschmierpaste, zum Beispiel Liqui Moly LM-508-ASC, einstreichen und mit 55 Nm anschrauben.
- Elektrische Leitung in den Innenraum führen und verbinden. Gummitülle sorgfältig einsetzen.

Die Abgasanlage

Die Abgasanlage besteht aus dem vorderen Abgasrohr mit Vorschalldämpfer beziehungsweise Katalysator, dem Mittelschalldämpfer und dem hinteren Abgasrohr mit Nachschalldämpfer.

Das vordere Abgasrohr ist mit dem Abgaskrümmer verschraubt, der am Zylinderkopf angeflanscht ist. Alle Teile sind miteinander verschraubt und lassen sich einzeln auswechseln. Selbstsichernde Muttern und Dichtungen sind nach dem Ausbau zu ersetzen. Halteringe und Gummipuffer auf Porosität und Beschädigung prüfen, gegebenenfalls auswechseln.

Beim Einbau einer neuen Abgasanlage empfiehlt es sich, alle Aufhängungsteile ebenfalls zu erneuern.

Hinweis: Bei schlechter Motorleistung ab 3000/min, verbunden mit starkem Dröhnen, kann sich an einem der beiden vorderen, doppelwandigen Abgasrohre der innere Teil gelöst haben. Gegebenenfalls vordere Abgasrohre ausbauen und mit Lampe in die Rohre leuchten. Bei Verengungen vordere Abgasanlage erneuern.

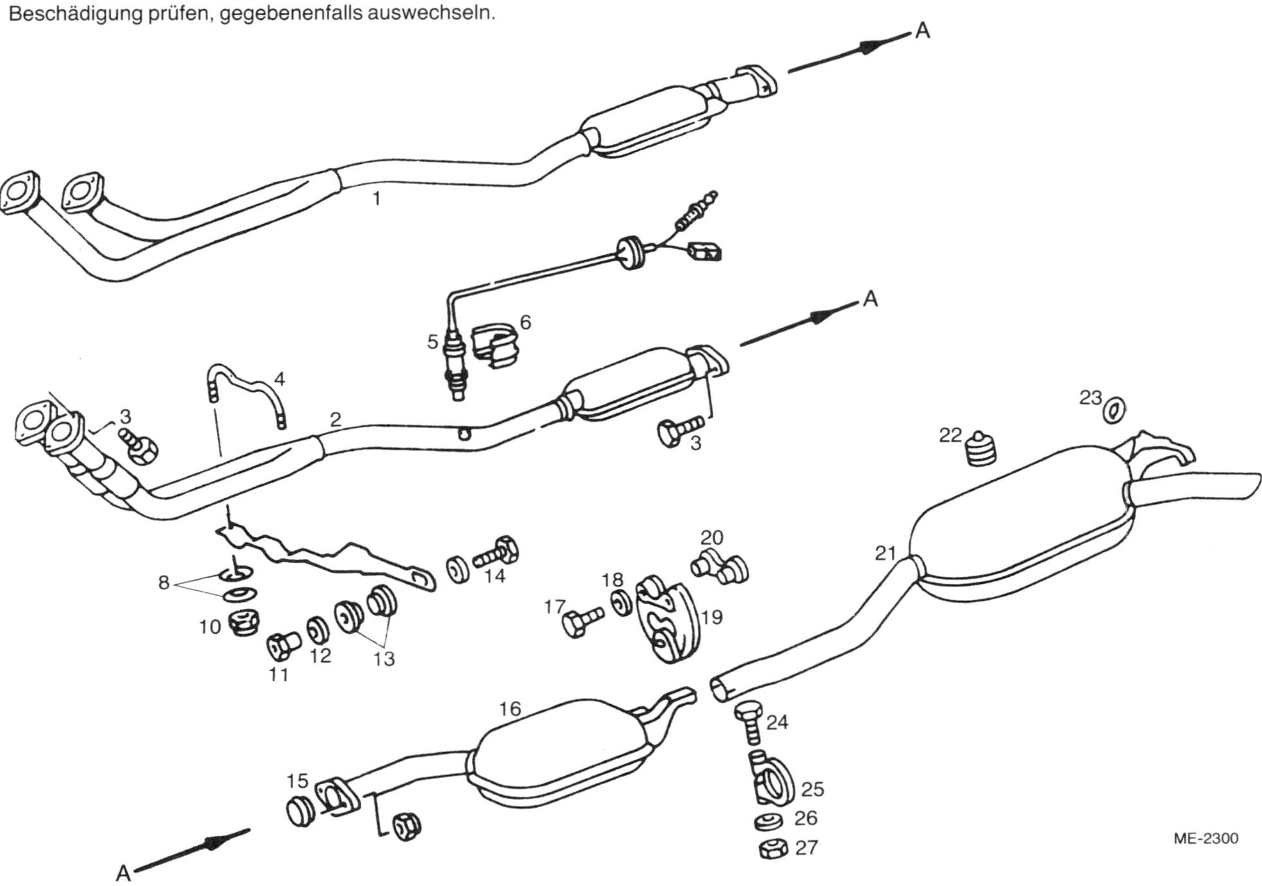

1 – Vorderes Abgasrohr, Vergasermotor
2 – Vorderes Abgasrohr mit Vorschalldämpfer beziehungsweise Katalysator, 230E
3 – Schraube
4 – Haltebügel
5 – Lambda-Sonde für Katalysatorbetrieb
6 – Schutzblech
7 – Seitenabstützung
8 – Tellerfeder
10 – Selbstsichernde Sechskantmutter
11 – Mutter
12 – Scheibe
13 – Gummipuffer
14 – Schraube
15 – Sinter-Dichtring
16 – Mittelschalldämpfer
17 – Schraube
18 – Scheibe
19 – Aufhängeplatte
20 – Spannstück
21 – Nachschalldämpfer
22 – Gummipuffer
23 – Gummiring
24 – Schraube
25 – Schelle
26 – Scheibe
27 – Mutter

Abgasanlage aus- und einbauen

Ausbau

- Fahrzeug aufbocken.
- Sämtliche Schrauben und Muttern der Abgasanlage mit rostlösendem Mittel einsprühen. Rostlöser einige Zeit einwirken lassen.
- Vorderes Abgasrohr am Abgaskrümmer von unten abschrauben.
- Falls vorhanden, Lambda-Sonde ausbauen, siehe Seite 129.
- Abgasanlage durch Holzunterlagen abstützen.

- Abgasrohr-Seitenabstützung abschrauben.

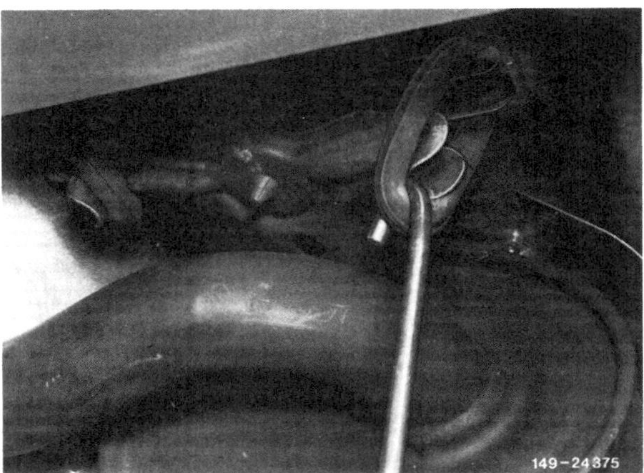

- Gummiringe mit selbstangefertigten Haken aushängen.
- Abgasanlage ablassen.

Einbau

Vor der Montage der Abgasanlage prüfen, ob der Flansch zum Abgaskrümmer verzogen ist, gegebenenfalls Flansch ausrichten.

Achtung: Extrem scharfe Fahrweise und dementsprechend hohe Abstrahltemperaturen vom Abgaskrümmer können zum Abblättern der Lackschicht und zu Korrosion im Bereich der Stirnwand führen. In diesem Fall empfiehlt sich der Einbau eines größeren Abschirmbleches –Pfeil–.

- Neue Abgasanlage zusammenstecken, Schellen und Verbindungsflansche –18– leicht beiziehen.

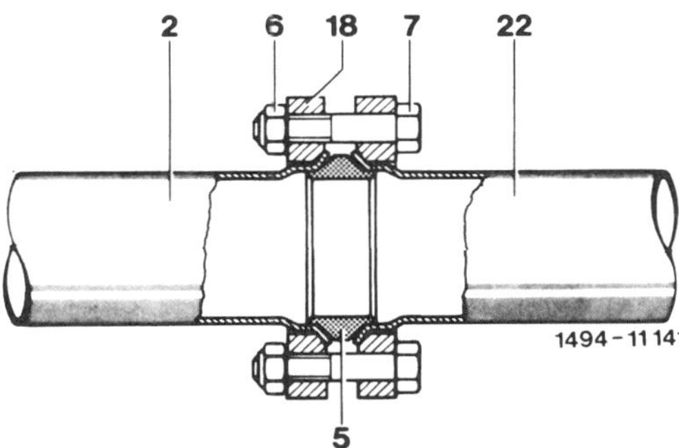

- Falls erforderlich, Konus-Anschlußstücke der Rohre –2– und –22– vor dem Zusammenfügen mit Schmirgelleinen von Verbrennungsrückständen reinigen.
- Beim Zusammensetzen der Rohre auf richtigen Sitz des Dichtringes –5– achten. Selbstsichernde Muttern –6– grundsätzlich erneuern.

Achtung: Um die Muttern –6– und Schrauben –7– der Abgasanlage später leichter lösen zu können, empfiehlt es sich, diese mit einer Hochtemperaturpaste, zum Beispiel Liqui Moly LM-508-ASC, einzustreichen.

- Abgasanlage mit neuen Halteringen einhängen.

- Mittelschalldämpfer in den Aufhängegummi am Hinterachsträger einhängen.
- Abgasanlage durch Drehen und Verschieben in Längsrichtung so ausrichten, daß überall ausreichend Abstand zum Aufbau vorhanden ist und die Halteringe gleichmäßig belastet werden, gegebenenfalls Klemmschrauben der Schellen etwas lösen.
- Klemmschrauben an den Schellen mit 20 Nm festziehen.
- Neue selbstsichernde Muttern an der Flanschverbindung zum Abgaskrümmer über Kreuz stufenweise mit 20 Nm (Einspritzmotor: 30 Nm) festziehen.
- Falls vorhanden, Lambda-Sonde einbauen, siehe Seite129.

- Nachschalldämpfer so weit nach vorn schieben, daß sich die Haltebügel am Dämpfer ca. 10 mm in Fahrtrichtung gesehen vor den Haltern am Rahmenboden befinden –Pfeile–.

Achtung: Dies gilt nur für nachträglich montierte Nachschalldämpfer mit einer Steckverbindung zwischen Mittel- und Nachschalldämpfer.

- Seitenabstützung spannungsfrei ansetzen. Schrauben für die Befestigung am Getriebe mit 20 Nm festziehen.

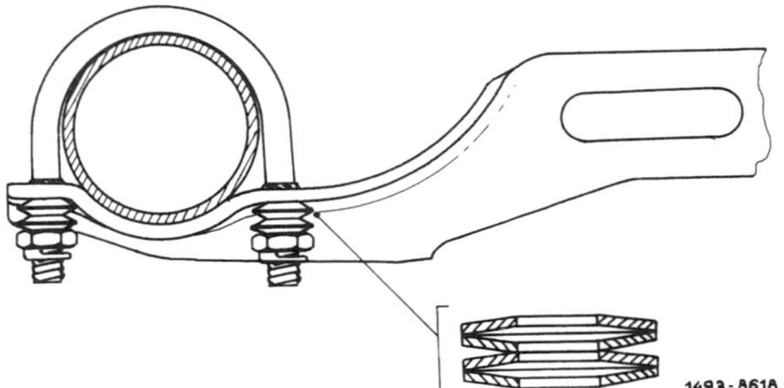

- Neue Muttern für Spannbügel mit je 4 neuen Unterlegscheiben wie in der Abbildung gezeigt ansetzen und mit 7 Nm anziehen.
- Motor starten und Abgasanlage auf Dichtheit prüfen.
- Fahrzeug ablassen.

Nachschalldämpfer ersetzen

- Abgasanlage ausbauen.

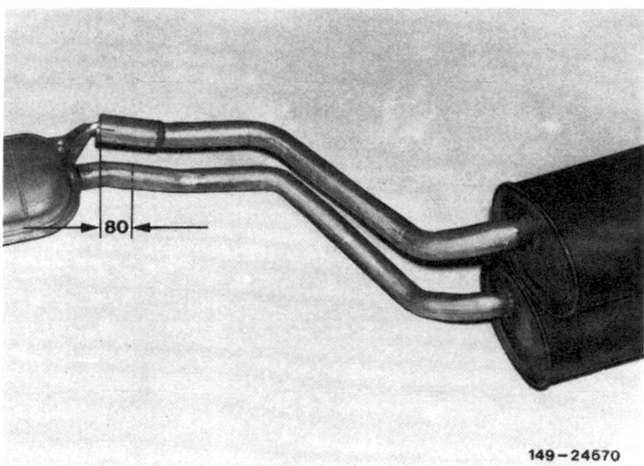

- Neuen Nachschalldämpfer über die alte Anlage legen und Rohrlänge an der ausgebauten Abgasanlage markieren.
- Ca. 80 mm von der Markierung in Richtung Nachschalldämpfer eine 2. Kennzeichnung am Abgasrohr anbringen.
- Abgasrohr bei 2. Kennzeichnung absägen. **Achtung:** Die Einstecktiefe soll 70–80 mm betragen.
- Altes Abgasrohr mit Schmirgelleinen reinigen und Nachschalldämpfer aufschieben, vorher Rohrschelle über Abgasrohr schieben.
- Klemmschraube mit Unterlegscheiben beiziehen, nicht festziehen.
- Abgasanlage einbauen.

Fahrzeuge mit Katalysator

Seit 9/86 ist der MERCEDES serienmäßig mit einem Katalysator ausgestattet. Der Katalysator bedingt wiederum in jedem Fall zwei Dinge: Das Fahrzeug muß mit einem regelbaren Gemischbildner ausgestattet sein; und der Motor muß grundsätzlich mit bleifreiem Benzin betrieben werden.

Unter einem regelbaren Gemischbildner verstehen die Techniker einen Vergaser oder eine Einspritzanlage, bei der das Verhältnis von Kraftstoff zu Luft in Abhängigkeit von den Fahrzuständen ständig verändert werden kann. Mit einem herkömmlichen Vergaser ist das nicht möglich, da er keine entsprechende Steuereinheit besitzt. Aus diesem Grund greifen die Techniker entweder auf einen elektronisch regelbaren Vergaser oder eine Einspritzanlage zurück.

Die Steuerungsbefehle erhält der Gemischbildner von der Lambda-Sonde, die im vorderen Abgasrohr sitzt und hier vom Abgasstrom umspült wird. Die Lambda-Sonde ist ein elektrischer Meßfühler, der den Restgehalt an Sauerstoff im Abgas durch elektrische Spannungsschwankungen anzeigt und Rückschlüsse auf die Zusammensetzung des Luft-/Benzin-Gemisches ermöglicht. In Bruchteilen von Sekunden kann die Lambda-Sonde entsprechende Signale an die Steuereinheit des Gemischbildners weitergeben und dadurch das Kraftstoff-Luftverhältnis ständig verändern. Das ist einerseits erforderlich, da sich ja die Betriebsverhältnisse (Leerlauf, Vollgas) ständig ändern, zum anderen aber auch, weil nur dann eine Nachverbrennung im Katalysator erfolgt, wenn noch genügend Benzin-Anteile im Motor-Abgas vorhanden sind.

Damit es also bei einer Temperatur von 300° bis 800° C im Katalysator überhaupt zu einer Nachverbrennung kommen kann, muß das Kraftstoff-Luftgemisch mehr Kraftstoffanteile aufweisen, als für die reine Verbrennung erforderlich wäre. Mithin muß bei Katalysatorbetrieb mit einem um bis zu 5 Prozent höheren Kraftstoffverbrauch gerechnet werden.

Der Katalysator sitzt anstelle des Vorschalldämpfers unter dem Wagenboden. Der Katalysator besteht aus einem mit Platin oder Rhodium beschichteten wabenförmigen Keramikmonolith. Für die Lagerung des stoßempfindlichen Keramikkörpers wird ein elastisches und hitzebeständiges Drahtgewebe benutzt.

Bei dem allgemein verwendeten Katalysator handelt es sich um einen sogenannten 3-Wege-Katalysator. Das bedeutet, daß bei diesem Katalysator aufgrund der Lambda-Regelung die Oxidation von Kohlenmonoxid (CO) und Kohlenwasserstoffen (HC) sowie die Reduktion der Stickoxide (NO_X) gleichzeitig durchgeführt werden.

Der Umgang mit Katalysator-Fahrzeugen

Um Beschädigungen an der Lambda-Sonde und am Katalysator zu vermeiden, sind nachstehende Hinweise unbedingt zu beachten:

- Grundsätzlich nur bleifreies Benzin tanken.
- Wird das Fahrzeug nachträglich umgerüstet, vor Einbau des Katalysators mindestens 2 Tankfüllungen bleifreien Kraftstoff verwenden. Außerdem ist bei Motoren, die Superkraftstoff benötigen, der Zündzeitpunkt in Richtung „spät" zu verstellen, da der angebotene bleifreie Superkraftstoff eine geringere Oktanzahl (ROZ 95) besitzt. Um wieviel Grad der Zündzeitpunkt in Richtung „spät" verstellt werden muß, steht in der Zündzeitpunkttabelle.
- Das Anlassen des **betriebswarmen** Motors durch Anschieben oder Anschleppen ist nicht erlaubt. Starthilfekabel verwenden. Unverbrannter Kraftstoff könnte bei einer Zündung zur Überhitzung des Katalysators und zu seiner Zerstörung führen.
- Bei Startschwierigkeiten nicht unnötig lange den Anlasser betätigen. Während des Anlassens wird permanent Kraftstoff eingespritzt. Fehlerursache ermitteln und beseitigen.
- Kraftstofftank nie ganz leerfahren.
- Treten Zündaussetzer auf, hohe Motordrehzahlen vermeiden und Fehler umgehend beheben.
- Nur die vorgeschriebenen Zündkerzen verwenden.
- Nur Funkenprüfung mit abgezogenem Zündkerzenstecker durchführen, wenn gleichzeitig die Kraftstoffeinspritzung durch Abziehen der Kraftstoffpumpen-Sicherung unterbunden wird.
- Fahrzeug nicht über trockenem Laub, Gras oder einem Stoppelfeld abstellen. Die Abgasanlage wird im Bereich des Katalysators sehr heiß und strahlt die Wärme auch nach dem Abstellen des Motors noch ab.
- Beim Ein- oder Nachfüllen von Motoröl besonders darauf achten, daß auf keinen Fall die Maximum-Markierung am Ölpeilstab überschritten wird. Das überschüssige Öl gelangt sonst aufgrund unvollständiger Verbrennung in den Katalysator und kann das Edelmetall beschädigen oder den Katalysator vollständig zerstören.
- Keinen Unterbodenschutz an der Abgasanlage aufbringen.

Wartungsarbeiten an der Abgasanlage

Sichtprüfung

- Fahrzeug aufbocken.
- Befestigungsschellen auf festen Sitz prüfen.
- Abgasanlage mit Lampe und leichtem Hammer auf Löcher, durchgerostete Teile sowie Scheuerstellen absuchen.
- Katalysator auf äußere Beschädigung, wie Dellen oder Risse, untersuchen. Mit der Hand dagegen klopfen, bei scheppernden Geräusch ist der Keramikträger des Katalysators gebrochen. Der Katalysator muß erneuert werden. **Achtung:** Katalysator kann heiß sein.
- Stark gequetschte Abgasrohre ersetzen.
- Gummihalterungen durch Drehen und Dehnen auf Porosität überprüfen und gegebenenfalls austauschen.
- An kompletter Auspuffanlage rütteln, ob sie nirgendwo anstößt. Wenn ja, alle Schrauben lösen, dadurch Auspuffanlage entspannen, und wieder anziehen.

Die Kupplung

Die Kupplung besteht aus der Kupplungsdruckplatte, der Kupplungsscheibe und dem hydraulischen Betätigungssystem. Druckplatte und Kupplungsscheibe sind im Schwungrad des Motors untergebracht.

In der Getriebeglocke befindet sich die Ausrückgabel. Sie trägt das wartungsfreie Ausrücklager, das beim Auskuppeln gegen die Kupplungsdruckplatte gedrückt wird. An der Ausrückgabel liegt der Kolben des Nehmerzylinders vom Hydrauliksystem an. Das Hydrauliksystem der Kupplung arbeitet mit Bremsflüssigkeit und wird über den gemeinsamen Ausgleichbehälter für Bremsflüssigkeit versorgt.

In eingekuppeltem Zustand wird durch die Kupplungsmembranfeder die Kupplungsscheibe von der Druckplatte gegen das Schwungrad gepreßt und so der Kraftschluß zwischen Kurbelwelle und Getriebeantriebswelle hergestellt.

Beim Niedertreten des Kupplungspedals wird über den Geberzylinder im Fußraum des Fahrzeuges Druck aufgebaut und über eine Hydraulikleitung auf den am Getriebe angeflanschten Kupplungs-Nehmerzylinder übertragen. Der Kolben des Nehmerzylinders drückt über die Ausrückgabel das Ausrücklager gegen die Membranfeder der Druckplatte und hebt diese etwas an. Dadurch wird die Kupplungsscheibe zwischen Schwungrad und Druckplatte frei, der Kraftschluß zwischen Motor und Getriebe ist somit aufgehoben.

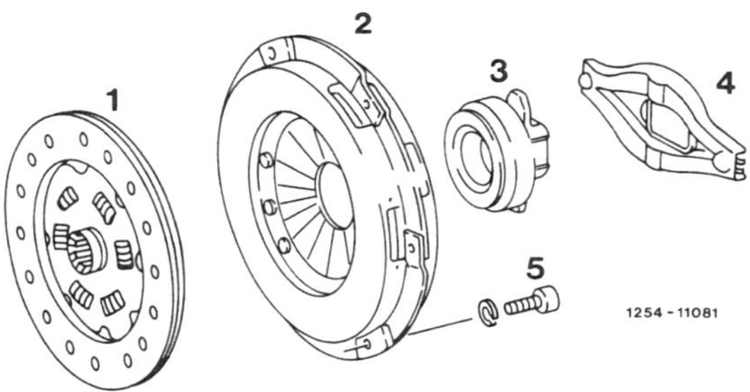

1 – Kupplungsscheibe
2 – Druckplatte
3 – Ausrücklager
4 – Ausrückgabel
5 – Innensechskantschraube, 25 Nm

Seit 9/89 kommt bei allen Modellen ein Zweimassenschwungrad zum Einsatz, außer bei den 2,0-l-Diesel- und Benzinmotoren. Das Zweimassenschwungrad besitzt ein Feder- und Dämpfersystem, um die Übertragung der vom Motor erzeugten Drehschwingungen zu reduzieren. Außerdem verringert sich dadurch die Geräuschübertragung im unteren Drehzahlbereich. Die Kupplungsscheibe für dieses Schwungrad besteht nur noch aus Nabe, Mitnehmerblech und Kupplungsbelag. Ebenso sind die Druckplatte und das Ausrücklager den geänderten Platzverhältnissen angepaßt.

Kupplung aus- und einbauen/prüfen

Ausbau

- Getriebe ausbauen, siehe Seite 139.
- Befestigungsschrauben der Kupplungsdruckplatte nacheinander jeweils um 1 bis 1½ Umdrehungen lösen, bis die Druckplatte entspannt ist.

Achtung: Wenn die Schrauben sofort ganz gelöst werden, kann die Membranfeder beschädigt werden.

- Damit das Schwungrad beim Lösen der Schrauben nicht mitdreht, Schwungrad mit Schraubendreher arretieren.
- Anschließend Schrauben ganz herausdrehen.
- Druckplatte und Kupplungsscheibe herausnehmen. **Achtung:** Druckplatte und Kupplungsscheibe beim Herausnehmen nicht fallen lassen, sonst können nach dem Einbau Rupf- und Trennschwierigkeiten auftreten.
- Schwungrad innen ausblasen oder mit benzingetränktem Lappen auswischen.

Prüfen

- Kupplungsdruckplatte auf Brandrisse und Riefen prüfen.

- Membranfeder auf Brüche untersuchen –Pfeil–.

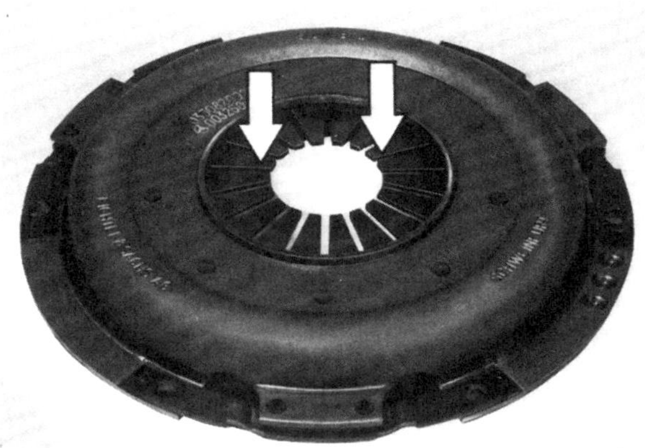

125 - 24151

- Zungen der Membranfeder –Pfeile– auf Verschleiß und gleichmäßige Höhe prüfen, gegebenenfalls mit Zange vorsichtig nachrichten. **Achtung:** Der Verschleiß darf maximal 0,3 mm betragen.
- Schwungrad auf Brandrisse und Riefen prüfen.
- Kupplungsdruckplatte und Schwungrad mit grobem Schmirgelleinen abziehen.

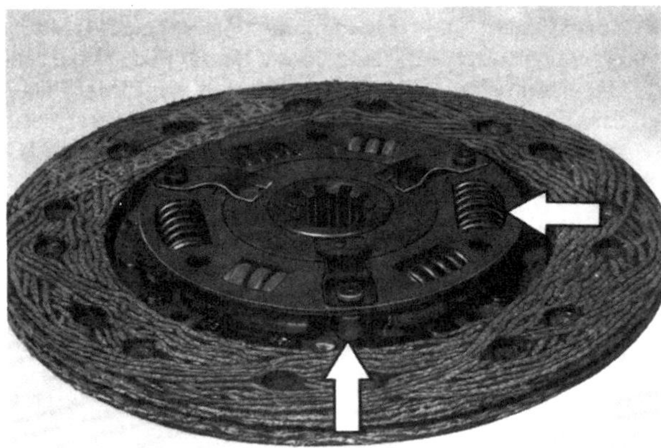

125 - 24152

- Verölte, verfettete oder mechanisch beschädigte Kupplungsscheiben austauschen.
- Belagstärke der Kupplungsscheibe messen. Neu: 3,6–3,8 mm bei Belag Valeo F 201 und 3,8–4,0 mm bei Belag Thermoid 846 FT. Wenn die Verschleißgrenze von 1,6 mm für „F 201" beziehungsweise 1,8 mm für „846 FT" erreicht ist, Kupplungsscheibe auswechseln. Ebenso bei Belagrissen.
- Anschlagbolzen, Federfenster, Torsionsfedern und Nabe auf Verschleiß- und Einlaufspuren prüfen –Pfeile–.
- Ausrücklager vom Lagerrohr am vorderen Getriebedeckel abnehmen und prüfen, siehe Seite 136.
- In der Werkstatt kann die Kupplungsscheibe auf Schlag geprüft werden. Der Seitenschlag darf bei der Kupplungsscheibe maximal 0,5 mm betragen. **Achtung:** Diese Prüfung ist nur notwendig, wenn die alte Kupplungsscheibe wieder eingebaut werden soll und die Kupplung vorher nicht richtig ausgekuppelt hat.

Einbau

125–10249

- Kupplungsscheibe und Kupplungsdruckplatte in Schwungrad einsetzen. Dabei muß die Kupplungsscheibe mit einem passenden Dorn (zum Beispiel von HAZET) oder mit einer alten Getriebe-Antriebswelle zentriert werden.
- Befestigungsschrauben für Kupplungsdruckplatte nacheinander mit 1 bis 1½ Umdrehungen anziehen, bis die Druckplatte festgezogen ist. Anschließend Zentrierdorn entfernen. **Achtung:** Darauf achten, daß die Druckplatte beim Anziehen der Schrauben gleichmäßig und gratfrei in das Schwungrad eingezogen wird.
- Getriebe einbauen, siehe Seite 139.

Kupplungsbetätigung entlüften

Die Kupplungsbetätigung muß entlüftet werden, wenn das Kupplungspedal nicht oder nur verzögert zurückkommt, beziehungsweise wenn das Hydrauliksystem geöffnet wurde.

Da das Hydrauliksystem der Kupplung mit Bremsflüssigkeit arbeitet, sind ebenfalls die entsprechenden Kapitel im Abschnitt „Die Bremsanlage" durchzulesen.

- Fahrzeug vorn aufbocken.
- Bremsflüssigkeitsstand im gemeinsamen Vorratsbehälter prüfen, gegebenenfalls bis zur Max.-Markierung auffüllen.
- Staubkappen von den Entlüfterventilen am Nehmerzylinder und am vorderen rechten Bremssattel abziehen.
- Entlüfterventile vorsichtig gangbar machen.
- Durchsichtigen Schlauch auf das Entlüfterventil am Bremssattel aufschieben und Entlüfterschraube öffnen.
- Bremspedal langsam durchtreten (Helfer) und in dieser Stellung halten. Entlüfterventil schließen und Bremspedal loslassen. Anschließend Entlüfterventil wieder öffnen und Bremspedal erneut durchtreten. Vorgang so lange wiederholen, bis der Schlauch vollständig mit Bremsflüssigkeit gefüllt ist. Schlauch mit dem Finger zuhalten, damit keine Bremsflüssigkeit ausläuft. **Achtung:** Der Flüssigkeitsstand im Vorratsbehälter darf nicht zu weit absinken, gegebenenfalls **neue** Bremsflüssigkeit nachfüllen.

- Freies Schlauchende auf die Entlüfterschraube am Kupplungs-Nehmerzylinder stecken und beide Entlüfterschrauben öffnen.
- Bremspedal durchtreten, Entlüfterschraube am Bremssattel schließen und Bremspedal entlasten. Diesen Vorgang so oft wiederholen, bis im Ausgleichbehälter keine Luftblasen mehr herausgedrückt werden. Dabei stets neue Bremsflüssigkeit nachfüllen.
- Entlüfterschrauben am Bremssattel und am Nehmerzylinder verschließen. Schlauch abziehen und Staubkappen aufschieben.
- Fahrzeug ablassen.
- Bremsflüssigkeit bis zur Max.-Markierung auffüllen.
- Funktion von Brems- und Kupplungssystem prüfen.

Ausrücklager aus- und einbauen

Hörbare Lagergeräusche in ausgekuppeltem Zustand, also bei niedergetretenem Kupplungspedal, deuten auf ein defektes Ausrücklager hin.

Ausbau

- Getriebe ausbauen, siehe Seite 139.

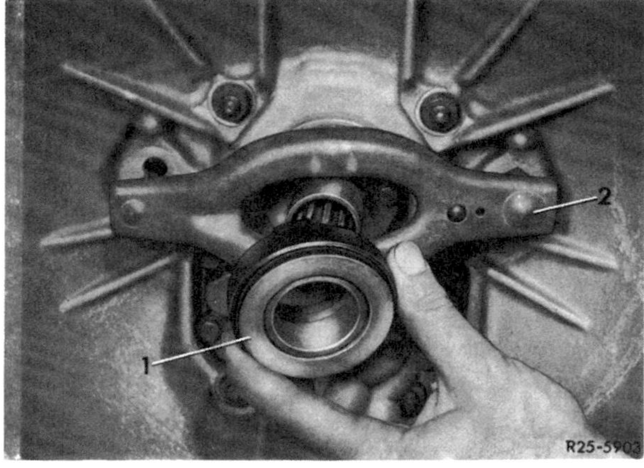

- Ausrücklager –1– vom Lagerrohr am vorderen Getriebedeckel abziehen.

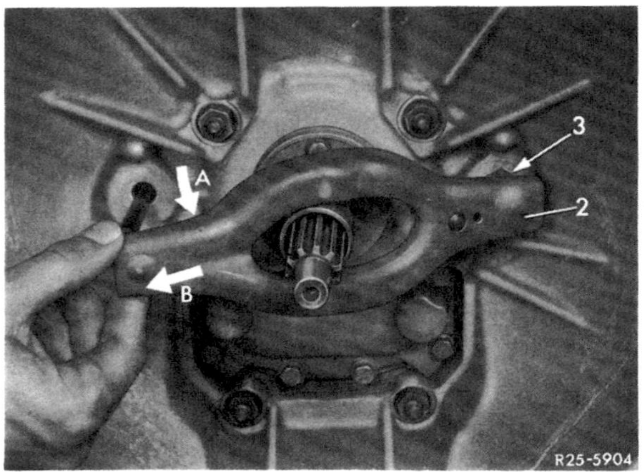

- Ausrückgabel –2– in Pfeilrichtung –A– bewegen und dann in Pfeilrichtung –B– vom Kugelbolzen –3– am Kupplungsgehäuse abziehen und abnehmen.
- Ausrücklager von Hand auf leichten Lauf prüfen.

Einbau

- Sämtliche Lager- und Berührungsflächen mit sauberem Lappen abwischen und mit MoS_2-Schmierfett einfetten.
- Ausrückgabel –2– entgegen der Pfeilrichtung –B– auf den Kugelbolzen –3– aufdrücken, bis der Federbügel der Gabel einrastet. Anschließend Gabel entgegen der Pfeilrichtung –A– bewegen, bis die Druckstange des Nehmerzylinders an der Aussparung der Ausrückgabel anliegt.
- Ausrücklager innen und an den beiden seitlichen Anfräsungen am hinteren Hülsenteil einfetten.
- Ausrücklager auf das Lagerrohr aufschieben und so lange drehen, bis es mit den seitlichen Anfräsungen in die Gabel einschnappt.
- Getriebe einbauen, siehe Seite 139.

Störungsdiagnose Kupplung

Störung	Ursache	Abhilfe
Kupplung rupft	● Zu niedrige Leerlaufdrehzahl	Drehzahl einstellen
	● Motorlager defekt	Prüfen, gegebenenfalls auswechseln
	● Getriebe liegt in der Aufhängung nicht fest	Schrauben nachziehen
	● Kupplungsdruckplatte trägt ungleichmäßig	Druckplatte auswechseln
Kupplung rutscht	● Kupplungsscheibe verschlissen	Dicke der Kupplungsscheibe prüfen, gegebenenfalls auswechseln
	● Begrenzungsanschlag für Kupplungspedal defekt	Begrenzungsanschlag im Fußraum prüfen
	● Nehmerzylinder klemmt	Nehmerzylinder ersetzen
	● Spannung der Membranfeder zu gering	Druckplatte auswechseln
	● Nehmerzylinder undicht	Sichtprüfung durchführen
	● Belag verhärtet oder verölt	Kupplungsscheibe austauschen, Ursache für Verschmutzung beseitigen
Kupplung trennt nicht richtig	● Kupplungspedal erreicht den Begrenzungsanschlag nicht	Prüfen, ob Begrenzungsanschlag erreicht wird, gegebenenfalls Fußmatte ausschneiden
	● Geberzylinder undicht	Bei durchgetretenem Kupplungspedal beobachten, ob Flüssigkeit im Bremsflüssigkeitsvorratsbehälter aufwallt, gegebenenfalls Kupplung entlüften oder Geberzylinder austauschen
	● Belag der Kupplungsscheibe durch Abrieb verklebt	Kupplungsscheibe austauschen
	● Kupplungsscheibe klemmt auf der Getriebe-Antriebswelle	Verzahnung reinigen und neu schmieren, gegebenenfalls Rost entfernen
	● Kupplungsscheibe hat Seitenschlag	Kupplungsscheibe prüfen lassen, ersetzen
	● Ausrückgabel defekt	Ausrückgabel auf Verformung prüfen
Geräusch bei betätigtem Kupplungspedal	● Ausrücklager defekt	Ausrücklager prüfen, ersetzen
	● Kupplungsscheibe schlägt an die Druckplatte	Kupplungsscheibe auswechseln
Auf- und abschwellendes Geräusch bei Zug- oder Schubzustand, oder wenn das Fahrzeug in ausgekuppeltem Zustand rollt	● Torsionsdämpfer der Kupplungsscheibe schwergängig	Kupplungsscheibe erneuern

Wartungsarbeiten an der Kupplung

Kupplungsscheibe/Dicke prüfen

Die Kupplung ist selbstnachstellend und wartungsfrei, daher ist der Verschleiß der Kupplungsscheibe nicht am Spiel des Kupplungspedales erkennbar. Um die Dicke der Kupplungsscheibe in eingebautem Zustand zu prüfen, wird eine spezielle Kontroll-Lehre benötigt, die selbst angefertigt werden kann.

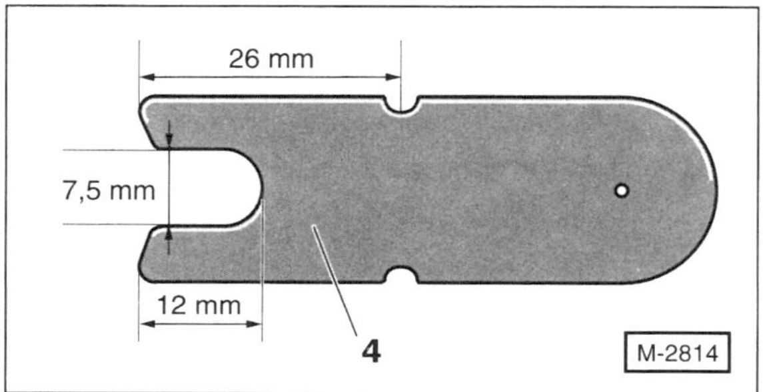

- Kontroll-Lehre im Maßstab 1:1 entsprechend der Abbildung aus 0,8 mm starkem Blech anfertigen.
- Fahrzeug aufbocken.

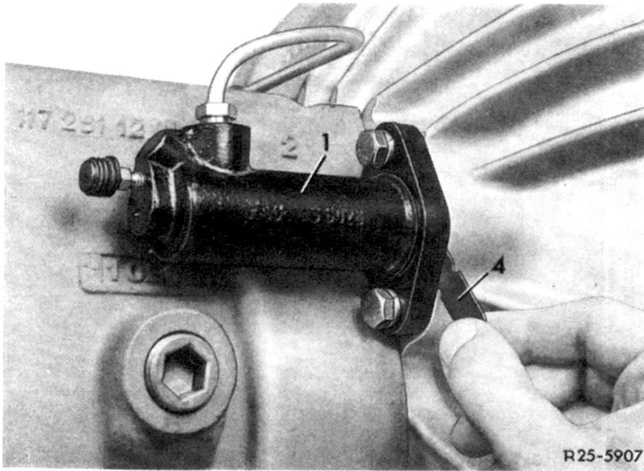

- Lehre –4– am Kupplungs-Nehmerzylinder –1– in die Nut der Kunststoffbeilage bis zum Anschlag einschieben.

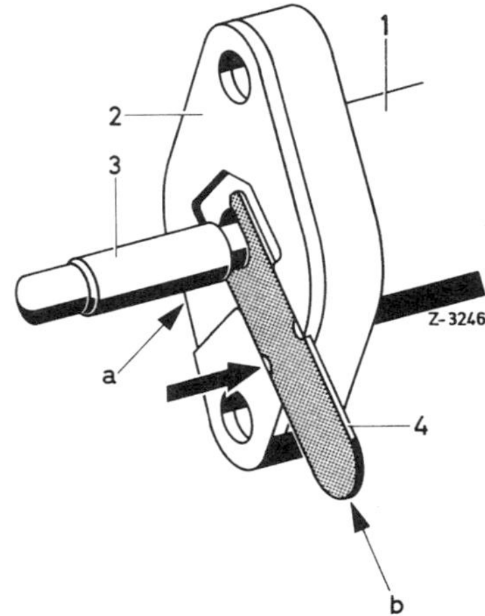

- Wenn die Kerbmarken –Pfeil der Lehre –b– hinter dem Flansch –2– des Nehmerzylinders –1– verschwinden, ist die Kupplungsscheibe noch ausreichend dick.

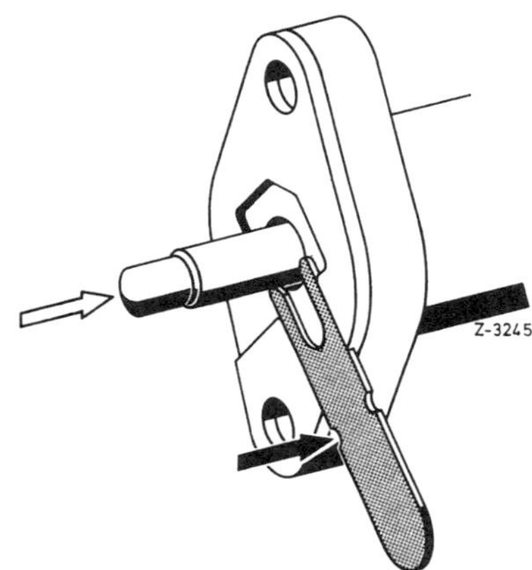

- Wenn die Kerbmarken sichtbar bleiben, obwohl die Lehre bis zum Anschlag eingeschoben ist, dann hat die Kupplungsscheibe ihre Verschleißgrenze erreicht und muß ausgewechselt werden.
- Fahrzeug ablassen.

Das Getriebe

Das Getriebe kann ohne Ausbau des Motors ausgebaut werden. Ein Ausbau ist aber meistens nur dann notwendig, wenn das Getriebe ausgetauscht, erneuert oder die Kupplung gewechselt werden muß. Da es jedoch in keinem Fall anzuraten ist, Reparaturen am Getriebe mit Heimwerkermitteln in Angriff zu nehmen, verweise ich in dieser Hinsicht auf die Werkstatt und beschreibe lediglich den Ausbau des Aggregates.

Getriebe aus- und einbauen

Ausbau

- Massekabel von der Batterie abklemmen.
- Hintere Motorraumwand mit geeignetem Blech abdecken, damit beim Ablassen des Getriebes die Dämmatte nicht beschädigt wird.

Achtung: Bei Fahrzeugen mit Zusatzheizung beim Absenken des Getriebes darauf achten, daß der Kühlmittelschlauch im Bereich der hinteren Motorraumwand nicht beschädigt wird.

- Fahrzeug aufbocken, Getriebe mit Werkstattwagenheber und Holzzwischenlage abstützen.

- Motorlager –Pfeil– am hinteren Getriebedeckel abschrauben.

- Motorträger am Rahmenboden abschrauben –Pfeile–.

- Halter für Abgasanlage am Getriebe abschrauben. Vorher Lage der Unterlegscheiben mit Reißnadel markieren (umkreisen), damit sie später an der gleichen Stelle wieder eingebaut werden können.

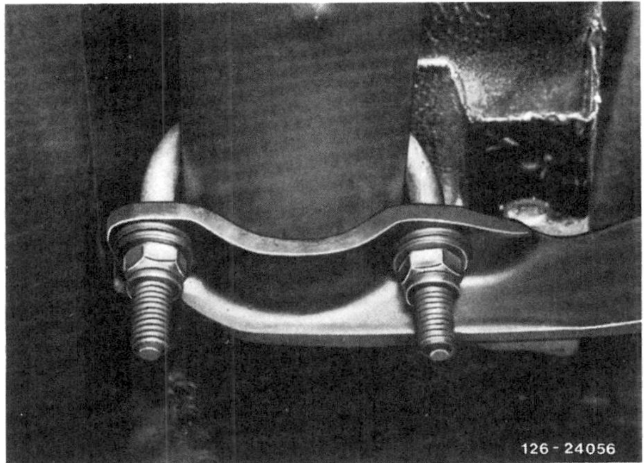

- Muttern am Klemmbügel abschrauben und Halter herausnehmen.

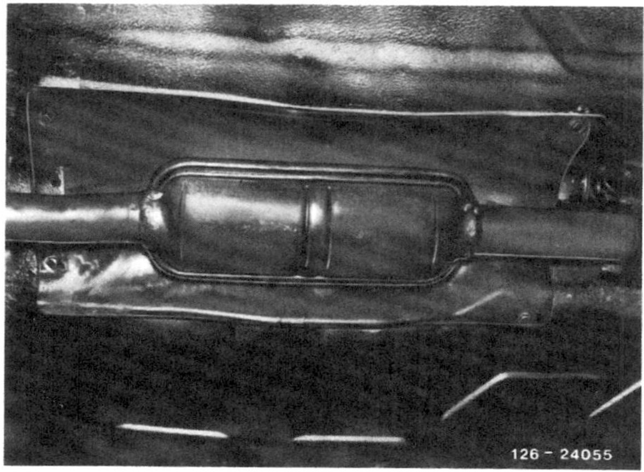

- Abschirmblech für Gelenkwellen-Zwischenlager abschrauben.

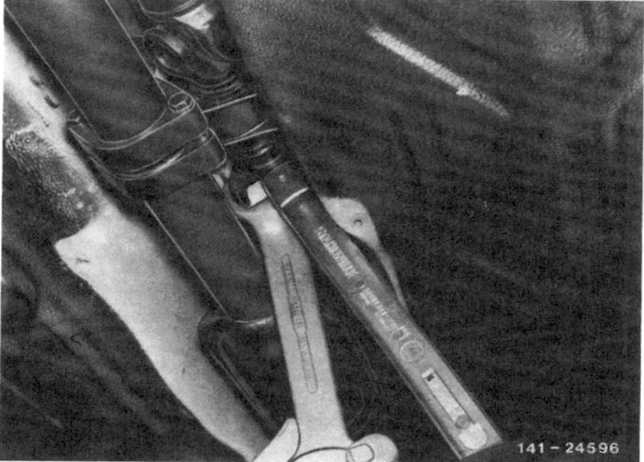

- Klemmutter an der Gelenkwelle lösen.
- Schrauben für Gelenkwellen-Zwischenlager lösen, nicht herausdrehen.

- Gelenkwelle am Getriebe abschrauben. Dabei muß die Gelenkscheibe an der Gelenkwelle bleiben.

- **Einspritzmotor:** Paßhülsen im Gelenkflansch mit einem zylindrischen Dorn (Ø = 10 mm, Länge = ca. 150 mm) lockern.
- Gelenkwelle so weit nach hinten drücken, wie es Zwischenlager und Klemmstück zulassen.

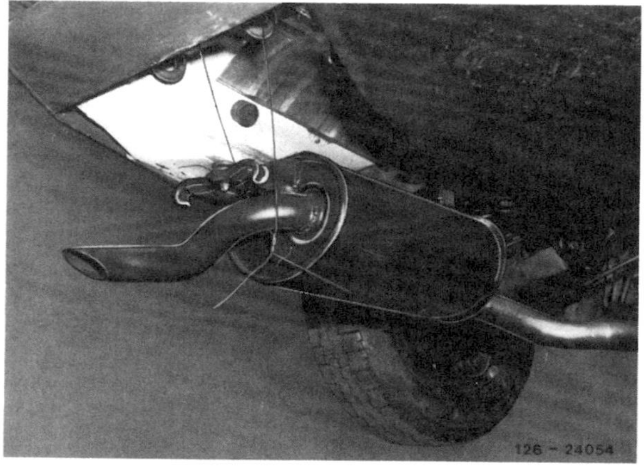

- Abgasanlage an der hinteren Aufhängung aushängen, etwas ablassen und mit geeignetem Draht am Aufbau aufhängen.
- Antriebswelle für Geschwindigkeitsmesser am hinteren Getriebedeckel abschrauben.
- Antriebswelle für Tachometer am Halter ausclipsen.

- Halter am Kupplungsgehäuse abschrauben –Pfeil–.

- Nehmerzylinder abschrauben und mit der Leitung so weit nach hinten ziehen, bis die Druckstange aus dem Kupplungsgehäuse frei wird. Nehmerzylinder mit Draht am Aufbau aufhängen. **Achtung:** Wenn die Leitung geöffnet wird, muß die Anlage beim Einbau entlüftet werden.

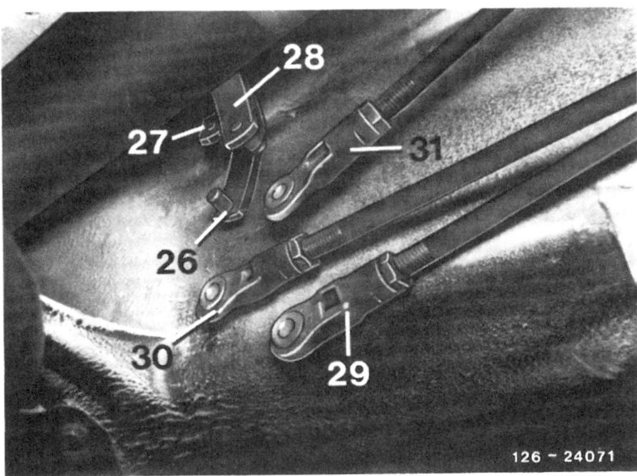

- Schaltstangen –29, 30, 31– von den Zwischenhebeln –26, 27, 28– am Schaltbock abnehmen. Vorher Sicherungsklammern abdrücken.
- Befestigungsschrauben aus Starterflansch herausdrehen.

- Sämtliche Befestigungsschrauben, Getriebe an Zwischenflansch, herausschrauben. Dabei die beiden oberen Schrauben zuletzt entfernen.

- Getriebe um ca. 45° nach links drehen, waagerecht nach hinten von den Paßstiften abziehen und aus der Kupplung mit Helfer herausziehen.
- Getriebe ablassen.

Achtung: Getriebe erst ablassen, wenn die Antriebswelle mit Sicherheit aus der Kupplungsscheibe herausgezogen ist, andernfalls kann die Kupplungsscheibe beschädigt werden.

Einbau

- Vor dem Einbau Kupplung prüfen, siehe Seite 134.
- Kupplungsausrücklager auf leichten Lauf prüfen. Lager einfetten, z.B. mit Liqui Moly M-320. Sind vor dem Ausbau Laufgeräusche des Ausrücklagers beim Auskuppeln aufgetreten, Lager auswechseln, siehe Seite 136.
- Keilverzahnung der Antriebswelle sowie Zentrierzapfen reinigen und leicht mit Moly-Gleitpaste oder Moly-Spray schmieren.
- Einen Gang einlegen.
- Getriebe anheben, nach links drehen und waagerecht in die Kupplung einfahren. Falls beim Einsetzen die Getriebe-Antriebswelle nicht in die Kupplungsscheibe einrastet, Antriebswelle von hinten am Flansch für die Gelenkwelle mit der Hand entsprechend verdrehen.

Achtung: Vor dem Einführen des Getriebes Kupplungs-Nehmerzylinder mit Leitung über das Getriebe legen.

- Getriebe am Zwischenflansch anschrauben, dabei Massekabel links unten am Getriebe mit anschrauben.
- Anlasser mit 2 Schrauben festziehen.
- Nehmerzylinder und Druckstange in das Kupplungsgehäuse einsetzen und festschrauben. Dabei auf richtigen Sitz der Kunststoffbeilage achten.
- Hydraulikleitung mit Halter am Kupplungsgehäuse anschrauben. Gegebenenfalls Hydraulikkreis entlüften, siehe Seite 135.

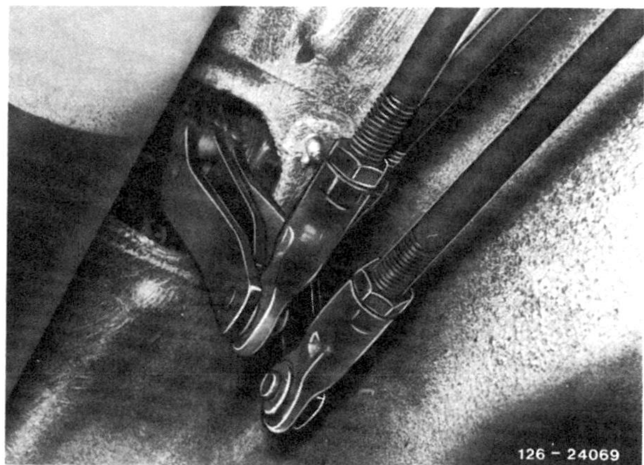
126 – 24069

- Schaltstangen an den Zwischenhebeln einhängen und mit Sicherungsklammern sichern. Dabei Federklammer aufdrücken, mit dem Langloch in die Nut der Schaltstange schieben und einrasten.

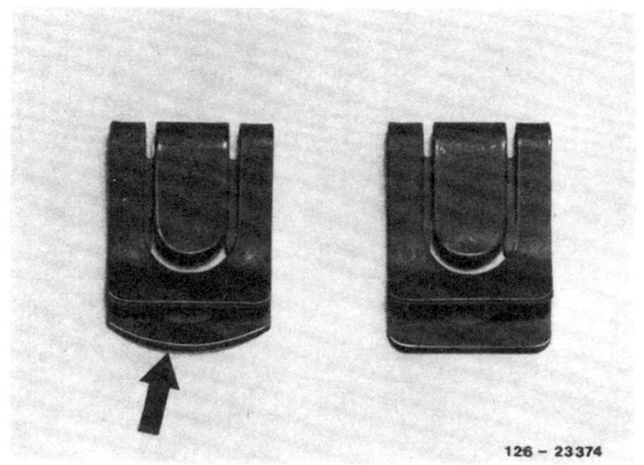
126 – 23374

Achtung: Nur Sicherungsklammern mit Abrundung –Pfeil– verwenden. Die Klammern müssen beim Einbau einrasten, damit sicherer Halt gewährleistet ist.

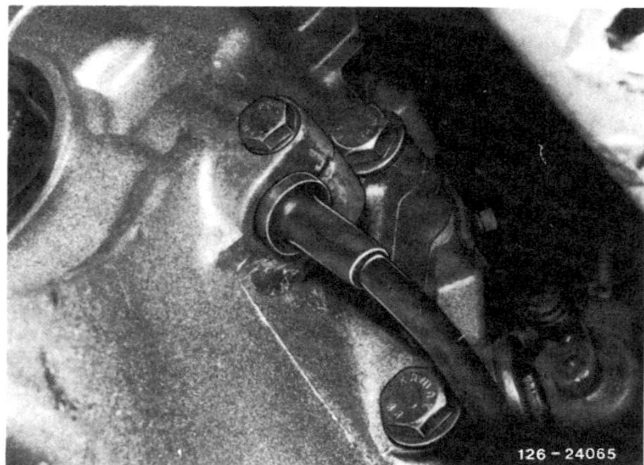
126 – 24065

- Antriebswelle für Geschwindigkeitsmesser am hinteren Getriebedeckel einsetzen und anschrauben.
- Antriebswelle in Halter einclipsen.

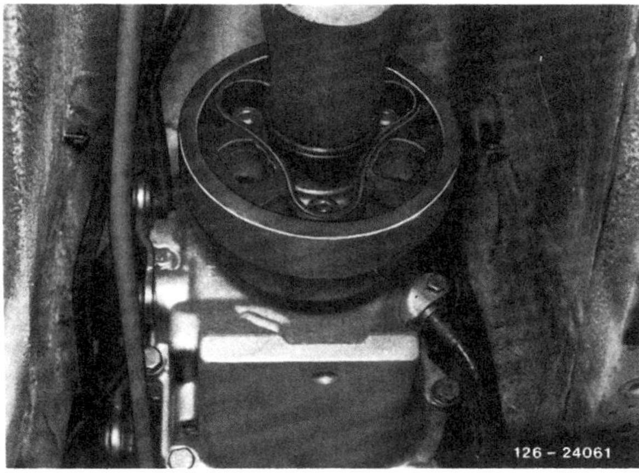

- Gelenkwelle im Schiebestück so weit wie möglich auseinanderziehen und am Getriebe anflanschen. Dazu Motor und Getriebe mit Werkstattwagenheber und Holzzwischenlage etwas anheben.
- Hinteres Motorlager mit Motorträger am Getriebe festschrauben.
- Motorträger am Rahmenboden festschrauben.
- Nachschalldämpfer mit Gummiringen einhängen, dabei Gummiringe auf Porosität und Beschädigung prüfen.
- Gelenkwellen-Zwischenlager festschrauben.
- Klemmutter mit 35 Nm festziehen.
- Abschirmblech für Gelenkwellen-Zwischenlager festschrauben.
- Halter für Abgasrohr am Getriebe festschrauben, dabei auf richtige Lage der Unterlegscheiben entsprechend der beim Ausbau angebrachten Markierung achten.
- Klemmbügel einsetzen und Muttern mit 7 Nm festziehen. Dabei auf richtige Lage der Tellerfedern achten, siehe Seite 132.
- Einstellung der Schaltung überprüfen, siehe Seite 146.
- Fahrzeug ablassen.
- Blech aus Motorraum herausnehmen.
- Batterie- Massekabel anklemmen.

Wartungsarbeiten am Getriebe

Sichtprüfung auf Dichtheit

Folgende Leckstellen sind möglich:

- Trennstelle zwischen Motorblock und Getriebe (Schwungraddichtung/Wellendichtung-Getriebe).
- Öleinfüllschraube/Ölablaßschraube.
- Flansch für Gelenkwelle an Getriebe.

Bei der Suche nach der Leckstelle folgendermaßen vorgehen:

- Getriebegehäuse mit Kaltreiniger reinigen.
- Ölstand kontrollieren, ggf. auffüllen.
- Mögliche Leckstellen mit Kalk oder Talkumpuder bestäuben.
- Probefahrt durchführen. Damit das Öl besonders dünnflüssig wird, sollte die Probefahrt auf einer Schnellstraße über eine Entfernung von ca. 30 km durchgeführt werden.
- Anschließend Fahrzeug aufbocken und Getriebe mit einer Lampe nach der Leckstelle absuchen.
- Leckstellen umgehend beseitigen.

Ölstand im Getriebe prüfen

Das Getriebeöl braucht nicht gewechselt zu werden. Der Ölstand ist alle 20.000 km, seit 6.93 alle 30.000 km im Rahmen der Wartung zu prüfen.

- Das Getriebe sollte vor der Prüfung etwa handwarm sein.
- Fahrzeug waagerecht aufbocken, siehe Seite 267.
- Falls erforderlich, untere Motorraumverkleidung ausbauen.

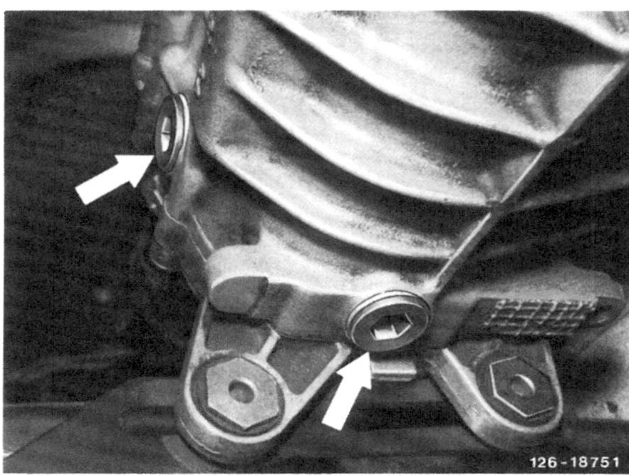

- Einfüllschraube –linker Pfeil– am Getriebe herausdrehen. Hierzu wird ein Innensechskantschlüssel SW 14 benötigt, zum Beispiel HAZET 2760.
- Wenn beim Herausdrehen der Einfüllschraube etwas Öl ausläuft, ist der Ölstand in Ordnung. Andernfalls mit Finger prüfen, ob der Ölstand bis zum unteren Rand der Einfüllbohrung reicht. Gegebenenfalls ATF-Öl nachfüllen.

Achtung: Hierfür wird eine Ölspritzkanne benötigt. Beim Nachfüllen Gefäß unterstellen und überschüssiges Öl ablaufen lassen. Nicht zuviel Öl auf einmal einfüllen.

Getriebeölspezifikation: ATF Typ A Suffix A (ATF = Automatic Transmission Fluid), dabei nur ein vom Werk freigegebenes Getriebeöl verwenden (Freigabe steht auf dem Gebinde).

Füllmengen: 4-Gang-Getriebe: **1,3 l,**
5-Gang-Getriebe: **1,5 l.**
5-Gang-Getriebe 300-24: **1,6 l.**

- Einfüllschraube mit neuem Dichtring und 60 Nm festziehen.
- Falls ausgebaut, untere Motorraumverkleidung einbauen.
- Fahrzeug ablassen.

Gelenkscheiben an der Gelenkwelle prüfen

Die Gelenkscheiben sind im Rahmen der Wartung alle 20000 km zu prüfen.

- Fahrzeug aufbocken.
- Falls erforderlich, untere Motorraumverkleidung ausbauen.

- Gelenkscheiben vorn und hinten mit Lampe auf Verschleiß, Beschädigungen und Verformungen prüfen.
- Zwischenstege im Bereich der Paßhülsen –Pfeile– auf Risse prüfen.
- Gegebenenfalls Gelenkscheibe erneuern. Bei Verformungen Gelenkwelle entspannen; wenn die Verformung bestehen bleibt, Gelenkscheibe ebenfalls ersetzen.

Die Schaltung

Mechanisches Getriebe

Der MERCEDES (Typ 124) ist wahlweise mit einem 4- oder 5-Gang-Schaltgetriebe ausgestattet.
Dargestellt ist das 4-Gang-Getriebe.

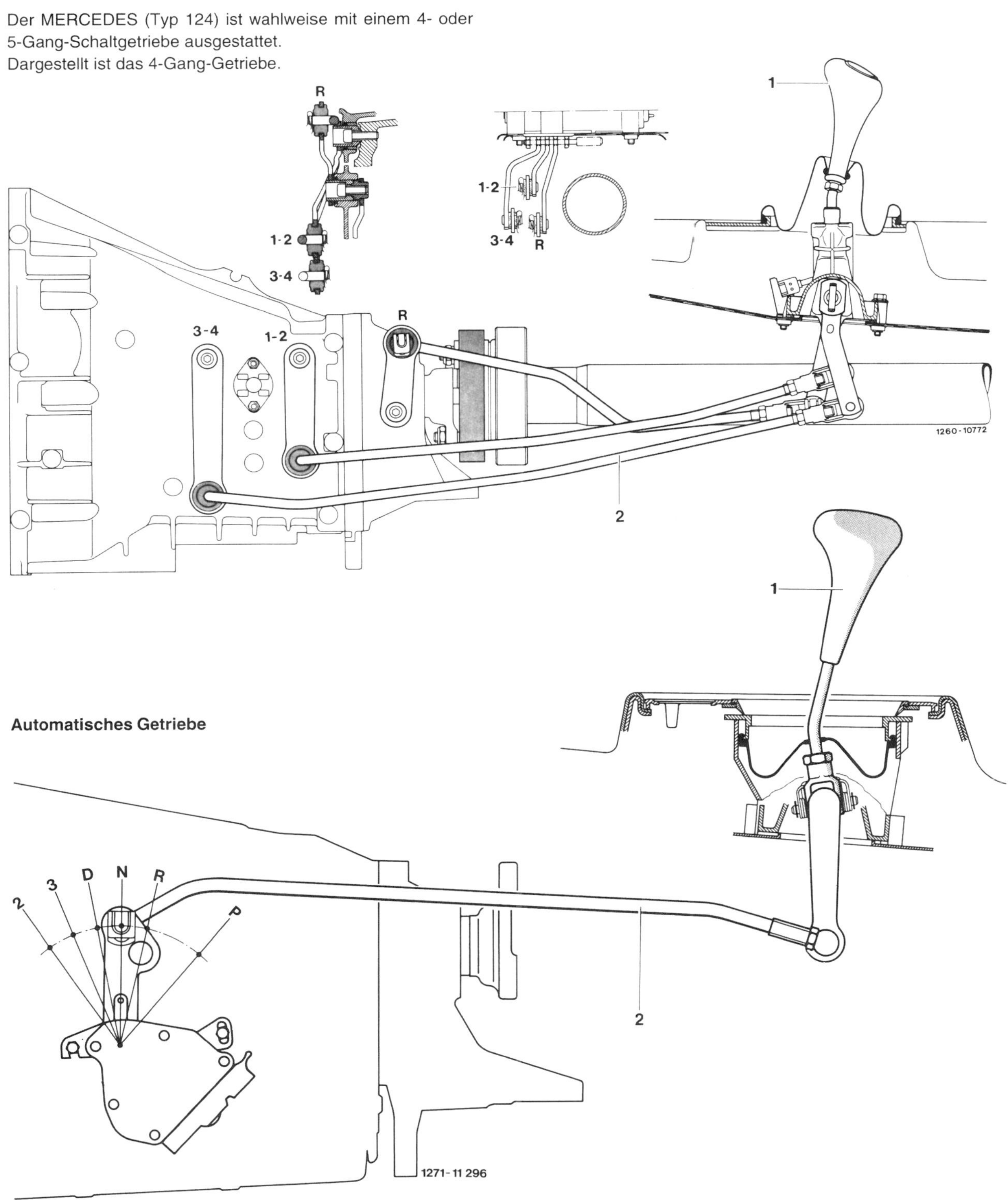

Automatisches Getriebe

1 – Schalthebel
2 – Schaltstange

Schaltung einstellen

- Getriebe in Leerlaufstellung bringen.

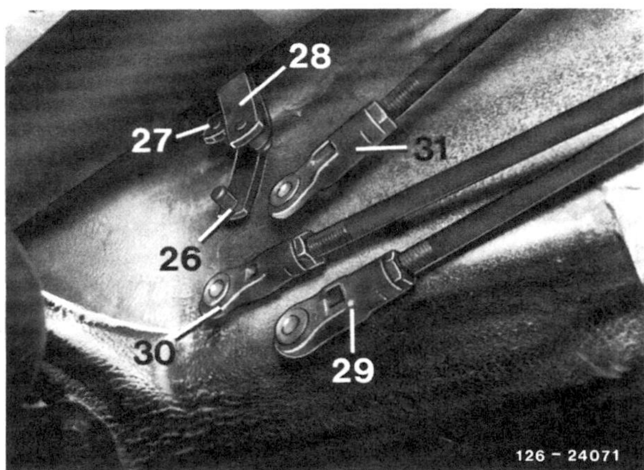

- Sicherungsklammern abhebeln, dann Schaltstangen an den Zwischenhebeln aushängen. –26–, –27–, –28– = Zwischenhebel für 3./4. Gang, 1./2. Gang, Rückwärtsgang; –29–, –30–, –31– = Schaltstangen für 3./4. Gang, 1./2. Gang, Rückwärtsgang.

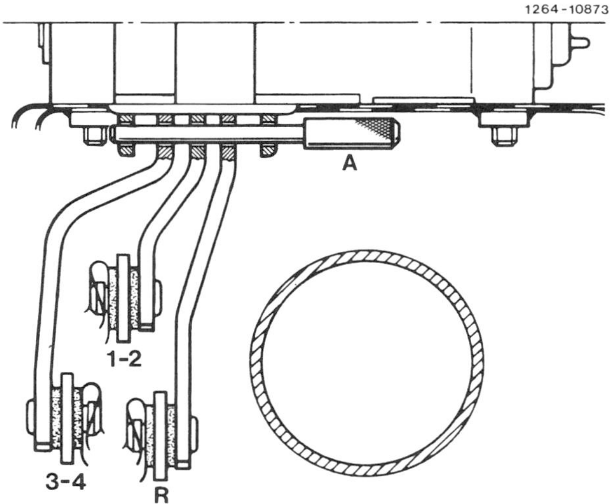

- Fixierbolzen –A– unten am Schaltbock in die Bohrungen einführen und dadurch die 3 Zwischenhebel fixieren.

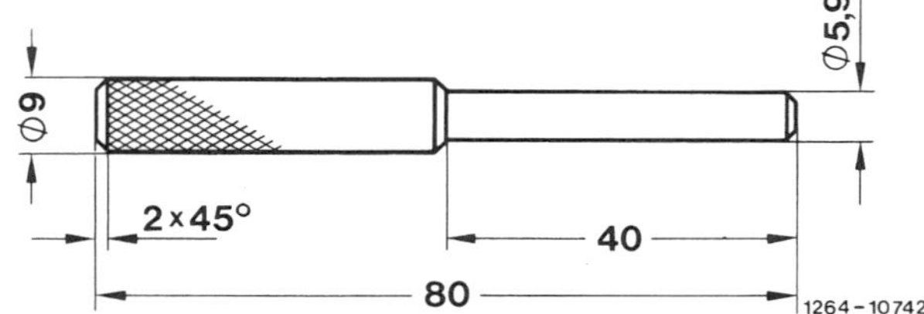

- Falls erforderlich, Fixierbolzen nach den angegebenen Maßen anfertigen.
- Die Schaltstangen müssen sich nun spannungsfrei auf die Bolzen der Zwischenhebel drücken lassen. Andernfalls Kontermutter lösen und jeweilige Schaltstange auf die entsprechende Länge einstellen. Kontermutter festziehen.
- Schaltstangen mit Sicherungsklammern sichern. **Achtung:** Es dürfen nur Sicherungsklammern mit Abrundungen verwendet werden, siehe Seite 143.
- Fixierbolzen herausnehmen.
- Schaltung bei laufendem Motor auf Funktion prüfen. Die Gänge müssen sich ohne zu haken einlegen lassen.

Die Vollautomatik

Der MERCEDES wird auf Wunsch mit einem automatischen Getriebe ausgestattet. Das Automatikgetriebe hat vier beziehungsweise fünf Schaltstufen (Gänge), die automatisch geschaltet werden.

Um schneller beschleunigen zu können, zum Beispiel bei Überholvorgängen, hat die Automatik einen sogenannten Kickdown-Schalter, der durch das volle Niedertreten des Gaspedals betätigt wird. Der Kickdown-Schalter bewirkt, daß das Getriebe entweder länger im kürzeren Gang verweilt oder daß es von einem höheren in einen niedrigeren Gang zurückschaltet.

Für die Beurteilung der Funktion der Getriebeautomatik und für die richtige Fehlersuche ist Erfahrung mit automatischen Getrieben und die Kenntnis der Arbeitsweise unerläßlich. Da diese Materie nur durch lange Berufserfahrung erworben werden kann, beschränke ich mich deshalb im Kapitel Automatik auf einige leichte Überprüfungsarbeiten.

Abschleppen von Fahrzeugen mit Automatik

- Wählhebelstellung „N".

Maximale Schleppgeschwindigkeit: 50 km/h!

Maximale Schleppentfernung: 50 Kilometer!

- Über große Entfernungen muß der Wagen hinten angehoben werden, oder die Gelenkwelle muß an der Hinterachse abgeflanscht werden. Grund: Bei stehendem Motor arbeitet die Getriebeölpumpe nicht, das Getriebe wird für höhere Drehzahlen und längere Laufzeiten daher nicht ausreichend geschmiert.
- Zündung einschalten, damit das Lenkrad nicht blockiert ist und die Blinkleuchten, das Signalhorn und gegebenenfalls die Scheibenwischer betätigt werden können.
- Da der Bremskraftverstärker nur bei laufendem Motor arbeitet, muß bei Fahrzeugen mit Bremskraftverstärker bei nicht laufendem Motor das Bremspedal entsprechend kräftiger getreten werden!

Ölstand im automatischen Getriebe prüfen

Der vorgeschriebene Ölstand ist für die einwandfreie Funktion des automatischen Getriebes äußerst wichtig. Darum ist die Prüfung mit großer Sorgfalt im Rahmen der regelmäßigen Wartung durchzuführen.

Der Peilstab für die Prüfung befindet sich im Motorraum. Hier wird auch das ATF (Automatic Transmission Fluid) eingefüllt.

- ATF-Stand bei warmem Motor prüfen.

Achtung: Bei der Prüfung soll das Getriebeöl eine Temperatur von ca. 80° C besitzen. Bei höheren oder niedrigeren Temperaturen kann der Ölstand über oder unter der Prüfmarkierung liegen (Wärmeausdehnung des ATF). Beispielsweise liegt der maximale Ölstand bei kaltem Motor (20° bis 30° C) ca. 12 mm (300E: ca. 10 mm) unter der Minimummarke. Einwandfreie Messungen sind deshalb nur im angegebenen Temperaturbereich möglich.

- Fahrzeug auf ebener Fläche abstellen.
- Motor im Leerlauf ca. 1 bis 2 Minuten laufen lassen.
- Wählhebel in Stellung „P" legen, Feststellbremse anziehen.
- Der Motor dreht während der Prüfung im Leerlauf.

Benzinmotor

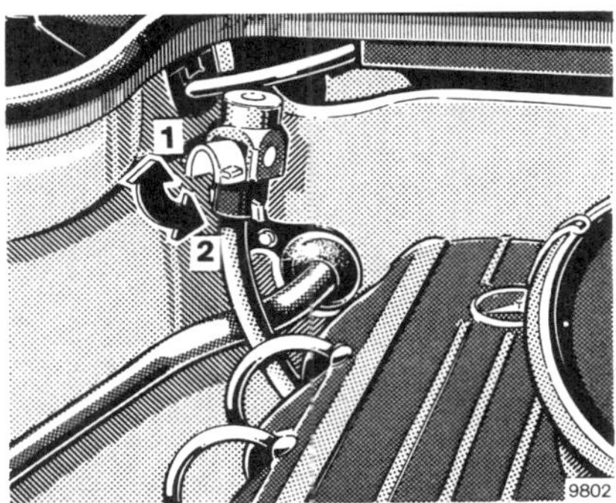

Dieselmotor

- Verschlußhebel in Stellung –1– bringen und Ölmeßstab herausziehen.

- Der Flüssigkeitsstand muß etwa an der Max.-Markierung des Peilstabes liegen.

Achtung: Bei zu niedrigem Ölstand wird von der Ölpumpe deutlich hörbar Luft angesaugt. Das Öl schäumt dadurch auf und kann bei der Ölstandsprüfung zu einem falschen Ergebnis führen. In diesem Fall Motor abstellen, nach ca. 2 Minuten etwas Öl nachfüllen und anschließend Ölstand nochmals bei laufendem Motor prüfen.

- Zum Abwischen des Peilstabes darf nur ein sauberer, nicht fasernder Lappen verwendet werden.

- Muß ATF nachgefüllt werden, sauberen Trichter und feinmaschiges Sieb verwenden. Nachfüllmenge zwischen Min.- und Max.-Markierung am Peilstab ca. 0,3 l.

Achtung: Nicht zuviel Öl einfüllen. Zuviel Öl kann Störungen in der Automatik hervorrufen. In jedem Fall muß zuviel eingefülltes Öl wieder abgelassen werden.

- Altes Öl gleichzeitig am Peilstab auf Aussehen und Geruch prüfen. Verbrannte Reibbeläge verursachen Brandgeruch. Durch verschmutztes Öl können Störungen in der Getriebesteuerung auftreten.

Achtung: Es dürfen nur die vom Werk freigegebenen ATF-Öle verwendet werden.

Alle zugelassenen ATF-Öle lassen sich miteinander mischen. Keine Zusatzschmiermittel verwenden.

Ohne ATF-Füllung im Drehmomentwandler und automatischen Getriebe darf weder der Motor laufen noch darf der Wagen abgeschleppt werden.

- Fußbremse betätigen und sämtliche Wählhebelstellungen langsam durchschalten. Anschließend Ölstand nochmals kontrollieren.

ATF-Ölwechsel

Die ATF-Füllung wird normalerweise alle 60000 km gewechselt, gleichzeitig wird auch der Filter gewechselt. Bei erschwerten Einsatzbedingungen (Anhängerbetrieb, überwiegend Kurzstrecken- und Großstadtverkehr, extrem hohe Außentemperaturen) ist es notwendig, die Füllung alle 30000 km zu wechseln (ohne Filterwechsel).

Achtung: Getriebeöl ordnungsgemäß entsorgen, keinesfalls einfach wegschütten oder dem Hausmüll mitgeben. Altöl wird von den Verkaufsstellen zurückgenommen.

Modell/Motor	Getriebe-Ölwechselmenge
4- und 5-Zylinder*	5,5 Liter
6-Zylinder Benzin*	6,2 Liter
6-Zylinder Diesel	6,0 Liter
8-Zylinder	7,7 Liter
*) Abweichungen: 230E, 260E, 250 Turbodiesel	6,0 Liter

Ohne ATF-Füllung im Drehmomentwandler und automatischen Getriebe darf der Motor nicht laufengelassen werden. Auch darf das Fahrzeug ohne ATF-Füllung nicht abgeschleppt werden.

Ablassen

- Wählhebel in Stellung „P" bringen.
- Fahrzeug waagerecht aufbocken.
- Gegebenenfalls untere Motorraumverkleidung ausbauen.
- Öl-Auffangwanne unter Getriebe stellen.

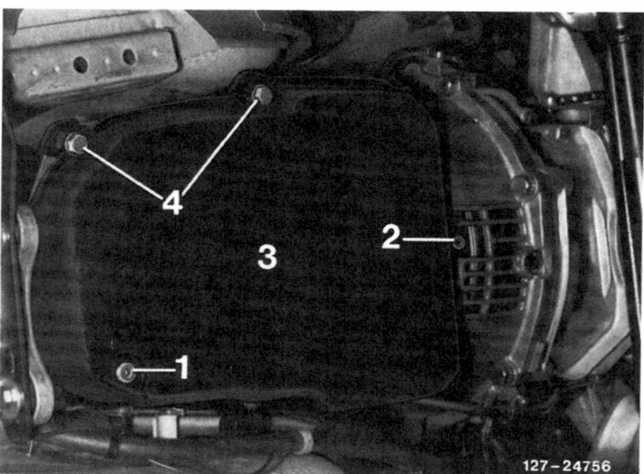

- Ablaßschraube –1– an der Ölwanne –3– herausdrehen und Öl ablaufen lassen.
- Motor an der Kurbelwelle-Riemenscheibe in Motordrehrichtung durchdrehen (Helfer), bis die Ablaßschraube –2– am Drehmomentwandler über der Öffnung im Lüftungsgitter steht. Motor durchdrehen, siehe Kapitel »Zylinderkopf aus- und einbauen« auf Seite 22.
- Ablaßschraube –2– herausdrehen und Öl ablaufen lassen.
- Ölwanne –3– abschrauben –4–.

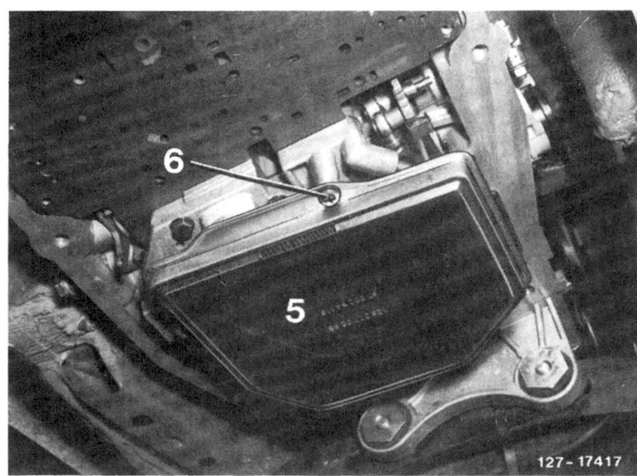

- Ölfilter –5– abschrauben –6– und nach unten abnehmen.
- Neuen Ölfilter mit ca. 4 Nm anschrauben.
- Ölwanne sorgfältig reinigen und mit neuer Dichtung ansetzen.

Achtung: Zum Reinigen nur sauberen, nicht fasernden Lappen verwenden und auf peinlichste Sauberkeit bei sämtlichen Arbeitsschritten achten.

- Befestigungsschrauben für Ölwanne gleichmäßig mit 8 Nm festziehen.
- Ablaßschrauben mit neuen Dichtringen einschrauben und mit 14 Nm festziehen.
- Fahrzeug ablassen.

Auffüllen

- Feststellbremse anziehen.
- Peilstab herausziehen und bei stehendem Motor ca. 4 l ATF mit einem sauberen Trichter und einem feinmaschigen Sieb einfüllen.
- Motor starten und im Leerlauf drehen lassen.
- Restliches ATF-Öl auffüllen. Ölstand mit Peilstab kontrollieren. Bei einer ATF-Temperatur von +20° bis 30° C muß der maximale Ölstand 12 mm unter der Min.-Marke liegen.
- Bei stehendem Fahrzeug sämtliche Wählhebelstellungen durchschalten. dabei Wählhebel jeweils einige Sekunden in den einzelnen Stellungen belassen. Anschließend Wählhebel wieder in Stellung „P“ bringen.
- Kurze Probefahrt durchführen und dadurch ATF auf die Betriebstemperatur von 80° C bringen.
- Fahrzeug waagerecht abstellen.
- Bei Leerlaufdrehzahl ATF-Stand prüfen, gegebenenfalls bis zur oberen Peilstabmarkierung auffüllen.

Steuerdruckzug einstellen

Die Einstellung des Steuerdruckzuges ist in den folgenden Fällen zu überprüfen, gegebenenfalls zu korrigieren:

- Grundsätzlich beim Einstellen des Gaszuges.
- Wenn die Schaltstöße im Teillastbereich, also bei mittlerer Drehzahl, zu stark sind. Dabei Steuerdruckzug nicht zu kurz einstellen, da sonst keine Bremsschaltungen mehr erfolgen.
- Hochschaltungen erfolgen nur im oberen Geschwindigkeitsbereich der Gänge.
- Hochschaltungen erfolgen nur im unteren Geschwindigkeitsbereich der Gänge, der Zug ist dann unter Umständen ausgehängt oder gerissen.
- Kein Zurückschalten bei voll durchgetretenem Gaspedal (Kick-down).
- Keine Bremsschaltungen möglich, das heißt, beim Zurückschalten des Wählhebels zum Beispiel von „D“ in „3“ schaltet das Getriebe nicht.

Achtung: Die angeführten Beanstandungen können auch andere Ursachen haben. Da die Beurteilung der Störungen eine spezielle Erfahrung erfordert, sollte die weitergehende Fehlersuche und deren Behebung der Werkstatt überlassen werden.

- Motor auf Betriebstemperatur bringen.

Achtung: Einstellung des Gaszuges prüfen, gegebenenfalls einstellen, siehe Seite 84, 97, 115, 124.

- Motor im Leerlauf laufen lassen, Schlauch zum Unterdruckregler mit Schraubklemme abklemmen und Motor abstellen.

- Kugelpfanne –19– aushängen, dann Steuerdruckzug nach vorn ziehen, bis geringer Widerstand spürbar wird.
- In dieser Stellung Kugelpfanne über den Kugelkopf halten und spannungsfrei einhängen. Gegebenenfalls Steuerdruckzug mit Einstellschraube –15– einstellen.

Die Vorderachse

Die Vorderachse des MERCEDES besteht aus Dämpferbeinen, Dreieck-Querlenkern sowie separat angeordneten Schraubenfedern. Ein Querstabilisator sorgt für bessere Bodenhaftung der Vorderräder.

Die Dämpferbeine sind als Gasdruckstoßdämpfer ausgelegt. Sie sind mit der Karosserie und mit den Achsschenkeln verschraubt. Gleichzeitig dienen sie als Ausfederungsanschlag für die Vorderräder.

Die Querlenker sind über die Achsgelenke an den Achsschenkeln und mit Gummilagern am Aufbau befestigt.

4 Dreiecks-Querlenker
5 Achsschenkel
10 Stabilisator
11 Dämpferbein
11h PU-Zusatzfeder
12 Vorderfeder
20 Exzenterschraube hinten
22 Lagerung für Stabilisator
24 Lenkstockhebel
27 Lenkstange
28 Spurstange
29 Lenkspurhebel
46 Lenkungsdämpfer

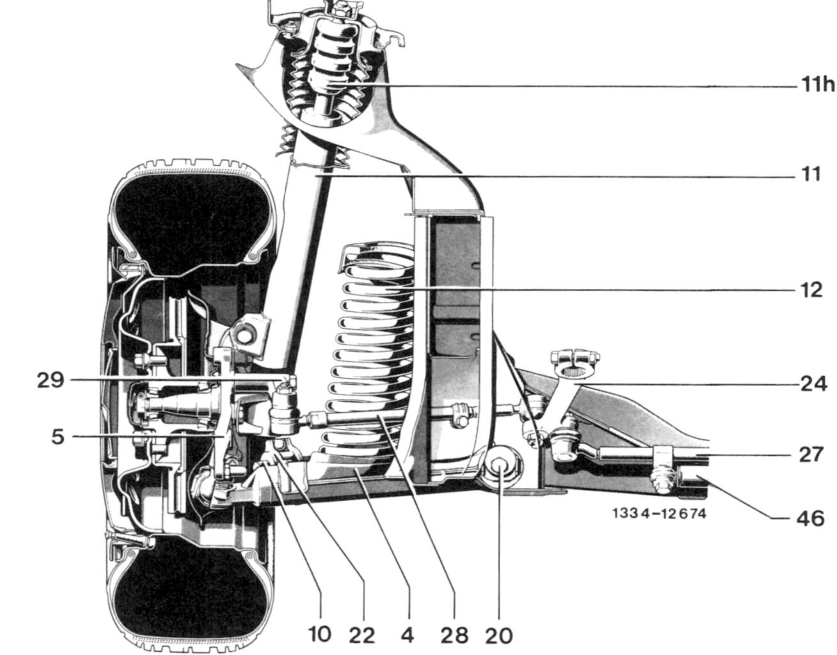

Dämpferbein aus- und einbauen

Dämpferbeine sind im Reparaturfall, unabhängig vom Fabrikat, einzeln austauschbar. Die Ausführung der Dämpferbeine (Farbstrich-Kennzeichnung) muß jedoch übereinstimmen.

Ausbau

- Radschrauben lösen.
- Fahrzeug vorn aufbocken, Rad abnehmen.
- Federspanner in Schraubenfeder einsetzen und Feder so weit spannen, bis der Querlenker entlastet ist. Dabei soll der Spanner 7 ½ Windungen der Feder umfassen.
- Querlenker mit Werkstattwagenheber und Holzzwischenlage leicht abstützen.

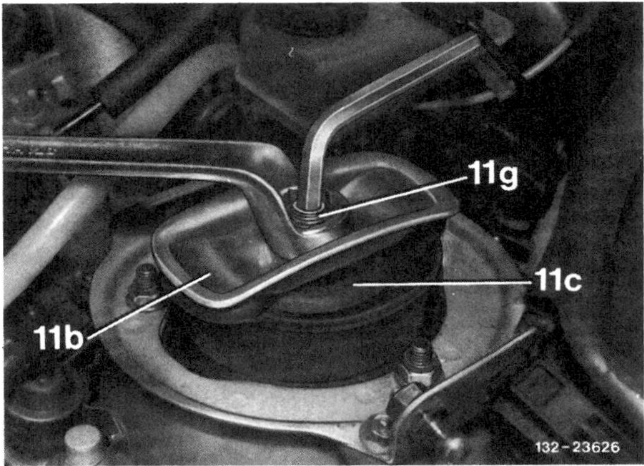

- Obere Befestigungsmutter mit tiefgekröpftem Ringschlüssel abschrauben. Dabei mit 8 mm-Innensechskantschlüssel an der Kolbenstange –11g– gegenhalten. Unterlegscheibe abnehmen. –11b– Ausfederungsbegrenzung, –11c– Gummilager.

Achtung: Die Befestigungsmutter darf nur gelöst werden, wenn die Schraubenfeder gespannt und der Querlenker abgestützt ist.

Hinweis: Steht kein geeigneter Federspanner zur Verfügung, Querlenker mit Wagenheber oder Unterstellbock abstützen, damit sich nach dem Lösen der oberen Dämpferbefestigung die Schraubenfeder nicht entspannen kann.

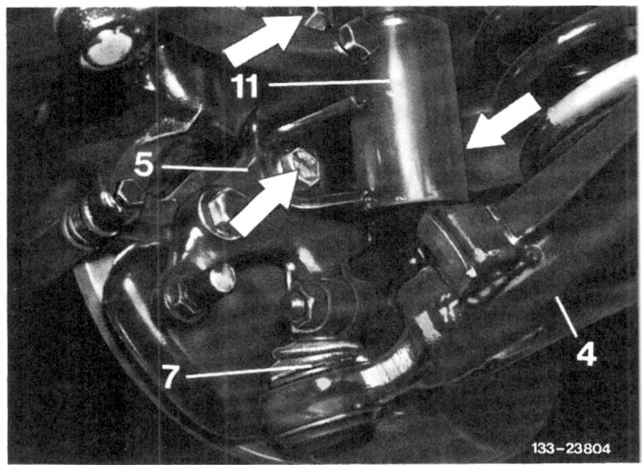

- Dämpferbein –11– vom Achsschenkel –5– abschrauben, dazu Sechskantschrauben –Pfeile– herausdrehen.

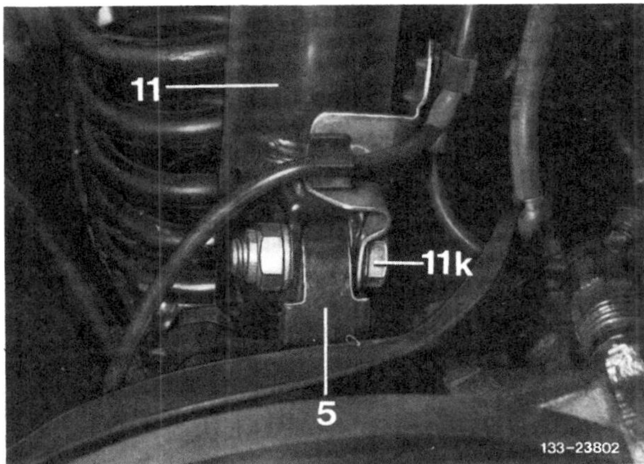

- Selbstsichernde Mutter abschrauben und Sechskantschraube –11k– mit Unterlegscheiben herausnehmen.

- Dämpferbein nach unten vorn herausnehmen.

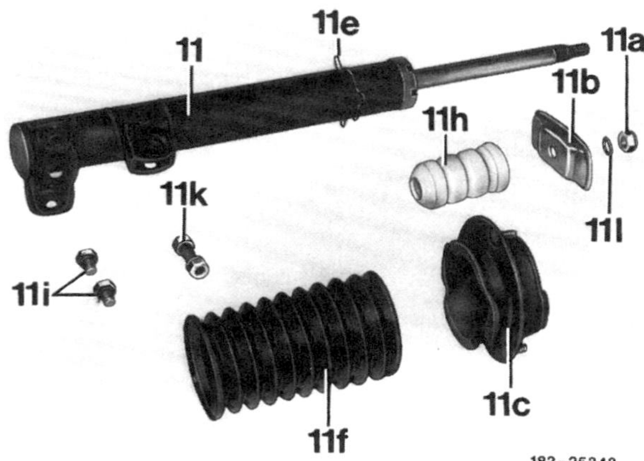

- Achsschenkel mit Drahthaken so anhängen, daß er nicht wegkippen kann. **Achtung:** Bremsschlauch und angeschlossene elektrische Leitungen dürfen nicht auf Zug beansprucht werden.
- Falls erforderlich, Gummilager für Dämpferbein abschrauben und nach unten herausnehmen.

Einbau

Vor dem Einbau Stoßdämpfer prüfen, Kunststoff-Feder, Gummilager und Manschette auf Porosität beziehungsweise Beschädigung prüfen und gegebenenfalls austauschen. Nur Dämpferbein mit gleicher Farbkennzeichnung einbauen.

- Falls das Gummilager ausgebaut wurde, vor dem Einsetzen Manschette an den beiden kürzeren Kragen –Pfeil– am Gummilager einhängen. Gummilager mit **neuen** selbstsichernden Muttern und **20 Nm** anschrauben.
- Achsschenkel an der Anlagefläche der Dämpferbeinbefestigung reinigen.

- Dämpferbein komplettieren: Anschlagring –11e– über das Dämpferbeinrohr –11– stecken, zusammenhaken und bis zur Verdickung beziehungsweise auf die Ringsicke schieben. Gummipuffer –11h– auf die Kolbenstange schieben. 11a– Sechskantmutter. 11l– Scheibe. 11f– Manschette.
- Dämpferbein von unten in das Gummilager –11c– einführen.
- Dämpferbein an die Anlageflächen des Achsschenkels ansetzen, dabei muß die Bohrung am Dämpferbein in den Führungsbolzen am Achsschenkel eingreifen.
- Anschließend zuerst unten neue selbstsichernde Schrauben –11i in Abbildung 182–25343– hineindrehen, nicht festziehen.
- Dämpferbein gegen den Achsschenkel drücken und zur Anlage bringen, dann die obere Schraube –11k– mit Scheiben einsetzen und **neue** selbstsichernde Mutter leicht anziehen.

Achtung: Vor dem Festziehen der Schrauben Anlage des Dämpferbeines an Achsschenkelflächen und Führungsbolzen nochmals kontrollieren.

- Zuerst die beiden unteren Schrauben je nach Festigkeitsklasse (steht auf der Schraube) festziehen. Ausführung 10.9: **100 Nm**; Ausführung 12.9: **110 Nm**. Dann die obere Klemmverbindung je nach Festigkeitsklasse festziehen. Ausführung 10.9: **75 Nm**; Ausführung 12.9: **110 Nm**.

Achtung: Reihenfolge unbedingt einhalten, da hiervon die Einhaltung der Sturztoleranzen abhängt.

- Querlenker mit Wagenheber langsam anheben, Ausfederungsanschlag –11b– aufsetzen.
- **Neue** Unterlegscheibe über Kolbenstange schieben sowie **neue** selbstsichernde Mutter mit **60 Nm** festziehen.
- Schraubenfeder langsam entspannen, dabei auf richtigen Sitz des Gummilagers oben im Rahmenboden und passenden Windungsauslauf der Feder im Querlenker achten.
- Vorderrad montieren, Fahrzeug ablassen und Schrauben über Kreuz mit 110 Nm festziehen.

Stoßdämpfer prüfen

Klopf- und Poltergeräusche bei den hinteren Stoßdämpfern können folgende Ursachen haben:

- Obere Aufhängung nicht richtig montiert.
- Gummilager im unteren Gehäuseauge lose.
- Bei großem Ölverlust kann beim Einfedern der Trennkolben gegen die Kolbenstange klopfen.
- Arbeitskolben lose. Am ausgebauten Stoßdämpfer in Einbaulage Kolbenstange eindrücken, loslassen und wieder eindrücken. Wenn beim Wechsel zwischen Druck und Zug ein Klopfen auftritt, Stoßdämpfer auswechseln.

Zischgeräusche bei den hinteren Stoßdämpfern

- Bei undichtem Trennkolben kann Gas in das Ölsystem eintreten und zur Schaumbildung führen, dies führt dann während der Fahrt zu Zischgeräuschen. In diesem Fall Stoßdämpfer austauschen, auch wenn er noch funktionstüchtig ist.

Ausgebauten Stoßdämpfer prüfen (vorn und hinten)

- Stoßdämpfer ausbauen.
- Kolbenstange sorgfältig auf Oberflächenbeschädigungen überprüfen.
- Kolbenstange auf Verbiegung prüfen. Stoßdämpfer in Einbaulage auf Holzunterlage stellen. Kolbenstange einschieben, eine verbogene Kolbenstange klemmt dabei in der Führungsbuchse.

Achtung: Ein geringer Ölfilm an der Kolbenstange ist konstruktiv bedingt.

- Stoßdämpfer in Einbaulage halten, Stoßdämpfer auseinanderziehen und zusammendrücken. Dabei muß sich der Stoßdämpfer über den gesamten Hub gleichmäßig und ruckfrei bewegen lassen.
- Bei starkem Ölverlust Stoßdämpfer austauschen. Dämpferöl kann nicht nachgefüllt werden.

Schraubenfeder vorn aus- und einbauen

Achtung: Je nach Ausstattung des Fahrzeuges sind unterschiedliche Schraubenfedern mit den jeweils dazu passenden Gummilagern eingebaut. Zur Kennzeichnung der Federn sind am letzten, unteren Windungsgang ein roter oder blauer Farbstrich angebracht sowie die Teile-Nr. eingeschlagen. Beim Auswechseln nur Feder gleicher Kennzeichnung einbauen.

Ausbau

- Radschrauben lösen, Fahrzeug vorn aufbocken, Vorderrad abnehmen.
- Dämpferbein oben ausbauen, dazu Schraubenfeder mit geeignetem Federspanner spannen, Querlenker mit Werkstattwagenheber und Holzzwischenlage unterstützen, siehe Seite 151.

132–23792

- Querlenker etwas ablassen und gespannte Schraubenfeder mit Gummilager nach vorn herausnehmen.
- Gummilager nach links drehen und abnehmen.
- Feder längs zwischen Schraubstockbacken legen und langsam entspannen.

Einbau

Vor dem Einbau Gummilager auf Porosität oder Beschädigung prüfen, gegebenenfalls ersetzen. Anlagefläche am Querlenker reinigen.

- Federspanner ansetzen und Feder langsam spannen.

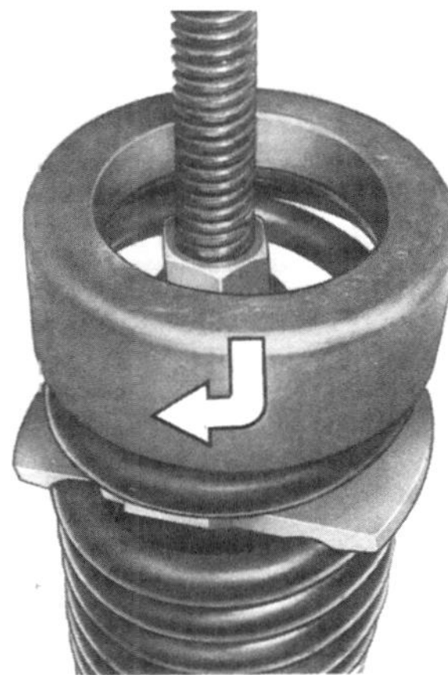
132–21283

- Gummilager mit einer Rechtsdrehung –Pfeil– auf die Feder aufsetzen.

- Schraubenfeder so einsetzen, daß das Ende der unteren Windung in der Vertiefung im Querlenker sitzt –Pfeil–.
- Querlenker mit Werkstattwagenheber etwas anheben und Dämpferbein oben einführen und anschrauben.

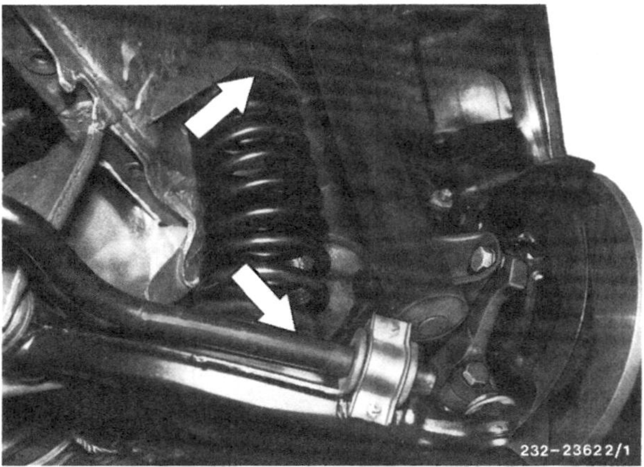

- Schraubenfeder langsam entspannen, dabei auf richtigen Sitz des Gummilagers im Rahmenboden und unten am Querlenker achten –Pfeile–.
- Vorderrad anschrauben, Fahrzeug ablassen, Radschrauben über Kreuz mit 110 Nm festziehen.
- Fahrzeugniveau an der Vorderachse prüfen lassen.
- Scheinwerfer einstellen lassen.

Radlagerspiel vorn einstellen

- Radschrauben lösen.
- Fahrzeug aufbocken, Rad abnehmen.

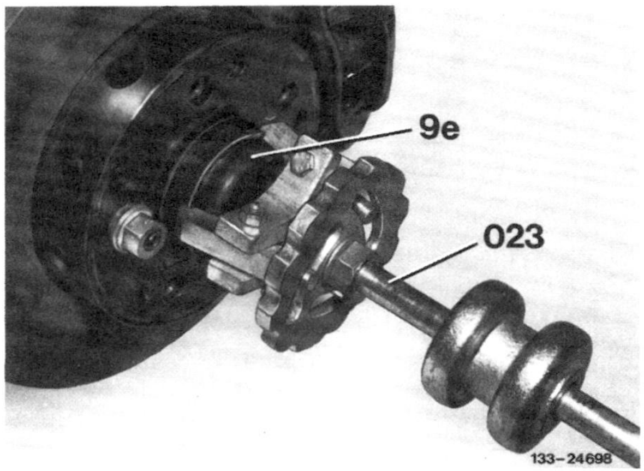

- Bremsscheibe mit 2 Radschrauben an Nabe anschrauben.
- Scheibenbremsbeläge mit Schraubendreher vorsichtig von der Bremsscheibe wegdrücken. Falls erforderlich, obere Befestigungsschraube lösen und Zylindergehäuse wegklappen.
- Nabenkappe –9e– mit Abziehgerät 023 anziehen, oder mit Gummihammer abschlagen.

- Kontaktfeder für Radioentstörung abnehmen.

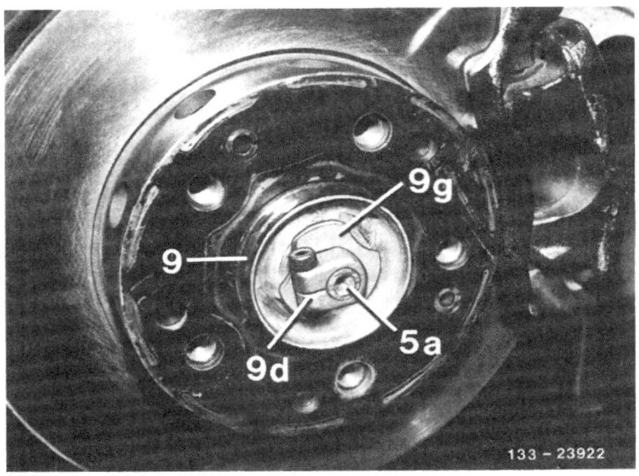

- Innensechskantschraube der Klemm-Mutter –9d– lösen.
- Klemm-Mutter unter gleichzeitigem Drehen der Nabe –9– so weit anziehen, bis sich die Nabe kaum noch drehen läßt. Anschließend Klemm-Mutter ca. ⅓ Umdrehung zurückdrehen und durch einen Schlag mit einem Kunststoffhammer auf den Achsschenkelzapfen –5a– Spannung lösen.
- Das Radlagerspiel ist richtig eingestellt, wenn sich die Scheibe –9g– hinter der Klemm-Mutter **satt, das heißt mit geringem Kraftaufwand** noch drehen läßt. Sonst Klemm-Mutter etwas anziehen oder lösen.

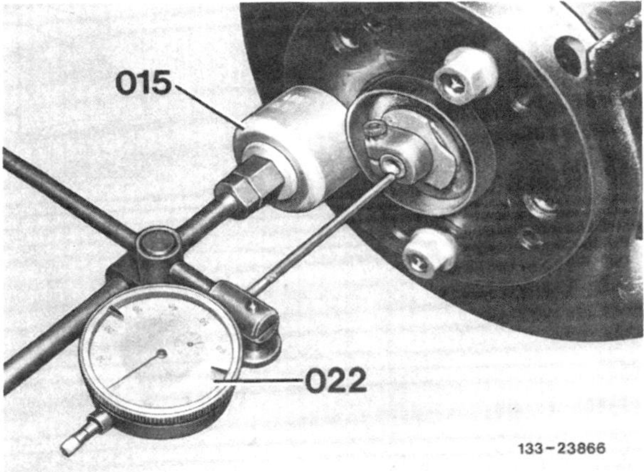

- Die Werkstatt mißt das Axialspiel des Radlagers mit Hilfe einer Meßuhr und des entsprechenden Halters. Sollwert bei richtig eingestelltem Spiel: 0,01–0,02 mm.
- Meßuhr auf 2 mm Vorspannung einstellen.
- Spiel durch kräftiges Ziehen und Drücken am Flansch kontrollieren. Vor jedem Messen Radnabe einige Male durchdrehen.

Achtung: Während der Messung darf sich die Radnabe nicht verdrehen.

- Innensechskantschraube der Klemm-Mutter mit 12 Nm festziehen und Radlagerspiel nochmals kontrollieren.
- Kontaktfeder für Radioentstörung einsetzen.

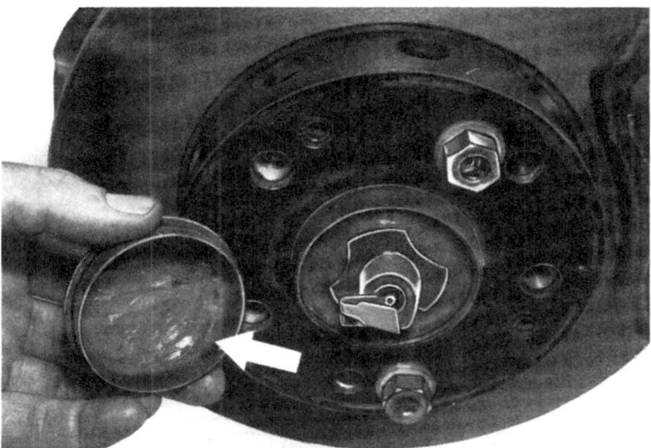

- Nabenkappe bis zum Bördelrand –Pfeil– mit Hochtemperatur-Wälzlagerfett füllen. Füllmenge ca. 15 Gramm.
- Nabenkappe mit Spezialwerkzeug 023 aufdrücken oder mit Gummihammer einschlagen.
- Falls abgebaut, Zylindergehäuse des Bremssattels einbauen.
- Die beiden Radschrauben herausdrehen und das Vorderrad anschrauben.
- Fahrzeug ablassen, Radschrauben über Kreuz mit 110 Nm festziehen.

Wartungsarbeiten an der Vorderachse

Sichtprüfung der Vorderachse

- Fahrzeug vorn aufbocken.
- Untere Motorraumabdeckung ausbauen.

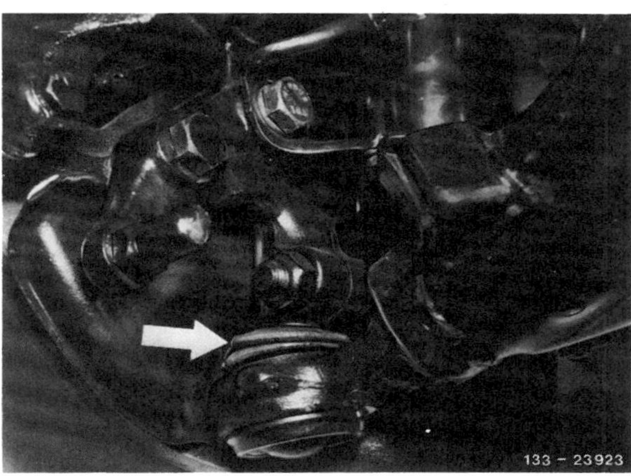

- Mit Lampe Staubkappen auf Beschädigung überprüfen, dabei auf Fettspuren an der Kappe und in deren Umgebung achten.

Achtung: Wenn die Staubkappe beschädigt ist, Achsgelenk umgehend ersetzen.

- Dämpferbein auf Ölspuren überprüfen. Ein geringer Ölfilm ist normal. Andernfalls Dämpferbein ausbauen und prüfen, siehe Seite 151.
- Untere Motorraumabdeckung einbauen.
- Fahrzeug ablassen und Radschrauben mit 110 Nm über Kreuz festziehen.

Achsgelenke auf Spiel prüfen

- Fahrzeug vorn aufbocken.

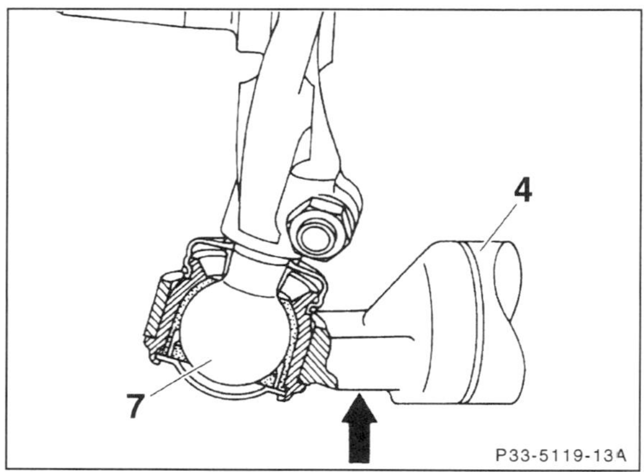

- Achsgelenk –7– auf Spiel prüfen. Dazu muß von unten gegen den Querlenker –4– gedrückt werden –Pfeil–.

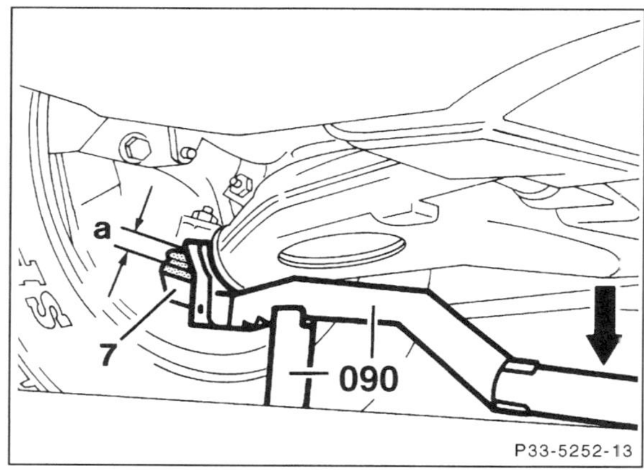

- Die Werkstatt verwendet das Spezialwerkzeug –090–, um das Spiel –a– zu prüfen. Es handelt sich dabei um einen Hebel mit einer Abstützvorrichtung. Die Prüfung kann mit einem entsprechenden Werkzeug selbst durchgeführt werden.
- Falls Spiel vorhanden ist, Achsgelenk –7– ersetzen.

Hinweis: In der Werkstatt wird oftmals der gesamte Querlenker mit Achsgelenk erneuert. Das Achsgelenk kann aber, wenn es nicht eingeschweißt ist, einzeln erneuert werden, indem es aus dem Querlenker ausgepreßt wird. Reparatur von einer Fachwerkstatt durchführen lassen, da ein geeignetes Ausdrückwerkzeug benötigt wird. Außerdem muß die Vorderachse nach der Reparatur neu vermessen werden.

Die Hinterachse

Der MERCEDES besitzt eine Raumlenker-Hinterachse mit Einzelradaufhängung. Zur Abfederung dienen Schraubenfedern und hydraulische Stoßdämpfer.

In der Mitte der Hinterachse befindet sich das Hinterachsgetriebe. Es ist am Achsträger befestigt und über 4 Schubgummilager mit dem Rahmenboden verbunden.

Auf beiden Seiten des Achsträgers sind je 5 Lenker (Federlenker, Zugstrebe. Schubstrebe, Sturzstrebe und Spurstange) elastisch gelagert. Die Lenker sind auf der anderen Seite übe- Gummilager mit dem Radträger verbunden.

Die Schraubenfedern und Stoßdämpfer sind zwischen Federlenker und Rahmenboden angeordnet. Die Stoßdämpfer befinden sich in der Nähe der Radträger und außerhalb der Federn

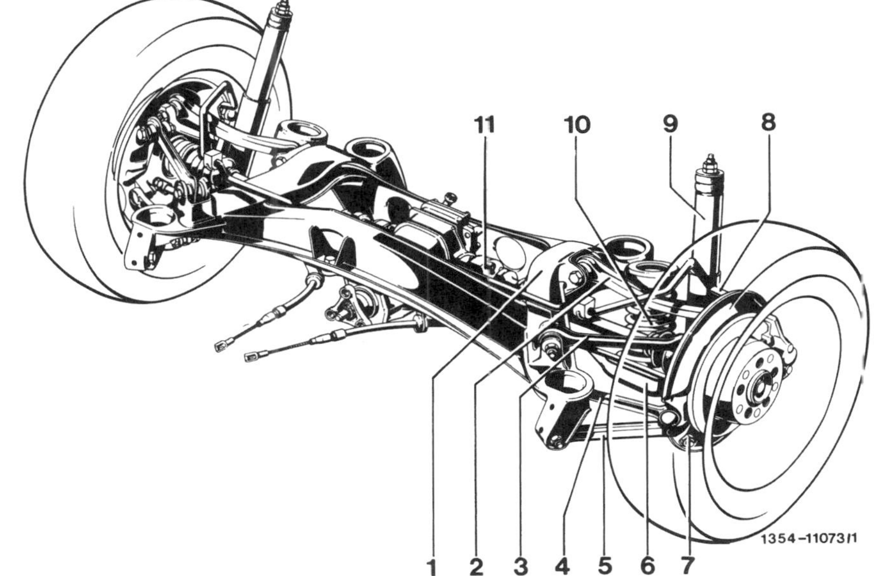

1 Hinterachsträger
2 Sturzstrebe
3 Zugstrebe
4 Spurstange
5 Schubstrebe
6 Federlenker mit Abdeckung
7 Radträger
8 Stabilisator
9 Stoßdämpfer
10 Hinterfeder
11 Hinterachswelle

Stoßdämpfer hinten aus- und einbauen

Stoßdämpfer sind im Reparaturfall, unabhängig vom Fabrikat, einzeln austauschbar. Die Ausführung der Stoßdämpfer (Farbstrich-Kennzeichnung) muß jedoch übereinstimmen.

Achtung: Beim Lösen der oberen Aufhängung darf sich das Stoßdämpferrohr nicht mitdrehen, sonst könnte sich die Befestigung des Arbeitskolbens lösen. Unfallgefahr!

Ausbau

- Kofferraum-Verkleidung ausclipsen und herausnehmen.

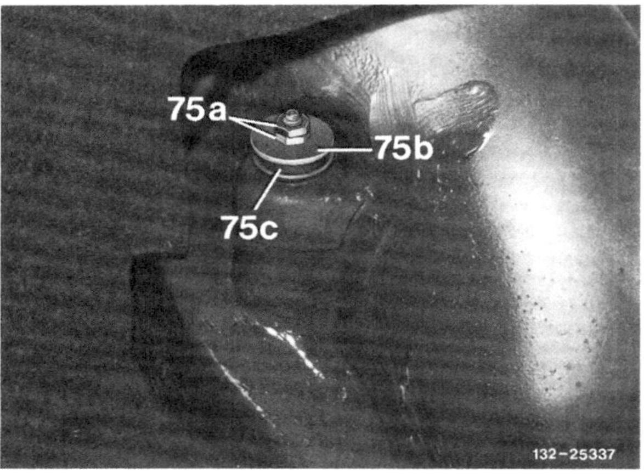

- Muttern –75a– abschrauben. Wenn sich hierbei das Stoßdämpferrohr mitdreht, dieses mit der Hand im Radlauf festhalten. Beim Lösen der Kontermutter untere Mutter mit flachem Gabelschlüssel (SW 17) gegenhalten.
- Fahrzeug hinten aufbocken.

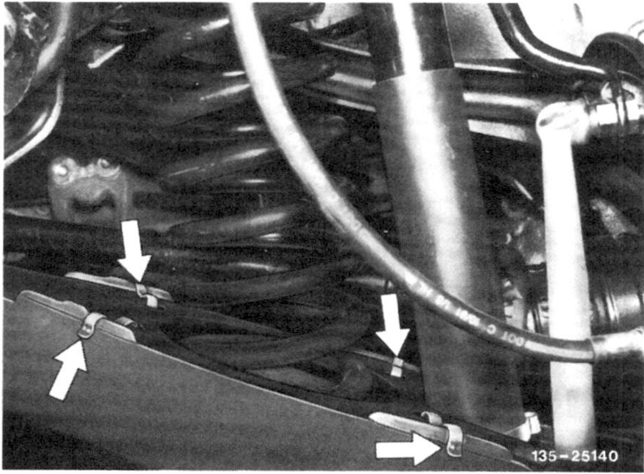

- Halteklammern –Pfeile– der Federlenker-Abdeckung mit Schraubendreher abhebeln und Abdeckung abnehmen.

- Mutter –Pfeil– am Federlenker –72– abschrauben und Sechskantschraube mit Scheiben herausnehmen.

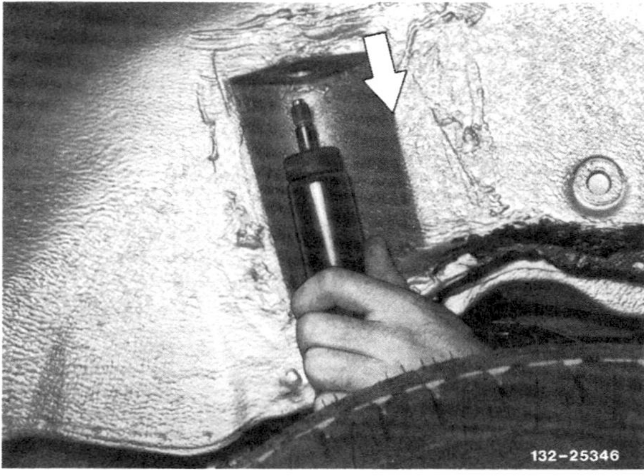

- Stoßdämpfer nach unten aus dem Rahmenboden herausdrücken und nach hinten herausnehmen.

Einbau

- Vor dem Einbau Stoßdämpfer prüfen, siehe Seite 153.
- Gummiteile auf Porosität und Beschädigung prüfen, gegebenenfalls ersetzen.

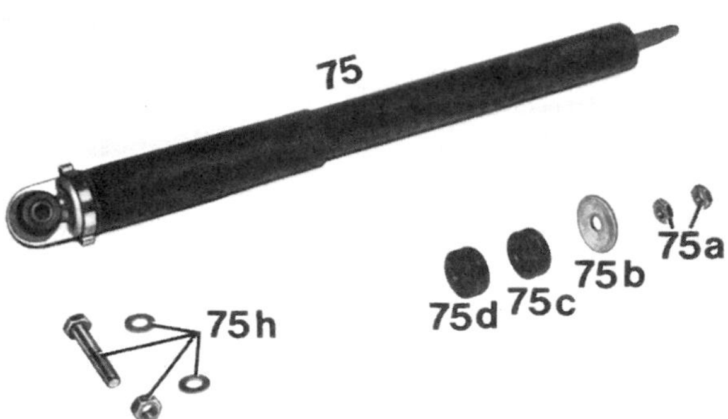

- Gummiring –75d– auf den Stoßdämpfer –75– stecken.
- Stoßdämpfer einsetzen.
- Sechskantschraube –75h– mit Unterlegscheiben einsetzen und **neue** selbstsichernde Mutter mit **65 Nm** festziehen.
- Federlenker-Abdeckung mit Klammern befestigen.
- Fahrzeug langsam ablassen, dabei Stoßdämpfer in die obere Aufnahmebohrung einführen.
- Gummiring –75c– und Scheibe –75b– aufschieben.
- Die beiden Sechskantmuttern –75a– anschrauben, dabei die untere Mutter bis zum Gewindeende anziehen, dann die obere Mutter kontern.

Achtung: Seit **12/86** sind an der Hinterachse Stoßdämpfer mit obenliegender Kolbenstange und geänderter oberer Aufhängung eingebaut. Beim Einbau darauf achten, daß die ballige Seite des unteren Gummiringes –75d– zum Rahmenboden zeigt.

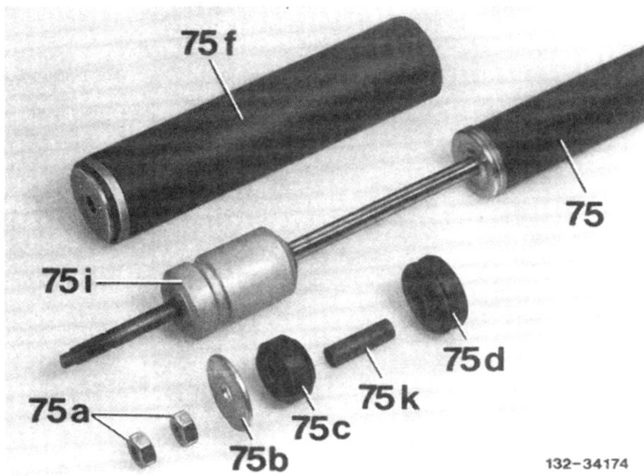

75 Stoßdämpfer
75a Sechskantmuttern
75b Teller
75c Gummiring oben
75d Gummiring unten
75f Gummi-Schutzhülse
75i PU-Zusatzfeder
75k Hülse

- Kofferraum-Verkleidung einsetzen und Clipse eindrücken.

Schraubenfeder hinten aus- und einbauen

Achtung: Je nach Aussstattung des Fahrzeuges sind unterschiedliche Schraubenfedern mit den jeweils dazu passenden Gummilagern eingebaut.

Zur Kennzeichnung der Federn sind am letzten unteren Windungsgang ein roter oder blauer Farbstrich angebracht sowie die Teile-Nr. eingeschlagen. Beim Auswechseln nur Feder mit gleicher Kennzeichnung verwenden.

Ausbau

- Fahrzeug hinten aufbocken.
- Abdeckung für Federlenker abnehmen, siehe Seite 158.
- Schraubenfeder mit geeignetem Federspanner vorspannen, bis der Federlenker entlastet ist. Dabei soll der Federspanner 5 ½ Windungen umfassen.
- Stoßdämpfer unten abbauen.

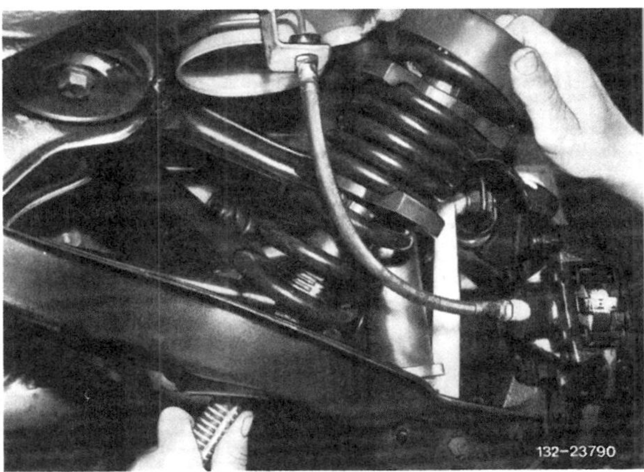

- Hintere Schraubenfeder mit Gummilager herausnehmen.
- Feder längs in Schraubstock einspannen, Gummilager durch Linksdrehung abnehmen und Feder langsam entspannen.

Einbau

Vor dem Einbau Gummilager auf Porosität oder Beschädigung prüfen, gegebenenfalls ersetzen. Anlagebereich am Federlenker reinigen, Wasserablaufbohrung muß frei sein.

- Federspanner ansetzen und Feder langsam spannen.
- Gummilager mit Rechtsdrehung aufsetzen, siehe Seite 153.
- Schraubenfeder so einsetzen, daß das Ende der unteren Windung in der Vertiefung am Federlenker sitzt.
- Feder entspannen, dabei auf richtigen Sitz des Gummilagers im Rahmenboden und im Federlenker achten.
- Federspanner entfernen.
- Stoßdämpfer unten anschrauben.

Hinterachswelle aus- und einbauen

Achtung: Zum Festziehen der Hinterachs-Bundmutter wird ein Drehmomentschlüssel bis mindestens **220 Nm** benötigt.

Ausbau

- Bundmutter mit Zwölfkant-Steckschlüsseleinsatz SW 30 abschrauben.

Achtung: Dabei muß das Fahrzeug auf den Rädern stehen, Gang einlegen, Bremse anziehen. Unfallgefahr!

- Fahrzeug hinten aufbocken.

- Hinterachswelle vom Verbindungsflansch –33– abschrauben. Dazu Innenvielzahnschrauben –35– herausdrehen (SW 10, zum Beispiel HAZET 2751 oder 990 SLg 10) und mit Sicherungsblechen –34– abnehmen. **Achtung:** Auf guten Sitz des Steckschlüsseleinsatzes im Vielzahnprofil des Schraubenkopfes achten, eventuell Vielzahnprofil reinigen.

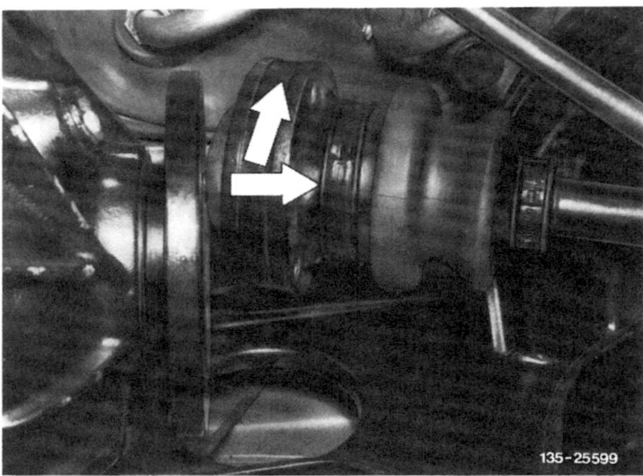

- Hinterachswelle in Axialrichtung schieben –unterer Pfeil–, dann nach oben schwenken – oberer Pfeil–.

- Hinterachswelle aus dem Achswellenflansch herausnehmen. Falls die Welle im Flansch festsitzt, Welle mit geeignetem handelsüblichen Ausdrückwerkzeug herausdrücken.

135-25305

- Hinterachswelle auf der Vorderseite nach unten drücken und abnehmen.

Achtung: Darauf achten, daß sich beim Abnehmen der Hinterachswelle der Abschlußdeckel des Gelenkringes nicht löst.

- Gummimanschetten und Abschlußdeckel auf Dichtheit und Beschädigung prüfen.

Einbau

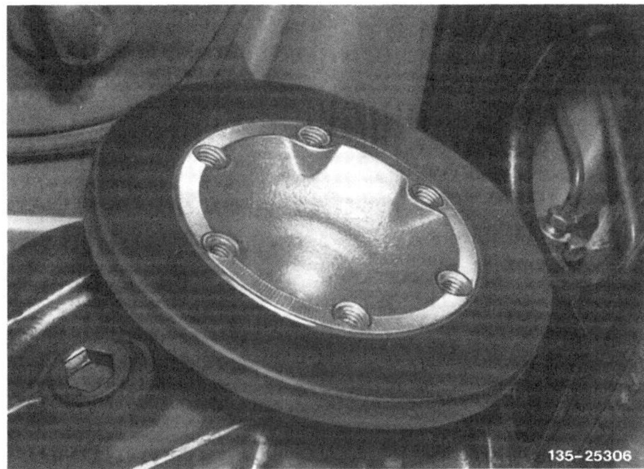

135-25306

- Flanschfläche zwischen Verbindungsflansch und Abschlußdeckel reinigen.
- Hinterachswelle in Hinterachswellenflansch einsetzen.
- Welle von oben an den Verbindungsflansch ansetzen.
- Unterlegbleche ansetzen und **neue** Innenvielzahnschrauben reindrehen. **Achtung:** Vorher Gewinde und Schraubenkopf-Auflage leicht einölen. Gewindedurchmesser messen, da er für das spätere Anzugsdrehmoment maßgebend ist.
- Innenvielzahnschrauben mit M10-Gewinde (Außendurchmesser 10 mm) abwechselnd mit **70 Nm** festziehen. Sind M12-Schrauben eingebaut, diese mit **100 Nm** festziehen.
- Fahrzeug ablassen.
- **Neue** Zwölfkant-Bundmutter anschrauben und mit **220 Nm** festziehen.

Achtung: Dabei muß das Fahrzeug auf dem Boden stehen. Mutter grundsätzlich erneuern. Beim Anziehen Gang einlegen und Bremse anziehen.

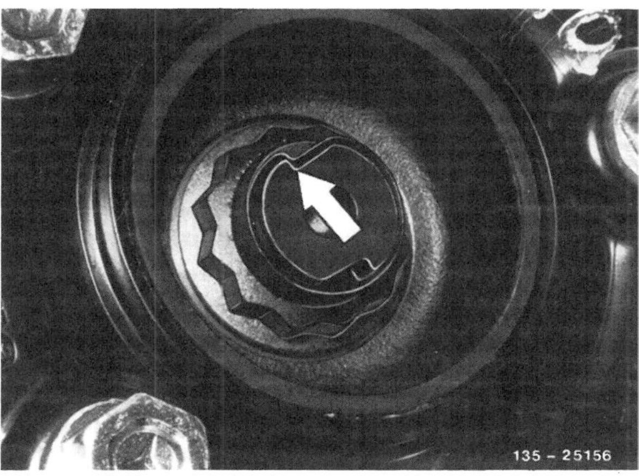

135 - 25156

- Bundmutter am Quetschbund sichern –Pfeil–, dazu Bund der Mutter mit Dorn in die Nut einschlagen.

Hinterachswelle zerlegen/ Gummimanschetten ersetzen

Achtung: Das äußere Gleichlaufgelenk kann nicht zerlegt werden. Nach längerer Laufzeit grundsätzlich beide Manschetten ersetzen.

Zerlegen

- Hinterachswelle ausbauen.

135-22694

- Schraubschellen abschrauben, Klemmschellen durchkneifen und beim Einbau durch Schraubschellen ersetzen.

● Abschlußdeckel mit Dorn vom Gelenkring abdrücken.

● Gummimanschette am Gelenkring abdrücken und auf der Hinterachswelle zurückschieben.

● Mit Lappen Fett vom Gelenk abwischen.

● Sicherungsring mit geeigneter Zange spreizen und abnehmen.

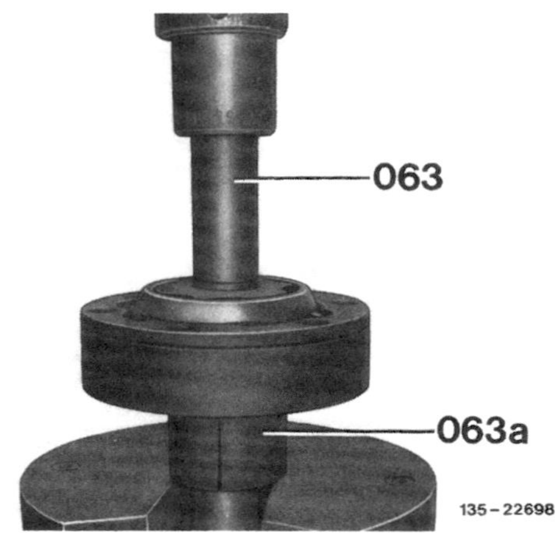

● Inneres Gleichlaufgelenk von der Hinterachswelle abpressen. Hierzu werden ein geeigneter Dorn –063– (∅ = 24 mm, Länge ca. 80 mm) sowie passende Halbschalen –063a– benötigt.

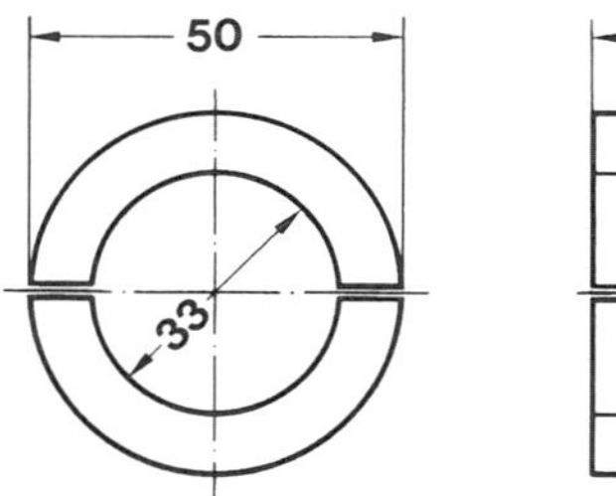

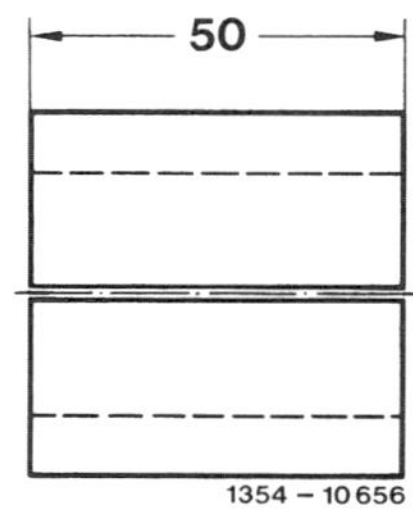

● Die Halbschalen können nach den oben angegebenen Maßen (in mm) selbst angefertigt werden.

● Gummimanschette für inneres Gleichlaufgelenk von der Hinterachswelle abziehen.

● Schlauchschellen für Gummimanschette am äußeren Gelenk lösen und Manschette über die Hinterachswelle abziehen. Dabei darauf achten, daß kein Schmutz in das Gelenk gelangt. Vor dem Abziehen der Manschette das Fett von der Innenseite der Manschette abstreifen und in das Gleichlaufgelenk einfüllen.

● Inneres Gleichlaufgelenk in Benzin auswaschen.

● Hinterachswelle reinigen.

Zusammenbauen

- Für den Manschettenwechsel kompletten Reparatursatz verwenden. Der Reparatursatz besteht aus 1 Sicherungsring, 4 Schlauchschellen, 1 Gummimanschette und 100 Gramm MB-Langzeit-Schmierfett (Menge für ein Gelenk). Bei Fahrzeugen mit längerer Laufzeit empfiehlt es sich, die zweite Gummimanschette ebenfalls auszuwechseln.

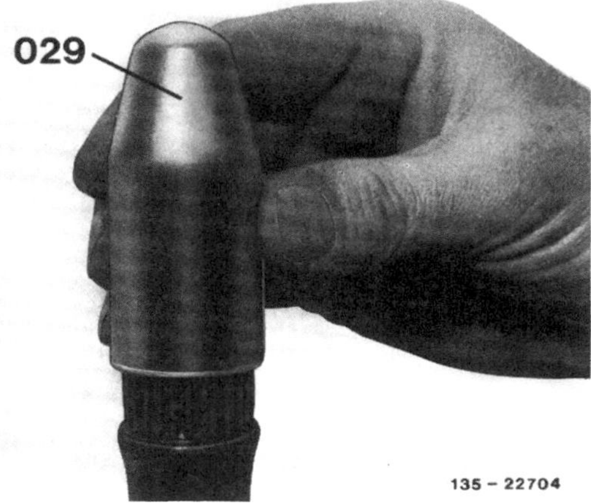

135 – 22704

- Montagehülse –029– auf das Vielzahnprofil der Hinterachswelle stülpen. Steht die Hülse nicht zur Verfügung, Vielzahnprofil mit Klebstreifen abkleben.
- Äußere Gummimanschette aufschieben.

135 – 22703

- Innere Gummimanschette auf Hinterachswelle schieben.
- Montagehülse beziehungsweise Klebstreifen entfernen.

135 – 22702

- Inneres Gelenk auf die Hinterachswelle stecken.

135 – 22701

- Klemmvorrichtung –064– am Manschettenbund der Hinterachswelle anlegen.

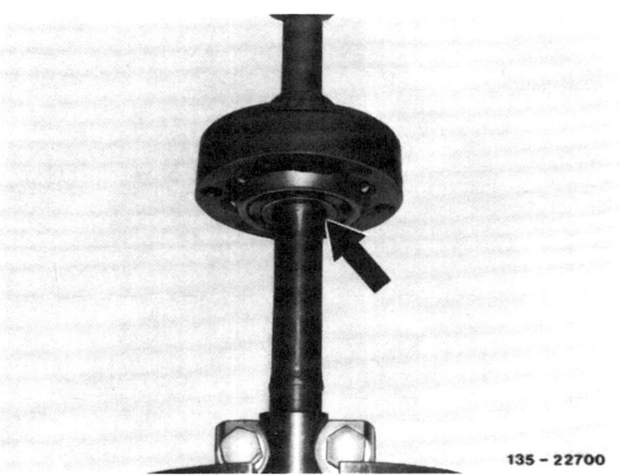
135 - 22700

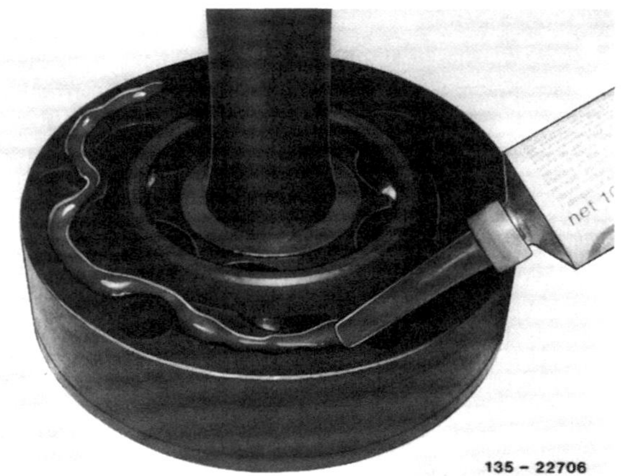
135 - 22706

- Gleichlaufgelenk mit geeignetem Dorn bis zur Anlagefläche –Pfeil– der Hinterachswelle aufpressen.
- Klemmvorrichtung abnehmen.
- Sicherungsring mit geeigneter Zange einsetzen.
- Gleichlaufgelenk und Gummimanschette mit insgesamt 100 g vorgeschriebenem MB-Langzeit-Schmierfett füllen. Darauf achten, daß kein Schmutz in das Gelenk eindringt.
- Dichtflächen am Gleichlaufgelenk zum Abschlußdeckel und zur Gummimanschette mit Dichtungsmasse (zum Beispiel: Curil oder Loctite 574) bestreichen.
- Abschlußdeckel und Gummimanschetten aufschieben.
- Gummimanschetten an der Manschettenkappe mit Schraubschellen befestigen.
- Manschetten jeweils über den Wulst an der Hinterachswelle schieben und mit Schellen befestigen.

Achtung: Die Schrauben der Schellen sollen jeweils in die gleiche Richtung zeigen. An der zweiten Manschette Schellen so montieren, daß sie um 180° gegenüber der ersten Manschette versetzt sind.

- Hinterachswelle einbauen.

Die Gelenkwelle

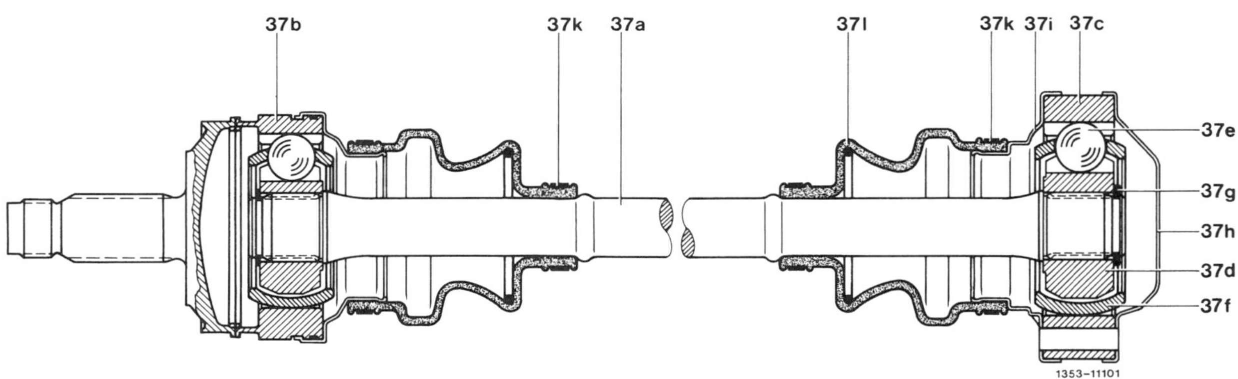

37a Hinterachswelle	37d Gelenknabe	37g Sicherungsring	37k Schlauchschelle
37b Gelenkring außen	37e Kugel	37h Abschlußdeckel	37l Gummimanschette
37c Gelenkring innen	37f Kugelkäfig	37i Manschettenkappe	

Wartungsarbeiten an der Hinterachse

Ölstand im Ausgleichgetriebe prüfen

Das Öl im Ausgleichgetriebe der Hinterachse muß nicht gewechselt werden. Eine Ölstandskontrolle ist im Rahmen der Wartung durchzuführen.

- Kurze Probefahrt durchführen, damit das Öl im Ausgleichgetriebe Betriebstemperatur erreicht.
- Fahrzeug waagerecht aufbocken.

- Öleinfüllschraube –rechter Pfeil– mit Innensechskantschlüssel SW 14, zum Beispiel HAZET 2760, herausdrehen. Ablaßschraube –linker Pfeil–.
- Wenn geringfügig Öl austritt, ist der Ölstand in Ordnung. Andernfalls mit Finger prüfen, ob der Ölstand bis zur Unterkante der Öffnung reicht.
- Falls nicht, mit Spritzkanne Öl nachfüllen.

Achtung: Bei größerem Ölverlust Ursache ermitteln und beseitigen.

Öl-Spezifikation: Hypoid-Getriebeöl SAE 90 beziehungsweise SAE 85 W 90. Dabei nur ein von MERCEDES freigegebenes Öl verwenden (steht auf der Öldose).

Achtung: Getriebeöl ist zähflüssig, deshalb nicht zuviel Öl auf einmal einfüllen. Jeweils Wartepausen einlegen und Gefäß unterstellen, um überlaufendes Öl aufzufangen.

- Öleinfüllschraube mit 50 Nm anschrauben.

Manschetten der Achswellen prüfen

- Fahrzeug aufbocken.
- Auf sichtbare Fettspuren an den Manschetten und in deren Umgebung achten.
- Festen Sitz der Klemmschellen prüfen.
- Gummi der Manschette mit Lampe auf Porosität und Risse untersuchen. Eingerissene Gelenkschutzhüllen umgehend erneuern.
- Sollte die Manschette durch Unterdruck im Gelenk nach innen gezogen oder defekt sein, so ist sie umgehend auszutauschen.

Niveauregulierung/Ölstand prüfen

Der Ölstand ist bei der Wartung zu prüfen. Die Prüfung erfolgt bei stehendem Motor.

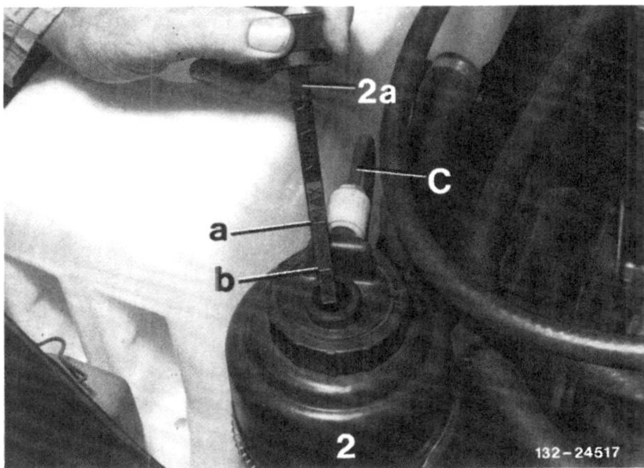

- Ölmeßstab –2a– aus Vorratsbehälter –2– herausziehen mit nicht fusselndem, sauberem Lappen abwischen und wieder einführen.
- Meßstab erneut herausziehen und Ölstand ablesen.
- In fahrfertigem Zustand, also bei vollgetanktem, unbelastetem Fahrzeug soll der Ölstand zwischen der Max.- und der Min.-Markierung –a/b– liegen. –C– Rückströmleitung.
- Bei belastetem Fahrzeug liegt der Ölspiegel etwas unterhalb der Min.-Markierung.
- Gegebenenfalls Hydrauliköl mit Trichter und engmaschigem Sieb einfüllen. Dabei nur ein von MERCEDES freigegebenes Öl verwenden.
- Die Nachfüllmenge zwischen Min.- und Max.-Markierung des Peilstabes beträgt ca. 0,2 l. Gesamtfüllmenge des Hydrauliksystems ca. 2 l.

Die Lenkung

Die Lenkung besteht aus dem Lenkrad, der Lenkspindel, dem Lenkgetriebe, dem Lenkgestänge, dem Lenkungsdämpfer und der hydraulischen Lenkhilfe. Das Lenkrad ist auf die Lenkspindel aufgeschraubt, die wiederum die Lenkbewegungen auf das Lenkgetriebe überträgt.

Je nach Lenkeinschlag ändert sich die Übersetzung im Lenkgetriebe. Das heißt, je weiter das Lenkrad eingeschlagen wird, desto indirekter wird die Lenkung. Das Lenkrad läßt sich dann leichter drehen, zum Beispiel beim Einparken.

Sobald sich das Lenkrad etwa in Mittelstellung befindet, sorgt eine direktere Getriebeübersetzung für erhöhte Lenkpräzision, insbesondere bei höheren Geschwindigkeiten.

Eine hydraulische Lenkhilfe (Servolenkung) sorgt dafür, daß der Kraftaufaufwand beim Einschlagen der Lenkung möglichst gering gehalten wird. Die Lenkhilfe besteht aus der Ölpumpe, dem Vorratsbehälter und den Öldruckleitungen. Angetrieben wird die Ölpumpe über den Keilrippenriemen. Die Pumpe saugt das Hydrauliköl aus dem Vorratsbehälter an und fördert es mit hohem Druck zum Lenkgetriebe. Dort sorgt eine Regeleinheit zusammen mit dem Arbeitskolben für die erforderliche Lenkunterstützung.

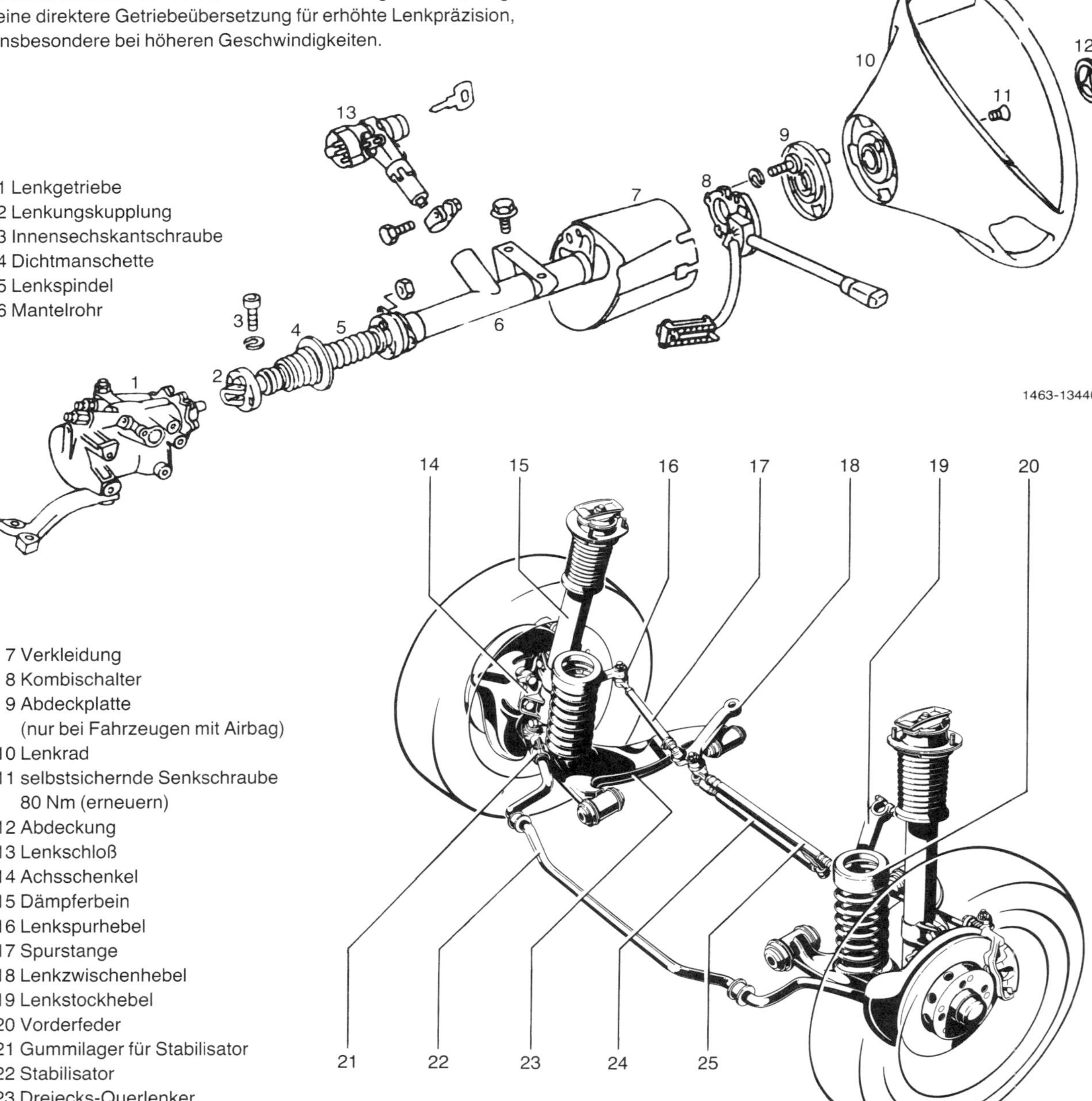

1 Lenkgetriebe
2 Lenkungskupplung
3 Innensechskantschraube
4 Dichtmanschette
5 Lenkspindel
6 Mantelrohr

7 Verkleidung
8 Kombischalter
9 Abdeckplatte (nur bei Fahrzeugen mit Airbag)
10 Lenkrad
11 selbstsichernde Senkschraube 80 Nm (erneuern)
12 Abdeckung
13 Lenkschloß
14 Achsschenkel
15 Dämpferbein
16 Lenkspurhebel
17 Spurstange
18 Lenkzwischenhebel
19 Lenkstockhebel
20 Vorderfeder
21 Gummilager für Stabilisator
22 Stabilisator
23 Dreiecks-Querlenker
24 Lenkungsdämpfer
25 Lenkstange

Lenkrad aus- und einbauen

Achtung: Die Anweisungen gelten nur für Lenkräder **ohne** Airbag-Einrichtung. Der Ausbau der Airbag-Einrichtung sollte aus Sicherheitsgründen der Werkstatt überlassen werden.

Ausbau

- Abdeckung –18– mit kleinem Schraubendreher aus der Polsterplatte –25– heraushebeln.

Achtung: Nicht die Polsterplatte abziehen.

- Lenkrad drehen bis Lenkschloß einrastet.

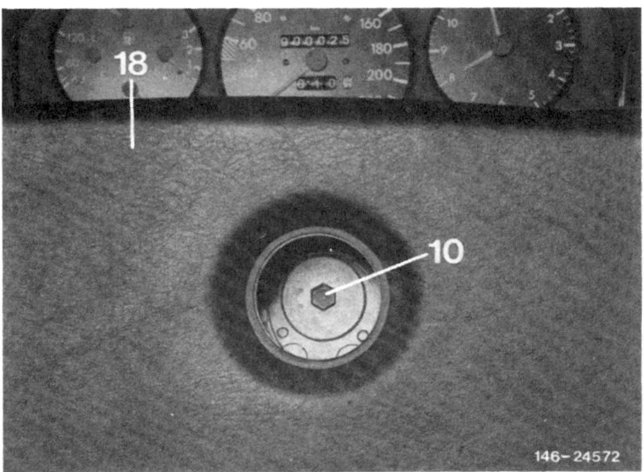

- Senkschraube –10– mit Innensechskantschlüssel SW 10 herausschrauben. 18– Polsterplatte.
- Lenkrad so drehen, daß sich die Räder in Geradeausstellung befinden, vorher Lenkschloß lösen.
- Bis 1.90: Die Stellung des Lenkrades zur Lenkspindel mit Filzstift markieren. Ab 2.90: Die Markierung ist serienmässig angebracht.
- Lenkrad von der Lenkspindel abziehen, gegebenenfalls mit dem Handballen abschlagen.

Einbau

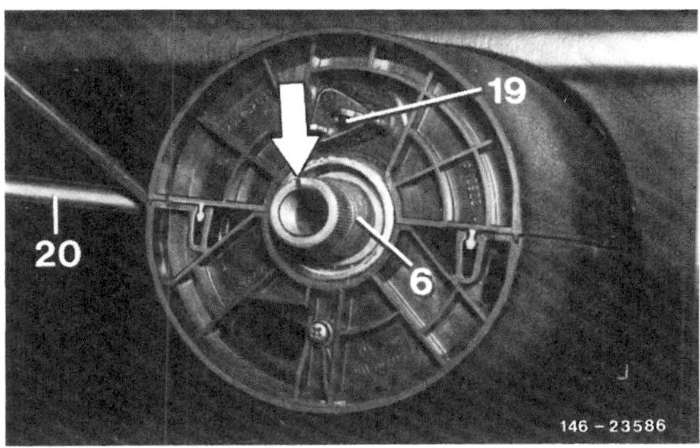

- Bis 1. 90: Prüfen, ob der Markierungsstrich –Pfeil– auf der Lenkspindel –6– genau nach oben zeigt, andernfalls Lenkspindel entsprechend verdrehen.

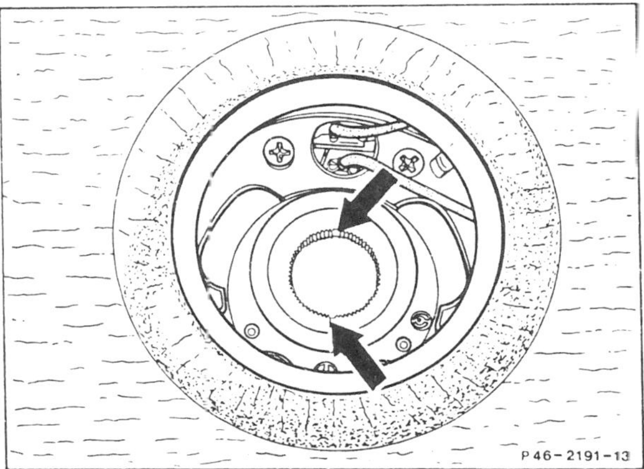

- Ab 2.90: Lenkrad so aufsetzen, daß die 2 ausgeräumten Zähne –Pfeil– mit der serienmäßigen Markierung auf der Stirnseite der Lenkspindel übereinstimmt (max. Versatz ½ Zahn).

- **Bei Fahrzeugen ohne Airbag:** Bei Schleifgeräuschen am Lenkrad die Kontaktkohle und den Messingschleifring des Signalhorns mit Kontaktfett, z.B. Elektrolube 2 GX einstreichen.

Hinweis: Seit 6.93 ist anstelle des bisherigen Schleifrings eine verschleißfreie Kontaktspirale eingebaut (außer Modelle mit 4 MATIC).

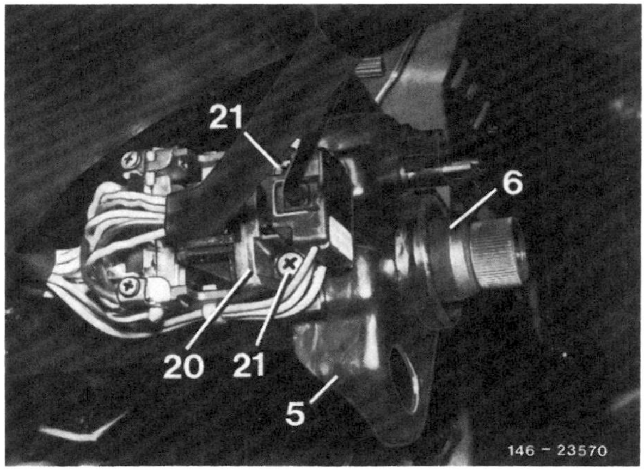

- Bei Fahrzeugen mit längerer Laufzeit Schleifkohlen auf Verschleiß prüfen, gegebenenfalls erneuern. Dazu die beiden Kabel am Kombischalter lösen.
- Lenkrad auf Kerbverzahnung der Lenkspindel aufschieben. Dabei muß die geschwungene Speiche unten sein und die obere Speiche muß sich in waagerechter Stellung befinden, siehe Abbildung 146–23824.
- Lenkrad drehen und Lenkschloß einrasten.
- **Neue selbstsichernde** Senkschraube hineindrehen und mit **80 Nm** festziehen.
- Abdeckung –18–, siehe Abbildung 146-23824, in Polsterplatte eindrücken.
- Probefahrt durchführen und bei Geradeausfahrt Stellung des Lenkrades überprüfen. Die obere Speiche des Lenkrades muß sich in waagerechter Lage befinden.
- Falls das Lenkrad schräg steht, kann es an der Kerbverzahnung um maximal 2 Zähne versetzt werden.

Achtung: Wenn diese Versetzung des Lenkrades nicht ausreicht, Spur der Vorderräder überprüfen, siehe Seite 173.

- Hupe auf Funktion prüfen.
- Automatische Rückstellung des Blinkerschalters prüfen.

Hinweis: Ein verschmutztes oder klebrig wirkendes Lenkrad kann mit neutralem Haushaltsreiniger und lauwarmem Wasser gereinigt werden, keine Scheuermittel verwenden.

Spurstange aus- und einbauen

Ausbau

- Radschrauben lösen.
- Fahrzeug vorn aufbocken, Rad abnehmen.

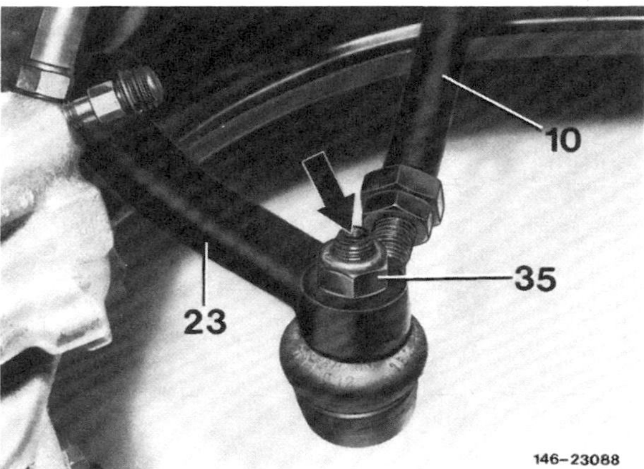

- Befestigungsmutter –35– an den Gelenken der Spurstange –10– abschrauben. Dabei mit Innensechskantschlüssel SW 5 am Zapfen des Spurstangengelenks gegenhalten.

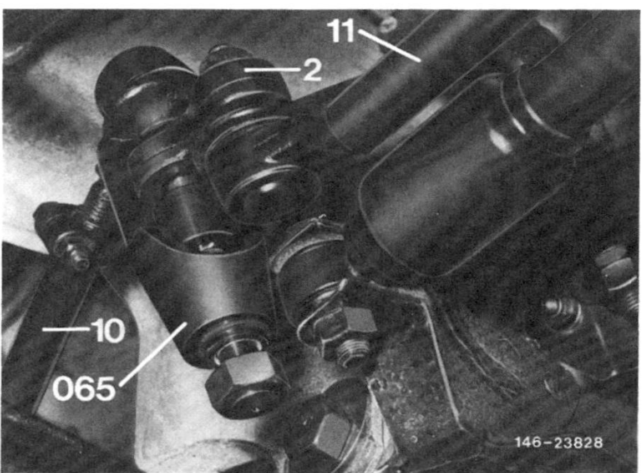

- Spurstangengelenke mit Abzieher 065 oder HAZET 779 von den Lenkhebeln abdrücken.

Achtung: Dabei Gummimanschette nicht beschädigen.

Prüfen

- Spurstangengelenke am Zapfen hin- und herbewegen. Bei zu großer Leichtgängigkeit oder wenn Spiel vorhanden ist, Spurstangenkopf erneuern.
- Staubmanschetten auf Beschädigung und Undichtheit (Austritt der Fettfüllung) prüfen. Wenn die Manschette beschädigt ist, Spurstangenkopf erneuern.

Achtung: Falls die Manschette erst beim Ausbau beschädigt wurde, genügt es, die Manschette zu ersetzen.

Einbau

- Falls erforderlich, Zapfen der Spurstangengelenke sowie Sitze in den Lenkhebeln von Fett reinigen.

- Spurstange so einsetzen, daß das mit 2 Muttern –40– und –41– gesicherte Gelenk zum Achsschenkel –43– zeigt.
- Zapfen –42– des jeweiligen Kugelgelenkes fest in den Konus des entsprechenden Lenkhebels eindrücken.

Achtung: Links und rechts sind unterschiedliche Spurstangen eingebaut.

- **Neue** selbstsichernde Muttern aufschrauben, dabei Gelenkzapfen mit Innensechskantschlüssel gegenhalten und Muttern mit **35 Nm** festziehen.
- Rad anschrauben.
- Fahrzeug ablassen.
- Radschrauben über Kreuz mit 110 Nm anziehen.
- Spureinstellung überprüfen lassen.

Staubmanschetten für Spurstangen- und Lenkstangengelenke aus- und einbauen

Achtung: Zum leichteren Einbau können 2 Montagehülsen selbst angefertigt werden.

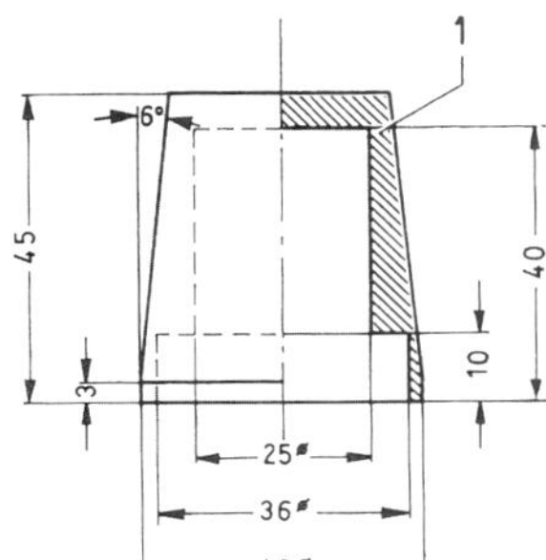

Für die Montage des Draht-Spannringes

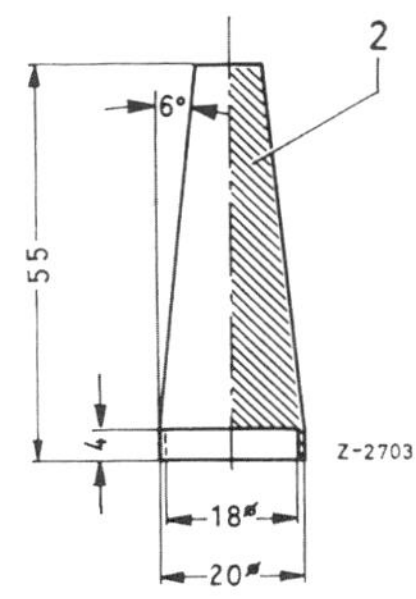

Für die Montage des Kunststoffringes

Ausbau

- Spur-, Lenkstange ausbauen.

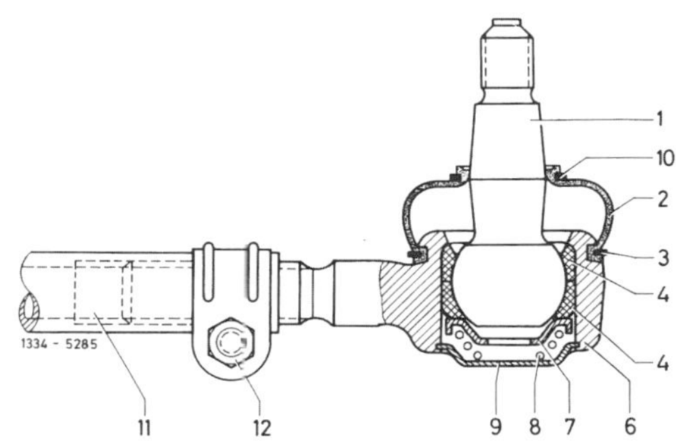

- Draht-Spannring –3– mit Schraubendreher abheben.
- Manschette –2– mit Kunststoffring –10– nach oben abziehen. Zusätzlich abgebildete Teile: 1 – Gelenkzapfen, 4 – Kunststoff-Lagerschalen, 6 – Spurstangengelenk, 7 – Druckteller, 8 – Druckfeder, 9 – Verschlußdeckel 11 – Gelenkstange, 12 – Klemmschraube.

Einbau

- Kugelgelenk mit Mehrzweckfett füllen, zum Beispiel SHELL Retinax A.

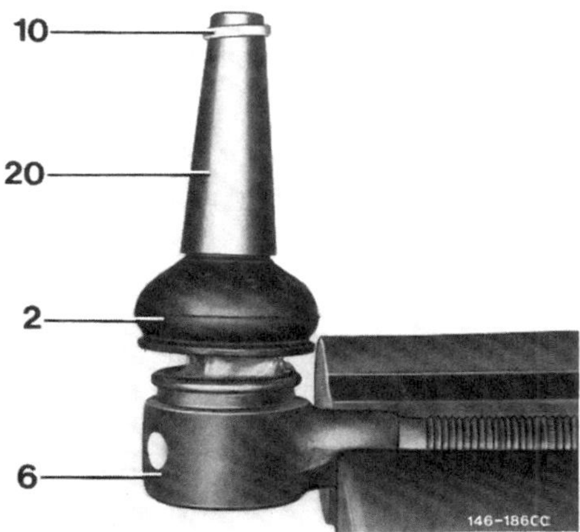

- Gummimanschette –2– über den Gelenkzapfen aufschieben. 6– Spurstangengelenk.
- Montagehülse –20– aufsetzen und Kunststoffring –10– über die Montagehülse in die Gummimanschette einsetzen.
- Montagehülse –20– entfernen.

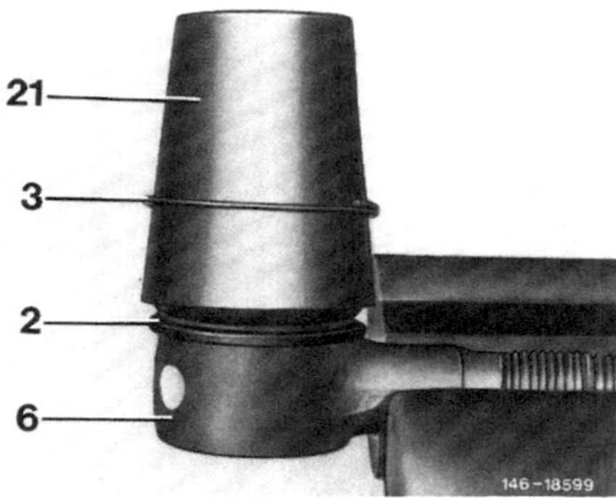

- Montagehülse –21– über die Gummimanschette –2– aufschieben und Draht-Spannring –3– in die Gummimanschette einsetzen.
- Spur-, Lenkstange einbauen.

Spurstangengelenk aus- und einbauen

Ausbau

- Spurstange ausbauen.

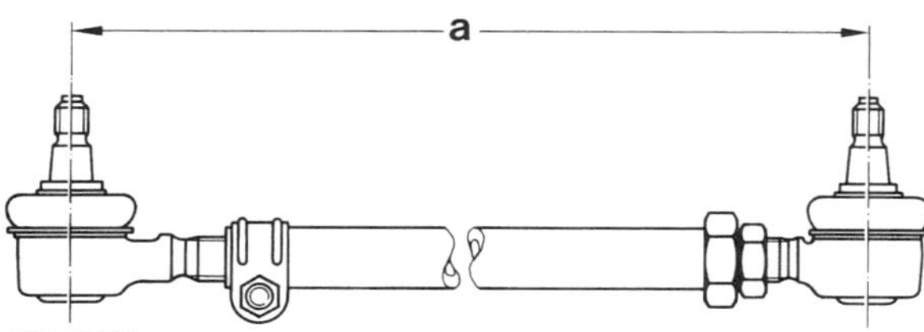

- Klemmschelle abschrauben und inneres Spurstangengelenk aus der Spurstange herausschrauben. **Achtung:** Linksgewinde !

Hinweis: Zum leichteren Einbau Umdrehungen beim Ausbau des Gelenkes zählen und notieren.

- Kontermutter lösen und anschließend Spannmutter vom Konus der Spurstange abschrauben; – Rechtsgewinde – .
- Äußeres Spurstangengelenk aus der Spurstange herausschrauben.

Einbau

- Spurstangengelenke mit notierter Umdrehungszahl einschrauben. Dabei müssen beide Gelenke etwa gleich weit eingeschraubt werden, gegebenenfalls Umdrehungen ausmitteln.
- Maß –a– der Spurstange prüfen, Sollwert 333 ± 2 mm. Gegebenenfalls beide Spurstangenköpfe wechselweise rein- oder rausdrehen.
- Inneres Gelenk mit Schelle und **10 Nm** befestigen.
- Auf der anderen Seite der Spurstange die Klemmutter mit **30 Nm** anschrauben und mit Kontermutter sichern.
- Spurstange einbauen.

Wartungsarbeiten an der Lenkung

Staubkappen für Spurstangen-/ Lenkstangengelenke prüfen

- Fahrzeug vorn aufbocken.
- Staubkappen mit Lampe anstrahlen und auf Beschädigungen überprüfen, dabei auf Fettspuren an den Manschetten und in deren Umgebung achten.
- Bei beschädigter Staubkappe, entsprechendes Gelenk auswechseln. Eingedrungener Schmutz zerstört mit Sicherheit das Gelenk.
- Befestigungsmutter für die Gelenke auf festen Sitz prüfen, dabei Mutter jedoch nicht verdrehen. Lockere Muttern ersetzen.

- Spurstangen –11– sowie Lenkstange –10– kräftig von Hand hin- und herbewegen. Die Kugelgelenke dürfen kein Spiel aufweisen andernfalls Gelenke oder Lenkstange ersetzen.

Lenkungsspiel prüfen

- Lenkrad in Mittelstellung bringen.

- Durch geöffnetes Fenster das Lenkrad hin- und herbewegen. Am Lenkrad darf dabei maximal ein Spiel von a = 25 mm vorhanden sein, ohne daß die Räder sich bewegen.
- Bei größerem Spiel am Lenkrad sind Lenkgestänge, Lenkzwischenhebel, Lenkgetriebe und die Lagerspiele der Vorderachse zu prüfen.

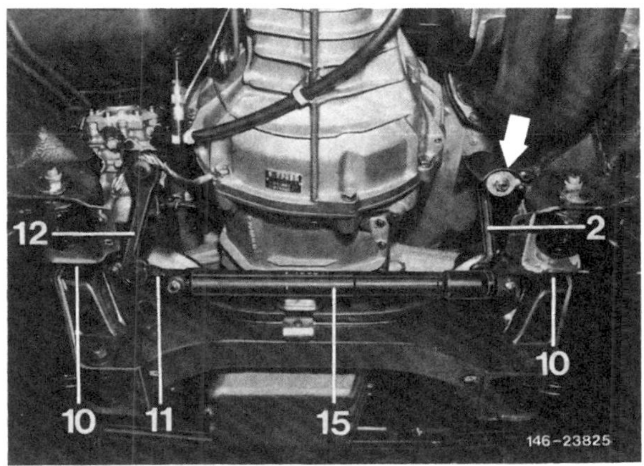

- Lenkzwischenhebel –2– kräftig auf- und abdrücken. Wenn Spiel vorhanden ist, Gummigleitlager –Pfeil– im Zapfenlager ersetzen lassen.
- Spurstangen auf Verbiegungen prüfen.

Ölstand für Servolenkung prüfen

- Der Ölstand kann bei kaltem (Umgebungstemperatur) oder betriebswarmem Öl (ca. 80° C) geprüft werden.

- Verschlußmutter –47– abschrauben und Deckel des Pumpengehäuses –45– abnehmen. **Achtung:** Statt der Verschlußmutter kann auch eine Flügelmutter vorhanden sein.

- Bei warmem Öl (ca. 80° C) soll der Ölstand im Vorratsbehälter bis zur eingegossenen Markierung reichen, beziehungsweise ca. 20 mm unterhalb des Behälterrandes.
- Bei kaltem Öl soll der Ölstand 6 bis 8 mm unterhalb der Markierung am Behälter liegen.
- Falls erforderlich ATF- Schaltgetriebeöl nachfüllen; ATF= Automatic Transmission Fluid. Grundsätzlich nur **neues Öl** nachfüllen, da bereits kleinste Verunreinigungen zu Störungen an der hydraulischen Anlage führen können.
- Die Füllmenge beträgt insgesamt ca. 0,6 Liter.
- Dichtring am Deckel auf Porosität oder Beschädigung prüfen.
- Deckel für Pumpengehäuse auflegen und mit Verschlußschraube beziehungsweise Flügelschraube befestigen.
- Anschließend bei laufendem Motor das Lenkrad mehrmals von Anschlag zu Anschlag bewegen, dadurch entlüftet sich die Anlage.

Befestigungsschrauben am Lenkgetriebe nachziehen

- Fahrzeug vorn aufbocken.
- Untere Motorraumverkleidung ausbauen, siehe Seite 17.

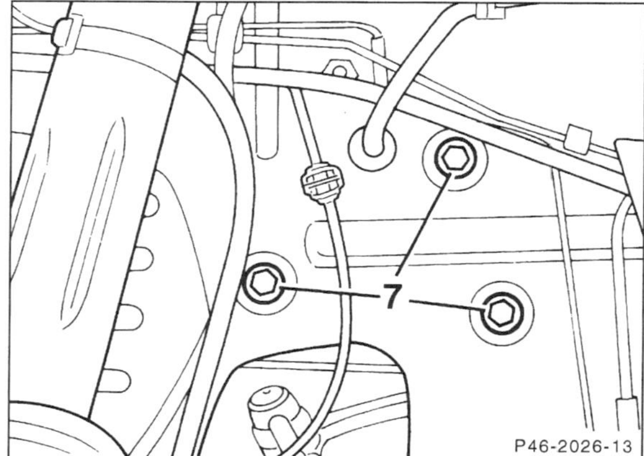

- Sicherheits-Befestigungsschrauben des Lenkgetriebes am Rahmenboden mit **70 Nm** nachziehen.
- Untere Motorraumverkleidung einbauen.
- Fahrzeug ablassen.

Die Fahrzeugvermessung

Optimale Fahreigenschaften und geringster Reifenverschleiß sind nur dann zu erzielen, wenn die Stellung der Räder einwandfrei ist. Bei anomaler Reifenabnutzung sowie mangelhafter Straßenlage – bei schlechter Richtungsstabilität in Geradeausfahrt sowie schlechten Lenkeigenschaften in Kurvenfahrt – sollte die Werkstatt aufgesucht werden, um den Wagen optisch vermessen zu lassen.
Die Fahrzeugvermessung kann ohne eine entsprechende Meßanlage nicht durchgeführt werden.
Ich beschränke mich deshalb hier auf die Beschreibung der für die Vermessung erforderlichen Grundbegriffe.

Die Spur

Als Spur bezeichnet man den seitlichen Abstand der Räder voneinander. In der Regel müssen Vorderräder Vorspur haben, weil sie – veranlaßt durch Sturz und Rollwiderstand – in Geradeausfahrt etwas nach außen laufen, da Spiel in den Radlagern, Radaufhängungen und Spurstangengelenken vorhanden ist. Die Vorspur kompensiert das Bestreben der Vorderräder, nach außen zu laufen. Für die Vorspur werden die Räder so eingestellt, daß sie – in Höhe des Radmittelpunktes gemessen – vorn etwas enger zusammenstehen als hinten.

Nachspur bedeutet, daß die Vorderräder, gemessen in Höhe des Radmittelpunktes, vorn etwas weiter auseinanderstehen als hinten.
Beim MERCEDES werden sowohl die Vorderräder als auch die Hinterräder auf Vorspur eingestellt.

Sturz und Spreizung

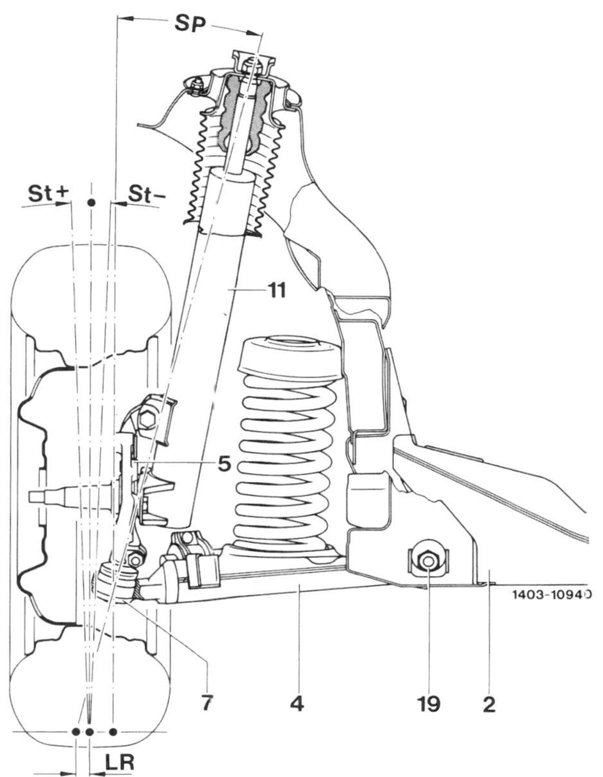

Vorderachse: St – Sturz, SP – Spreizung, LR – Lenkrollradius, 2 – Querträger, 4 – Querlenker, 5 – Achsschenkel 7 – Achsgelenk, 11 – Dämpferbein, 19 – Exzenterbolzen.

Sturz und Spreizung vermindern die Übertragung von Fahrbahnstößen auf die Lenkung und halten bei Kurvenfahrt die Reibung möglichst gering.

Sturz ist der Winkel, um den die Radebene von der Senkrechten abweicht. Die Vorderräder stehen also schräg, bei positivem Sturz beispielsweise im Radaufstandspunkt mehr zusammen als oben. Der Sturz beim MERCEDES ist auf neutral (0°) eingestellt.

Spreizung ist der Winkel zwischen der Schwenkachse des Achsschenkels und der Senkrechten im Reifenaufstandspunkt, in Längsrichtung des Wagens gesehen.

Durch den Sturz- und Spreizwinkel werden die Berührungspunkte der Räder auf der Fahrbahn näher an die Schwenkachse des Achsschenkels herangebracht. Damit wird der sogenanne Lenkrollhalbmesser klein gehalten. Je kleiner der Lenkrollhalbmesser ist, desto leichgängiger ist die Lenkung. Auch die Fahrbahnstöße wirken sich wesentlich schwächer auf das Lenkgestänge aus.

Beim MERCEDES ist der Lenkrollradius negativ. Dadurch wird größte Richtungsstabilität erreicht, wenn ungleiche Bremswirkung an den Vorderrädern auftritt.

Nachlauf

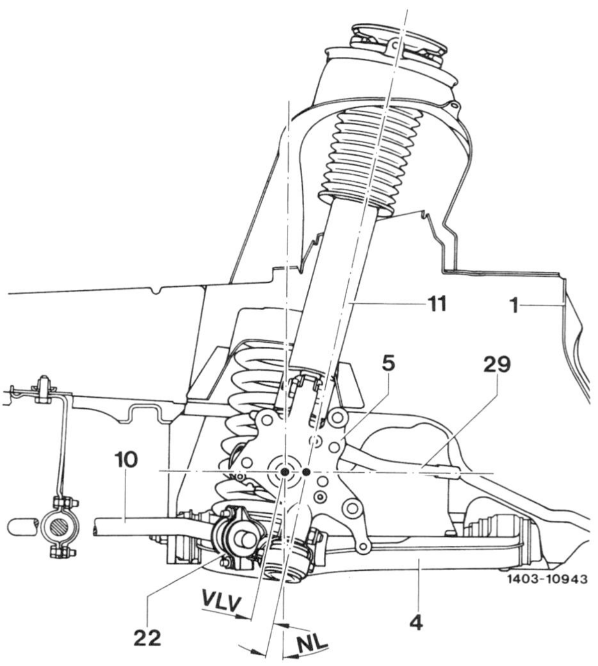

Vorderachse: NL-Nachlauf, VLV-Vorlaufversatz, 1-Längsträger, 4-Querlenker, 5-Achsschenkel, 10-Stabilisator, 11-Dämpferbein, 22-Gummilager, 29-Lenkspurhebel.

Nachlauf ist der Winkel zwischen der Schwenkachse des Achsschenkels und der Senkrechten im Reifenaufstandspunkt in Querrichtung des Fahrzeuges gesehen. Der Nachlauf wird zusammen mit dem Sturz über 2 Exzenterschrauben eingestellt.

Der Nachlauf beeinflußt maßgeblich die Geradeausführung der Vorderräder. Zu geringer Nachlauf begünstigt ein Abweichen aus der Fahrtrichtung auf schlechten Straßen und bei Seitenwind und läßt zudem nach der Kurvenfahrt die Lenkung nicht weit genug zur Mittelstellung zurücklaufen.

Das Einstellen

Zur Fahrzeugvermessung wird eine Meßgrube oder eine Meß-Hebebühne benötigt. Bei jeder Vermessung müssen folgende Voraussetzungen erfüllt sein:

- Vorschriftsmäßiger Reifenfülldruck
- Fahrzeug bei Leergewicht in fahrfertigem Zustand: mit vollem Kraftstoffbehälter, Reserverad, Bordwerkzeug
- Fahrzeug vorher kräftig durchgefedert
- Lenkung richtig eingestellt
- Kein unzulässiges Spiel im Lenkgestänge
- Kein unzulässiges Spiel in der Radaufhängung

Einstellwerte für Spur, Sturz und Fahrzeugniveau

Die folgenden Werte sind auf das Leergewicht bezogen. Sie gelten nur für Fahrzeuge in der Grundausstattung, nicht für 4MATIC-Fahrzeuge, 500 E und Fahrzeuge mit Sportfahrwerk.

Vorderachse		**T-Modell** **Limousine bis 10/88**	**Limousine ab 11/88**
Sturz[1]	Messung in Geradeausstellung	$-0°05' \begin{smallmatrix}+10'\\-20'\end{smallmatrix}$	$-0°25' \begin{smallmatrix}+10'\\-20'\end{smallmatrix}$
	Zulässiger Unterschied zwischen links und rechts	0°20′	0°20′
Nachlauf[1]	Messung in Geradeausstellung[2]	10°10′ ± 30′	10°25′ ± 30′
	Messung über Radeinschlag	9°55′ ± 30′	10°10′ ± 30′
	Zulässiger Unterschied zwischen links und rechts	0°30′	0°30′
Vorspur[1] (Räder vorn mit 110–120 N auseinandergedrückt)		0°20′ ± 10′ bzw. 2,5 ± 1 mm	0°20′ ± 10′ bzw. 2,5 ± 1 mm
Spurdifferenzwinkel bei 20° Einschlag des kurveninneren Rades[3]		– 0°40′ ± 30′	– 0°35′ ± 30′
Maximal zulässiger Lenkeinschlag am kurveninneren Rad[4)5)] (Begrenzung durch Anschlagzapfen im Achsschenkel und Lenkanschlag am Querlenker)		43°	43°
Kugelpunktlage[6] (Meßpunkt) = Höhenunterschied „a" zwischen der Achse der Lagerung des Querlenkers und der Unterkante des Kugelbolzens der Spurstange (Lenkstock- bzw. Lenkzwischendhebel in Geradeausfahrt-Stellung)		27,5 ± 2 mm	27,5 ± 2 mm
Zulässige Höhenabweichung der Kugelpunktlage zwischen Lenkstock- bzw. Lenkzwischenhebel		3 mm	3 mm

¹) Bei der Einstellung Sollwert anstreben.
²) Messung mit mechanischem Nachlauf-Meßgerät 201 589 02 21 00.
³) Wertangabe ohne Vorspur. In der Messung enthaltener Vorspurwert bei der Ermittlung des tatsächlichen Spurdifferenzwinkels (ohne Vorspur) berücksichtigen.
⁴) Messung des Lenkeinschlages mit mechanischer Meßvorrichtung für Radeinschlag.
⁵) Am kurvenäußeren Rad ergibt sich durch den Spurdifferenzwinkel ein um 7° bis 11° geringerer Einschlagwinkel.
⁶) Korrektur am Lenkzwischenhebel nach oben und nach unten durch Beilegen bzw. Herausnehmen einer Scheibe.

Hinterachse

Fahrzeugniveau	+40 mm	+30 mm	+20 mm	+10 mm	0 mm	–10 mm	–20 mm
entspricht Hinterradsturz	– 0°30′ ± 30′	– 0° 45′ ± 30′	– 1° ± 30′	–1°15′ ± 30′	–1°30′ ± 30′	–1°45′ ± 30′	–2° ± 30′

Gesamt-Vorspur der Hinterräder	$+0°25' \begin{smallmatrix}+10'\\-05'\end{smallmatrix}$ bzw. $3 \begin{smallmatrix}+1\\-0{,}5\end{smallmatrix}$ mm[1]
Zulässiger Bereich der Vorspur pro Rad (Werte sind nur für die Prüfung gültig)	zwischen +0°30′ und –0° 05′ bzw. +3,5 mm und –0,5 mm[2]

¹) Bei der Einstellung Sollwert anstreben, dabei Vorspur gleichmäßig auf beide Räder verteilen.
²) Bei der Serienmontage der Hinterachse werden die Hinterräder symmetrisch eingestellt. Bei eingebauter Hinterachse können sich jedoch die angegebenen Werte durch Toleranzen am Rahmenboden für die Befestigung des Hinterachsträgers ergeben. Eine Korrektur ist nicht erforderlich.

Fahrzeugniveau

Niveau Vorderachse fahrfertig mm	Niveau Hinterachse Fahrzeug ohne Niveauregulierung fahrfertig mm	 Fahrzeug mit Niveauregulierung fahrfertig mm	 belastet (Regelpunkt)[1)] mm
Standardausführung: Limousinen mit normaler Federung			
$+28^{+10}_{-15}$	$+28^{+10}_{-15}$	$+19^{+10}_{-15}$	-7 ± 10[2)]
Sonderausführung: Limousinen mit härterer Federung für Länder mit schlechten Straßenverhältnissen			
$+41^{+10}_{-15}$	$+41^{+10}_{-15}$	$+30^{+10}_{-15}$	$+8 \pm 10$[2)]

[1)] Fahrzeugbelastung ca. 140 kg im Kofferraum bei Limousinen mit normaler Federung bzw. Fahrzeugbelastung ca. 160 kg im Kofferraum mit härterer Federung.
[2)] Toleranzen des Fahrzeugniveaus beziehen sich nur auf die Prüfung. Bei der Einstellung Sollwerte einhalten.

Niveau-Unterschiede an Vorder- und Hinterachse

Zulässiger Unterschied der Anzeige am Meßgerät zwischen links und rechts	**10 mm**
Zulässiger Unterschied zwischen linker und rechter Fahrzeugseite, gemessen an den Türeinstiegkanten	**12 mm**

Korrektur des Fahrzeugniveaus

Niveau an der Vorder- und Hinterachse	Änderung des Gummilagers der Vorder- oder Hinterfeder um 5 mm	ergibt Änderung des Niveaus um ca. 10 mm
	Änderung der Federlänge (Feder mit Farb-Kennzeichnung rot gegen blau oder umgekehrt)	

Die Bremsanlage

Das hydraulische Fußbremssystem besteht aus dem Hauptbremszylinder, dem Bremskraftverstärker und den Scheibenbremsen für die Vorder- und Hinterräder. Das Bremssystem ist in zwei Kreise aufgeteilt. Ein Bremskreis wirkt auf die vorderen Räder, der andere auf die hinteren. Bei Ausfall eines Bremskreises, zum Beispiel durch Undichtigkeit, kann das Fahrzeug über den anderen Bremskreis zum Stehen gebracht werden. Der Druck für beide Bremskreise wird im Tandem-Hauptbremszylinder über das Bremspedal aufgebaut.

Der Bremsflüssigkeitsbehälter befindet sich über dem Hauptbremszylinder und versorgt das ganze Bremssystem mit Bremsflüssigkeit.

Der Bremskraftverstärker speichert einen Teil des vom Motor erzeugten Ansaug-Unterdruckes (der Dieselmotor besitzt hierzu eine spezielle Unterdruckpumpe). Über entsprechende Ventile wird dann bei Bedarf die Pedalkraft durch den Unterdruck verstärkt.

Die vorderen Scheibenbremsen sind mit einem sogenannten Faustsattel ausgestattet. Bei dieser Bremskonstruktion wird nur ein Kolben benötigt, um beide Bremsbeläge gegen die Bremsscheibe zu drücken. An der Hinterachse sorgen zwei Festsättel für die gewünschte Verzögerung. Zum Andrücken der Bremsbeläge sind beim Festsattel zwei Kolben erforderlich.

Abweichend hiervon besitzen die Turbodiesel bis 8.92 sowie alle 8-Zylinder-Modelle an der Hinterachse Faustsattelbremsen. Der 300E-24 sowie die 8-Zylinder-Modelle sind an der Vorderachse mit 4-Kolben-Festbremssätteln ausgerüstet, die der höheren Motorleistung angeglichen sind.

Die Fußfeststellbremse wird über Seilzüge betätigt und wirkt auf die Hinterräder. Da sich die Scheibenbremse als Feststellbremse nicht gut eignet, befinden sich an den Hinterrädern zusätzlich 2 Trommelbremsen, die in den Bremsscheiben integriert sind. Die Trommelbremsen werden ausschließlich über den Fußhebel der Feststellbremse betätigt.

Beim Reinigen der Bremsanlage fällt Bremsstaub an. Dieser Staub kann zu gesundheitlichen Schäden führen. Deshalb beim Reinigen der Bremsanlage darauf achten, daß der Bremsstaub nicht eingeatmet wird.

Die Bremsbeläge sind Bestandteil der Allgemeinen Betriebserlaubnis (ABE), außerdem sind sie vom Werk auf das jeweilige Fahrzeugmodell abgestimmt. Es empfiehlt sich deshalb, nur von MERCEDES freigegebene Bremsbeläge zu verwenden.

Das Arbeiten an der Bremsanlage erfordert peinliche Sauberkeit und exakte Arbeitsweise. Falls die nötige Arbeitserfahrung fehlt, sollten die Arbeiten an der Bremse von einer Fachwerkstatt durchgeführt werden.

Hinweis: Auf stark regennassen Fahrbahnen sollte während des Fahrens die Bremse von Zeit zu Zeit betätigt werden, um die Bremsscheiben von Rückständen zu befreien.

Durch die Zentrifugalkraft wird zwar das Wasser von den Bremsscheiben geschleudert, doch bleibt teilweise ein dünner Film von Silikonen, Gummiabrieb, Fett und Verschmutzungen zurück, der das Ansprechen der Bremse vermindert. Nach dem Einbau von neuen Bremsbelägen müssen diese eingebremst werden. Während einer Fahrtstrecke von rund 200 km sollten unnötige Vollbremsungen unterbleiben.

Achtung: Wird beim Bremsen, hauptsächlich nach Kurvenfahrt, ein unterschiedlicher Pedalweg festgestellt, dann muß die Bremsscheibe auf Seitenschlag am äußeren Durchmesser geprüft werden. Gleichzeitig ist auch das Radlagerspiel zu prüfen und gegebenenfalls einzustellen. Bei zu großem Seitenschlag der Bremsscheibe, diese auf der Vorderradnabe versetzen. Wird dadurch keine ausreichende Verbesserung erzielt, Bremsscheibe erneuern.

Bremsbeläge vorn aus- und einbauen

Achtung: Beim 300E-24 und bei den 8-Zylinder-Modellen sind vorne 4-Kolben-Festbremssättel eingebaut. Der Aus- und Einbau der Bremsbeläge entspricht weitgehend dem bei den hinteren Bremssätteln.

Ausbau

- Radschrauben lösen.
- Fahrzeug vorn aufbocken, siehe Seite 267.
- Vorderrad abnehmen.

Achtung: Ein Wechsel der Beläge von der Außen- zur Innenseite und umgekehrt oder auch vom rechten zum linken Rad ist nicht zulässig. Der Wechsel kann zu ungleichmäßiger Bremswirkung führen. Grundsätzlich alle Scheibenbremsbeläge einer Achse gleichzeitig erneuern.

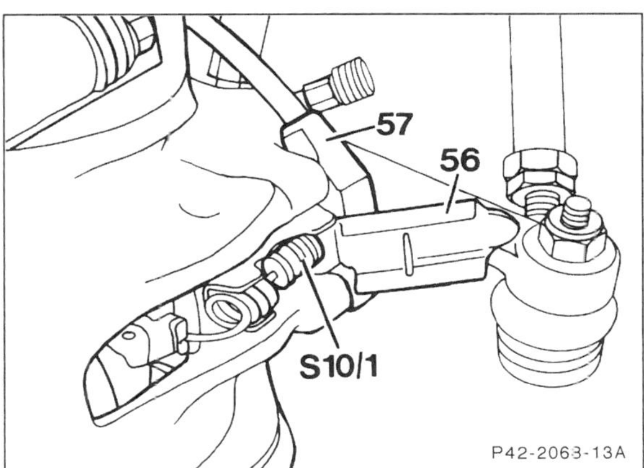

- Deckel –56– für Steckverbindung öffnen, dazu die seitlichen Haltenasen mit Schraubendreher etwas anheben.
- Kabel des Verschleißfühlers –S10/1– aus der Steckverbindung –57– herausziehen. Dabei nicht am Kabel ziehen.

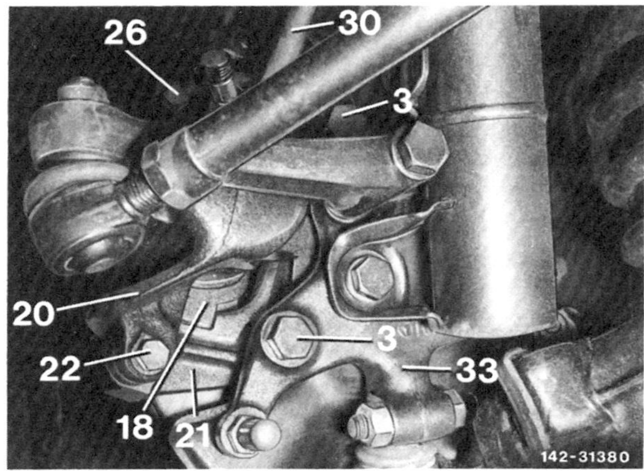

- Untere Befestigungsschraube für Kolbengehäuse herausdrehen, dabei am Führungsbolzen mit Maulschlüssel gegenhalten.

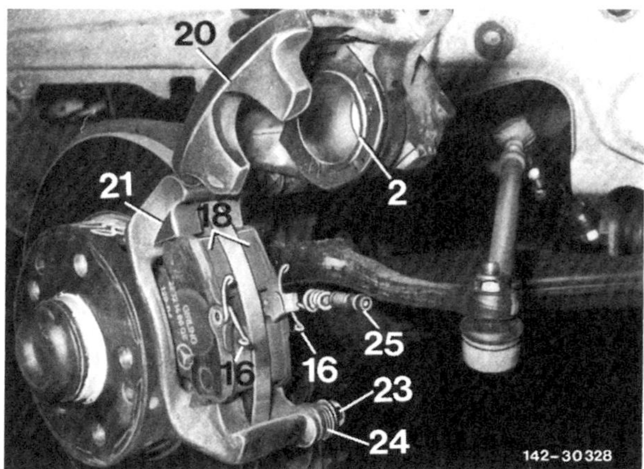

- Kolbengehäuse –20– nach oben klappen und mit Draht am Radlauf aufhängen. Beim Hochklappen darauf achten, daß die Gleitbolzen nicht verbogen werden. Das Kolbengehäuse auf keinen Fall dazu verwenden, den Lenkeinschlag zu verändern.
- Bremsbeläge –18– vom Bremsträger –21– abnehmen. Zusätzlich abgebildete Teile: 2 – Kolben, 16 – Federbügel, 23 – Gleitbolzen, 24 – Faltenbalg, 25 – Verschleißfühler.

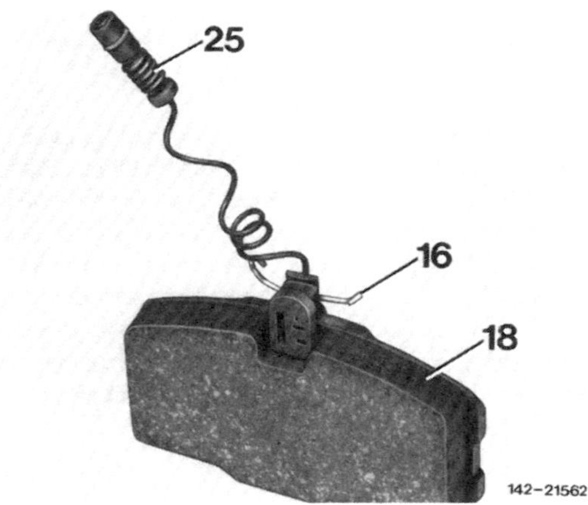

- Verschleißfühler –25– aus der Belagrückenplatte herausziehen. Der Verschleißfühler befindet sich jeweils am inneren Bremsbelag –18–.
- Falls die Isolation der Kontaktplatte durchgerieben oder die Kabelisolation beschädigt ist, Verschleißfühler ersetzen.

Einbau

Achtung: Bei ausgebauten Bremsbelägen nicht auf das Bremspedal treten, sonst wird der Kolben aus dem Gehäuse herausgedrückt.

- Führungsfläche bzw. Sitz der Beläge im Gehäuseschacht mit geeigneter Weichmetallbürste und Staubsauger reinigen, oder mit einem Lappen und Spiritus auswischen. Keine mineralölhaltigen Lösungsmittel oder scharfkantigen Werkzeuge verwenden.
- Vor Einbau der Beläge ist die Bremsscheibe durch Abtasten mit den Fingern auf Riefen zu untersuchen. Riefige Bremsscheiben sind zu erneuern. Bremsscheiben mit grauer oder blauer Verfärbung vor dem Einbau neuer Beläge reinigen, siehe Seite 182.
- Bremsscheibendicke messen, siehe Seite 192.

- Staubkappe –9– auf Anrisse prüfen. Eine beschädigte Staubkappe umgehend ersetzen lassen, da eingedrungener Schmutz schnell zu Undichtigkeiten des Bremssattels führt. Der Faustsattel muß hierzu ausgebaut und zerlegt werden (Werkstattarbeit).

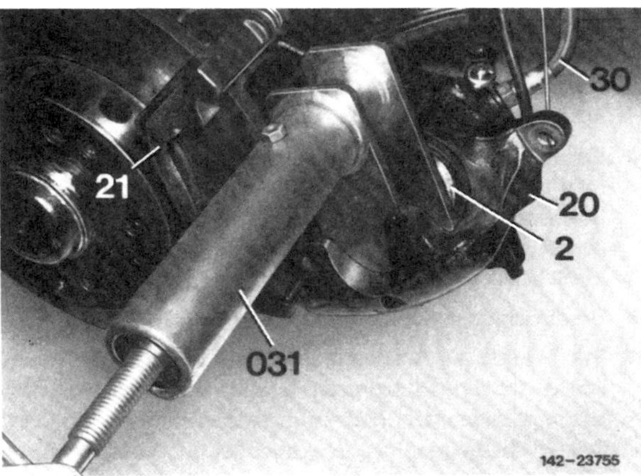

- Bremskolben –2– mit Rücksetzvorrichtung –031– oder dem HAZET-Werkzeug 4971-1 zurückdrücken. Es geht auch mit einem Hartholzstab (Hammerstiel), dabei jedoch besonders darauf achten, daß der Kolben nicht verkantet wird und Kolbenfläche sowie Staubkappe nicht beschädigt werden. 20– Gehäuse, 30– Bremsleitung.

Achtung: Beim Zurückdrücken der Kolben wird Bremsflüssigkeit aus den Bremszylindern in den Ausgleichbehälter gedrückt. Flüssigkeit im Behälter beobachten, eventuell Bremsflüssigkeit mit einem Saugheber absaugen.
Zum Absaugen die Entlüfterflasche oder eine Plastikflasche verwenden, die nur mit Bremsflüssigkeit in Berührung kommt. Keine Trinkflaschen verwenden! **Bremsflüssigkeit ist giftig und darf auf gar keinen Fall mit dem Mund über einen Schlauch abgesaugt werden. Saugheber verwenden. Auch nach dem Belagwechsel darf die Max.-Marke am Bremsflüssigkeitsbehälter nicht überschritten werden, da sich die Flüssigkeit bei Erwärmung ausdehnt. Ausgelaufene Bremsflüssigkeit läuft am Hauptbremszylinder runter, zerstört den Lack und führt zur Korrosion.**

Achtung: Bei hohem Bremsbelagverschleiß Leichtgängigkeit des Kolbens prüfen. Bei schwergängigem Kolben Faustsattel instandsetzen (Werkstattarbeit).

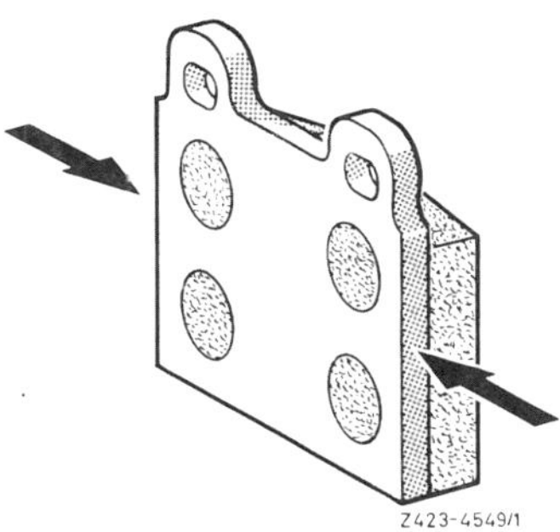

- Um ein Quietschen der Scheibenbremsen zu verhindern, Rückseite der Bremsbeläge sowie Seitenteile der Rückenplatte –Pfeile– mit Schmiermittel (z. B. Plastilube, Tunap VC 582/S, Chevron SRJ/2, Liqui Moly LM-36 oder LM-508-ASC) **dünn** einstreichen. Dabei nur Rückenplatte bestreichen, **die Paste darf keinesfalls auf den eigentlichen Bremsbelag oder auf die Bremsscheibe kommen.** Gegebenenfalls sofort abwischen und mit Spiritus reinigen.
- Beide Bremsbeläge in den Bremsträger einsetzen. Dabei darauf achten, daß die Federbügel –16– in Abbildung –142-30328– parallel zur Belagoberkante stehen.
- Verschleißfühler am inneren Bremsbelag einstecken.
- Kolbengehäuse herunterklappen und am Bremsträger mit **neuer** selbstsichernder Schraube und **35 Nm** festschrauben. Dabei mit Maulschlüssel am Führungsbolzen gegenhalten.

Achtung: Die selbstsichernde Befestigungsschraube darf **nur einmal** verwendet werden.

- Kabel für Verschleißfühler spiralförmig aufwickeln und in die Steckverbindung am Bremssattel einstecken. Deckel für Steckverbindung schließen.
- Rad anschrauben, Fahrzeug ablassen und Radschrauben mit 110 Nm über Kreuz festziehen.

Achtung: Bremspedal im Stand mehrmals kräftig niedertreten, bis fester Widerstand spürbar ist.

- Bremsflüssigkeit im Ausgleichbehälter prüfen gegebenenfalls bis zur „Max.“-Marke auffüllen.
- Neue Bremsbeläge vorsichtig einbremsen, dazu Fahrzeug mehrmals von ca. 80 km/h auf 40 km/h mit geringem Pedaldruck abbremsen. Dazwischen Bremse etwas abkühlen lassen.

Achtung: Bis zu einer Fahrstrecke von ca. 200 km sollten keine Vollbremsungen vorgenommen werden.

Scheibenbremsbeläge hinten aus- und einbauen

Ausbau

- Radschrauben lösen.
- Fahrzeug hinten aufbocken, siehe Seite 267.
- Hinterrad abnehmen.

Achtung: Ein Wechsel der Beläge von der Außen- zur Innenseite und umgekehrt oder auch vom rechten zum linken Rad ist nicht zulässig. Der Wechsel kann zu ungleichmäßiger Bremswirkung führen. Grundsätzlich alle Scheibenbremsbeläge einer Achse gleichzeitig erneuern.

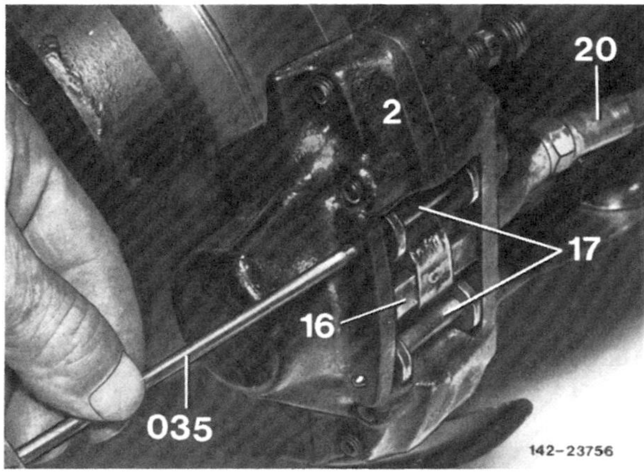

- Haltestifte –17– mit geeignetem Dorn –35– herausschlagen. 2– Bremssattel, 20– Bremsleitung.
- Kreuzfeder – 16– herausnehmen.

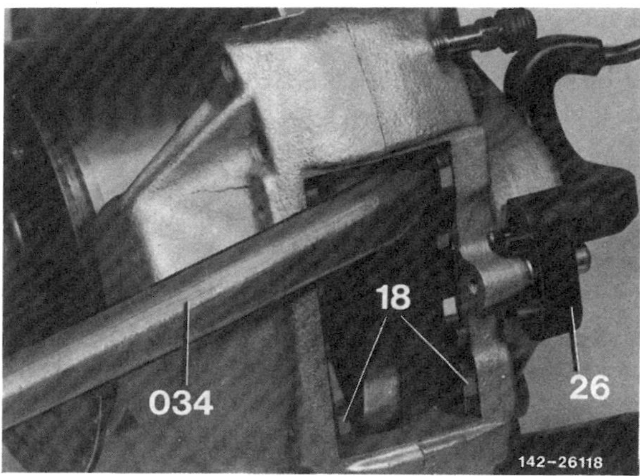

- Bremsbeläge –18– mit Ausdrückhebel –034–, Zange oder Schraubendreher herausziehen. Bei festgerosteten Bremsbelägen wird eine spezielle Ausziehvorrichtung (z. B. von HAZET) benötigt. 26– Steckverbindung-Kontaktfühler.

Einbau

Achtung: Bei ausgebauten Bremsbelägen nicht auf das Bremspedal treten, sonst werden die Kolben aus dem Gehäuse herausgedrückt.

- Führungsfläche bzw. Sitz der Beläge im Gehäuseschacht mit geeigneter Weichmetallbürste –030– und Staubsauger reinigen, oder mit einem Lappen und Spiritus auswischen. Keine mineralölhaltigen Lösungsmittel oder scharfkantigen Werkzeuge verwenden.
- Vor Einbau der Beläge ist die Bremsscheibe durch Abtasten mit den Fingern auf Riefen zu untersuchen. Riefige Bremsscheiben erneuern. Bremsscheiben mit grauer oder blauer Verfärbung vor dem Einbau neuer Beläge reinigen, siehe Seite 182.
- Bremsscheibendicke messen, siehe Seite 192.
- Staubkappe auf Anrisse prüfen. Eine beschädigte Staubkappe umgehend ersetzen lassen, da eingedrungener Schmutz schnell zu Undichtigkeiten des Bremssattels führt. Der Festsattel muß hierzu ausgebaut und zerlegt werden (Werkstattarbeit).

- Mit Rücksetzvorrichtung –031– oder dem HAZET-Werkzeug 4971-1 beide Bremskolben zurückdrücken. Es geht auch mit einem Hartholzstab (Hammerstiel), dabei jedoch besonders darauf achten, daß die Kolben nicht verkantet und Kolbenfläche sowie Staubkappe nicht beschädigt werden.

Achtung: Beim Zurückdrücken der Kolben wird Bremsflüssigkeit aus den Bremszylindern in den Ausgleichbehälter gedrückt. Flüssigkeit im Behälter beobachten, eventuell Bremsflüssigkeit mit einem Saugheber absaugen.

Zum Absaugen die Entlüfterflasche oder eine Plastikflasche verwenden, die nur mit Bremsflüssigkeit in Berührung kommt. Keine Trinkflaschen verwenden! **Bremsflüssigkeit ist giftig und darf auf gar keinen Fall mit dem Mund über einen Schlauch abgesaugt werden. Saugheber verwenden. Auch nach dem Belagwechsel darf die Max.-Marke am Bremsflüssigkeitsbehälter nicht überschritten werden, da sich die Flüssigkeit bei Erwärmung ausdehnt. Ausgelaufene Bremsflüssigkeit läuft am Hauptbremszylinder runter, zerstört den Lack und führt zur Korrosion.**

Hinweis: Bei hohem Bremsbelagverschleiß Leichtgängigkeit der Kolben prüfen. Bei schwergängigen Kolben Festsattel instandsetzen (Werkstattarbeit).

- 20° -Kolbenstellung prüfen. Die Werkstatt benutzt dazu eine 20° -Lehre. **In der Regel werden beim Ausbau der Bremsbeläge die Kolben nicht verdreht! Das Einstellen ist also nicht unbedingt notwendig.**

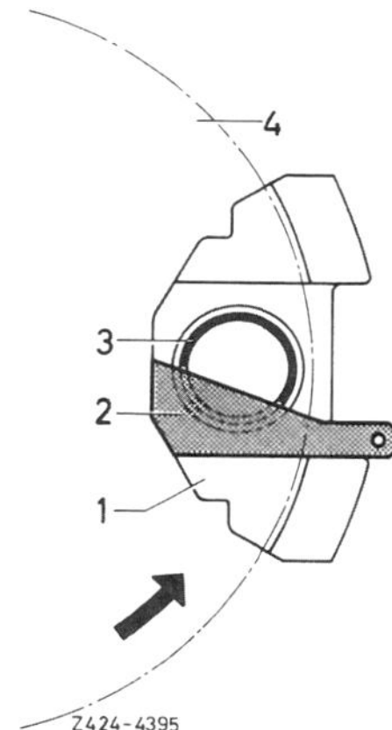

- Kolbenlehre an der unteren Führungsfläche im Bremssattel anhalten. Die Kolbenstellung ist richtig, wenn die angelegte Lehre (20° -Stellung) mit den Kolbenansätzen übereinstimmt. Gegebenenfalls Kolben mit Schraubendreher vorsichtig verdrehen.
- Um ein Quietschen der Scheibenbremsen zu verhindern, Rückseite der Bremsklötze sowie Seitenteile der Rückenplatte mit Schmiermittel dünn einstreichen, siehe Seite 178.
- Bremsbeläge in den Bremssattel einsetzen.
- Kreuzfeder auflegen und Haltestifte einschlagen.

Achtung: Kreuzfeder und Haltestifte grundsätzlich erneuern.

- Rad anschrauben, Fahrzeug ablassen und Radschrauben über Kreuz mit 110 Nm festziehen.

Achtung: Bremspedal im Stand mehrmals kräftig niedertreten, bis fester Widerstand spürbar ist.

- Bremsflüssigkeit im Ausgleichbehälter prüfen, gegebenenfalls bis zur „Max."-Marke auffüllen.
- Neue Bremsbeläge vorsichtig einbremsen, dazu Fahrzeug mehrmals aus ca. 80 km/h auf 40 km/h mit geringem Pedaldruck abbremsen. Dazwischen Bremse etwas abkühlen lassen.

Achtung: Bis zu einer Fahrstrecke von ca. 200 km sollten keine Vollbremsungen vorgenommen werden.

Vordere Scheibenbremse 300 E-24, CE-24, TE-24

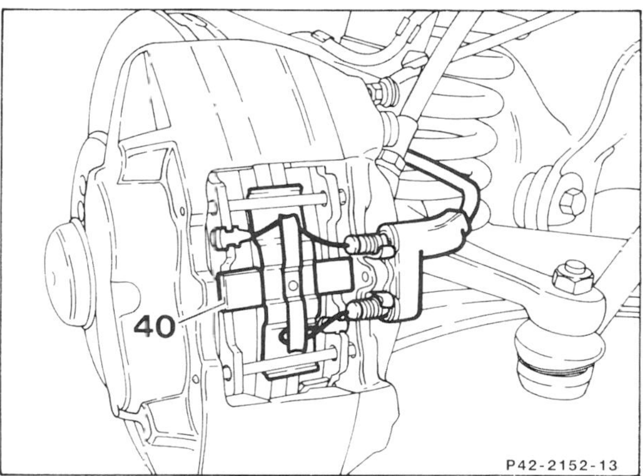

- Kabel für die Bremsbelagverschleißanzeige wie in der Abbildung gezeigt verlegen und in die Belaghaltefeder –40– einhängen.

Bremskolbenlehre herstellen

- Lehre aus Pappe oder Blech nach Zeichnung anfertigen.

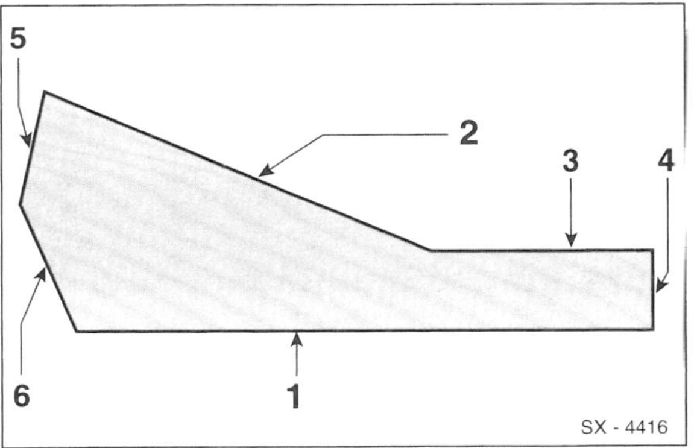

- Die lange Seite –1– der Lehre muß im Hinterrad-Bremssattel anliegen. Der Bremskolben hat einen Absatz. Dieser Absatz muß an der schrägen Fläche –2– der Lehre anliegen, sonst Bremskolben verdrehen.
  Maße für die Lehre: 1 = 70 mm, 2 = 51 mm, 3 = 27 mm, 4 = 10 mm, 5 = 14 mm, 6 = 17,5 mm.

Bremsscheibe vorn aus- und einbauen

Ausbau

- Radschrauben lösen.
- Fahrzeug vorn aufbocken.
- Vorderrad abnehmen.

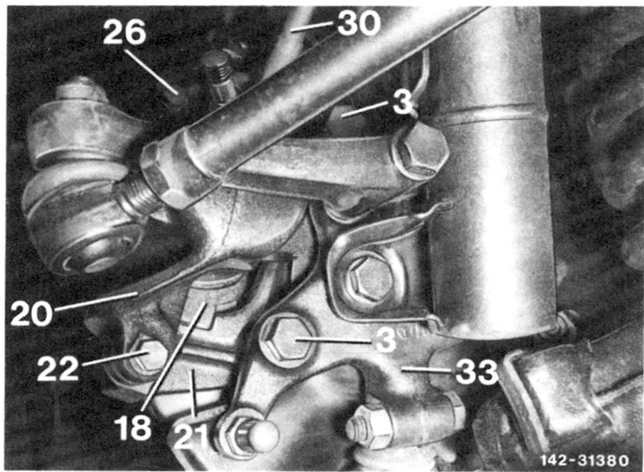

- Befestigungsschrauben –3– am Bremsträger –21– herausdrehen und Faustsattel zusammen mit dem Bremsträger vom Achsschenkel –33– abnehmen.

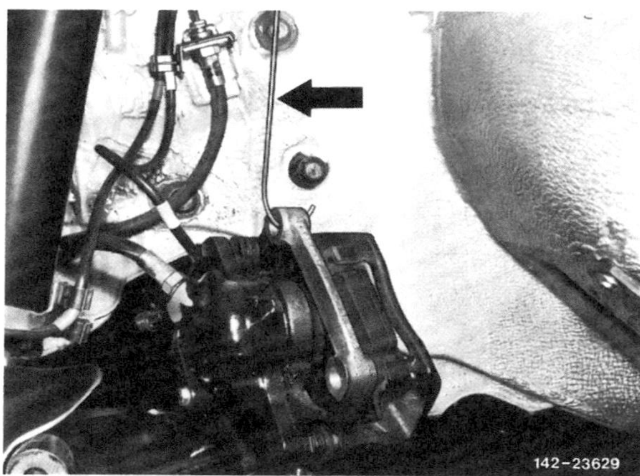

- Bremssattel mit selbstangefertigtem Drahthaken –Pfeil– so am Drehstab aufhängen, daß der Bremsschlauch sowie das Kabel für die Bremsbelagverschleißanzeige nicht verdreht oder auf Zug beansprucht werden.

Achtung: Bremsschlauch nicht lösen, sonst muß das Bremssystem entlüftet werden.

- Befestigungsschraube –8– mit Inbusschlüssel herausdrehen und Bremsscheibe –6– von der Radnabe abnehmen. Weitere dargestellte Teile: 5 – Abschirmblech, 9 – Spannhülsen, 20 – Bremssattel, 21 – Bremsträger.

Einbau

Um ein gleichmäßiges Bremsen beidseitig zu gewährleisten, müssen beide Bremsscheiben die gleiche Oberfläche bezüglich Schliffbild und Rauhtiefe aufweisen. Deshalb **grundsätzlich beide** Bremsscheiben ersetzen.

Die Werkstatt kann die Bremsscheibe auf Schlag prüfen. Maximaler Scheibenschlag (eingebaut) 0,12 mm.

- Falls vorhanden, Rost am Flansch der Bremsscheibe und der Vorderradnabe entfernen.
- Neue Bremsscheiben mit Nitro-Verdünnung vom Schutzlack reinigen.
- Bremsscheibe auf Vorderradnabe aufsetzen, dabei auf festen Sitz der Spannhülsen achten.
- Faustsattel am Achsschenkel ansetzen. Dabei darf der Bremsschlauch nicht verdreht oder gedehnt werden. Freigängigkeit des Bremsschlauches bei vollem Lenkradeinschlag prüfen.
- Faustsattel mit **neuen** selbstsichernden Schrauben und **115 Nm** am Achsschenkel anschrauben.

Achtung: Wenn sich die Schrauben nur schwer reindrehen lassen, Gewinde im Faustsattel mit Gewindebohrer M 12x1,5 von den Resten des Schraubensicherungsmittels reinigen.

- Rad montieren, Fahrzeug ablassen und Radschrauben über Kreuz mit 110 Nm festziehen.

Achtung: Bremspedal im Stand mehrmals kräftig niedertreten bis fester Widerstand spürbar ist.

- Bremsflüssigkeitsstand im Ausgleichbehälter prüfen, siehe Seite 191.

Bremsscheibe hinten aus- und einbauen

Ausbau

- Radschrauben lösen.
- Fahrzeug hinten aufbocken.
- Hinterrad abnehmen.

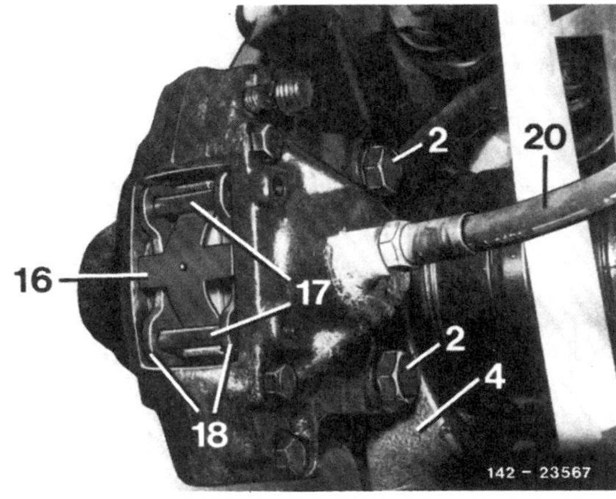

- Befestigungsschrauben –2– herausdrehen und Festsattel abnehmen.

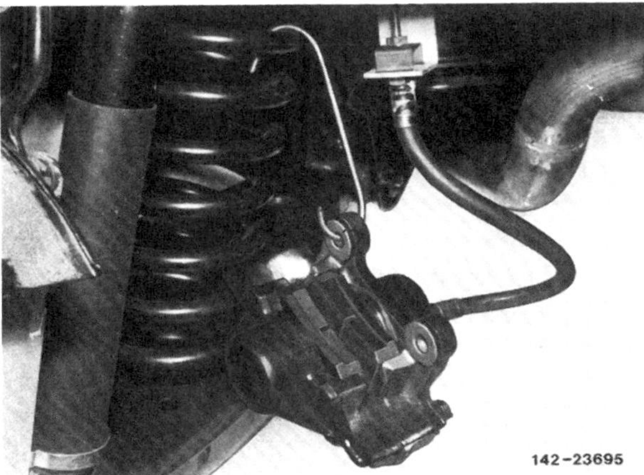

- Bremssattel mit selbstangefertigtem Drahthaken so an der Schraubenfeder einhängen, daß der Bremsschlauch nicht verdreht oder auf Zug beansprucht wird.

Achtung: Bremsschlauch nicht lösen, sonst muß das Bremssystem entlüftet werden.

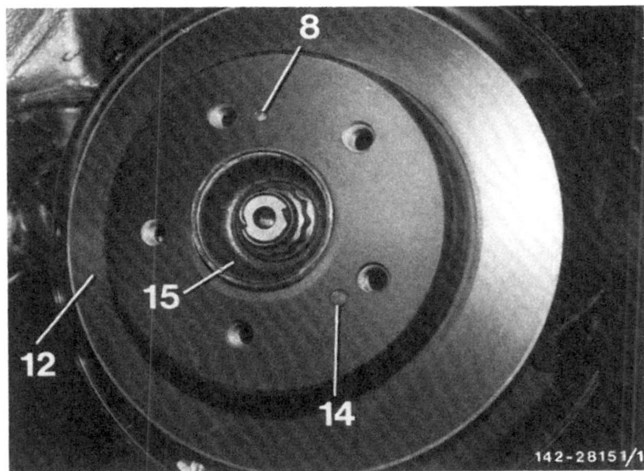

- Halteschraube –8– herausdrehen und Bremsscheibe –12– vom Hinterachswellenflansch –15– abnehmen. –14– Paßstift.

Achtung: Die Feststellbremse muß vollkommen gelöst sein. Festsitzende Bremsscheibe durch leichte Schläge mit einem Kunststoffhammer lösen.

Einbau

Um beidseitig ein gleichmäßiges Bremsen zu gewährleisten, müssen beide Bremsscheiben die gleiche Oberfläche bezüglich Schliffbild und Rauhtiefe aufweisen. Deshalb grundsätzlich beide Bremsscheiben ersetzen.

Die Werkstatt kann die Bremsscheibe auf Schlag prüfen. Maximaler Scheibenschlag (eingebaut) 0,15 mm.

- Falls vorhanden, Rost am Flansch der Bremsscheibe und der Hinterachswelle entfernen.

Achtung: Damit sich die Bremsscheibe beim späteren Ausbau leichter abnehmen läßt, Paßsitz des Hinterachswellenflansches mit Hochtemperaturpaste (z. B. Molykote-U oder -G-Rapid, beziehungsweise Liqui-Moly LM-36 oder LM-508-ASC) bestreichen.

- Neue Bremsscheibe mit Nitro-Verdünnung vom Schutzlack reinigen.
- Bremsscheibe so auf Hinterachswellenflansch aufsetzen, daß der Paßstift in die Bremsscheibe eingreift. **Neue** Halteschraube mit 10 Nm festziehen.

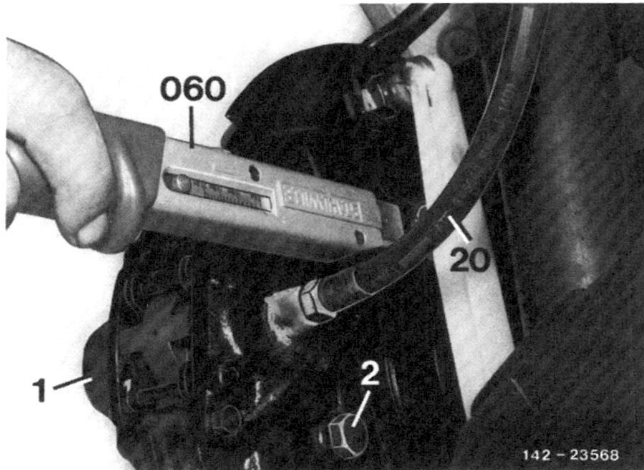

- Bremssattel am Radträger ansetzen, dabei auf Freigängigkeit des Bremsschlauches –20– achten.
- **Neue** selbstsichernde Schrauben reindrehen und mit **50 Nm** anziehen. Modell E280 mit ASR: Anzugsdrehmoment **70 Nm.**

Achtung: Wenn sich die Schrauben nur schwer reindrehen lassen, Gewinde am Radträger mit einem passenden Gewindebohrer M10 von den Resten des Sicherungsmittels reinigen.

- Rad montieren, Fahrzeug ablassen und Radschrauben über Kreuz mit 110 Nm festziehen.

Achtung: Bremspedal im Stand mehrmals kräftig niedertreten bis fester Widerstand spürbar ist.

- Bremsflüssigkeitsstand im Ausgleichbehälter prüfen, siehe Seite 191.

Die Bremsflüssigkeit

Beim Umgang mit Bremsflüssigkeit ist zu beachten:

- Bremsflüssigkeit ist giftig. Keinesfalls Bremsflüssigkeit mit dem Mund über einen Schlauch absaugen. Bremsflüssigkeit nur in Behälter füllen, bei denen ein versehentlicher Genuß ausgeschlossen ist.
- Bremsflüssigkeit ist ätzend und darf deshalb nicht mit dem Autolack in Berührung kommen, gegebenenfalls sofort abwischen und mit viel Wasser abwaschen.
- Bremsflüssigkeit ist hygroskopisch, das heißt, sie nimmt aus der Luft Feuchtigkeit auf. Bremsflüssigkeit deshalb nur in geschlossenen Behältern aufbewahren.
- Bremsflüssigkeit, die schon einmal im Bremssystem verwendet wurde, darf nicht wieder verwendet werden. Auch beim Entlüften der Bremsanlage nur neue Bremsflüssigkeit verwenden.
- Spezifikation: **DOT 4.**
- Bremsflüssigkeit darf nicht mit Mineralöl in Berührung kommen. Schon geringe Spuren Mineralöl machen die Bremsflüssigkeit unbrauchbar, beziehungsweise führen zum Ausfall des Bremssystems.
- Alte Bremsflüssigkeit bei der örtlichen Sondermülldeponie abgeben, nicht in die Kanalisation schütten oder dem Hausmüll beigeben.

Bremsanlage entlüften

Nach jeder Reparatur an der Bremse, bei der die Anlage geöffnet wurde, kann Luft in die Druckleitungen eingedrungen sein. Dann ist das Bremssystem zu entlüften. Luft ist auch dann in den Leitungen, wenn sich beim Treten auf das Bremspedal der Bremsdruck schwammig anfühlt. In diesem Fall muß zusätzlich die Undichtigkeit beseitigt werden.

Die Bremsanlage wird durch Pumpen mit dem Bremspedal entlüftet, dazu ist eine zweite Person notwendig. Muß die ganze Anlage entlüftet werden, jeden Bremssattel einzeln entlüften. Falls nur ein Bremssattel erneuert bzw. überholt wurde, genügt in der Regel das Entlüften des betreffenden Bremssattels. Die Reihenfolge der Entlüftung: 1. Bremssattel hinten rechts, 2. Bremssattel hinten links, 3. Bremssattel vorn rechts, 4. Bremssattel vorn links.

Achtung, Fahrzeuge mit ABS/ASR: Der Entlüftungsvorgang ist für Fahrzeuge mit und ohne ABS/ASR identisch. Sinkt der Bremsflüssigkeitsstand im Ausgleichbehälter beim Entlüftungsvorgang zu tief ab wird Luft angesaugt, die in die Hydraulikpumpe gelangt. Die Bremsanlage sollte dann in der Werkstatt entlüftet werden. Bei Fahrzeugen mit ASR Hydraulikeinheit entlüften, siehe Seite 193.

- Bremsflüssigkeitsstand im Vorratsbehälter mit einem Filzstift markieren.
- Staubkappe vom Entlüfterventil des Bremszylinders abnehmen. Entlüfterventil reinigen und sauberen, durchsichtigen Schlauch aufstecken. Anderes Schlauchende in eine mit Bremsflüssigkeit halbvoll gefüllte Flasche stecken.
- Von einer Hilfsperson Bremspedal so oft niedertreten lassen („pumpen"), bis sich im Bremssystem Druck aufgebaut hat. Zu spüren am wachsenden Widerstand beim Betätigen des Pedals.
- Ist genügend Druck vorhanden, Bremspedal ganz durchtreten, Fuß auf dem Bremspedal halten.
- Entlüfterventil am Bremssattel etwa eine halbe Umdrehung mit Ringschlüssel öffnen. Ausfließende Bremsflüssigkeit in der Flasche sammeln. Darauf achten, daß sich das Schlauchende in der Flasche ständig unterhalb des Flüssigkeitsspiegels befindet.
- Sobald der Flüssigkeitsdruck nachläßt, sofort Entlüfterventil schließen.
- Pumpvorgang wiederholen, bis sich Druck aufgebaut hat. Bremspedal niedertreten, Fuß auf dem Bremspedal lassen, Entlüfterschraube öffnen, bis der Druck nachläßt, Entlüfterschraube schließen.
- Entlüftungsvorgang an einem Bremszylinder so lange wiederholen, bis sich in der Bremsflüssigkeit, die in die Entlüfterflasche strömt, keine Luftblasen mehr zeigen.
- Nach dem Entlüften Schlauch von der Entlüfterschraube abziehen, Staubkappe auf das Ventil stecken.
- Die anderen Bremszylinder auf gleiche Weise entlüften.

Achtung: Während des Entlüftens ab und zu den Ausgleichbehälter beobachten. Der Flüssigkeitsspiegel darf nicht zu weit sinken, sonst wird über den Ausgleichbehälter Luft angesaugt. **Immer nur neue Bremsflüssigkeit nachgießen!**

- Nach dem Entlüften ist der Ausgleichbehälter bis zur angebrachten Markierung aufzufüllen.
- Bremspedal bei abgestelltem Motor niedertreten, dabei darf sich der Druck nicht schwammig anfühlen. Andernfalls Bremsanlage nochmals entlüften. Gegebenenfalls Bremssystem in der Fachwerkstatt prüfen lassen.

Bremsleitungen und Bremsschläuche

Für das Bremsleitungssystem, das zusammen mit den druckfesten Bremsschläuchen für die Räder die Verbindung vom Hauptbremszylinder zu den vier Radbremsen herstellt, werden Rohre verwendet.

Die Rohrverbindungen zu den Bremszylindern und Verteilerstücken sind als sogenannte Kegelkupplungen ausgebildet.

Die Rohrenden sind vorn gestaucht und haben dann eine kegelförmige Anlagefläche für die ebenfalls mit einem kegeligen Grund versehenen Gewindeöffnungen in den Bremszylindern bzw. Verteilerstücken. Bevor die Rohrenden gestaucht werden, wird eine Rohrmutter auf das Rohr gesteckt, die dann später nach dem Einschrauben die kegelige Anlagefläche des Rohres gegen den kegeligen Grund der Gewindeöffnung drückt und damit zuverlässig abdichtet.

Die Bremsschläuche stellen die flexiblen Verbindungen zwischen den starren und beweglichen Fahrzeugteilen her.

Bremsleitung/Bremsschlauch ersetzen

- Fahrzeug aufbocken, siehe Seite 267.
- Bremsleitung an den Überwurfmuttern lösen und abnehmen.
- Leitungsanschluß in Richtung Hauptbremszylinder mit geeignetem Stopfen verschließen.
- Neue Bremsleitung möglichst an gleicher Stelle verlegen.
- Beim Anschließen der Bremsleitung die kegelige Anlagefläche mit einigen Tropfen Bremsflüssigkeit benetzen und mit 10 Nm festziehen.

Bremsschlauch Vorderachse

Bremsschlauch Hinterachse

- Bremsleitung –10– vom Bremsschlauch lösen, dabei Bremsschlauch mit Gabelschlüssel gegenhalten. Anschluß mit Stopfen verschließen. –29– Halter für Bremsleitung.
- Bremsschlauch –30– aus dem Bremssattel –1– herausdrehen. Anschluß am Bremssattel verschließen.
- Neuen Bremsschlauch so einbauen, daß er ohne Drall durchhängt, und mit 15 Nm am Bremssattel festziehen.
- Nur vom Werk freigegebene Bremsschläuche einbauen.
- Nach dem Einbau bei entlastetem Rad prüfen (Wagen angehoben), ob der Schlauch allen Radbewegungen folgt, ohne irgendwo anzuscheuern.

Achtung: Bremsschläuche nicht mit Öl oder Petroleum in Berührung bringen, nicht lackieren oder mit Unterbodenschutz besprühen.

- Bremsanlage entlüften.
- Fahrzeug ablassen.

Bremskraftverstärker prüfen

Der Bremsservo ist auf Funktion zu überprüfen, wenn zur Erzielung ausreichender Bremswirkung die Pedalkraft außergewöhnlich hoch ist.

- Bremspedal bei stehendem Motor mindestens 5mal kräftig durchtreten, dann bei belastetem Bremspedal Motor starten. Das Bremspedal muß jetzt unter dem Fuß spürbar nachgeben.
- Andernfalls Unterdruckschlauch am Bremskraftverstärker abschrauben, Motor starten. Durch Fingerauflegen am Ende des Unterdruckschlauches prüfen, ob Unterdruck erzeugt wird.
- Ist kein Unterdruck vorhanden: Unterdruckschlauch auf Undichtigkeiten und Beschädigungen prüfen, ggf. ersetzen. Sämtliche Schellen fest anziehen.
- Ist Unterdruck vorhanden: Unterdruck messen, ggf. Bremsservo ersetzen (Werkstattarbeit.)

Die Feststellbremse

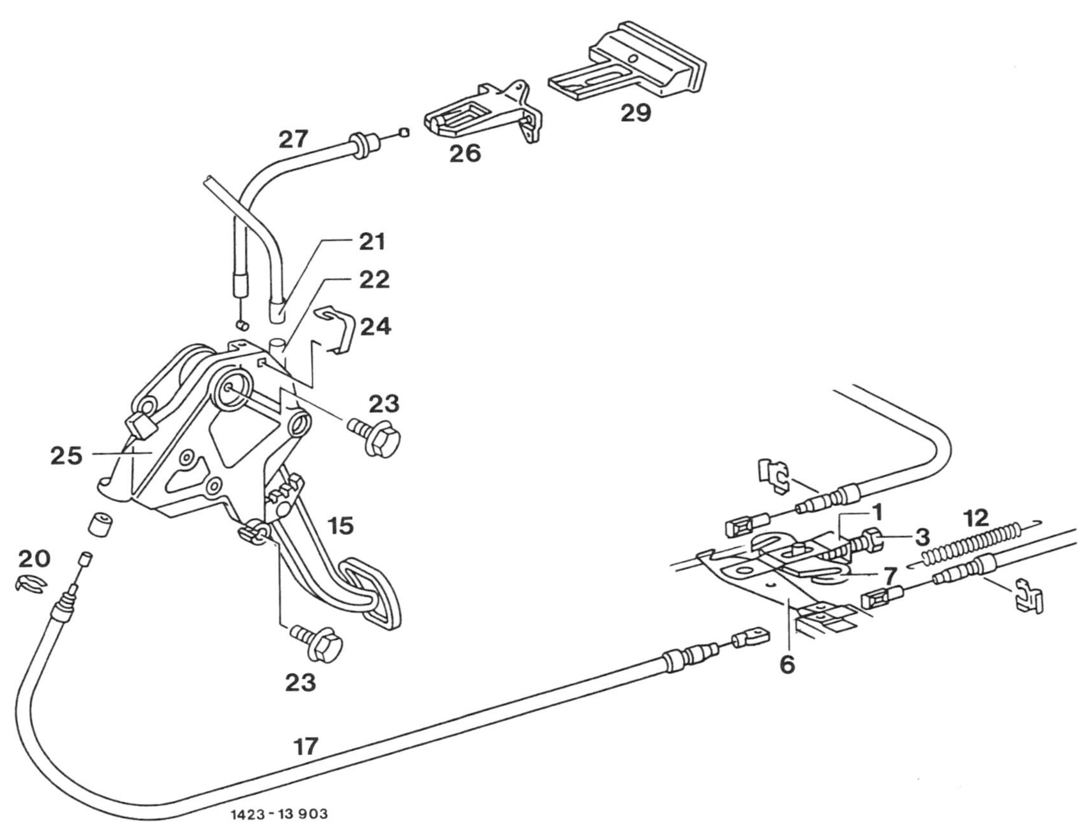

1 – Stellbügel für Bremsnachstellung
3 – Einstellschraube
6 – Zwischenhebel
7 – Ausgleichhebel
12 – Rückzugfeder
15 – Pedal
17 – Vorderer Bremsseilzug
20 – Federklammer
21 – Stecker
22 – Schalter für Warnleuchte
23 – Sechskantschrauben
24 – Klammer
25 – Pedalträger
26 – Führungsstück
27 – Oberer Bremsseilzug
29 – Griff

Bremsbacken für Feststellbremse aus- und einbauen

Ausbau

- Bremsscheibe hinten ausbauen.

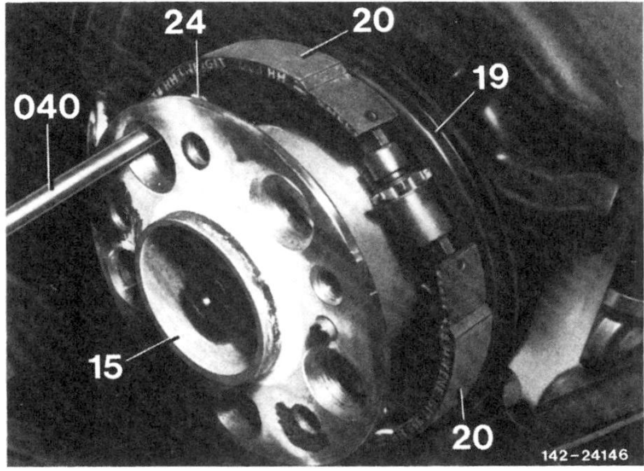

- Hinterachswellenflansch –15– so drehen, daß ein Gewindeloch sich über der Feder –24– befindet.
- Andrückfeder mit Werkzeug HAZET-2730 –040– etwas zusammendrücken, um ca. 90° (¼ Umdrehung) drehen und Feder aus dem Abdeckring –19– aushängen.
- Das Hilfswerkzeug kann zum Beispiel folgendermaßen angefertigt werden. An eine Stange mit entsprechendem Durchmesser auf der einen Seite einen T-Griff anschweißen und auf der anderen Seite einen Schlitz, ca. 4 mm tief und ca. 2,5 mm breit, einfeilen.
- Andrückfeder für anderen Bremsbacken auf dieselbe Weise ausbauen.

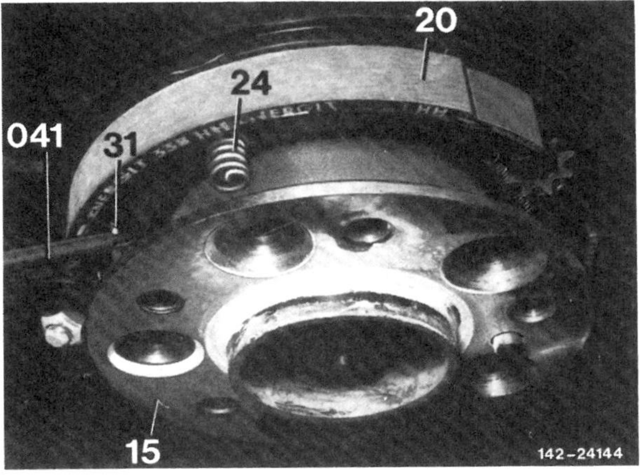

- Rückzugfeder –31– mit HAZET-4964-1 –041– aus den Bremsbacken aushängen.

- Beide Bremsbacken –20– auseinanderziehen und über Hinterachswellenflansch –15– abnehmen.

- Rückzugfeder –29– aus den Bremsbacken aushängen und Nachstellvorrichtung –21, 22, 23– herausnehmen.

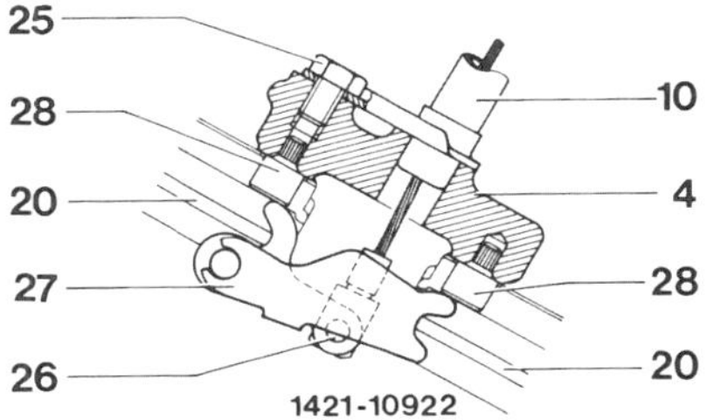

- Bolzen –26– am Spreizschloß –27– herausdrücken und Bremsseilzug –10– vom Spreizschloß abnehmen. –4– Radträger, –20– Bremsbacken, –25– Sechskantschraube, –28– Innensechskantschraube.

Einbau

- Sämtliche Lager- und Gleitflächen am Spreizschloß mit Hochtemperaturpaste (z. B. Liqui Moly LM-36 oder LM-508-ASC, Molykote-Paste-U oder G-Rapid) schmieren.
- Bremsseilzug mit Bolzen am Spreizschloß befestigen. Danach Spreizschloß in Richtung Abdeckring –19– drücken.

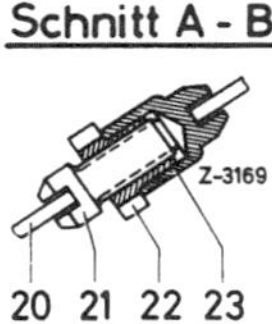

- Nachstellvorrichtung zerlegen. Gewinde des Druckstückes –21– sowie zylindrischen Teil des Stellrades –22– mit Hochtemperaturpaste schmieren.
- Druckstück –21– in das Stellrad –22– einschrauben und in die Druckhülse –23– einsetzen. Dabei Druckstück ganz einschrauben.
- Nachstellvorrichtung so zwischen die beiden Bremsbacken einsetzen, daß das Stellrad –22– nach vorn zeigt.
- Rückzugfeder –29– in die Bremsbacken einhängen.
- Bremsbacken auseinanderziehen und über den Hinterachswellenflansch einsetzen und in das Spreizschloß einhängen.
- Andrückfeder mit Hilfswerkzeug durch ein Gewindeloch in die Bremsbacke einsetzen, etwas zusammendrücken, um 90° drehen und dadurch in den Abdeckring einhängen. Anschließend Feder auf richtigen Sitz prüfen.
- Andrückfeder für anderen Bremsbacken einhängen.

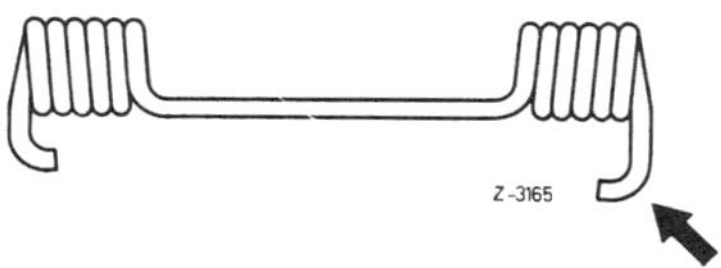

- Rückzugfeder mit der kleinen Öse in den Bremsbacken einhängen. Große Öse –Pfeil– mit Schraubendreher in anderen Bremsbacken einhängen.
- Hintere Bremsscheibe einbauen.
- Feststellbremse einstellen.

Feststellbremse einstellen

Die Feststellbremse muß eingestellt werden, wenn sich das Pedal mehr als 5 Rasten (bis 9.89 - 4 Rasten) hineintreten läßt und keine Bremswirkung spürbar wird.

- An den beiden Hinterrädern je eine Radschraube herausschrauben.
- Fahrzeug hinten aufbocken.

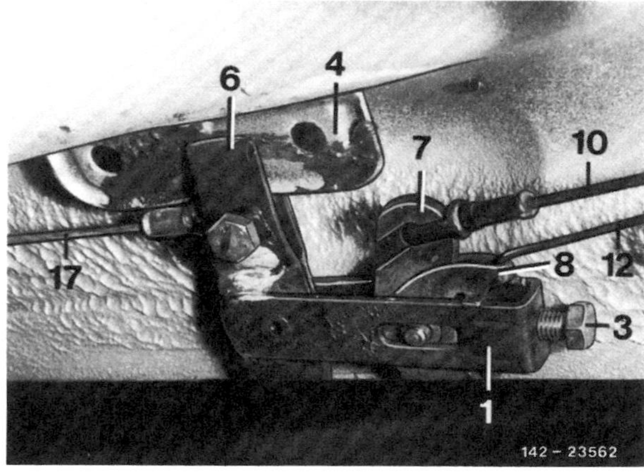

- Einstellschraube –3– hinten am Fahrzeugboden (Bremsausgleich) ganz herausdrehen.

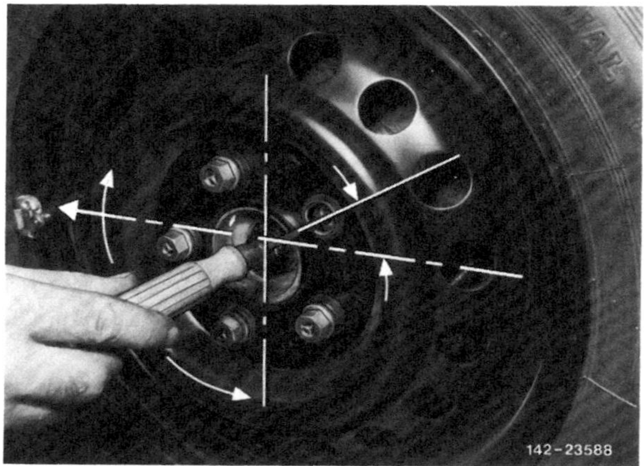

- Rad so drehen, daß das Schraubenloch ca. 45° nach hinten oben zeigt, siehe Abbildung.

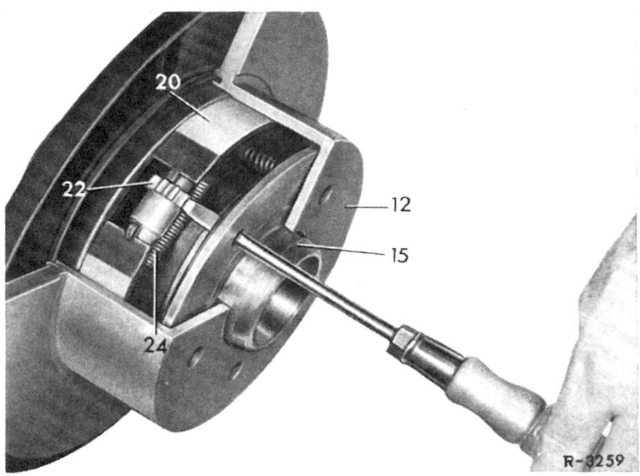

- Mit Schraubendreher, Größe 4,5 mm, durch das Gewindeloch das Stellrad –22– der Nachstellvorrichtung verdrehen, bis sich das Rad von Hand gerade nicht mehr drehen läßt (bei gelöster Feststellbremse). Während des Nachstellens also immer das Rad von Hand drehen; das Stellrad der Nachstellvorrichtung hat 15 Zähne. 12–Bremstrommel Feststellbremse.
  Drehrichtung: linkes Rad – von unten nach oben; rechtes Rad – von oben nach unten.
- Anschließend Stellrad wieder 5–6 Zähne zurückdrehen, bis sich das Rad drehen läßt, ohne daß die Bremsbacken schleifen.
- Jetzt das Stellrad –22– genauso am anderen Rad einstellen.
- Einstellschraube –3–, siehe Abbildung 142-23562, am Bremsausgleich soweit hineindrehen, bis die Bremsseile gerade gespannt sind.
- Fußfeststellbremse mehrmals kräftig betätigen.
- Danach prüfen, ob sich bei gelöstem Pedal das Hinterrad vollkommen frei drehen läßt. Wenn das Pedal nun um 1 Raste hineingetreten wird, muß eine leichte Bremswirkung spürbar werden. Andernfalls Einstellung wiederholen.
- Radschrauben reindrehen, Fahrzeug ablassen und Schrauben über Kreuz mit 110 Nm festziehen.

Bremslichtschalter aus- und einbauen

Ausbau

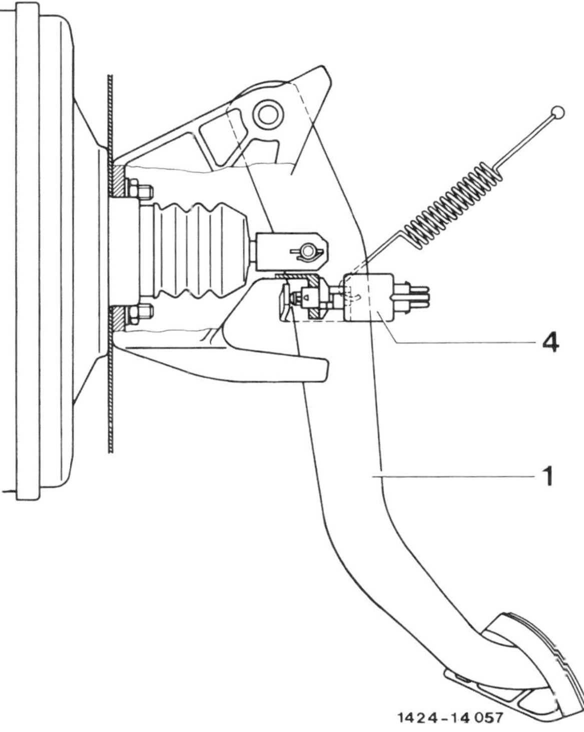

Teil 4

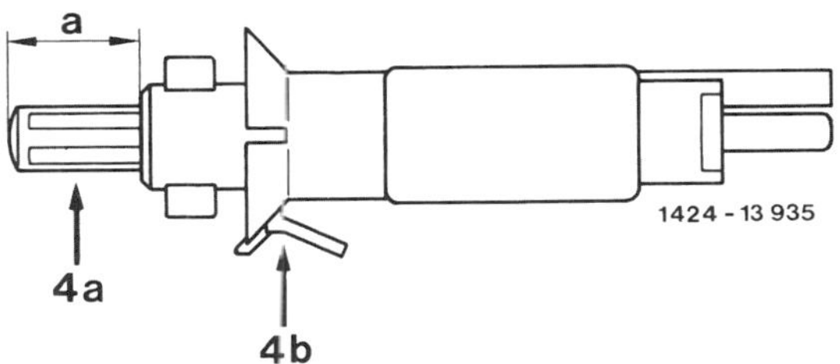

- Stecker abziehen.
- Arretierung –4b– eindrücken, Schalter drehen und herausziehen.

Einbau

- Betätigungsstift –4a– am neuen Bremslichtschalter bis zum Anschlag herausziehen. Dadurch ergibt sich der maximale Weg „a“.
- Bremspedal ganz eindrücken.
- Schalter –4– einsetzen und soweit drehen, bis die Arretierung –4b– einrastet.
- Bremspedal loslassen, dabei stellt sich der Betätigungsweg selbst ein.
- Elektrische Leitung aufschieben.

Die ABS-Anlage

Seit 9/88 ist der MERCEDES mit ABS (Anti-Blockier-System) ausgestattet. Ein nachträglicher Einbau des ABS bei bisherigen Fahrzeugen ohne diese Anlage ist nicht möglich.

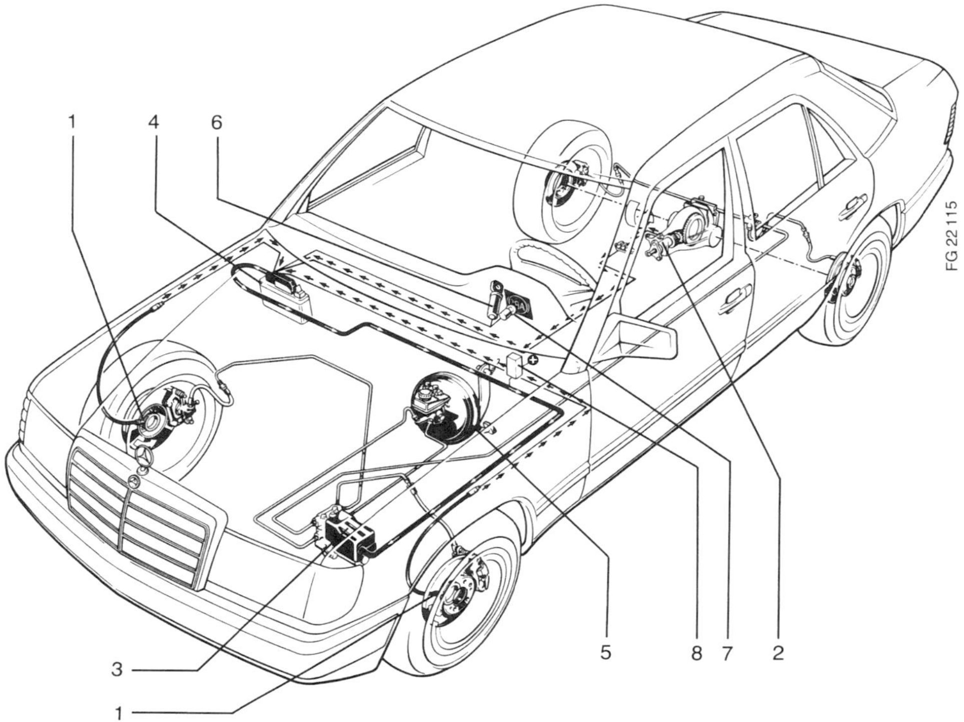

Das Antiblockiersystem besteht aus folgenden Bauteilen:
1 – Drehzahlfühler für die Vorderräder
2 – Drehzahlfühler für die Hinterachse
3 – Hydraulikeinheit
4 – Elektronisches Steuergerät
5 – Bremskraftverstärker
6 – Lenkschloß
7 – ABS-Kontrolleuchte
8 – Überspannschutzrelais

Das Antiblockiersystem (ABS) verhindert, daß bei scharfem Bremsen die Räder blockieren. Dadurch verkürzt sich der Bremsweg, weil der Kraftschluß zwischen Rädern und Fahrbahn größer ist, wenn sich die Räder eben noch drehen. Außerdem bleibt das Fahrzeug bei einer Vollbremsung lenkbar.

Das ABS ist funktionsbereit, sobald die Zündung eingeschaltet ist und die Geschwindigkeit 5–7 km/h erreicht. Es regelt alle Bremsvorgänge im Blockierbereich, sobald die Geschwindigkeit von 12 km/h einmal überschritten wurde.

Durch die Drehzahlfühler, zwei für die Vorderräder und einer für die Hinterachse, wird die Radgeschwindigkeit gemessen. Aus den Signalen der einzelnen Drehzahlfühler errechnet das elektronische Steuergerät eine Durchschnittsgeschwindigkeit, die in etwa der Fahrzeuggeschwindigkeit entspricht. Durch Vergleich der Radgeschwindigkeit für ein einzelnes Rad und der Durchschnittsgeschwindigkeit aller Räder erkennt das Steuergerät den Schlupfzustand des einzelnen Rades und kann dadurch feststellen, wenn sich ein Rad kurz vor dem Blockieren befindet.

Sobald ein Rad zum Blockieren neigt, der Bremsflüssigkeitsdruck im Bremssattel ist dann zu hoch im Verhältnis zur Haftfähigkeit der Reifen auf der Straße, hält das Hydrauliksystem aufgrund von Signalen des Steuergerätes den Flüssigkeitsdruck konstant. Das heißt, der Druck im Bremssattel erhöht sich nicht, auch wenn stärker auf das Bremspedal getreten wird. Besteht weiterhin Blockierneigung, wird der Flüssigkeitsdruck durch öffnen eines Auslaßventils abgesenkt. Jedoch nur soweit, bis das Rad wieder geringfügig beschleunigt, dann wird der Druck wieder konstant gehalten.

Beschleunigt das Rad über einen bestimmten Wert hinaus, wird der Druck durch das Hydrauliksystem wieder erhöht, jedoch nicht über das Maß des allgemeinen Bremsdrucks hinaus.

Dieser Vorgang wiederholt sich bei scharfem Bremsen für jedes einzelne Rad so lange, bis das Bremspedal zurückgenommen wird, beziehungsweise bis kurz vor Stillstand (5–7 km/h) des Fahrzeuges.

Eine Sicherheitsschaltung im elektronischen Steuergerät sorgt dafür, daß sich das ABS bei einem Defekt (z. B. Kabelbruch) oder bei zu niedriger Betriebsspannung (Batteriespannung unter 10,5 Volt) selbst abschaltet. In diesem Fall leuchtet die ABS-Kontrolleuchte am Armaturenbrett während der Fahrt auf. Die herkömmliche Bremsanlage bleibt dabei in Betrieb. Das Fahrzeug verhält sich beim Bremsen dann so, als ob kein ABS eingebaut wäre.

Die Hydraulikeinheit besteht aus der Rückförderpumpe sowie aus 3 Magnetventilen, je eines für die beiden Vorderradbremsen und eines für die Hinterradbremse.

Druckaufbau: Das Einlaßventil im Magnetventil ist geöffnet. Der Flüssigkeitsdruck im Bremssattel kann bis zu dem Wert ansteigen, der durch den Hauptbremszylinder hervorgerufen wird.

Druck konstant halten: Auslaß- und Einlaßventil im Magnetventil sind geschlossen. Der Flüssigkeitsdruck im Bremssattel verändert sich nicht, auch wenn sich der Druck zwischen Hauptbremszylinder und Magnetventil erhöht.

Druckabbau: Das Auslaßventil im Magnetventil ist geöffnet. Bremsflüssigkeit strömt über einen Speicher in die Rückförderpumpe, die die Flüssigkeit gegen den vorhandenen Druck in den Hauptbremszylinder zurückpumpt.

Das ist erforderlich, damit nicht die ganze Bremsflüssigkeit aus dem Hauptbremszylinder herausgedrückt werden kann. Die Pumpentätigkeit ist am deutlichen Pulsieren des Bremspedals spürbar. Die Pumpengeräusche werden durch je einen Dämpfer pro Bremskreis gedämpft.

Leuchtet während der Fahrt die ABS-Kontrollampe auf, dann weist dies darauf hin, daß sich das ABS abgeschaltet hat.

- Fahrzeug kurz anhalten, Motor abstellen und wieder starten.
- Batteriespannung prüfen. Wenn die Spannung unter 10,5 Volt liegt, Batterie laden.

Achtung: Wenn die ABS-Kontrolleuchte am Anfang einer Fahrt aufleuchtet und nach einiger Zeit wieder erlöscht, deutet das darauf hin, daß die Batteriespannung zunächst zu gering war, bis sie sich während der Fahrt durch Ladung über den Generator wieder erhöht hat.

- Fahrzeug aufbocken, Vorderräder abnehmen, elektrische Leitungen auf äußere Beschädigungen (durchgescheuert) prüfen.
- Weitere Prüfungen des ABS sollten der Werkstatt vorbehalten bleiben.

Wartungsarbeiten an der Bremsanlage

Bremsflüssigkeitsstand/Warnleuchte prüfen

Der Vorratsbehälter für die Bremsflüssigkeit befindet sich im Motorraum. Er hat zwei Kammern, je eine für jeden Bremskreis. Der Schraubverschluß –4– hat eine Belüftungsbohrung (bis ca. 9/90), die nicht verstopft sein darf.

Der Vorratsbehälter ist durchscheinend, so daß der Bremsflüssigkeitsstand jederzeit von außen überwacht werden kann.

Der Flüssigkeitsstand soll, bei geschlossenem Deckel, nicht höher als die Max.-Markierung und nicht unterhalb der Min-Marke liegen.

- Nur Bremsflüssigkeit nach DOT 4 einfüllen.

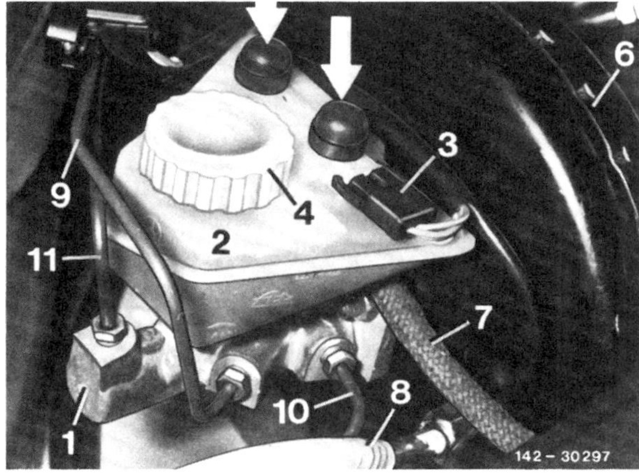

- Durch Abnutzung der Scheibenbremsen entsteht ein geringfügiges Absinken der Bremsflüssigkeit. Das ist normal.
- Sinkt die Bremsflüssigkeit jedoch innerhalb kurzer Zeit stark ab, ist das ein Zeichen für Bremsflüssigkeitsverlust.
- Die Leckstelle muß dann sofort ausfindig gemacht werden. In der Regel liegt es an verschlissenen Manschetten in den Radbremszylindern. Sicherheitshalber sollte die Überprüfung der Anlage von einer Fachwerkstatt durchgeführt werden.

Warnleuchte prüfen

- Zündung einschalten, Feststellbremse lösen.
- Beide Kontakte –Pfeil– nacheinander mit dem Finger nach unten drücken.
- Ein Helfer kontrolliert, ob die Warnleuchte jeweils aufleuchtet. Falls nicht, elektrische Zuleitung gemäß Stromlaufplan prüfen.
- Die Kontakteinsätze können nicht ausgebaut werden. Gegebenenfalls Vorratsbehälter ersetzen.

Bremsbelagdicke prüfen

Bei abgefahrenen **vorderen** Bremsbelägen leuchtet am Armaturenbrett eine Warnleuchte auf. In diesem Fall die vorderen Bremsbeläge umgehend erneuern.

Beträgt die Belagdicke (ohne Rückenplatte) weniger als 2 mm, kann es zu Schäden am Bremssattel kommen, weil der Steg zwischen Dichtringnut und Staubkappe ausbricht und der Bremssattel dadurch undicht wird. In diesem Fall eine Druckprüfung bei der MERCEDES-Werkstatt durchführen lassen.

- Radschrauben lösen.
- Fahrzeug aufbocken, Räder abnehmen.
- Mit Schieblehre Belagdicke – also ohne metallne Rückenplatte – prüfen.

Modell	Alle, außer 300 E-24	300 E-24	Alle
Belagdicke ohne metallne Rückenplatte	vorn	vorn	hinten
Neu	13,1 mm	12,2 mm	11 mm
Ansprechen der Verschleißanzeige	ca. 3,5 mm	ca. 2,5 mm	–
Verschleißgrenze (Beläge ersetzen)	2,0 mm	2,0 mm	2,0 mm
Dicke der metallnen Rückenplatte	6,2 mm	5,3 mm[1)]	4,5 mm

[1]) mit 0,7 mm Nirostablech

- Ist die Verschleißgrenze erreicht, Bremsbeläge auswechseln. Grundsätzlich alle Beläge einer Achse erneuern.

Hinweis: Nach einer Faustregel entspricht 1 mm Bremsbelag einer Fahrleistung von mindestens 1000 km. Diese Faustregel gilt unter ungünstigen Bedingungen. Im Normalfall halten die Beläge viel länger. Bei einer Belagdicke der vorderen Scheibenbremsbeläge von 5,5 mm (ohne Rückenplatte) beträgt die Restnutzbarkeit der Bremsbeläge also noch mindestens 2000 km.

Bremsscheibendicke prüfen

Hinweis: Je nach Motorleistung ist der MERCEDES vorn mit innenbelüfteten oder massiven Bremsscheiben ausgestattet.

- Radschrauben lösen.
- Fahrzeug aufbocken.
- Rad abnehmen.

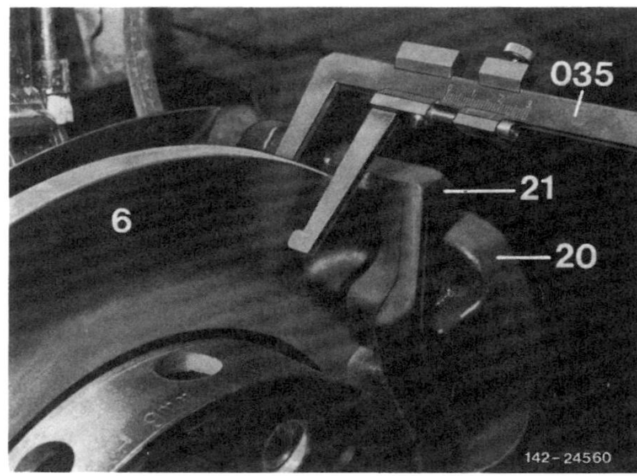

- Bremsscheibendicke messen. Die Werkstätten benutzen dazu eine spezielle Lehre –035–, da sich durch Abnutzung der Bremsscheibe –6– ein Rand bildet. Man kann die Bremsscheibendicke auch mit einer normalen Schieblehre messen, allerdings muß dann auf jeder Seite der Bremsscheibe eine 3 mm starke Unterlage zwischengelegt werden (oder 2 Zehn-Pfennig-Stücke). Um die exakte Bremsscheibendicke zu haben, müssen von dem Maß dann die 6 mm für die Unterlage abgezogen werden.

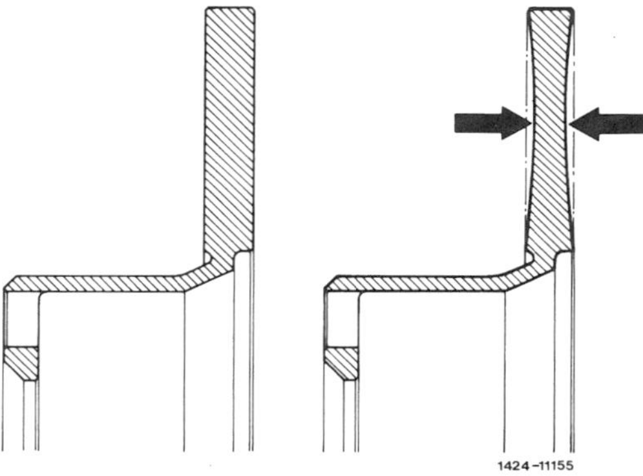

Achtung: Bremsscheibendicke immer an der dünnsten Stelle –Pfeile– messen.

Bremsscheibendicke	Neu	Mindest-dicke	Verschleiß-grenze
vorn (massiv)	12 mm	10,5 mm	10,0 mm
vorn (belüftet)	22 mm	20,0 mm	19,4 mm
vorn (belüftet) E320/320E ab 11/92	25 mm	23,0 mm	22,4 mm
hinten (massiv)	9 mm	7,6 mm	7,3 mm
hinten (belüftet)	20 mm	17,7 mm	17,3 mm

- Bei Erreichen der Mindestdicke können noch einmal neue Bremsbeläge eingebaut werden.
- Wird die Verschleißgrenze erreicht, Bremsscheibe erneuern.
- Bei größeren Rissen oder bei Riefen, die tiefer als 0,5 mm sind, Bremsscheibe erneuern.

Sichtprüfung der Bremsleitungen

Die Bremsleitungen sollen etwa alle 20 000 km auf einwandfreien Zustand geprüft werden.

- Fahrzeug aufbocken, siehe Seite 267.
- Bremsleitungen mit Kaltreiniger reinigen.

Achtung: Die Bremsleitungen sind zum Schutz gegen Korrosion mit einer Kunststoffschicht überzogen. Wird diese Schutzschicht beschädigt, kann es zur Korrosion der Leitungen kommen. Aus diesem Grund dürfen Bremsleitungen nicht mit Drahtbürste, Schmirgelleinen oder Schraubendreher gereinigt werden.

- Bremsleitungen vom Hauptbremszylinder zu den einzelnen Radbremszylindern mit Lampe überprüfen. Der Hauptbremszylinder sitzt im Motorraum unter dem Vorratsbehälter für Bremsflüssigkeit.
- Bremsleitungen dürfen weder geknickt noch gequetscht sein. Auch dürfen sie keine Rostnarben oder Scheuerstellen aufweisen. Andernfalls Leitung bis zur nächsten Trennstelle ersetzen.
- Bremsschläuche verbinden die Bremsleitungen mit den Radbremszylindern an den beweglichen Teilen des Fahrzeugs. Sie bestehen aus hochdruckfestem Material, können aber mit der Zeit porös werden, aufquellen oder durch scharfe Gegenstände angeschnitten werden. In einem solchen Fall sind sie sofort zu ersetzen.
- Bremsschläuche mit der Hand hin- und herbiegen, um Beschädigungen festzustellen. Schläuche dürfen nicht verdreht sein, farbige Kennlinie beachten!
- Lenkrad nach links und rechts bis zum Anschlag drehen. Die Bremsschläuche dürfen dabei in keiner Stellung Fahrzeugteile berühren.
- Anschlußstellen von Bremsleitungen und -schläuchen dürfen nicht durch ausgetretene Flüssigkeit feucht sein.

Achtung: Wenn der Vorratsbehälter und die Dichtungen durch ausgetretene Bremsflüssigkeit feucht sind, so ist das nicht unbedingt ein Hinweis auf einen defekten Hauptbremszylinder. Vielmehr dürfte die Bremsflüssigkeit durch die Belüftungsbohrung im Deckel oder durch die Deckeldichtung ausgetreten sein.

Bremsflüssigkeit wechseln

Die Bremsflüssigkeit nimmt durch die Poren der Bremsschläuche sowie durch die Entlüftungsöffnung des Vorratsbehälters Luftfeuchtigkeit auf. Dadurch sinkt im Laufe der Betriebszeit der Siedepunkt der Bremsflüssigkeit. Bei starker Beanspruchung der Bremse kann es deshalb zu Dampfblasenbildung in den Bremsleitungen kommen, wodurch die Funktion der Bremsanlage stark beeinträchtigt wird.

Die Bremsflüssigkeit soll einmal jährlich, möglichst im Frühjahr, erneuert werden.

- Vorsichtsmaßregeln beim Umgang mit Bremsflüssigkeit beachten, siehe Seite 184.
- Aktuellen Flüssigkeitsstand am Bremsflüssigkeitsbehälter mit einem Filzstift markieren. **Achtung:** Nach dem Bremsflüssigkeitswechsel darf dieser Flüssigkeitsstand nicht überschritten werden, da sonst bei späterem Bremsbelagwechsel die Bremsflüssigkeit aus dem Vorratsbehälter herausgedrückt wird.
- Mit einer Absaugflasche aus dem Bremsflüssigkeitsbehälter Bremsflüssigkeit bis zu einem Stand von ca. 10 mm absaugen.

Achtung: Vorratsbehälter nicht ganz entleeren, damit keine Luft in das Bremssystem gelangt.

- Vorratsbehälter bis zur „Maximum"-Marke mit **neuer** Bremsflüssigkeit füllen.
- Am rechten hinteren Bremssattel sauberen Schlauch auf Entlüfterventil aufschieben, geeignetes Gefäß unterstellen.
- Entlüfterventil öffnen und mit ca. 10 Pumpenstößen am Bremspedal alte Bremsflüssigkeit herauspumpen.
- Entlüfterventil schließen, Vorratsbehälter mit **neuer** Bremsflüssigkeit auffüllen.
- Auf die gleiche Weise alte Bremsflüssigkeit aus den anderen Bremssätteln herauspumpen.

Achtung: Die abfließende Bremsflüssigkeit muß in jedem Fall klar und blasenfrei sein.

Fahrzeuge mit ASR (Antriebs-Schlupf-Regelung)

- Motor starten und im Leerlauf laufen lassen.
- Auffanggefäß für Bremsflüssigkeit unter die ASR-Hydraulikeinheit im Motorraum stellen.
- Entlüfterschraube »SP« an der ASR-Hydraulikeinheit öffnen, bis klare, blasenfreie Bremsflüssigkeit austritt (ca. 80 cm^3). **Hinweis:** »SP« ist neben der Entlüfterschraube in das Gehäuse der Hydraulikeinheit eingeprägt.
- Entlüfterschraube »SP« schließen und Ladevorgang für Druckspeicher abwarten. **Hinweis:** Die Ladepumpe läuft hörbar ca. 30 Sekunden.
- Motor abstellen

Feststellbremse prüfen

Die Feststellbremse wirkt über 2 Trommelbremsen auf die Hinterräder.

- Fahrzeug hinten aufbocken.
- Feststellbremse bis zur 1. Raste hineintreten. Beide Räder von Hand durchdrehen. An den Hinterrädern muß nun eine Bremswirkung spürbar sein.
- Pedal 5 Rasten (bis 9.89 - 4 Rasten) hineintreten, die Hinterräder müssen jetzt blockieren.
- Andernfalls Feststellbremse einstellen, siehe Seite 189.
- Fahrzeug ablassen.

Störungsdiagnose Bremsanlage

Störung	Ursache	Abhilfe
Leerweg des Bremspedals zu groß	Bremsbeläge teilweise oder völlig abgenutzt	■ Beläge erneuern. Nur Original-MERCEDES-Bremsbeläge verwenden
	Ein Bremskreis ausgefallen	■ Bremskreise auf Flüssigkeitsverlust prüfen
Bremspedal läßt sich weit und federnd durchtreten	Luft im Bremssystem	■ Bremse entlüften
	Zu wenig Bremsflüssigkeit im Ausgleichbehälter	■ Neue Bremsflüssigkeit nachfüllen, Bremse entlüften
	Bremsbeläge hinten stark abgenutzt, Rückenplatte liegt an Kreuzfeder an	■ Bremsbeläge ersetzen. Nur Original-MERCEDES-Bremsbeläge verwenden
	Dampfblasenbildung. Tritt meist nach starker Beanspruchung auf, z. B. Paßabfahrt	■ Bremsflüssigkeit wechseln Bremse entlüften
Bremswirkung läßt nach, und Bremspedal läßt sich durchtreten	Undichte Leitung	■ Leitungsanschlüsse nachziehen oder Leitung erneuern
	Beschädigte Manschette im Hauptbremszylinder	■ Manschette erneuern. Ggf. Hauptbremszylinder ersetzen
	Gummidichtring beschädigt	■ Bremssattel überholen
Schlechte Bremswirkung trotz hohen Fußdrucks	Bremsbeläge verschmiert	■ Bremsbeläge erneuern
	Ungeeigneter Bremsbelag	■ Beläge erneuern. Original-MERCEDES-Beläge verwenden
	Bremskraftverstärker defekt, Unterdruckschlauch undicht	■ Bremsservo prüfen
	Dichtringe zwischen Bremskraftverstärker und Hauptbremszylinder undicht	■ Dichtringe ersetzen
	Bremsscheiben verschmutzt, verschlissen	■ Bremsscheiben reinigen, ersetzen
	Bremsbeläge abgenutzt	■ Bremsbeläge erneuern
Bremse zieht einseitig	Unvorschriftsmäßiger Reifendruck, Bereifung ungleichmäßig abgefahren	■ Reifendruck prüfen und berichtigen. Abgefahrene Reifen ersetzen
	Bremsbeläge verschmiert	■ Bremsbeläge erneuern
	Verschiedene Bremsbelagsorten auf einer Achse	■ Beläge erneuern. Original-MERCEDES-Beläge verwenden
	Schlechtes Tragbild der Bremsbeläge	■ Bremsbeläge austauschen
	Bremskolben schwergängig	■ Kolben auf Leichtgängigkeit prüfen
	Verschmutzte Bremssattelschächte	■ Sitz- und Führungsflächen der Bremsbeläge im Bremssattel reinigen
	Korrosion in den Bremssattelzylindern	■ Bremssattel erneuern
	Bremsbelag ungleichmäßig verschlissen	■ Bremsbeläge erneuern (beide Räder)
Bremsen erhitzen sich während der Fahrt	Ausgleichsbohrung im Hauptbremszylinder verstopft	■ Hauptbremszylinder reinigen und Innenteile erneuern lassen
	Bremskolben schwergängig, Bremse schleift	■ Bremssattel erneuern

Störung	Ursache	Abhilfe
Bremsen rattern	Ungeeigneter Bremsbelag	■ Beläge erneuern Original-MERCEDES-Beläge verwenden
	Bremsscheibe stellenweise korrodiert	■ Scheibe mit Schleifklötzen sorgfältig glätten
	Bremsscheibe hat Seitenschlag	■ Scheibe nacharbeiten oder ersetzen
	Bremssattel locker	■ Bremssattel festschrauben, neue Schrauben verwenden
Bremsbeläge lösen sich nicht von der Bremsscheibe, Räder lassen sich schwer von Hand drehen	Korrosion in den Bremssattelzylindern	■ Bremssattel überholen, eventuell austauschen
Bremse quietscht	Oft auf atmosphärische Einflüsse (Luftfeuchtigkeit) zurückzuführen	■ Keine Abhilfe erforderlich, und zwar dann, wenn Quietschen nach längerem Stillstand des Wagens bei hoher Luftfeuchtigkeit auftrat, aber nach den ersten Bremsungen sich nicht wiederholt
	Ungeeigneter Bremsbelag	■ Beläge erneuern Original-MERCEDES-Beläge verwenden
	Bremsscheibe läuft nicht parallel zum Bremssattel	■ Anlagefläche des Bremssattels prüfen
	Verschmutzte Schächte im Bremssattel	■ Bremssattelschächte reinigen
	Falsche Kolbenstellung an den Hinterrad-Bremssätteln	■ 20°-Kolbenstellung prüfen
Ungleichmäßiger Belag-Verschleiß	Ungeeigneter Bremsbelag	■ Belag erneuern Original-MERCEDES-Beläge verwenden
	Bremssattel verschmutzt	■ Bremssattelschächte reinigen
	Kolben nicht leichtgängig	■ Kolbenstellung (Kolbenring) prüfen
	Bremssystem undicht	■ Bremssystem auf Dichtigkeit prüfen
Keilförmiger Bremsbelag-Verschleiß	Bremsscheibe läuft nicht parallel zum Bremssattel	■ Anlagefläche des Bremssattels prüfen
	Korrosion in den Bremssätteln	■ Verschmutzung beseitigen
	Kolben arbeitet nicht richtig	■ Kolbenstellung (Kolbenring) prüfen
Bremse pulsiert	ABS in Funktion	■ Normal, keine Abhilfe
	Seitenschlag oder Dickentoleranz der Bremsscheibe zu groß	■ Schlag und Toleranz prüfen. Scheibe nacharbeiten oder ersetzen
	Bremsscheibe läuft nicht parallel zum Bremssattel	■ Anlagefläche des Bremssattels prüfen
Bremspedal fällt langsam durch bei leichtem Betätigen	Hauptbremszylinder defekt	■ Hauptbremszylinder erneuern

Räder und Reifen

Der MERCEDES Typ 124 kann mit unterschiedlichen Rädern und Reifen bestückt sein. Beim Nachrüsten muß unter anderem die richtige Einpreßtiefe beachtet werden. Die Einpreßtiefe ist das Maß von der Felgenmitte bis zur Anlagefläche der Radschüssel an die Bremsscheibe.

Achtung: Räder und Reifen vom Typ 123 (Vorgängermodell) und vom Typ 201 (MERCEDES 190/E/D) können nicht verwendet werden.

Räder und Reifenmaße

Modelle bis 8.92

Es sind nur Scheibenräder mit einer Einpreßtiefe von 49 mm (300 E-24 nur ET = 48 mm) zulässig.

Typ	Scheibenrad	Sommerreifen	Winterreifen
200 D	6 J × 15 H2	185/65 R 15 87 T	185/65 R 15 87 T M+S
200 TD, 250 D, TD, 300 TD	6½ J × 15 H2	195/65 R 15 91 T	195/65 R 15 91 T M+S
250 D Turbo, 300 D, Turbo, 4MATIC	6½ J × 15 H2	195/65 R 15 91 H	195/65 R 15 91 T M+S
200	6 J × 15 H2	185/65 R 15 87 H	185/65 R 15 87 T M+S
200 T	6½ J × 15 H2	195/65 R 15 91 T	195/65 R 15 91 T M+S
200 E, TE, 230 E, CE, TE	6½ J × 15 H2	195/65 R 15 91 H	195/65 R 15 91 T M+S
260 E, 4MATIC, 300 E, CE, TE, 4MATIC	6½ J × 15 H2	195/65 R 15 91 V	195/65 R 15 91 T M+S
300 E-24, CE-24, TE-24	6½ J × 15 H2 ET 48[1)]	195/65 R 15 91 Z	195/65 R 15 91 T M+S
500 E	8 J x 16 H2	225/55 ZR 16[2)]	225/55 R 16 95 H M+S

[1]) Scheibenräder mit einer Einpreßtiefe von 49 mm dürfen bei diesen Modellen aus Platzgründen nicht verwendet werden.
[2]) Es sind nur bestimmte Reifenfabrikate zugelassen. Auskünfte erteilt jede Mercedes-Benz-Station.

Modelle seit 9.92

Modell	Sommerreifen	Winterreifen	Stahlfelge	Leichtmetallfelge
E200	195/65 R 15 91 H	195/65 R 15 91 T M+S	6 ½J x 15 H2 ET 49	6 ½J x 15 H2 ET 48[1] 6 ½J x 15 H2 ET 44[2]
	205/60 R 15 91 H	205/60 R 15 91 H M+S	7 J x 15 H2 ET 42	7 J x 15 H2 ET 41
E220 E280 E300 4MATIC	195/65 R 15 91 V	195/65 R 15 91 T M+S	6 ½J x 15 H2 ET 49	6 ½J x 15 H2 ET 48[1] 6 ½J x 15 H2 ET 44[2]
	205/60 ZR 15[3]	205/60 R 15 91 H M+S	7 J x 15 H2 ET 42	7 J x 15 H2 ET 41
E320	195/65 ZR 15	195/65 R 15 91 T M+S	–	6 ½J x 15 H2 ET 48[1] 6 ½J x 15 H2 ET 44[2]
	205/60 ZR 15	205/60 R 15 91 H M+S	–	7 J x 15 H2 ET 41
E420	215/55 ZR 16	215/55 R 16 91 H M+S	–	7 J x 16 H2 ET 46[2]
E500	225/55 ZR 16	225/55 R 16 95 H M+S	–	8 J x 16 H2 ET 34

[1]) 15-Loch-Felge; [2]) 8-Loch-Felge; [3]) nicht für E300 4MATIC.

Hinweis: Modelle bis 3,2-l-Motor: Gleitschutzketten (Schneeketten) dürfen nur auf Reifen 195/65 montiert werden.

Achtung: Die technische Entwicklung geht ständig weiter. Es kann sein, daß inzwischen auch für ältere Fahrzeug-Modelle andere Reifen-Felgen-Kombinationen zugelassen sind. Außerdem sind für Fahrzeuge, die Reifen der Geschwindigkeitsklassen »V«, »W« und »Y« benötigen, nur bestimmte Reifenfabrikate zugelassen. Es empfiehlt sich deshalb, die aktuellen Daten bei der Fachwerkstatt zu erfragen.

■ Da die Winterreifen einer Geschwindigkeitsbeschränkung unterliegen, muß ein Hinweis über die zulässige Höchstgeschwindigkeit im Blickfeld des Fahrers sinnvoll angebracht werden (§ 36, Absatz 1 StVZO).

Reifen- und Scheibenrad-Bezeichnungen/Herstellungsdatum

Reifen-Bezeichnungen

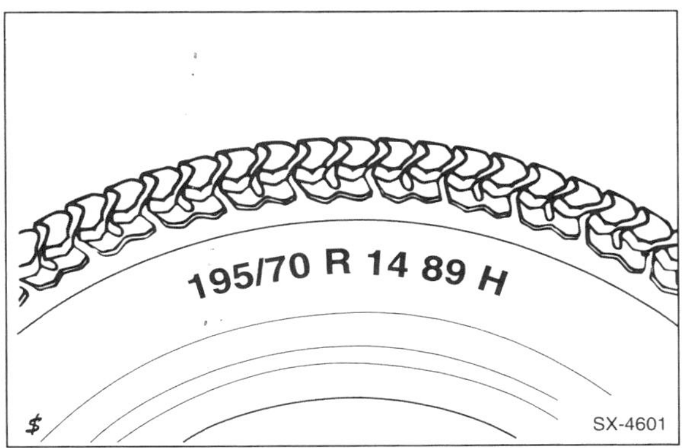

195 = Reifenbreite in mm

/70 = Verhältnis Höhe zu Breite (die Höhe des Reifenquerschnitts beträgt 70 % von der Breite)

Fehlt eine besondere Angabe des Querschnittverhältnisses (z. B. 155 R 13), so handelt es sich um das »normale« Höhen-Breiten-Verhältnis. Es beträgt bei Gürtelreifen 82 %.

R = Radial-Bauart (= Gürtelreifen).

14 = Felgendurchmesser in Zoll.

89 = Tragfähigkeits-Kennzahl.

Achtung: Steht zwischen den Angaben 14 und 89 die Bezeichnung M+S, dann handelt es sich um einen Reifen mit Winterprofil.

H = Kennbuchstabe für zulässige Höchstgeschwindigkeit, H: bis 210 km/h.

Der Geschwindigkeitsbuchstabe steht hinter der Reifengröße. Die Geschwindigkeitssymbole gelten sowohl für Sommer- als auch für Winterreifen.

Geschwindigkeits-Kennbuchstabe

Kennbuchstabe	Zulässige Höchstgeschwindigkeit
Q	160 km/h
S	180 km/h
T	190 km/h
H	210 km/h
V	240 km/h
W	270 km/h
Y	über 270 km/h

Reifen-Herstellungsdatum

Das Herstellungsdatum steht auf dem Reifen im Hersteller-Code.

Beispiel: DOT CUL2 UM8 5001 TUBELESS

DOT = Department of Transportation (US-Verkehrsministerium)

CU = Kürzel für Reifenhersteller

L2 = Reifengröße

UM8 = Reifenausführung

5001 = Herstellungsdatum = 50. Produktionswoche 2001

Hinweis: Falls anstelle der 4-stelligen Ziffer eine 3-stellige Ziffer gefolgt von einem ◁-Symbol aufgeführt ist, dann wurde der Reifen im vergangenen Jahrzehnt produziert. Die Bezeichnung 509◁ bedeutet beispielsweise: 50. Produktionswoche 1999.

TUBELESS = schlauchlos (TUBETYPE = Schlauchreifen)

Achtung: Neureifen müssen seit 10/98 zusätzlich mit einer ECE-Prüfnummer an der Reifenflanke versehen sein. Diese Prüfnummer weist nach, daß der Reifen dem ECE-Standard entspricht. Werden Reifen seit 10/98 **ohne** ECE-Prüfnummer montiert, erlischt die Allgemeine Betriebserlaubnis (ABE) des Fahrzeuges.

Beispiel Scheibenrad-Bezeichnungen: 6 J x 15

6 = Maulweite der Felge in Zoll

J = Kennbuchstabe für Höhe und Kontur des Felgenhorns (B = niedrigere Hornform)

x = Kennzeichen für einteilige Tiefbettfelge

15 = Felgen-Durchmesser in Zoll

Austauschen der Räder

Es ist nicht ratsam, Räder ohne zwingenden Grund zu wechseln, da bei häufigem An- und Abschrauben der Räder (in der Praxis zumeist ohne Drehmomentschlüssel und somit ohne Gewähr für gleichmäßig festes Anziehen der Radschrauben) Verspannungen der Radnaben auftreten können. Ich empfehle, den Wagen so lange zu fahren, bis sich die Reifen der Verschleißgrenze nähern. Dann:

- Vorn zwei neue Reifen aufziehen beziehungsweise Ersatzrad montieren und einen neuen Reifen aufziehen.
- Hinten die besten alten Reifen montieren (unter Beibehaltung der bisherigen Drehrichtung).

Es ist nicht zweckmäßig, bei einem Austausch der Räder die Drehrichtung der Reifen zu ändern, da sich die Reifen nur unter vorübergehend stärkerem Verschleiß der veränderten Drehrichtung anpassen.

- Zum Schutz gegen Festrosten ist der Zentriersitz des Scheibenrades an den Radnaben vorn und hinten bei jeder Demontage des jeweiligen Rades mit Wälzlagerfett leicht einzufetten.
- Vor der Demontage Rad mit Kreide zur Radnabe markieren, damit es in gleicher Stellung wieder montiert werden kann.

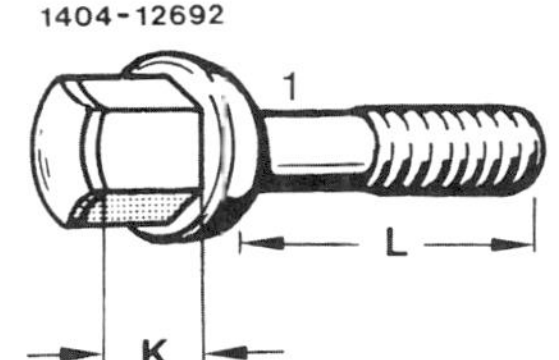

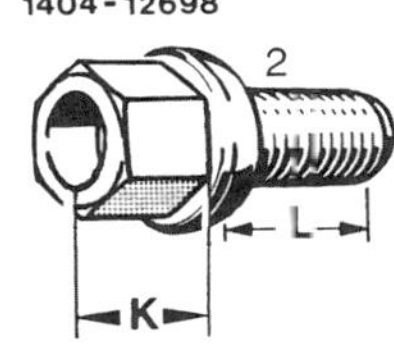

Achtung: Schrauben –1– (Länge L = 40 mm, K = 10,5 mm) nur für Leichtmetall-Scheibenräder, Schrauben –2– (Länge L = 21 mm, K = 10,5 mm) nur für Stahl-Scheibenräder verwenden. Werden Leichtmetallfelgen nachträglich montiert und als Ersatzrad ein Stahl-Scheibenrad mitgeführt, empfiehlt es sich, für das Ersatzrad die entsprechenden Schrauben zum Bordwerkzeug zu legen.

- Leichtmetallfelgen sind durch einen Klarlacküberzug gegen Korrosion geschützt. Beim Radwechsel darauf achten, daß die Schutzschicht nicht beschädigt wird, andernfalls mit Klarlack ausbessern.

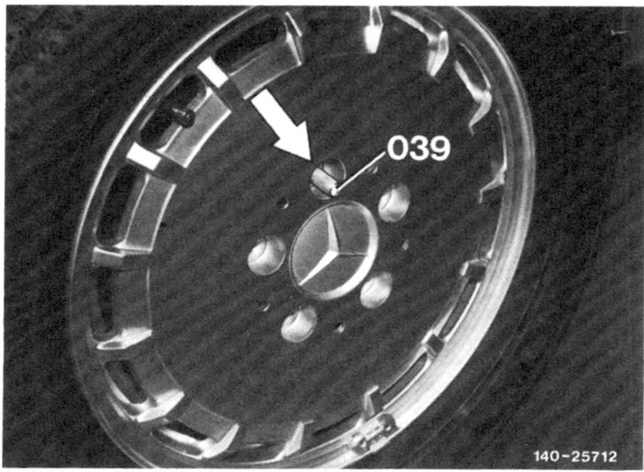

- Vor dem Aufschieben des Leichtmetall-Scheibenrades Montagebolzen –039– in ein oberes Gewindeloch –Pfeil– einschrauben. Der Montagebolzen liegt dem Reserverad bei.

- Radschrauben über Kreuz in mehreren Durchgängen festziehen.

Achtung: Durch einseitiges oder unterschiedlich starkes Anziehen der Radschrauben können das Rad und/oder die Radnabe verspannt werden. **Das Anzugsdrehmoment beträgt für alle Radschrauben 110 Nm.** Bei neuen Scheibenrädern Radschrauben nach einer Fahrstrecke von 100 bis 500 km mit vorgeschriebenem Anzugsdrehmoment nachziehen.

Reifen einfahren

Neue Reifen haben vom Produktionsprozeß her eine besonders glatte Oberfläche. Deshalb müssen neue Reifen eingefahren werden. Bei diesem Einfahren rauht sich durch die beginnende Abnutzung die glatte Oberfläche auf.

Während der ersten 300 km sollte man mit neuen Reifen speziell auf Nässe besonders vorsichtig fahren.

Reifen lagern

- Reifen sollten kühl, dunkel, trocken und möglichst auch zugfrei untergebracht werden. Auch mit Fett und Öl dürfen sie nicht in Berührung kommen.
- Reifen liegend oder aufgehängt in der Garage oder im Keller lagern.
- Bevor die Räder abmontiert werden, Reifenfülldruck etwas erhöhen (30–50 kPa, 0,3–0,5 bar).
- Für Winterreifen eigene Felgen verwenden.

Die Reifen jeweils auf die Felgen umzumontieren lohnt sich aus Kostengründen nicht.

Auswuchten der Räder

Die serienmäßigen Räder werden im Werk ausgewuchtet. Das Auswuchten ist notwendig, um unterschiedliche Gewichtsverteilung und Materialungenauigkeiten auszugleichen.

Im Fahrbetrieb macht sich die Unwucht durch Trampel- und Flattererscheinungen bemerkbar. Das Lenkrad beginnt dann bei höherem Tempo zu zittern. In der Regel tritt dieses Zittern nur in einem bestimmten Geschwindigkeitsbereich auf und verschwindet wieder bei niedrigerer und höherer Geschwindigkeit.

Solche Unwuchterscheinungen können mit der Zeit zu Schäden an Achsgelenken, Lenkgetriebe und Stoßdämpfern führen.

Räder grundsätzlich alle 20.000 km und nach jeder Reifenreparatur auswuchten lassen, da sich durch Abnutzung und Reparatur die Gewichts- und Materialverteilung am Reifen ändert.

Gleitschutzketten

Die Verwendung von Gleitschutzketten (Schneeketten) ist nur an der Hinterachse erlaubt. Vor der Montage Radblenden abnehmen.

Mit Gleitschutzketten darf nicht schneller als 50 km/h gefahren werden. Auf schnee- und eisfreien Straßen sind die Gleitschutzketten abzunehmen. Bei Modellen mit Motoren bis 3,2 l Hubraum dürfen Gleitschutzketten (Schneeketten) nur auf Reifen der Größe 195/65 oder 185/65 montiert werden. Es sollten nur von MERCEDES-BENZ freigegebene Gleitschutzketten verwendet werden.

Reifenfülldruck in bar

Modelle bis 8.92

Modell	halbe Zuladung vorn	halbe Zuladung hinten	volle Zuladung vorn	volle Zuladung hinten
200 D, 250 D, 300 D, 200 E, 230 E, 230 CE	2,0	2,0	2,0	2,5
200 T, 200 TD, 250 TD	2,0	2,2	2,2	2,8
200 TE, 230 TE, 300 TE, 300 TD Turbo	2,0	2,5	2,2	3,1
200, 260 E, 250 D Turbo, 300 D Turbo	2,2	2,2	2,2	2,7
300 E	2,2	2,4	2,2	2,8
300 CE	2,3	2,3	2,3	2,8
260 E-, 300 E-, 300 D-4MAT.	2,4	2,4	2,4	2,7
300 E-24, CE-24	2,4	2,5	2,5	3,2
300 TE-24	2,3	2,7	2,4	3,2

Achtung: Der Reifenfülldruck ist auch an der Innenseite der Tankklappe abzulesen, daher ist er für Modelle seit 9.92 hier nicht angegeben.

- Reifenfülldruck für das **Reserverad:** Maximaler Fülldruck der hinteren Reifen, beispielsweise 3,1 bar beim 230 TE 300 TE.
- Sämtliche Überdruckangaben beziehen sich auf kalte Reifen. Bei längerer Fahrt erwärmt sich der Reifen, wodurch sich der Reifenfülldruck um ca. 0,3 bar erhöhen kann. Der höhere Fülldruck bei warmen Reifen darf auf keinen Fall reduziert werden.
- Winterreifen werden in der Regel mit einem um 0,2 bar, teilweise auch 0,3 bar höheren Überdruck gefahren. Die Luftdruckempfehlungen des jeweiligen Reifenherstellers bei Winterreifen sind zu beachten.
- Bei sportlicher Fahrweise empfiehlt es sich, den Reifenüberdruck an Vorder- und Hinterrädern um 0,2 bar zu erhöhen. Bei dieser Erhöhung ist vom Basis-Überdruck auszugehen, wie er für die verschiedenen Belastungszustände vorgeschrieben ist.

Wartungsarbeiten an den Reifen

W

Reifenfülldruck prüfen

- Reifenfülldruck nur am kalten Reifen prüfen.
- Reifenfülldruck einmal im Monat sowie im Rahmen der Wartung prüfen.
- Zusätzlich sollte der Fülldruck vor längeren Autobahnfahrten kontrolliert werden, da hierbei die Temperaturbelastung für den Reifen am größten ist.

Reifenprofil prüfen

Die Reifen ausgewuchteter Räder nutzen sich bei gewissenhaftem Einhalten des vorgeschriebenen Fülldrucks und bei fehlerfreier Radeinstellung und Stoßdämpferfunktion auf der gesamten Lauffläche annähernd gleichmäßig ab. Im übrigen läßt sich keine generelle Aussage über die Lebensdauer bestimmter Reifenfabrikate machen, denn die Lebensdauer hängt von unterschiedlichen Faktoren ab:

- Fahrbahnoberfläche
- Reifenfülldruck
- Fahrweise
- Witterung

Vor allem sportliche Fahrweise, scharfes Anfahren und starkes Bremsen fördern den schnellen Reifenverschleiß.

Achtung: Die Rechtsprechung verlangt, daß Reifen lediglich bis zu einer Profiltiefe von 1,6 mm abgefahren werden dürfen, und zwar müssen die Profilrillen auf der gesamten Lauffläche noch mindestens 1,6 mm Tiefe aufweisen. Es empfiehlt sich jedoch, sicherheitshalber die Reifen bereits bei einer Profiltiefe von 2 mm auszutauschen.

Nähert sich die Profiltiefe der gesetzlich zulässigen Mindestprofiltiefe, das heißt, weist der mehrmals am Reifenumfang angeordnete 1,6 mm hohe Verschleißanzeiger an diesen Stellen kein Profil mehr auf, sollten die Reifen bald gewechselt werden.

Achtung: M + S-Reifen haben auf Matsch und Schnee nur ausreichende Wirkung, wenn ihr Profil noch mindestens 4 mm tief ist.

Achtung: Reifen auf Schnittstellen untersuchen und mit kleinem Schraubendreher Tiefe der Schnitte feststellen. Wenn die Schnitte bis zur Karkasse reichen, korrodiert durch eindringendes Wasser der Stahlgürtel. Dadurch löst sich unter Umständen die Lauffläche von der Karkasse, der Reifen platzt. Deshalb: bei tiefen Einschnitten im Profil aus Sicherheitsgründen Reifen austauschen.

Ventil prüfen

- Schutzkappe vom Ventil abschrauben.
- Etwas Speichel auf das Ventil geben. Wenn sich eine Blase bildet, Ventil mit umgedrehter Schutzkappe festdrehen.

Achtung: Zum Anziehen des Ventils kann nur eine Metallschutzkappe verwendet werden. Metallschutzkappen sind an der Tankstelle erhältlich.

- Ventil erneut prüfen. Falls sich wieder Blasen bilden oder sich das Ventil nicht weiter anziehen läßt, Ventil erneuern.
- Grundsätzlich Schutzkappe wieder befestigen.

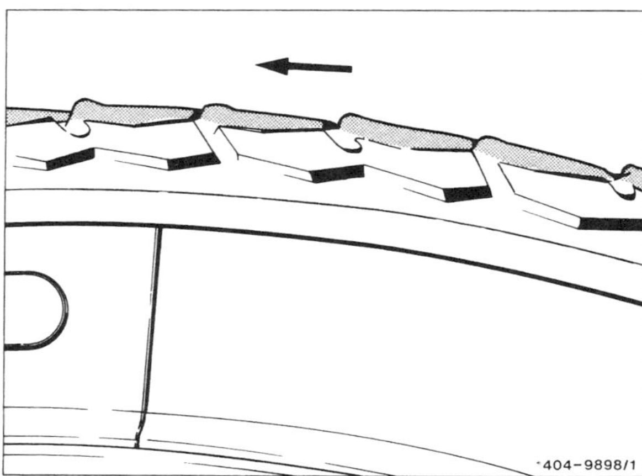

Fehlerhafte Reifenabnutzung

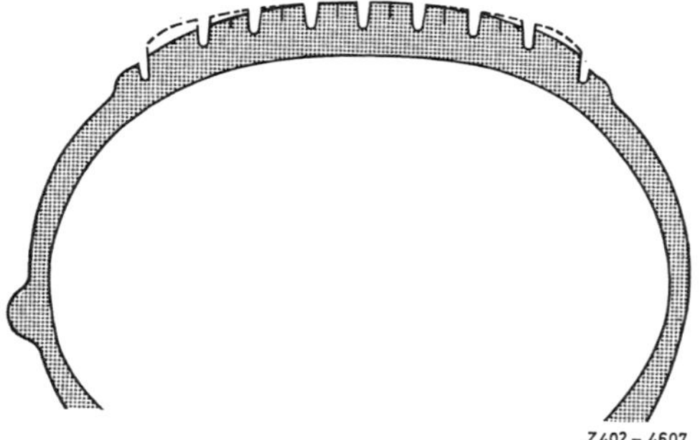

- An den Vorderrädern ist eine etwas größere Abnutzung der Reifenschultern gegenüber der Laufflächenmitte normal, wobei aufgrund der Straßenneigung die Abnutzung der zur Straßenmitte zeigenden Reifenschulter (linkes Rad: außen, rechtes Rad: innen) deutlicher ausgeprägt sein kann.
- Ungleichmäßiger Reifenverschleiß ist zumeist die Folge zu geringen oder zu hohen Reifenfülldrucks und kann auf Fehler in der Radeinstellung oder Radauswuchtung sowie auf mangelhafte Stoßdämpfer oder Felgen zurückzuführen sein.
- Sägezahnförmige Abnutzung des Profils ist in der Regel auf eine Überbelastung des Fahrzeuges zurückzuführen.
- In erster Linie ist auf vorschriftsmäßigen Reifenfülldruck zu achten, wobei spätestens alle vier Wochen eine Prüfung vorgenommen werden sollte.
- Reifenfülldruck nur bei kühlen Reifen prüfen. Der Reifenfülldruck steigt nämlich mit zunehmender Erhitzung bei schneller Fahrt an. Dennoch ist es völlig falsch, aus erhitzten Reifen Luft abzulassen.
- Bei zu hohem Reifenfülldruck wird die Laufflächenmitte mehr abgenutzt, da der Reifen an der Lauffläche durch den hohen Innendruck mehr gewölbt ist.
- Bei zu niedrigem Reifenfülldruck liegt die Lauffläche an den Reifenschultern stärker auf, und die Laufflächenmitte wölbt sich nach innen durch – dadurch stärkerer Reifenverschleiß der Reifenschultern.
- Falsche Radeinstellung und Unwucht ergeben jeweils typische Reifenverschleißbilder, auf die in der Störungsdiagnose hingewiesen wird.

Störungsdiagnose Reifen

Abnutzung	Ursache
Stärkerer Reifenverschleiß auf beiden Seiten der Lauffläche	Zu niedriger Reifenfülldruck
Stärkerer Reifenverschleiß in der Mitte der Lauffläche, über den gesamten Umfang	Zu hoher Reifenfüldruck
Auswaschungen der Profilseite	Statische und dynamische Unwucht des Rades. Eventuell zu großer Seitenschlag der Felge, zu großes Spiel in den Traggelenken
Auswaschungen in der Mitte des Reifenprofils	Statische Unwucht des Rades. Eventuell Folge von zu großem Höhenschlag
Starke Abnutzung an einzelnen Stellen in der Mitte der Lauffläche	Blockierspuren von Vollbremsungen
Schuppenförmige oder sägezahnähnliche Abnutzung des Profils. In krassen Fällen mit Gewebebrüchen verbunden, die nach einiger Zeit nach außen sichtbar werden	Überbelastung des Wagens. Innenseite der Reifen auf Gewebebrüche untersuchen!
Gummizungen an den seitlichen Profilkanten	Fehlerhafte Radeinstellung. Reifen radiert. Bei Hinterrädern auch Zustand der Stoßdämpfer prüfen!
Gratbildung an einer Profilseite des Vorderrades	Falsche Spureinstellung. Reifen radiert. Häufiges Fahren auf stark gewölbter Fahrbahn. Schnelle Kurvenfahrt
Stärkerer Reifenverschleiß an den Innen- oder an den Außenschultern der Reifen	Zu geringe beziehungsweise zu große Vorspur
Stoßbrüche im Reifenunterbau. Anfangs nur im Inneren des Reifens sichtbar	Überfahren von kantigen Steinen, Schienenstößen und ähnlichem bei hohen Geschwindigkeiten
Einseitig abgefahrene Laufflächen	Sturzeinstellung überprüfen

Die Karosserie

Die Karosserie des MERCEDES ist selbsttragend. Bodengruppe, Seitenteile, Dach und hintere Kotflügel sind miteinander verschweißt. Größere Karosserieschäden lassen sich deshalb nur von einer Fachwerkstatt beheben.

Motorhaube, Kofferraumdeckel, Türen und die vorderen Kotflügel sind angeschraubt und lassen sich leicht auswechseln. Beim Einbau sind dann unbedingt die richtigen Luftspaltmaße einzuhalten, sonst klappert beispielsweise die Tür oder es können erhöhte Windgeräusche während der Fahrt auftreten. Der Luftspalt muß auf jeden Fall parallel verlaufen, das heißt, der Abstand zwischen den Karosserieteilen muß auf der gesamten Länge des Spaltes gleich groß sein. Abweichungen bis zu 0,5 mm sind zulässig. Die Maße in der Abbildung sind in Millimeter angegeben, mit einer Toleranz von ± 0,5 mm.

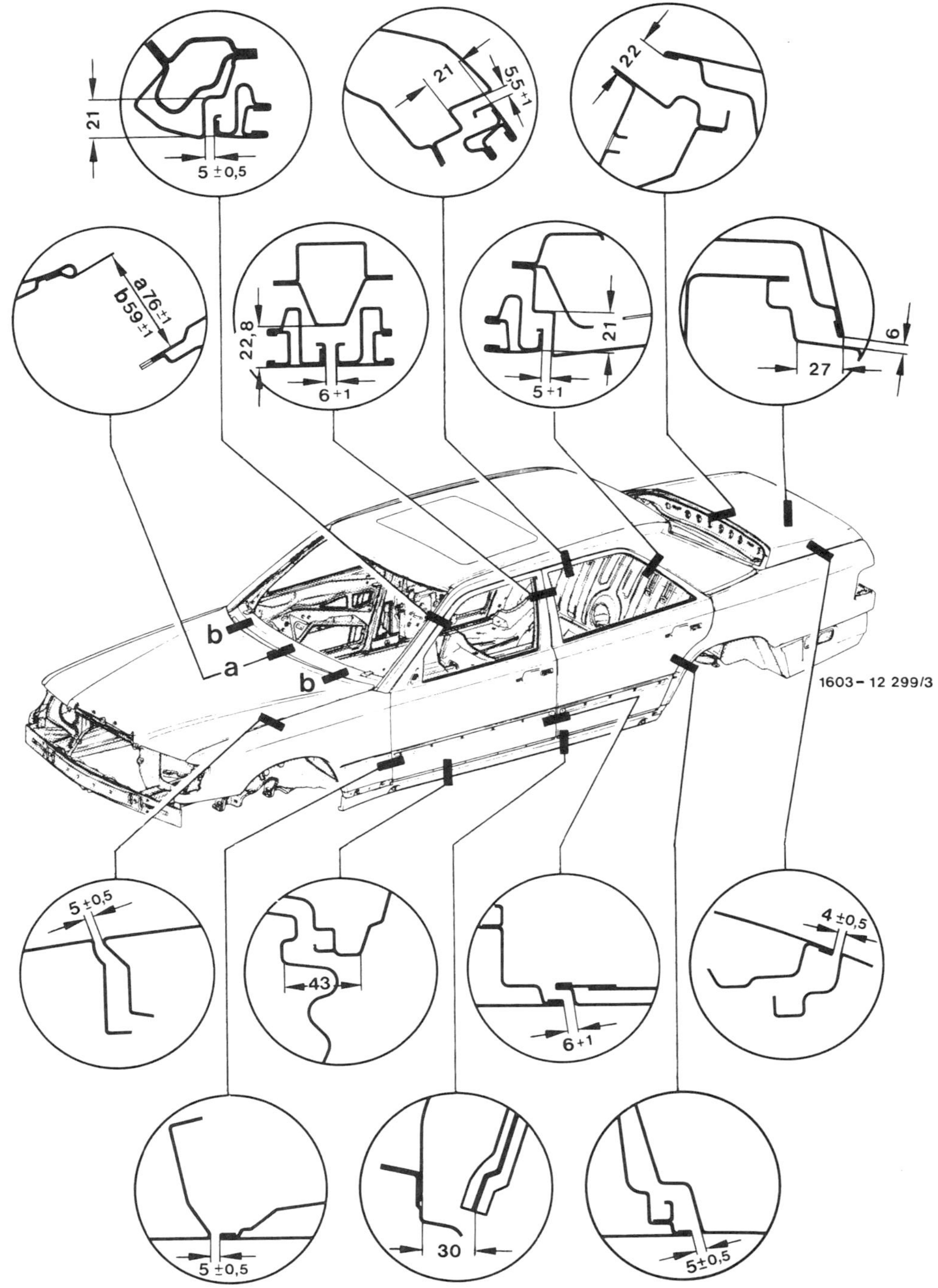

Stoßfänger vorn aus- und einbauen

Ausbau

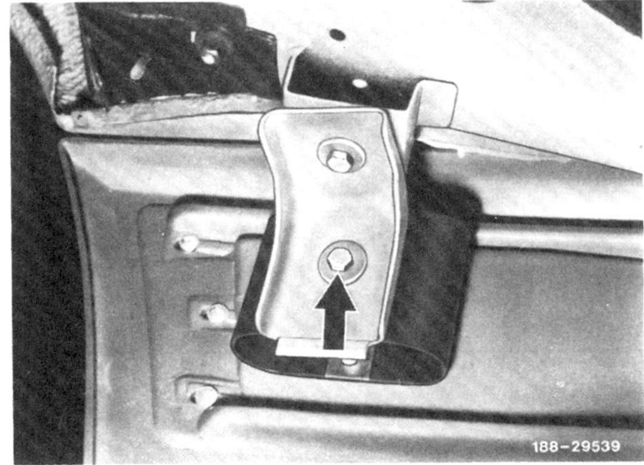

- Schraube -Pfeil- am Halter auf der rechten und linken Seite herausdrehen.

- Muttern am Längsträger links und rechts herausdrehen.

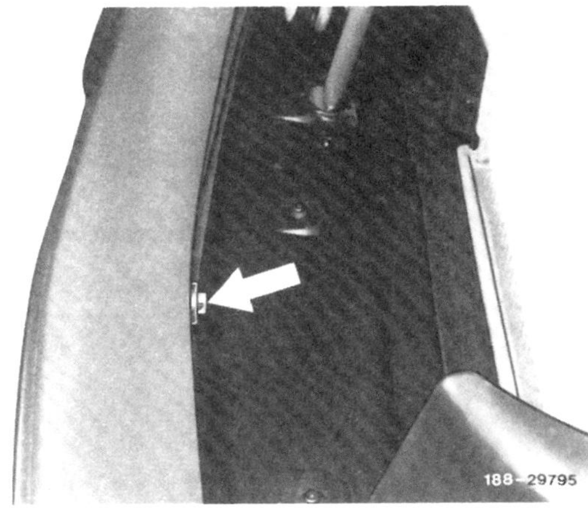

- Schraube -Pfeil- in der Mitte des Stoßfängers herausdrehen und Stoßfänger nach vorn herausnehmen.

Einbau

- Stoßfänger mit Helfer waagerecht einsetzen und mit Muttern am Längsträger festschrauben.
- Mittlere und seitliche Schrauben anschrauben.

Stoßfänger hinten aus- und einbauen

Ausbau

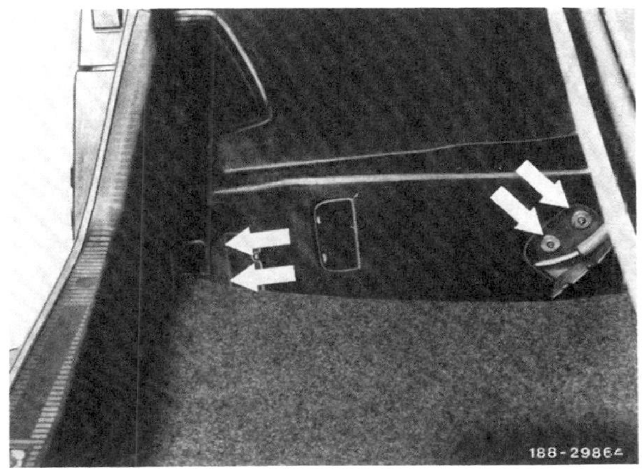

- Befestigungsmuttern links und rechts außen herausdrehen. Vorher Ausschnitte in der Kofferraumverkleidung aufklappen.

- Muttern -Pfeile- an der hinteren Kofferraumwand herausdrehen.
- Vordere Befestigungsbolzen am hinteren Kotflügel herausdrehen.
- Stoßfänger nach hinten herausnehmen.

Einbau

- Stoßfänger mit Helfer von hinten in die Bohrungen einsetzen und mit Befestigungsmuttern sowie Unterlegscheiben anschrauben.
- Befestigungsbolzen an den Kotflügeln festschrauben

Stoßfänger zerlegen

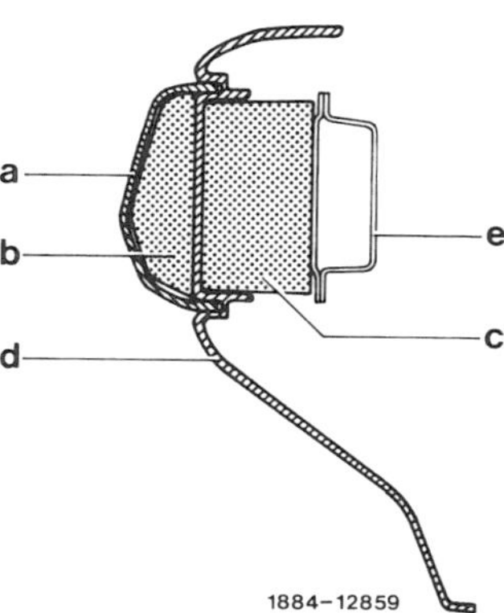

Die Stoßfänger bestehen aus der äußeren Schutzleiste -a-, den energieabsorbierenden Schaumteilen -b- und -c-, der unteren Verkleidung -d-, sowie dem an der Karosserie angeschraubten Querträger -e-.

Zerlegen

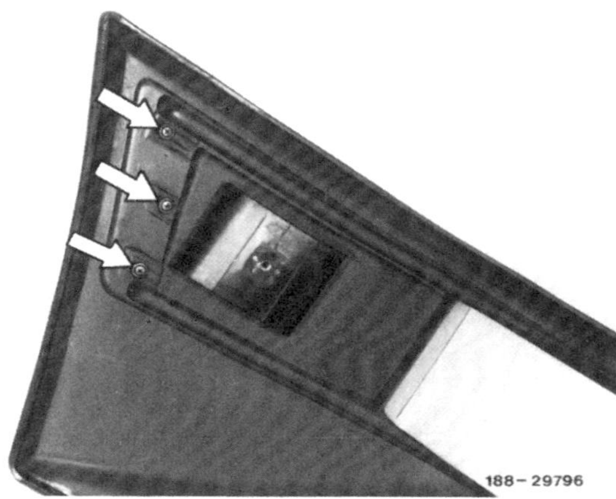

- Links und rechts je 3 Schrauben herausdrehen.

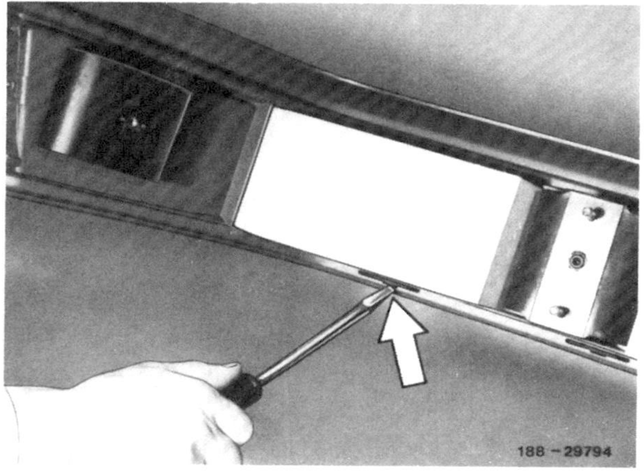

- Halteleisten mit Schraubendreher paarweise zurückdrücken, dabei jeweils außen beginnen.
- Schutzleiste und Schaumteil abnehmen.

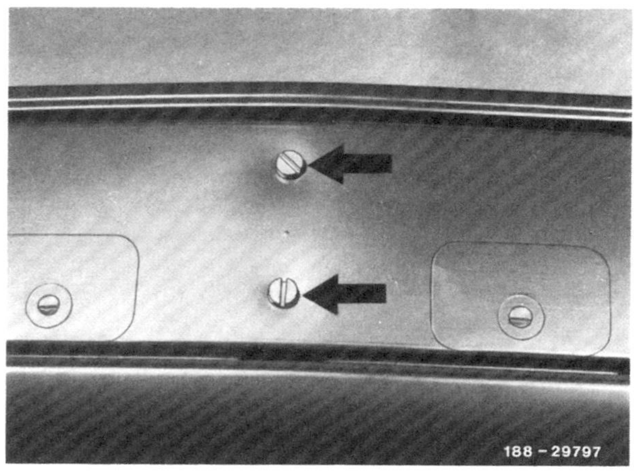

- Vordere Halter abschrauben.

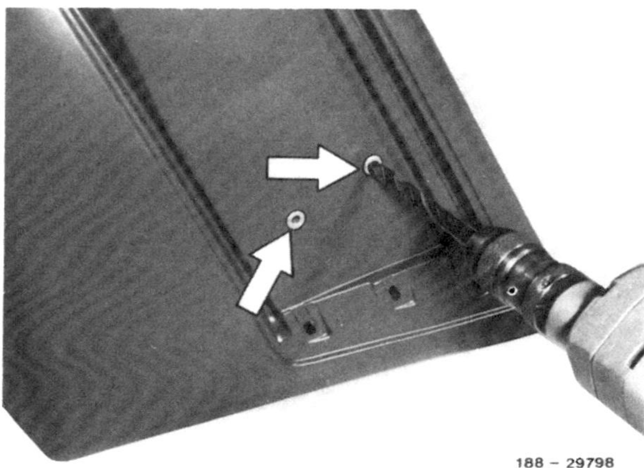

- Seitliche Halter abbauen, dazu Nietköpfe abbohren. **Achtung:** Nieten an der Innenseite mit einer Zange festhalten, damit sie sich beim Bohren nicht mitdrehen können.

Zusammenbau

- Halter links und rechts mit je 2 Nieten befestigen. **Achtung:** Hierzu wird eine spezielle Nietzange benötigt. Steht diese Zange nicht zur Verfügung, Halter mit je 2 Schrauben und Unterlegscheiben anschrauben.
- Vordere Halter anschrauben.
- Schutzleiste und Schaumteil ansetzen und einclipsen, dabei in der Mitte beginnen.
- Jeweils 3 Schrauben links und rechts reindrehen.

Kotflügel aus- und einbauen

Ausbau

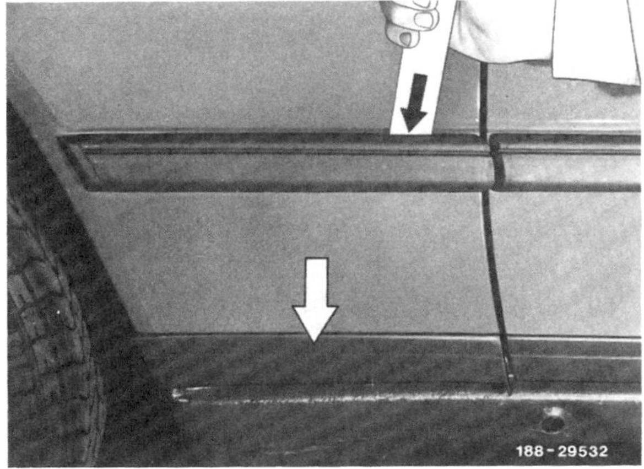

188-29532

- Zierleisten mit breitem Kunststoffspachtel abdrücken.

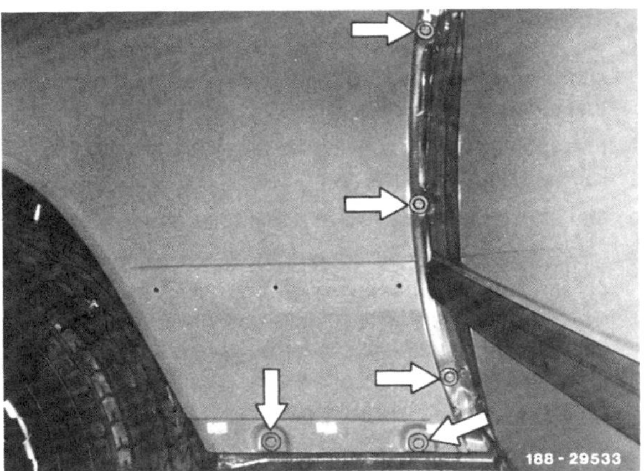

188-29533

- Kotflügel unten abschrauben
- Tür öffnen und hintere Schrauben für Kotflügel herausdrehen. **Achtung:** Dabei Tür im Arbeitsbereich mit Klebeband abkleben, damit der Lack nicht beschädigt wird.

188-29534

- Kotflügel oben abschrauben.

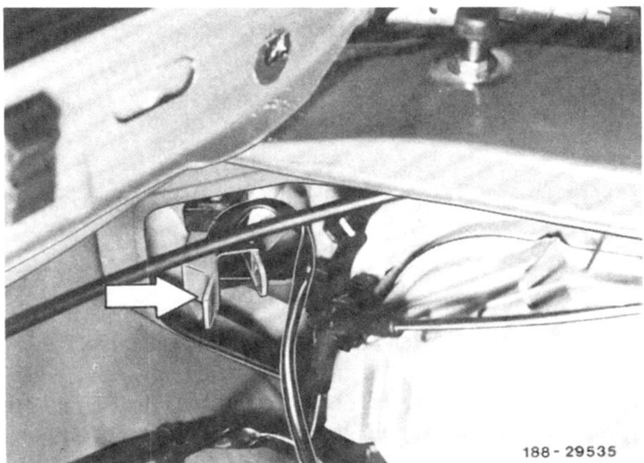

188-29535

- Haltebügel für Blinkleuchte nach innen biegen und Blinkleuchte nach vorn herausziehen. Mehrfachstecker abziehen.

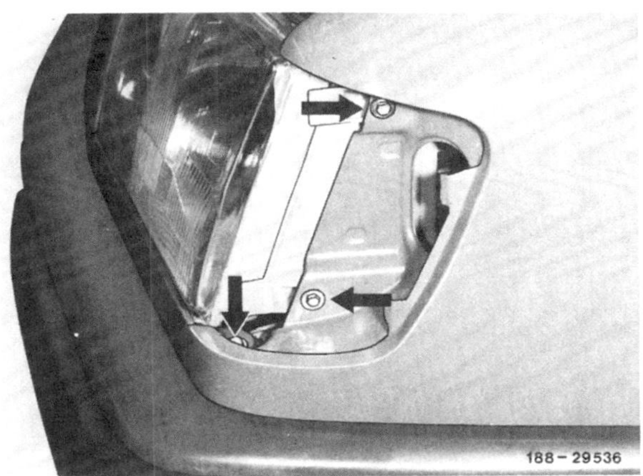

188-29536

- Schrauben im Blinkleuchtenausschnitt herausdrehen.

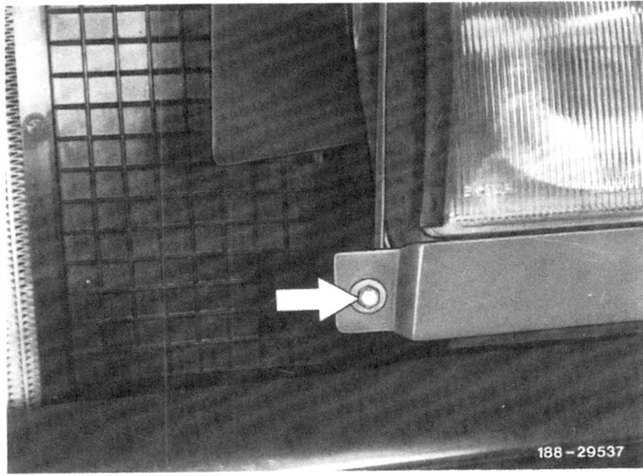

188-29537

- Schraube vorn an der Blende herausdrehen und Blende abnehmen.
- Schraube vorn, unterhalb des Scheinwerfers, herausdrehen.
- Von unten Schraube am seitlichen Halter des Stoßfängers herausdrehen, siehe auch Bild 188-29539 auf Seite 203.

- Seitenteil des Stoßfängers nach unten drücken und Schraube herausdrehen.
- Kotflügel nach vorn ziehen und abnehmen.

Einbau

- Kotflügel innen ausreichend mit Unterbodenschutz bestreichen.
- Abdichtgummi am Innenkotflügel auf festen Sitz und Beschädigungen prüfen, gegebenenfalls erneuern.
- Kotflügel ansetzen und ausrichten. Der Kotflügel muß bündig mit der Vordertür abschließen beziehungsweise maximal 1 mm überstehen. Luftspalt zwischen Kotflügel und geschlossener Motorhaube sowie Vordertür überprüfen, siehe Seite 202.
- Sämtliche Befestigungsschrauben reindrehen und zugweise festziehen.
- Lage des Kotflügels nochmals überprüfen.

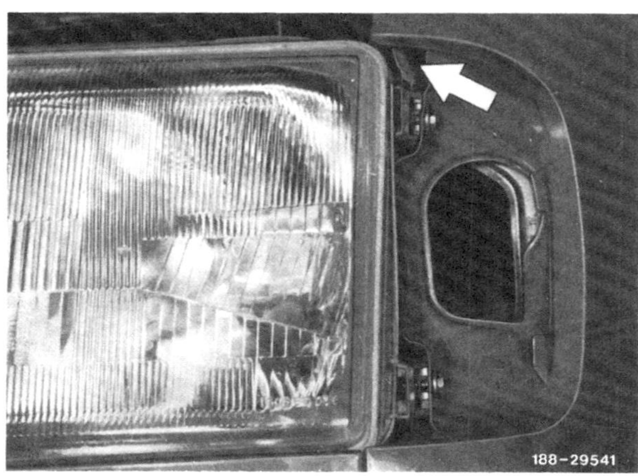
188–29541

- Hohlraum über Innenkotflügel -Pfeil- durch Blinkleuchtenausschnitt mit Hohlraumwachs konservieren.

Achtung: Öffnungen oben im Kotflügel vor dem Wachsen mit Tesaband abkleben. Nach dem Wachsen Tesaband wieder abziehen.

- Blinkleuchte einbauen, siehe Seite 253.
- Zierleisten einclipsen.

Kühlergrill aus- und einbauen

Ausbau bis 5.93

188–25385

- 6 Schrauben –Pfeile– herausdrehen und Kühlerverkleidung abnehmen.
- Mit Schraubendreher je 2 Halteklammern links und rechts abdrücken. **Achtung:** Die Klammern sind vorgespannt und springen leicht weg.
- Kreuzschlitzschraube unten in der Mitte der Kühlerverkleidung herausdrehen.
- Mutter oben in der Mitte des Kühlergrills abschrauben.
- MERCEDES-Stern ausbauen. Dazu von unten Federbügel mit Rohrzange kräftig nach unten ziehen, ca. 90° (¼ Umdrehung) nach links drehen und die Enden des Bügels in die vorgesehenen Nuten einrasten.
  Anschließend MERCEDES-Stern nach oben aus der Kühlerverkleidung herausziehen.
- Kühlergrill herausnehmen.

Einbau

- Kühlergrill einsetzen und in der Mitte oben und unten anschrauben.
- MERCEDES-Stern von oben einsetzen und Federbügel mit Zange um 90° nach rechts drehen.
- Kühlergrill in der Mitte oben und unten anschrauben.
- Seitliche Halteklammern eindrücken.
- Kühlerverkleidung ansetzen und festschrauben, dabei darauf achten, daß die Unterlage an der Motorhaube angeklebt ist.

Ausbau seit 6.93

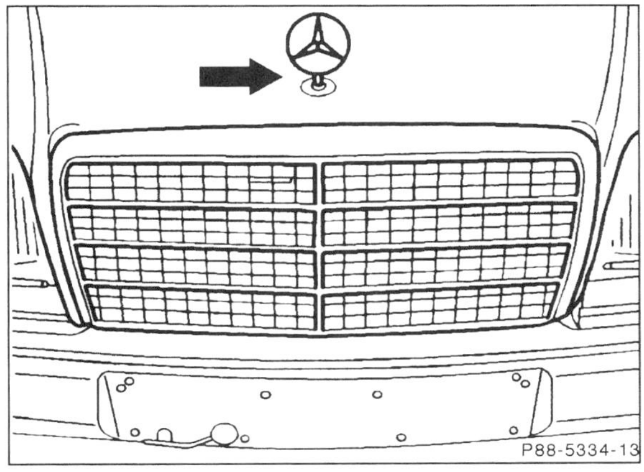

- Ausbau sinngemäß wie bei den bisherigen Modellen. Änderungen: Der Mercedesstern ist weiter hinten im lackierten Bereich der Motorhaube befestigt.

  Der Kühlergrill ist von vorn in die Umrahmung der Motorhaube gesteckt und angeschraubt.

Haubenzug aus- und einbauen

Ausbau

- Im Innenraum Schraube am Griff für Haubenzug herausdrehen. Griff nach hinten ziehen und herausnehmen.
- Haubenzug am Griff aushängen.

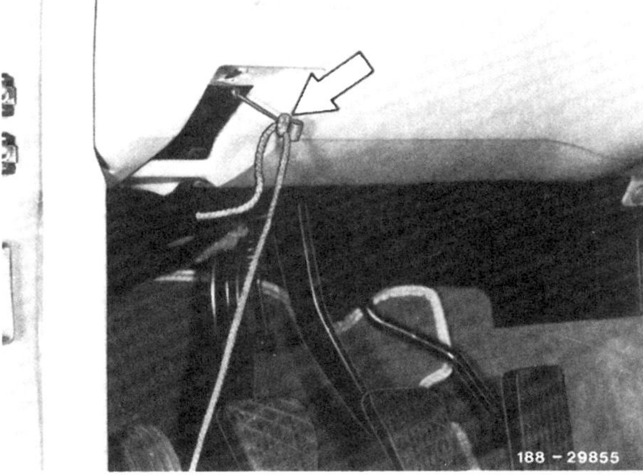

- Schnur am Haubenzug anbinden. Dadurch kann der neue Seilzug beim Einbau leichter durchgezogen werden.
- Am Relaiskasten Kabelbinder öffnen und Haubenzug aus den Halteclipsen herausdrücken.

- Haltebügel für Gummitülle mit Schraubendreher abdrücken und Gummitülle herausnehmen.
- Abdeckung unter dem Motorhaubenschloß ausclipsen, dazu Arretierung mit Schraubendreher durch das Loch im Querträger ausrasten. Das Loch befindet sich auf der rechten Seite des Datenschildes für die Karosserie- und Lackierungsnummer.

- Haubenzug an Schloß und Halter aushängen und nach vorn herausziehen.

Einbau

- Haubenzug am Schloß einhängen und Gummitülle am Widerlager einschieben. Vorher Gummitülle leicht einfetten.
- Schloßabdeckung von unten einsetzen und einrasten.
- Haubenzug mit Schnur in den Innenraum durchziehen.
- Gummitülle einsetzen und mit Haltebügel sichern.
- Seilzug in den Griff einhängen, Griff einschieben und mit einer Schraube befestigen.
- Haubenzug am Radeinbau einclipsen und mit Kabelbinder befestigen.

Tür aus- und einbauen

Achtung: Bei Fahrzeugen mit Zentralverriegelung, elektrischem Fensterheber oder elektrisch verstellbarem Außenspiegel zusätzlich Türinnenverkleidung ausbauen, elektrische Leitungen lösen und durch die Öffnung an der Stirnseite der Tür herausziehen.

Ausbau

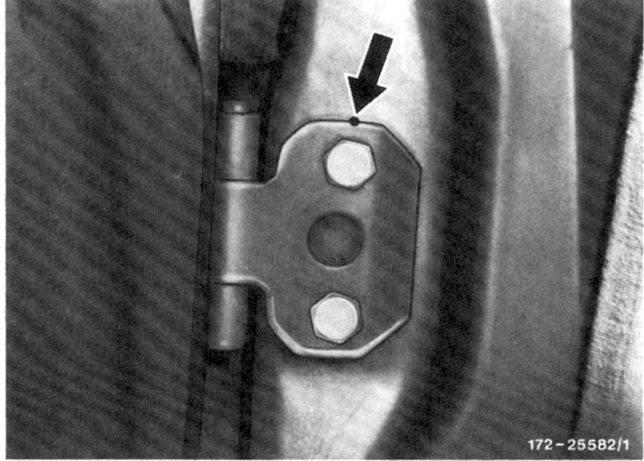

- Lage der Türscharniere an den Anlageflächen markieren, zum Beispiel oben und unten ankörnen oder mit Reißnadel umfahren. Dadurch braucht die alte Tür beim Einbau nicht eingestellt zu werden.

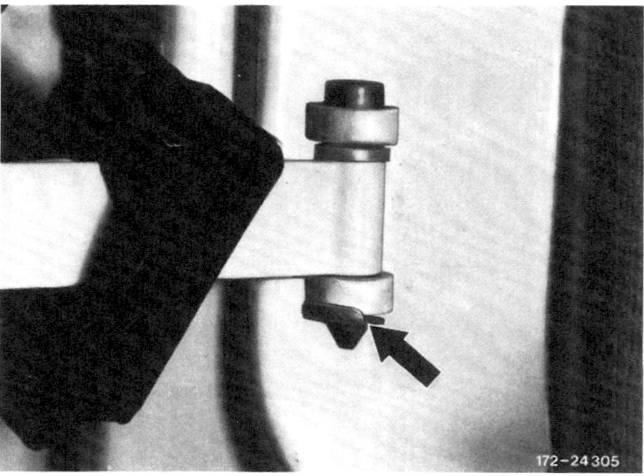

- Bolzensicherung –Pfeil– mit Schraubendreher abhebeln, Bolzen nach oben herausziehen.
- Tür nach unten abstützen.

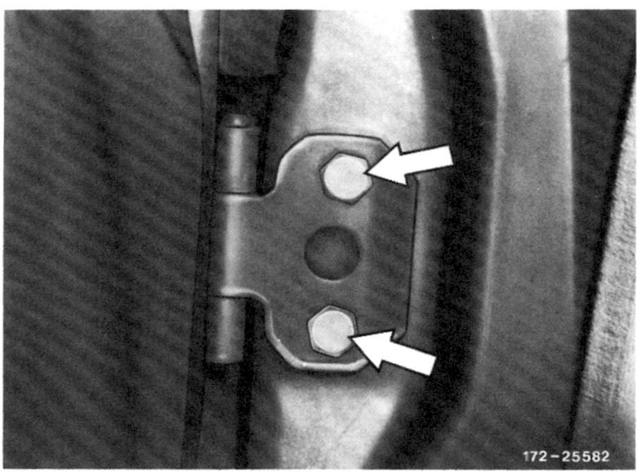

- Je 2 Befestigungsschrauben –Pfeile– herausdrehen und Tür nach hinten abnehmen.

Einbau

- Tür ansetzen und Befestigungsschrauben leicht anziehen.
- Tür so ausrichten, daß die Scharniere mit den angebrachten Markierungen übereinstimmen.
- Befestigungsschrauben festziehen, Bolzen am Türhalter einsetzen und sichern.
- Wird eine neue Tür eingebaut, Tür folgendermaßen einstellen:

Einstellen

- Befestigungsschrauben an den Scharnieren nur leicht anziehen. Bolzen am Türhalter abgenommen.
- Tür schließen und an der Scharnierseite so ausrichten, daß die Außenseite der Tür mit der Kontur des Kotflügels fluchtet. Die Tür darf maximal 1 mm tiefer liegen.
- Tür so ausrichten, daß vorn und hinten ein Luftspalt von 4 – 6 mm vorhanden ist. Der Luftspalt muß jeweils parallel verlaufen, gegebenenfalls Luftspalt gleichmäßig ausmitteln.
- Tür vorsichtig öffnen und Befestigungsschrauben für Scharniere festziehen.
- Einstellung der hinteren Tür prüfen. Die Oberfläche muß mit dem hinteren Kotflügel fluchten.
- Schließöse so einstellen, daß die Außenseite der Tür mit der Außenseite der hinteren Tür beziehungsweise mit dem hinteren Kotflügel fluchtet. Gegebenenfalls darf die vordere Tür maximal 1 mm überstehen.
- Bolzen am Türhalter einsetzen und mit Federklammer sichern.
- Tür mehrmals öffnen und schließen und dabei auf Leichtgängigkeit kontrollieren.

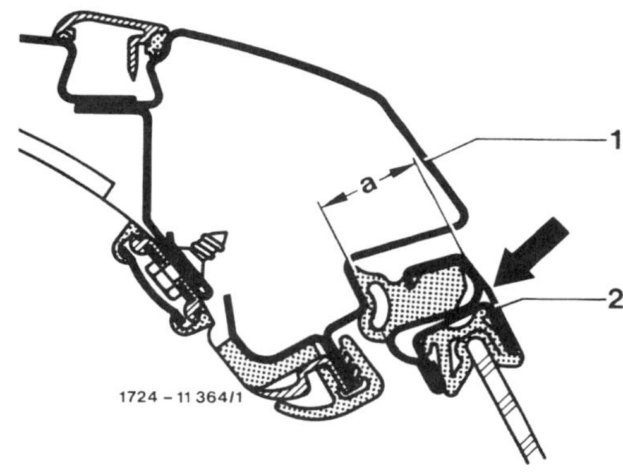

- Abstand –a– zwischen Fensterrahmen –2– und Dachrahmen –1– über die gesamte Länge und Höhe der Anlagefläche prüfen, gegebenenfalls nachrichten. a = 20,5–22 mm, im senkrechten Bereich beträgt der Abstand zur Mittelsäule a = 22–23,5 mm. Ein anderer Abstand als Maß –a– führt zu erhöhten Windgeräuschen.

Türgriff aus- und einbauen

Ausbau

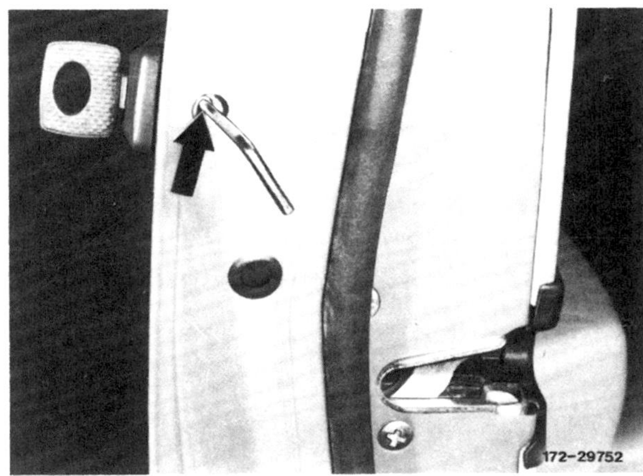

- Abdeckung am Türrahmen abdrücken und Inbusschraube mit Steckschlüssel SW 3 durch die Öffnung in der Tür ca. 4 Umdrehungen herausdrehen.

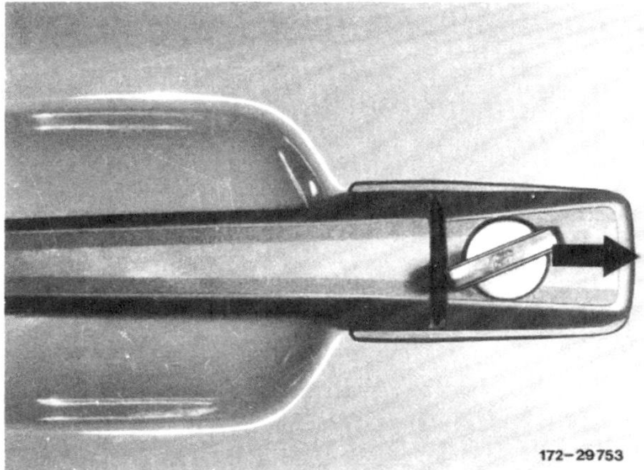

- Schlüssel ins Türschloß stecken und ca. 60° nach rechts drehen, dabei gleichzeitig Schließzylinder nach hinten drücken und herausnehmen.

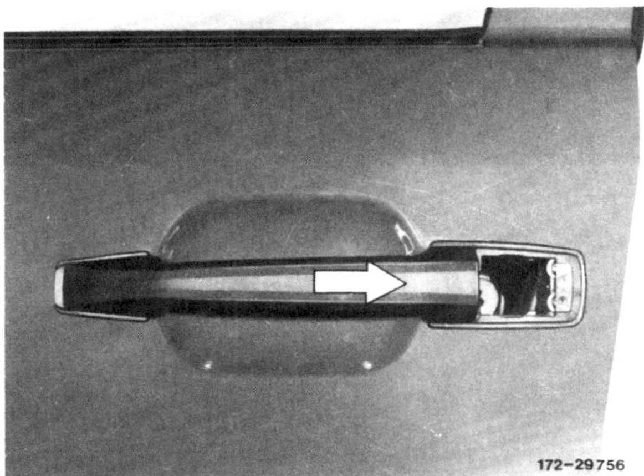

- Türgriff nach hinten schieben, vorn und hinten aushängen und abnehmen.

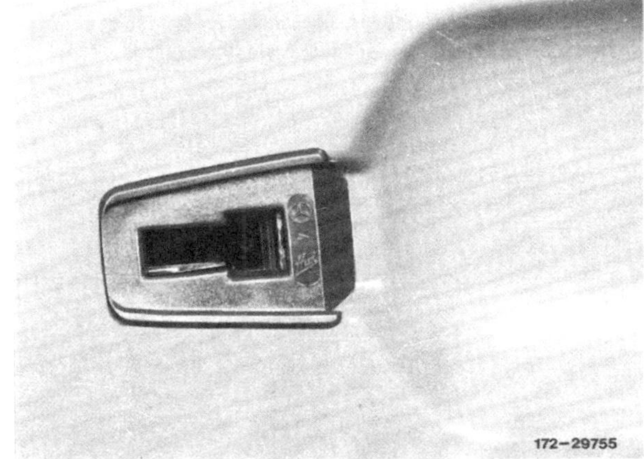

- Gummiabdeckung abnehmen.
- Türinnenverkleidung ausbauen und Kunststoffolie im oberen Bereich vorsichtig abziehen.

172-29757

- Schrauben am Lagerbügel lösen, nicht abschrauben -Pfeile-. Lagerbügel nach vorn schieben und durch die Öffnung im Türinnenblech herausnehmen.

Einbau

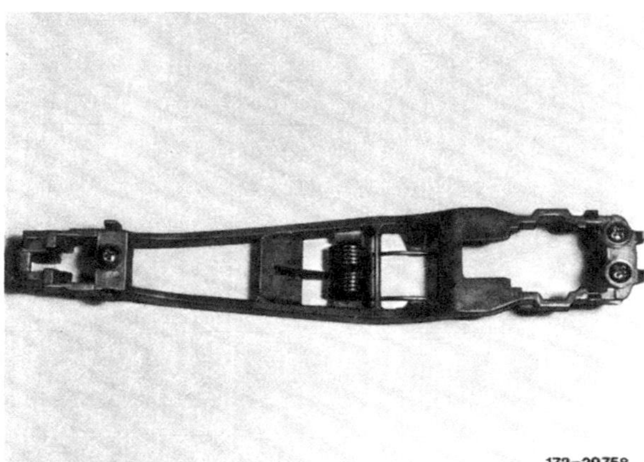

172-29758

- Lagerbügel in die Tür einsetzen und so nach hinten schieben, daß die Schrauben in die Schlitze am Türblech eingreifen. Lagerbügel in dieser Stellung festschrauben.

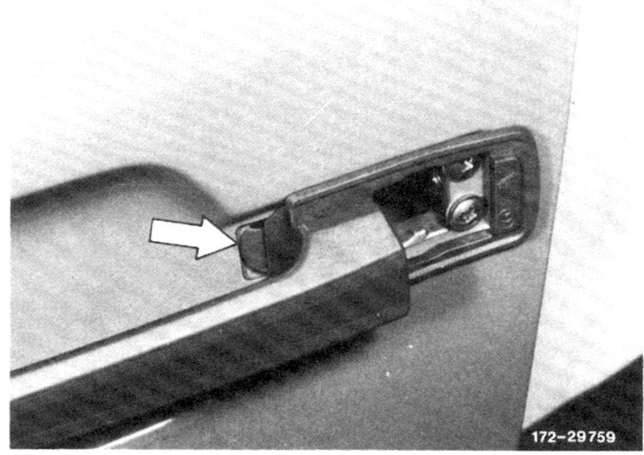

172-29759

- Türgriff mit Gummiabdeckung so einsetzen, daß die Lasche -Pfeil- zwischen Türblech und Lagerbügel gesteckt wird.
- Schließzylinder von hinten einsetzen und einrasten.
- Schlüssel nach links drehen und abnehmen.
- Türschloß mit Innensechskantschraube befestigen.
- Türinnenverkleidung einbauen.

Türschloß aus- und einbauen

Ausbau

- Türinnenverkleidung ausbauen.
- Abdichtfolie im oberen Bereich vorsichtig abziehen.
- Zugstange für Türinnenbetätigung am Halteclip abdrücken und am Türschloß aushängen.
- Schließzylinder ausbauen, siehe unter „Türgriff ausbauen".

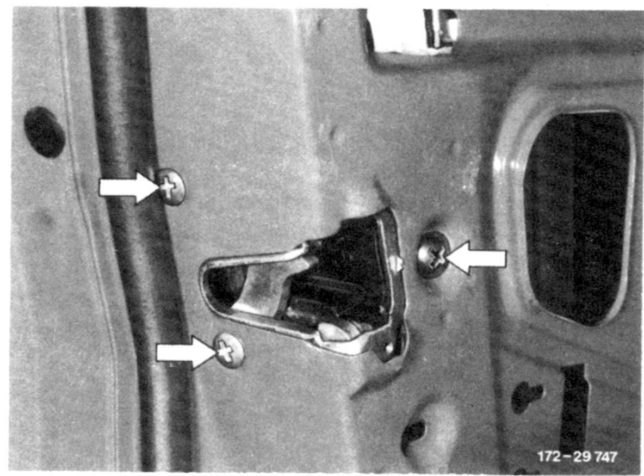

172-29 747

- Schrauben für Türschloß herausdrehen.

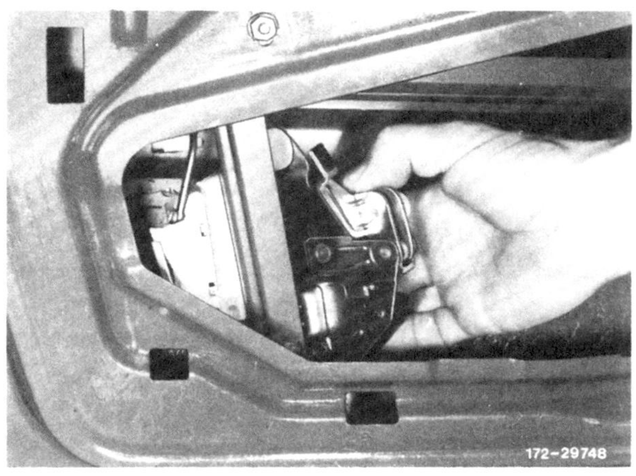
172-29748

- Türschloß nach unten absenken, dann nach vorn um die hintere Fensterhebeschiene herumschwenken und durch die untere Öffnung im Türinnenlech herausnehmen.

Einbau

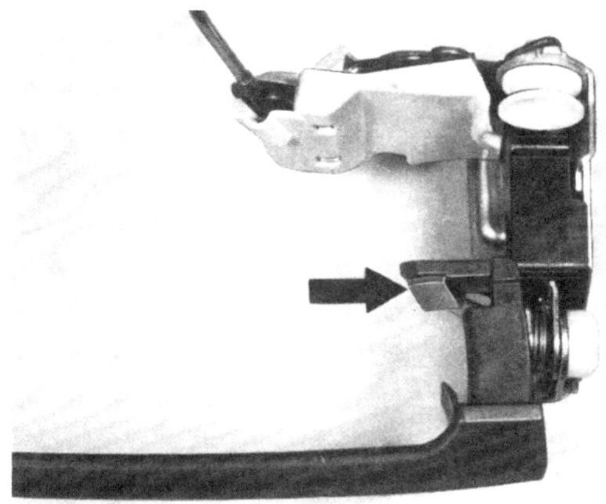
172-29750

- Türgriff mit Gummiabdeckung so einsetzen, daß die Lasche –Pfeil– zwischen Türblech und Lagerbügel gesteckt wird.

- Türschloß mit Verriegelungsgestänge einsetzen. Dabei muß der Griffbügel hinter dem Betätigungshebel des Schlosses anliegen –Pfeil–.
- Türschloß mit 3 Befestigungsschrauben und 8 Nm anschrauben. **Achtung:** Zuerst die beiden Schrauben an der Stirnseite festziehen.

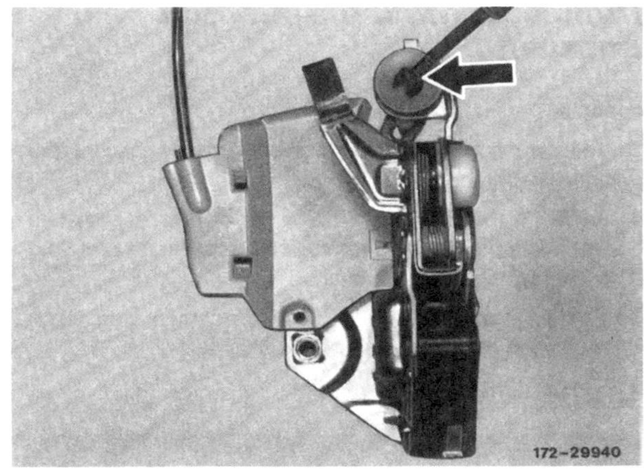
172-29940

- Schließzylinder mit Drehstange in die Drehnuß einführen und festschrauben.

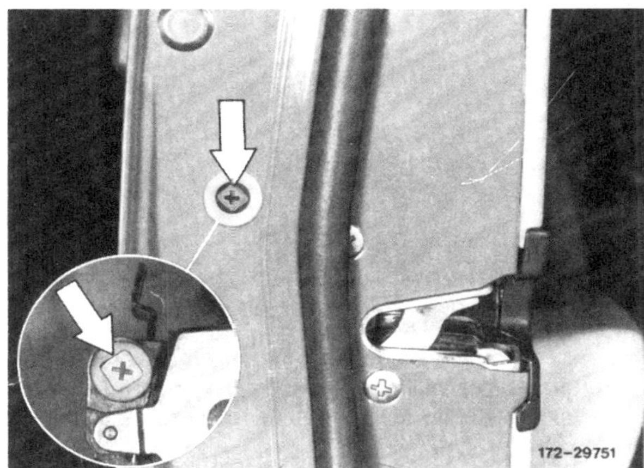
172-29751

- Spiel zwischen Griffbügel und Betätigungshebel des Türschlosses prüfen. Sollwert: 0 bis 1 mm. Andernfalls Spiel durch die Bohrung an der Stirnseite der Tür –Pfeil– einstellen. Dazu Exzenterschraube mit einem Kreuzschlitzschraubendreher entsprechend verdrehen.
- Abdichtfolie faltenfrei ankleben.
- Zugstange für Türinnenbetätigung einhängen und einclipsen.
- Türinnenverkleidung einbauen.

Türinnenverkleidung aus- und einbauen

Ausbau

- Verkleidung für Türschloß mit einer Schraube abschrauben und abnehmen.
- An der Fahrertür Griff für Spiegelverstellung abziehen. Dazu geripptes Sicherungsstück mit dem Finger zum Spiegel hin schieben und abnehmen.
- Verkleidungsdreieck oben vom Türrahmen wegziehen, nach oben schieben und unten aushängen.
- Fenster ganz nach unten kurbeln.

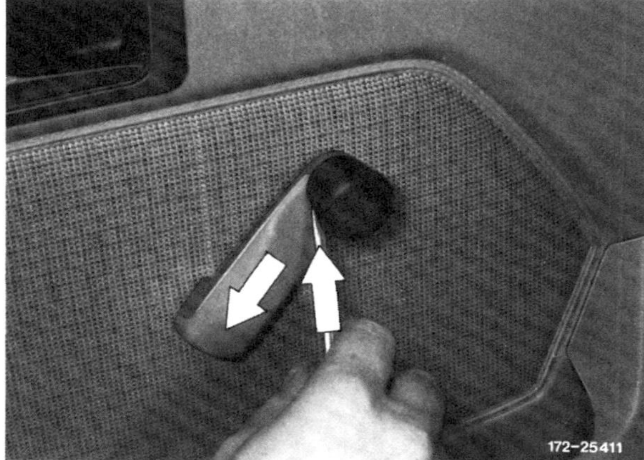
172-25411

- Fensterkurbel ausbauen, dazu mit kleinem Schraubendreher Sicherungshaken an der Abdeckung eindrücken, Abdeckung in Pfeilrichtung nach unten schieben und abnehmen.
- Fensterkurbel von der Kurbelachse abziehen, Distanzscheibe abnehmen.
- Falls eingebaut, Ausstiegsbeleuchtung ausbauen. Dazu vorderen Teil der Leuchte mit schmalem Schraubendreher heraushebeln, Leuchte nach vorn ziehen und herausnehmen. Elektrische Leitungen abziehen.
- Blende für Türinnenbetätigung mit den Fingern von der Türinnenverkleidung wegziehen und abnehmen.
- Schraube oben am Haltegriff mit Steckschlüssel SW 10 herausdrehen.
- Türinnengriff mit Schale nach vorn schieben und aus der Öffnung der Türverkleidung herausnehmen.

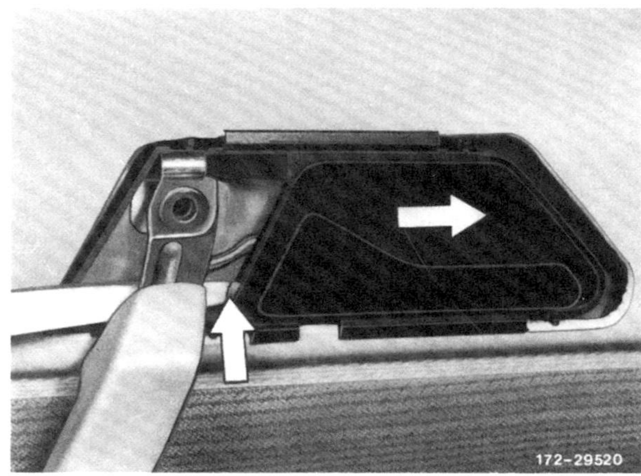
172-29520

- Stange aus dem Kunststoffclip am Betätigungshebel nach oben rausdrücken -linker Pfeil-. Schale abnehmen.
- Verriegelungsknopf runterdrücken. Wird bei Fahrzeugen mit Zentralverriegelung die Verkleidung an der Fahrertür ausgebaut, Drehfalle mit Schraubendreher zur Türaußenseite hin drücken und dann Türschloß mit Schlüssel abschließen.

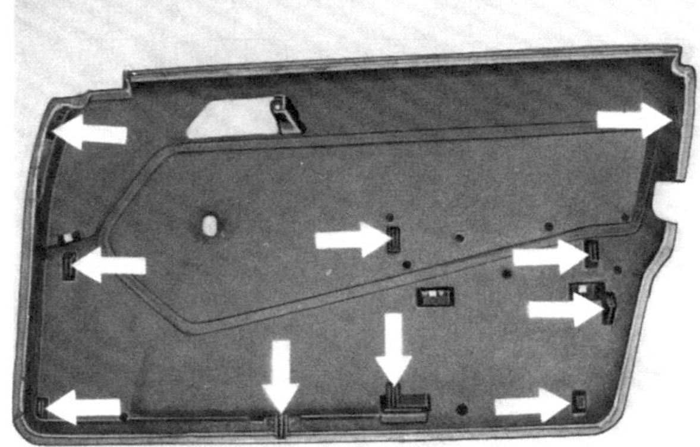
172-29517

- Türinnenverkleidung ringsum etwas vom Türblech wegziehen und dadurch leichte Klebungen am Rand lösen.
- Türinnenverkleidung nach oben über den Türverriegelungsknopf ziehen und mit den Kunststoffhaltern -Pfeile- aus dem Türblech herausnehmen.

Einbau

Vor dem Einbau auf richtigen Sitz der Abdichtfolie achten, sonst kann es im Fahrzeug ziehen. Kleinere Beschädigungen der Folie mit Tesaband ausbessern, bei größeren Rissen Folie erneuern.

- Türinnenverkleidung von oben über den Türverriegelungsknopf ansetzen, in die Abdichtschiene und gleichzeitig mit den Haken in die Öffnungen am Türblech einführen.
- Stange für Türinnenbetätigung in den Clip am Türinnengriff einhängen.

- Türinnengriff mit Schale in die Öffnung der Verkleidung einsetzen, nach hinten schieben und dadurch am Türinnenblech einrasten.
- Haltegriff so ansetzen, daß die Nase in die Nut der Verkleidung für den Türinnengriff eingreift.
- Befestigungsschraube für Haltegriff anschrauben, Kunststoffabdeckung aufdrücken.

Achtung: Die Schraube für den Haltegriff ist microverkapselt, das heißt sie ist mit Sicherungsmittel beschichtet. Schraube entweder erneuern oder vor dem Einschrauben mit Sicherungsmittel bestreichen, zum Beispiel mit Loctite 270 oder Omnifit.

- Distanzscheibe für Fensterkurbel mit dem größeren Durchmesser zur Türinnenverkleidung aufsetzen.
- Fensterkurbel auf die Kurbelachse aufschieben. Bei geöffnetem Fenster zeigt die Kurbel schräg nach vorn oben.

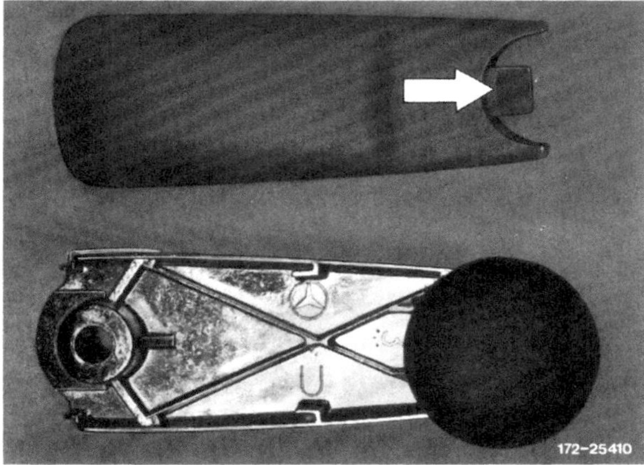

- Abdeckung für die Fensterkurbel von hinten aufschieben, dabei darauf achten, daß die Nase der Abdeckung in die Nut an der Kurbelachse eingreift. Abdeckung so weit nach vorn schieben, bis der Sicherungshaken -Pfeil- einrastet.
- Fenster hochkurbeln.
- Verkleidung für Türschloß oben einhängen und unten mit 1 Schraube festschrauben.
- Obere Dreiecksverkleidung unten einhängen und oben einclipsen.
- Verkleidung für Spiegelgriff aufstecken und Kunststoffsicherung in den Spiegelgriff einschieben.
- Falls ausgebaut, Ausstiegsleuchte einbauen. Dazu elektrische Leitungen anschließen. Leuchte mit den Kabelanschlüssen nach hinten in die Öffnung der Türinnenverkleidung einsetzen, hinten einhängen und vorn hineindrücken.

Fensterheber aus- und einbauen

Ausbau

- Türinnenverkleidung ausbauen.
- Abdichtfolie vorsichtig abziehen. **Achtung:** Die Folie reißt leicht ein.
- Fenster soweit nach unten kurbeln beziehungsweise herunterfahren, bis die Oberkante des Fensters sich noch ca. 2 cm über der Abdichtschiene des Türrahmens befindet.
- Bei elektrischem Fensterheber, Massekabel an der Batterie abklemmen.

- Kabel für elektrischen Fensterheber abklemmen -Pfeile-.

- Mutter an der Fensterhebeschiene vorn herausdrehen und Fensterhebearm aushängen.

● Fenster hinten etwas anheben und mit Gleitbacken aus der Fensterhebeschiene herausnehmen.

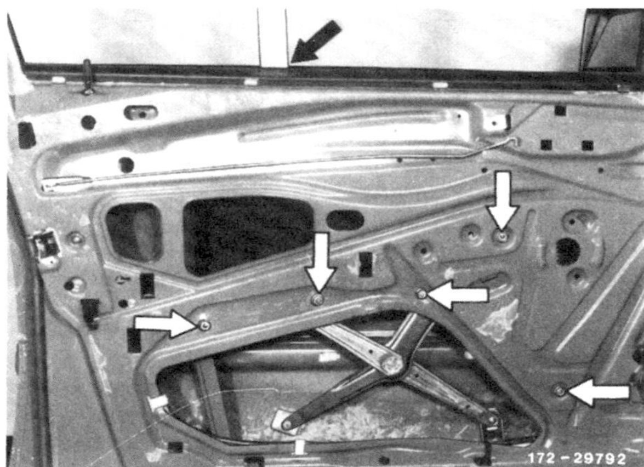

● Fenster nach oben drücken und mit einem Kunststoff- oder Holzkeil –schwarzer Pfeil– gegen Herabfallen sichern.

● **Elektrischer Fensterheber:** 5 Befestigungsmuttern –weiße Pfeile– herausschrauben.

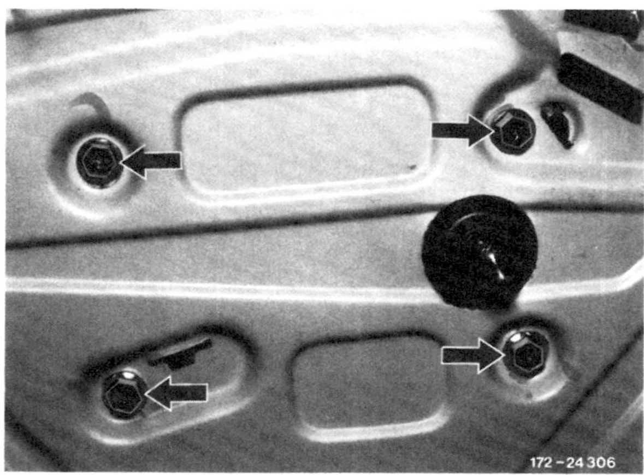

● **Manueller Fensterheber:** Muttern –Pfeile– abschrauben.

Achtung: Bei einigen Modellen ist der Fensterheber angenietet. In diesem Fall Nieten mit einem Bohrer mit 8 mm ∅ abbohren. Dabei darauf achten, daß die Bohrungen im Türinnenblech nicht aufgebohrt werden. Zum Annieten wird ein Hebelnietgerät für Blindnieten benötigt.

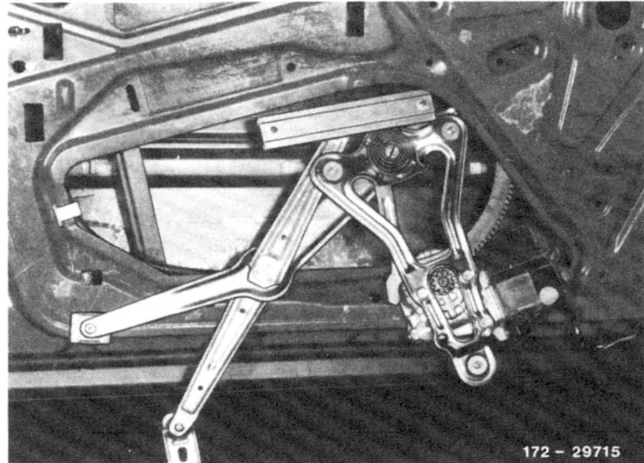

● Fensterheber mit Fensterhebeschiene herausziehen und nach unten herausnehmen. Der im Bild gezeigte elektrische Fensterheber wird komplett mit Motor herausgenommen.

Einbau

● Fensterheber mit Fensterhebeschiene von unten in die Tür einsetzen und anschrauben.

Achtung: Die Schrauben für den Fensterheber sind microverkapselt, das heißt sie sind mit einem Sicherungsmittel beschichtet. Schrauben entweder erneuern oder vor dem Einschrauben mit Sicherungsmittel bestreichen, zum Beispiel mit Loctite 270 oder Omnifit.

● Fensterscheibe vorsichtig ablassen und mit dem Gleitbakken vom hinteren Fensterhebearm am Ausschnitt der Fensterhebeschiene einführen. Dabei Fenster hinten nach oben drehen.

● Fenster waagerecht stellen und gleichzeitig vorn und hinten in die Führungsschiene einsetzen.

● Vorderen Fensterhebearm in die Hebeschiene einsetzen und anschrauben, nicht festziehen. Die Mutter wird erst angezogen, nachdem das Türfenster eingestellt ist.

● Elektrische Leitungen anklemmen, dabei gleichfarbige Kabel zusammen anschließen. Batterie-Massekabel anklemmen.

● Türfenster einstellen.

● Abdichtfolie faltenfrei ankleben.

Achtung: Die Folie darf nicht beschädigt sein und muß einwandfrei abdichten, sonst kann es im Fahrzeug ziehen.

● Türinnenverkleidung einbauen.

Türfenster einstellen

- Türinnenverkleidung ausbauen.
- Abdichtfolie im unteren Bereich vorsichtig abziehen. **Achtung:** Die Folie reißt leicht ein.
- Fenster bis auf ca. 4 cm nach unten stellen.
- Mutter am Fensterhebearm vorn lösen, nicht abschrauben, siehe Bild 172-29717 auf Seite 213.

172-29713

- 2 Muttern an der Führungsschiene lösen, nicht abschrauben.

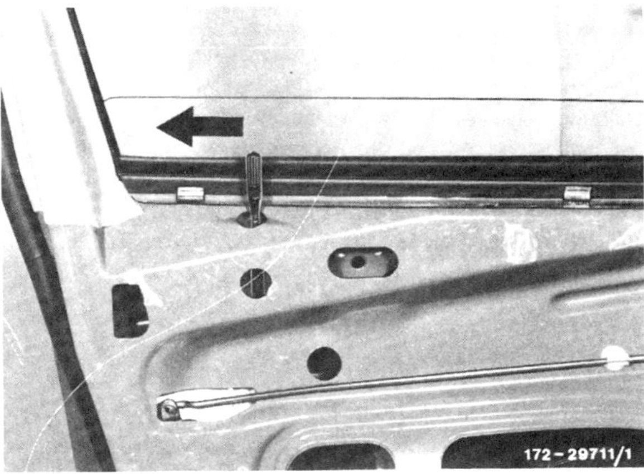

172-29711/1

- Fenster oben in die hintere Fensterlaufschiene drücken –Pfeil–.
- Fenster unten nach vorn in die Fensterlaufschiene drücken und die Mutter am Fensterhebearm festziehen.

172-29713/1

- Hintere Mutter -Pfeil- an der Führungsschiene nach unten drücken und festziehen. Anschließend vordere Mutter an der Führungsschiene festziehen.
- Führungsstücke mit Mehrzweckfett einfetten.
- Fenster rauf- und runterkurbeln und dabei Leichtgängigkeit prüfen.
- Abdichtfolie faltenfrei ankleben.

Achtung: Die Folie darf nicht beschädigt sein und muß einwandfrei abdichten, sonst kann es im Fahrzeug ziehen.

- Türinnenverkleidung einbauen.

Türfenster aus- und einbauen

Achtung: Einige Arbeitsanweisungen sind im Kapitel „Fensterheberausbau" näher erläutert, es empfiehlt sich deshalb, dieses Kapitel ebenfalls durchzulesen.

Ausbau

- Türinnenverkleidung ausbauen.
- Abdichtfolie vorsichtig abziehen. **Achtung:** Die Folie reißt leicht ein.
- Fenster bis auf ca. 2 cm nach unten stellen.
- Innere Fenster-Abdichtschiene mit breitem Kunststoffkeil am Türrahmen abhebeln.
- Mutter an der Fensterhebeschiene vorn herausdrehen und Fensterhebearm aushängen.
- Fenster hinten anheben und Gleitbacken am Ausschnitt der Fensterhebeschiene herausnehmen.

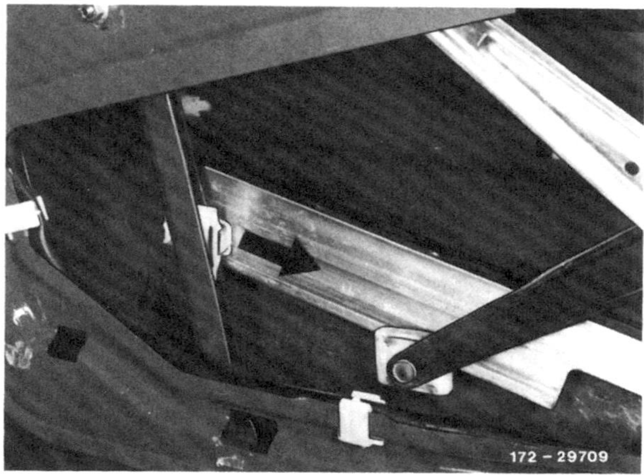

- Fensterscheibe aus der Führungsschiene vorn herausdrücken und nach vorn aus dem Führungsstück herausziehen.
- Fenster nach oben aus dem Türschacht herausnehmen.

Einbau

- Führungsstück -Pfeil- von unten in die Führungsschiene einsetzen.
- Fensterscheibe von oben in den Türschacht einsetzen und vorsichtig nach unten absenken.
- Fenster hinten nach oben drehen und dadurch vorn aus der Führungsschiene herausdrücken.
- Hebeschiene von vorn in das Führungsstück einführen.
- Gleitstück vom hinteren Fensterhebearm in den Ausschnitt an der Führungsschiene einsetzen.
- Fenster waagerecht stellen und gleichzeitig vorn und hinten in die Führungsschiene einsetzen.
- Vorderen Fensterhebearm in die Hebeschiene einsetzen und anschrauben, nicht festziehen. Die Mutter wird erst angezogen, nachdem das Türfenster eingestellt ist.

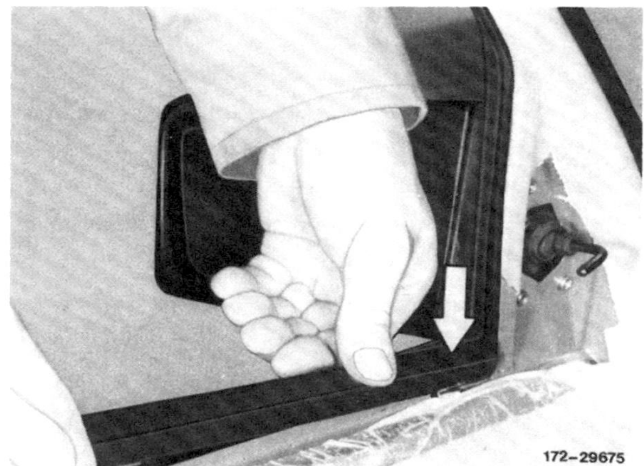

- Abdichtschiene vorn bündig ansetzen und in den Türrahmen eindrücken.
- Türfenster einstellen.
- Abdichtfolie faltenfrei ankleben.

Achtung: Die Folie darf nicht beschädigt sein und muß einwandfrei abdichten, sonst kann es im Fahrzeug ziehen.

- Türinnenverkleidung einbauen.

Die Windschutzscheibe

Die Windschutzscheibe ist, ebenso wie die Heckscheibe, direkt an den Flansch des Fensterausschnitts geklebt. Dadurch ergibt sich eine höhere Karosserie-Steifigkeit und eine bessere Abdichtung gegen eindringendes Wasser. Zudem verringert sich der Luftwiderstand und das Fahrzeuggewicht.Zum Auswechseln der Scheiben ist jedoch, neben verschiedenen Spezialwerkzeugen, eine gewisse Erfahrung nötig. Aus diesem Grund sollte diese Arbeit der Werkstatt überlassen werden.

Außenspiegel aus- und einbauen

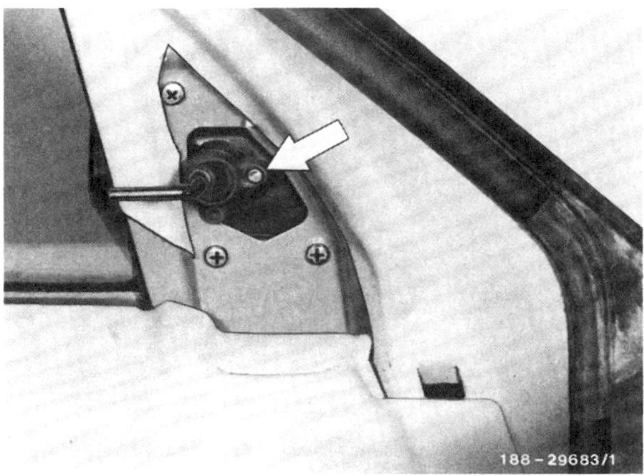
188-29683/1

Achtung: Wenn sich der Spiegel von selbst verstellt, Griffstück sowie Abdeckung ausbauen und Schraube –Pfeil– am Verstellteil anziehen.

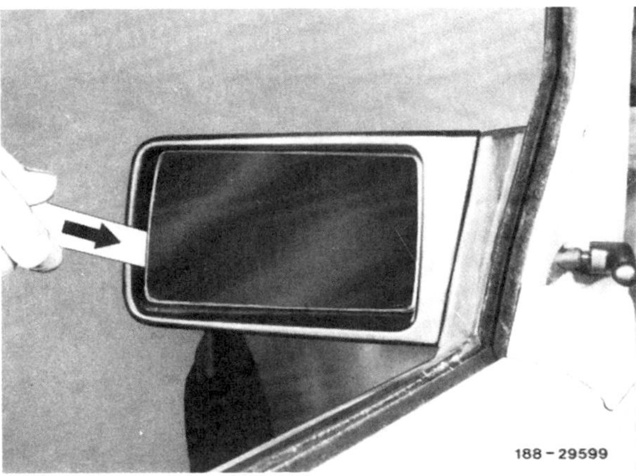
188-29599

- Soll nur das Spiegelglas ausgewechselt werden, Spiegelglas mit Kunststoffkeil nach hinten abhebeln und zur Außenseite hin abnehmen.

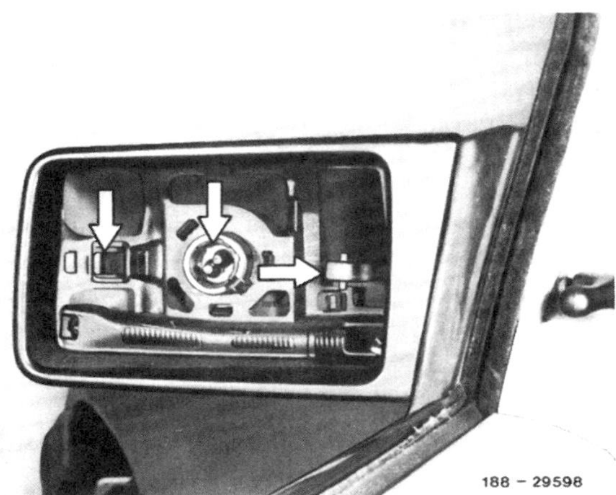
188 – 29598

- Falls ausgebaut, Spiegelglas am Verstellhebel –Pfeil rechts– einhängen und Kugelkopf in die Aufnahme –Pfeil links– drücken.

Ausbau

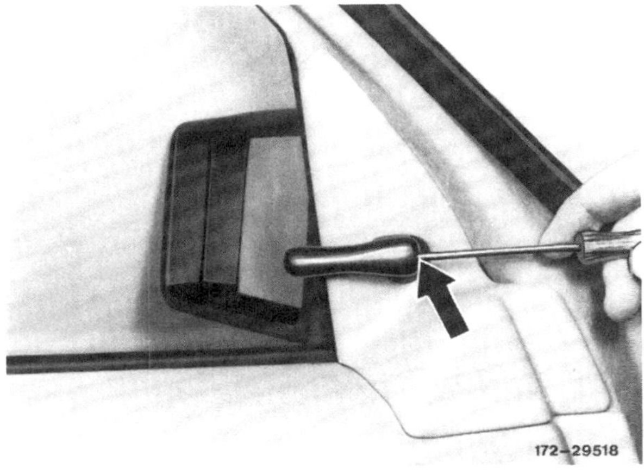
172-29518

- Griff für Spiegelverstellung nach hinten abziehen. Vorher mit schmalem Schraubendreher Kunststoffsicherung –Pfeil– in Richtung Spiegel herausdrücken und abnehmen.

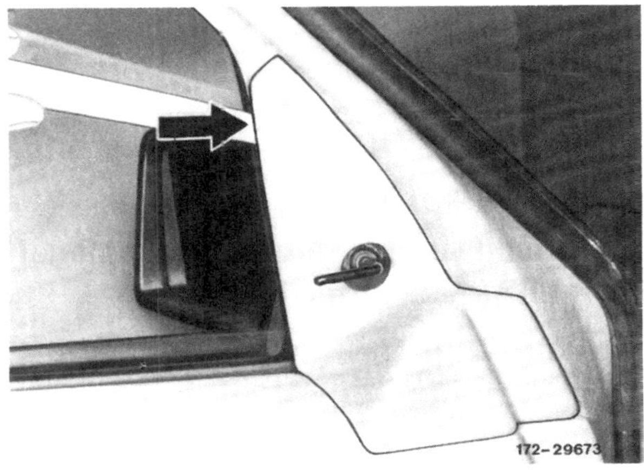
172-29673

- Abdeckung oben –Pfeil– mit den Fingern vom Türrahmen wegziehen, ausclipsen und nach oben herausziehen.

  Achtung: Wird dabei ein breiter Schraubendreher verwendet, Papierpolster unter die Klinge legen, damit der Lack nicht beschädigt wird.

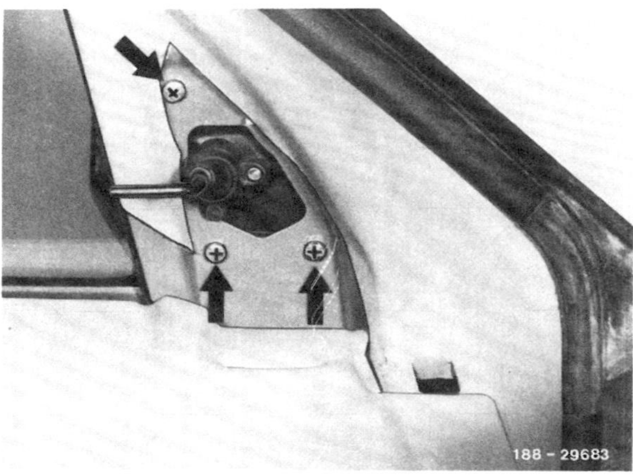

- 3 Befestigungsschrauben für Spiegelfuß herausdrehen. Dabei Spiegel außen festhalten, damit er nicht herunterfallen kann.
- Spiegel abnehmen.

Einbau

- Spiegel ansetzen und festschrauben.
- Verkleidung über Verstellhebel einsetzen, nach unten schieben und oben einclipsen.
- Griffstück aufschieben, Kunststoffsicherung ansetzen und in das Griffstück einführen.

Elektrisch verstellbaren Außenspiegel aus- und einbauen

Achtung: Soll nur das Spiegelglas ausgebaut werden, Kunststoffkeil am äußeren Rand einsetzen und Spiegelglas nach hinten abhebeln.

- Bevor das Spiegelglas aufgedrückt wird, Kugelkopf-Aufnahmen –Pfeile– am Motor so ausrichten, daß der obere Zapfen waagerecht und die seitlichen Zapfen senkrecht stehen. Spiegelglas hörbar einrasten.

Ausbau

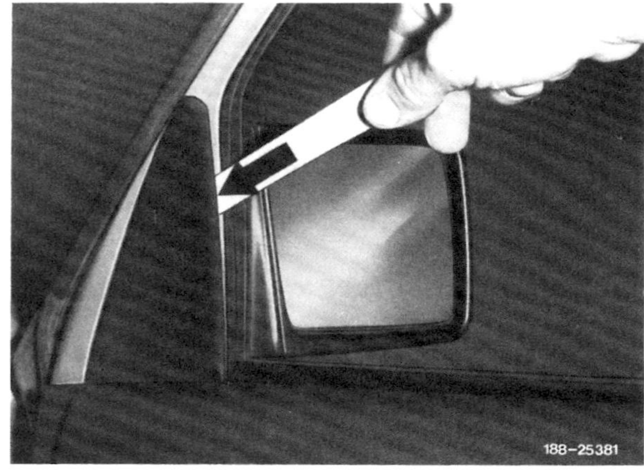

- Kunststoffabdeckung oben abhebeln und nach oben aus der Türinnenverkleidung herausziehen.

Achtung: Falls dazu ein Schraubendreher verwendet wird, Papierpolster unterlegen, damit der Lack nicht beschädigt wird.

- Schaumstoffeinlage herausnehmen.

- Schraube –Pfeil– herausdrehen und Stecker abziehen.
- 3 Befestigungsschrauben herausdrehen. Dabei Spiegel außen festhalten, damit er nicht herunterfallen kann.
- Spiegel abnehmen.

Achtung: Soll der Motor ausgebaut werden, Spiegelglas ausbauen, 3 Kreuzschlitzschrauben für Motor herausdrehen, Spiegel nach vorn klappen und durch den Spalt mit einer Flachzange elektrischen Anschluß aus der Halterung herausnehmen. Stecker dabei im Uhrzeigersinn drehen.

Einbau

- Spiegel ansetzen und festschrauben.
- Elektrische Leitung aufschieben und festschrauben.
- Kunststoffabdeckung mit Schaumstoffeinlage ansetzen, nach unten schieben und oben einclipsen.

Abdeckung unter Armaturentafel aus- und einbauen

Ausbau

- Fußmatte herausnehmen.

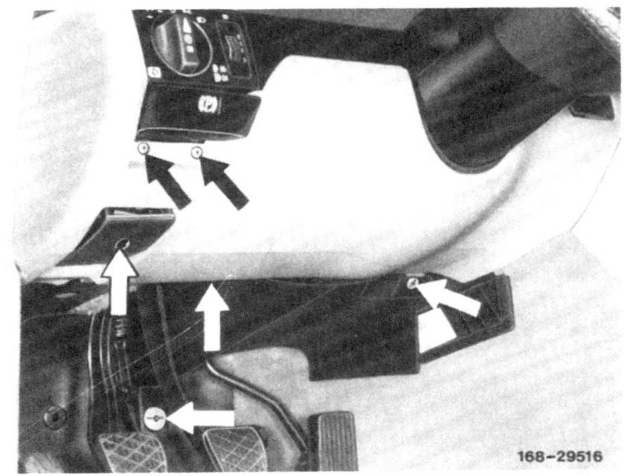
168-29516

- Kunststoffclips –Pfeile– um 90° drehen und dadurch lösen.
- Am Griff für den Motorhaubenzug eine Schraube herausdrehen. Griff nach hinten ziehen und herausnehmen.
- Seilzug am Griff aushängen.

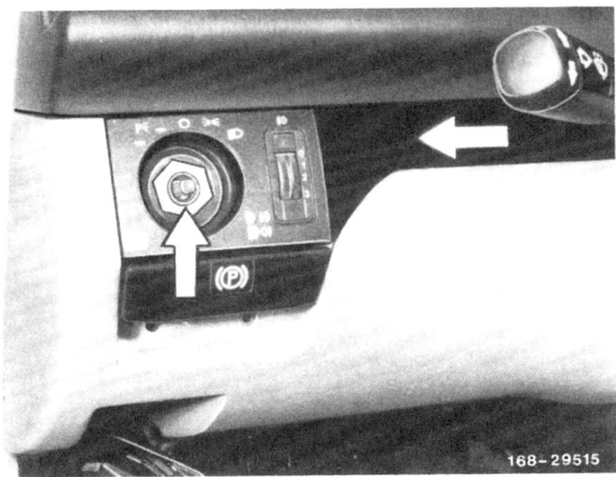
168-29515

- Knopf für Lichtdrehschalter abziehen und Mutter –unterer Pfeil– abschrauben, SW 24.
- Blende nach außen schieben –oberer Pfeil–, Anschlüsse für Leuchtweitenregulierung und Schalterbeleuchtung abziehen.
- Blende abnehmen.
- Blende am Zündschloß mit Kunststoffkeil abdrücken.
- Schraube neben dem Zündschloß aus der Abdeckung herausschrauben.
- 2 Schrauben rechts neben dem Lichtdrehschalter herausdrehen.

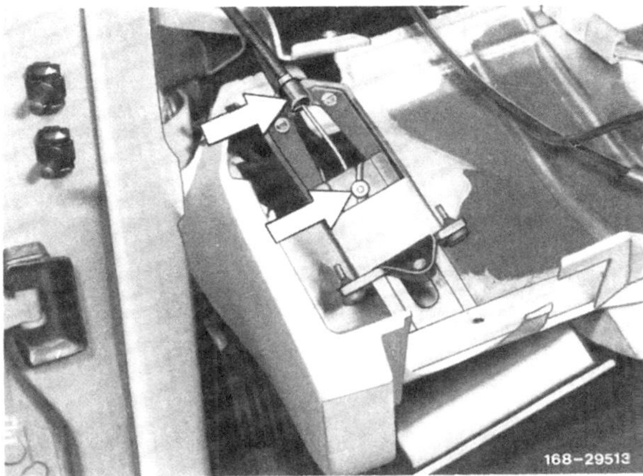
168-29513

- Abdeckung nach unten absenken und Seilzug für Fußfeststellbremse aushängen, Griff abnehmen.
- Abdeckung herausnehmen.

Einbau

- Griff für Fußfeststellbremse in die Abdeckung einsetzen, Seilzug am Griff einhängen.

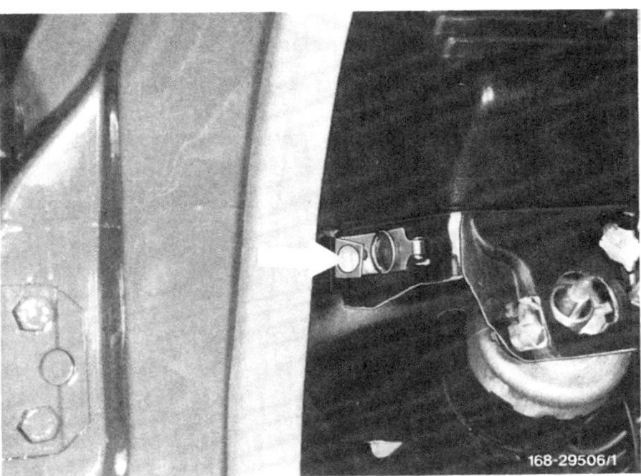
168-29506/1

- Abdeckung einsetzen und dabei in die seitliche Klammer –Pfeil– einschieben. Darauf achten, daß der Motorhaubenzug durch die entsprechende Öffnung in der Abdekkung herausgeführt wird.
- Abdeckung anschrauben.
- Blende für Zündschloß einclipsen.
- Blende für Lichtdrehschalter ansetzen, auf der Rückseite Leitungen anschließen und Blende andrücken. **Achtung:** Unterdruckleitungen für Leuchtweitenregulierung entsprechend den Farbmarkierungen am Schalter aufschieben.
- Blende für Lichtdrehschalter mit Mutter anschrauben, Bedienungsknopf aufstecken.
- Seilzug für Motorhaube in den Griff einhängen, Griff einsetzen und anschrauben.
- Vordere Abdeckung einsetzen und durch Drehen der Halteclips befestigen.

Mittelkonsole aus- und einbauen

Ausbau

- Beide Fußmatten und Schaumstoffteile herausnehmen.
- Abdeckung für Schalthebel ausbauen.

168-29492

- Knöpfe für Gebläse und Luftverteilung abziehen.
- 2 Muttern, SW 24, – Pfeile oben – und 2 Schrauben – Pfeile unten – herausdrehen.
- Blende unten vorziehen und oben aushängen.

168-29493

- Schrauben –Pfeile– herausdrehen, Mehrfachstecker abziehen und Halteplatte abnehmen.
- Kippschalter rechts außen zum Innenraum hin abziehen. Schalterleiste auf der rechten Seite hineindrücken, links aushängen und herausnehmen.

168-29490

- Mittelkonsole an der Armaturentafel abschrauben.

168-29500

- 2 Haltelaschen -Pfeile- nach unten drücken, Radio herausziehen und von der Rückseite Stecker für Stromversorgung, Antenne und Lautsprecher abziehen.

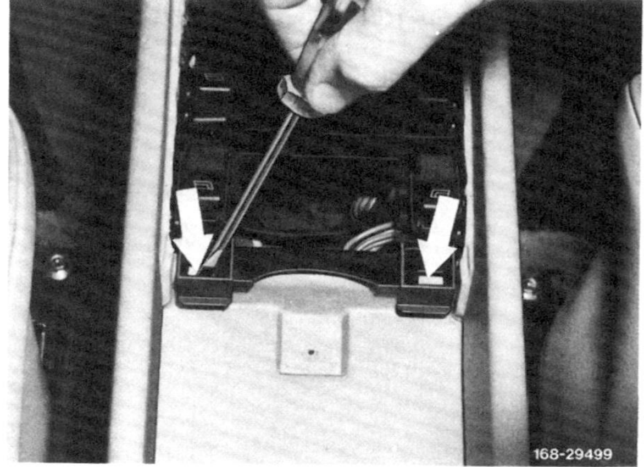

168-29499

- Schalterplatte herausnehmen, vorher Arretierungen mit Schraubendreher zurückdrücken.

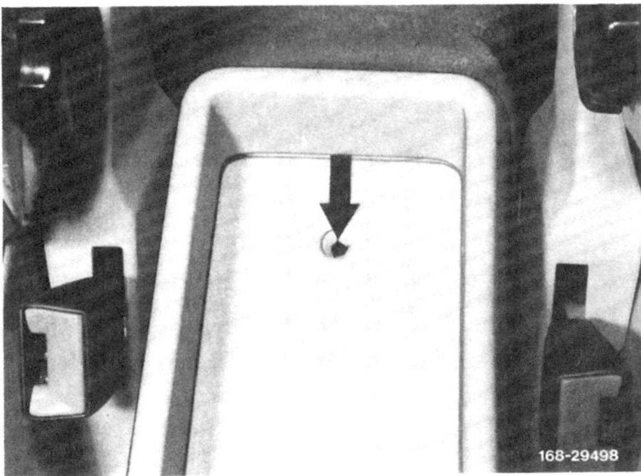

- Hintere Befestigungsschraube herausdrehen. **Achtung:** Die Schraube ist versenkt angebracht.
- Vordere Befestigungsschrauben für seitliche Abdeckung links und rechts herausdrehen.

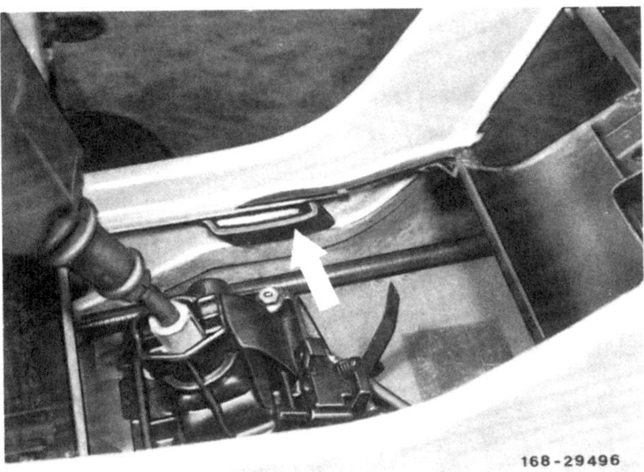

- Untere Lasche -Pfeil- und obere Lasche für seitliche Verkleidung ausrasten.
- Mittelkonsole nach hinten herausziehen.
- Seitliche Verkleidung nach hinten abnehmen.

Einbau

- Mittelkonsole und seitliche Verkleidung einsetzen, Haltelaschen befestigen.
- Seitliche Verkleidung vorn links und rechts, sowie hinten anschrauben.
- Schalterplatte einsetzen und einrasten.
- Leitungen an der Rückseite des Radios anschließen, Radio in die Öffnung schieben und einrasten.
- Mittelkonsole an der Armaturentafel anschrauben.
- Mehrfachstecker an der Halteplatte aufschieben, Halteplatte anschrauben.
- Blende oben einhängen und mit Muttern und Schrauben anschrauben.
- Abdeckung für Schalthebel einbauen.

Abdeckung für Schalthebel aus- und einbauen

Ausbau

- Aschenbecher öffnen, Einsatz herausziehen.

- Schrauben -Pfeile- in der Öffnung für den Aschenbecher herausdrehen.
- Elektrische Leitungen abziehen.

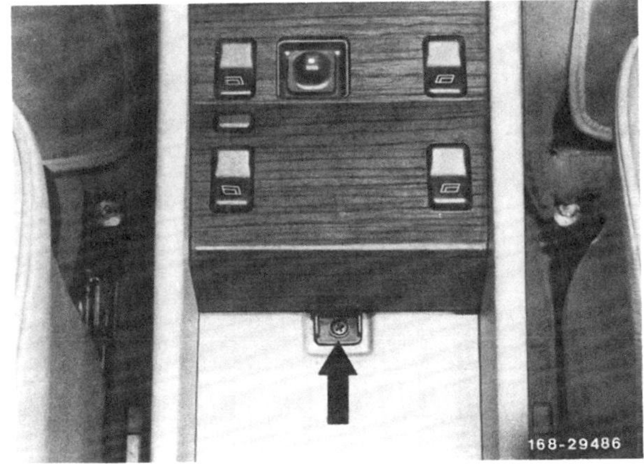

- Schraube -Pfeil- herausdrehen, vorher Teppichbelag aus der Ablageschale herausnehmen.
- Manschette für Schalthebel an der Abdeckung aushängen und nach oben schieben.
- Abdeckung hinten anheben und nach hinten herausnehmen.

Einbau

- Abdeckung so ansetzen, daß die Haltenocken in die entsprechenden Öffnungen an der Mittelkonsole eingreifen.
- Abdeckung hinten anschrauben.
- Manschette für Schalthebel herunterziehen und an der Abdeckung einhängen.
- Abdeckung vorn anschrauben.
- Teppichbelag einlegen.
- Elektrische Leitungen anschließen.
- Abdeckung im Aschergehäuse anschrauben, Einsatz für Aschenbecher einschieben und einrasten.

Vordersitz aus- und einbauen

Hinweis: Die Abbildungen zeigen den Fahrersitz.

Ausbau

- Sitz ganz nach hinten schieben und, falls vorhanden, Höhenverstellung ganz nach unten stellen.

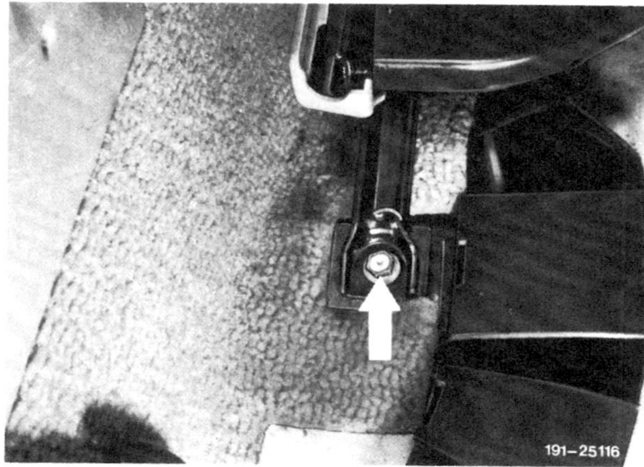
191–25116

- Vorn die beiden Schrauben an den Sitzführungsschienen herausdrehen.
- Sitz ganz nach vorn, Höhenverstellung ganz nach oben schieben.
- Hintere Schrauben an den Führungsschienen herausdrehen.

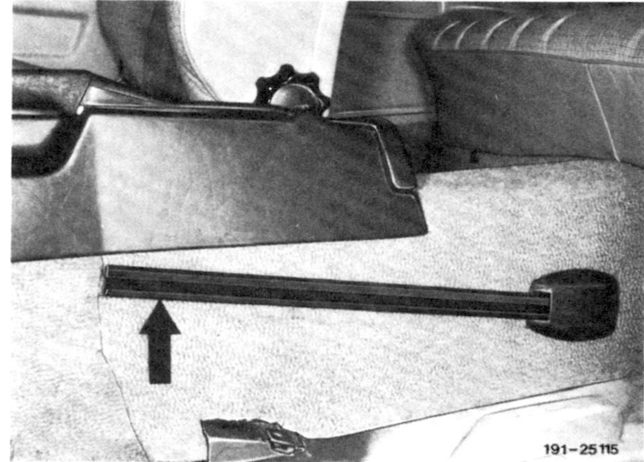
191–25115

- Sitz etwas anheben und nach vorn aus der Gleitschiene herausziehen.
- Sitz herausnehmen.

Einbau

- Sitz von vorn in die Gleitschiene einsetzen und etwas zurückschieben.
- Hintere Schrauben reindrehen, nicht festziehen.
- Sitz ganz nach hinten schieben und vordere Befestigungsschrauben festziehen.
- Sitz wieder nach vorn schieben und hintere Schrauben festziehen.

Rücksitz aus- und einbauen

Ausbau

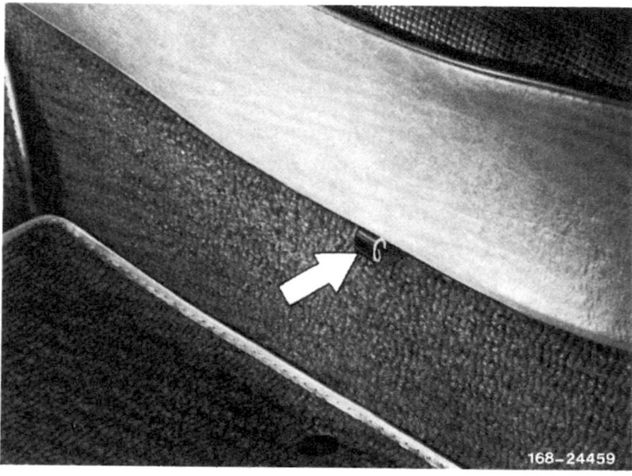
168–24459

- Arretierungshebel -Pfeil- links und rechts nach hinten drükken und Rücksitzbank vorn anheben.
- Rücksitzbank nach vorn ziehen, aus den hinteren Haltebügeln aushängen und herausnehmen.

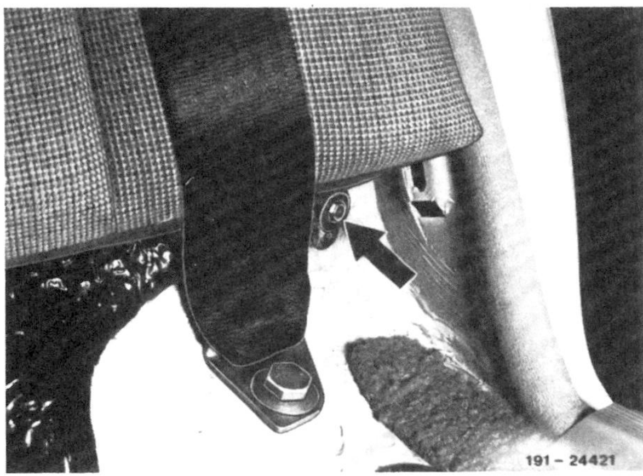
191 – 24421

- 3 Befestigungsschrauben -Pfeil- unten an der Rücksitzlehne herausdrehen.
- Falls vorhanden, Kopfstützen nach hinten wegschwenken.
- Lehne nach oben aus den Haltelaschen drücken und herausnehmen.

Einbau

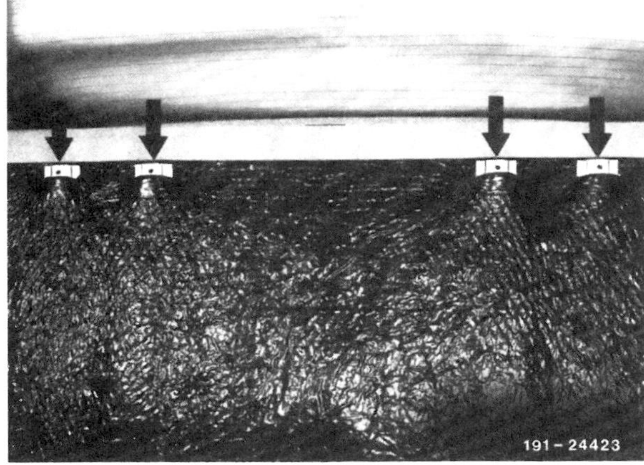
191 – 24423

- Rücksitzlehne in die oberen Haltelaschen einhängen, Sicherheitsgurte über die Lehne legen.
- Lehne unten anschrauben. **Achtung:** Die Schaumstoffteile im Bereich der Gurtschlösser dürfen nicht hinter den Lehnenrahmen geklemmt werden.
- Rücksitzbank einsetzen und vorn in die Arretierung drükken. Vorher Beckengurt über die Sitzbank legen.

Die Zentralverriegelung

Auf Wunsch ist der MERCEDES mit einer Zentralverriegelung erhältlich. Es handelt sich dabei um eine mit Druckluft betriebene Mehrstellenanlage, die außer von der Fahrertür, auch von der Beifahrertür und vom Kofferraumdeckel aus betätigt werden kann. Die Zentralverriegelung besteht aus der elektrischen Versorgungspumpe, den Versorgungsleitungen sowie den Arbeits- und Schaltelementen an den einzelnen Schlössern.

Schemazeichnung der Mehrstellen-Zentralverriegelung

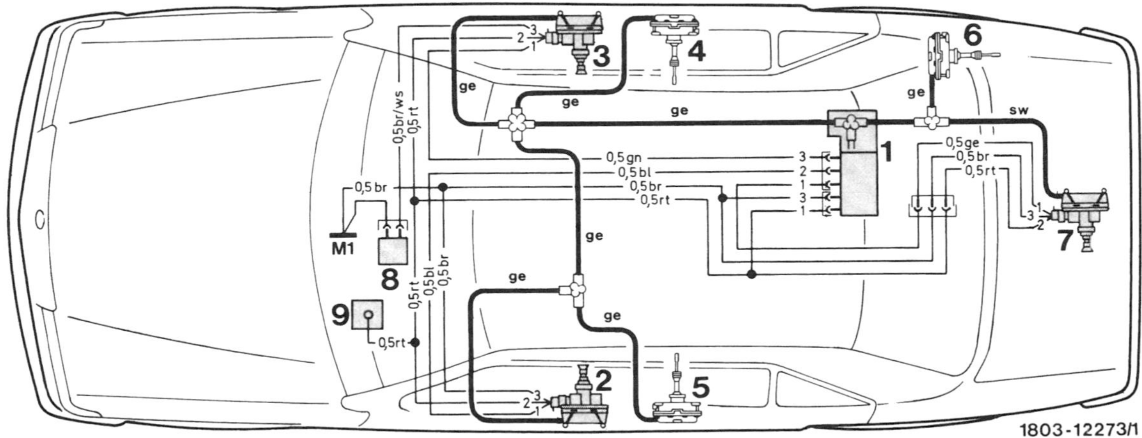

1 – Versorgungspumpe, 2 – Schalt- und Arbeitselement Fahrertür, 3 – Schalt- und Arbeitselement Beifahrertür, 4 – Arbeitselement hintere Tür rechts, 5 – Arbeitselement hintere Tür links, 6 – Arbeitselement Tankklappe, 7 – Schalt- und Arbeitselement Kofferraumdeckel, 8 – Warnsummerkontakt, 9 – Stützpunkt Klemme 30, M 1 – Hauptmassestelle hinter Schalttafeleinsatz.

Beim Drehen des Schlüssels im Tür- oder Kofferraumschloß läuft die elektrische Versorgungspumpe unter der Rücksitzbank an. Je nach Drehrichtung des Schlüssels läuft die Pumpe rechts- oder linksherum und erzeugt dabei Über- oder Unterdruck. Über Schlauchleitungen gelangt der Druck an die einzelnen Arbeitselemente, wodurch die einzelnen Schlösser geöffnet oder verriegelt werden.

Achtung: Vor Einbau eines neuen Betätigungselementes Schiebehülse –Pfeil– bis zum Anschlag nach unten drücken und Schaltstangenbefestigung –a– ganz herausziehen.

Wartungsarbeiten an der Karosserie

Sichtprüfung des Sicherheitsgurtes

Achtung: Geräusche, die beim Aufrollen des Gurtbandes entstehen, sind funktionsbedingt. Bei störenden Geräuschen kann nur der Sicherheitsgurt ausgetauscht werden. Auf keinen Fall darf zur Behebung von Geräuschen Öl oder Fett verwendet werden. Der Aufrollautomat darf nicht zerlegt werden, da hierbei die vorgespannte Feder herausspringen kann. Unfallgefahr!

- Sicherheitsgurt ganz herausziehen und Gurtband auf durchtrennte Fasern prüfen. Beschädigungen können zum Beispiel durch Einklemmen des Gurtes oder durch brennende Zigaretten entstehen. In diesem Fall Gurt austauschen.
- Sind Scheuerstellen vorhanden, ohne daß Fasern durchtrennt sind, braucht der Gurt nicht ausgewechselt zu werden.
- Schwergängigen Gurt auf Verdrehungen prüfen, gegebenenfalls Verkleidung an der Mittelsäule ausbauen.
- Wenn die Aufrollautomatik nicht mehr funktioniert, Gurt auswechseln.
- Gurtbänder nur mit Seife und Wasser reinigen, keinesfalls Lösungsmittel oder chemische Reinigungsmittel verwenden.

Teleskopstab der Antenne reinigen

- Antenne herausziehen beziehungsweise durch Einschalten des Radios herausfahren lassen.
- Teleskopstab mit einem Reinigungstuch (im Zubehörhandel erhältlich) reinigen.
- Antenne einschieben beziehungsweise durch Ausschalten des Radios hineinfahren lassen.
- Diesen Vorgang mehrmals wiederholen.
- Anschließend Teleskopstab mit einem sauberen Lappen trockenwischen.

Motorhaube schmieren

Die Betätigungsteile an der Motorhaube sind alle 20000 km im Rahmen der Wartung zu schmieren.

- Haubenschloß im vorderen Querträger mit Mehrzweckfett einfetten.

Folgende Teile mit Motoröl und Ölspritzkanne ölen:

- Scharnier am Sicherungshaken der Motorhaube.
- Motorhaubenverschluß an der Motorhaube.
- Bowdenzug.

Wasserabläufe reinigen

Die Wasserabläufe sind einmal im Jahr zu reinigen.

- Verstopfte Wasserablaufschläuche lassen sich am besten mit einer a ten, flexiblen Tachowelle reinigen. Tachowelle gegebenenfalls in eine elektronisch gesteuerte Bohrmaschine einspannen und mit langsamen Umdrehungen „durchbohren".

Die Wasserablaufschläuche befinden sich an folgenden Stellen:

- Tankeinfüllmulde oben.

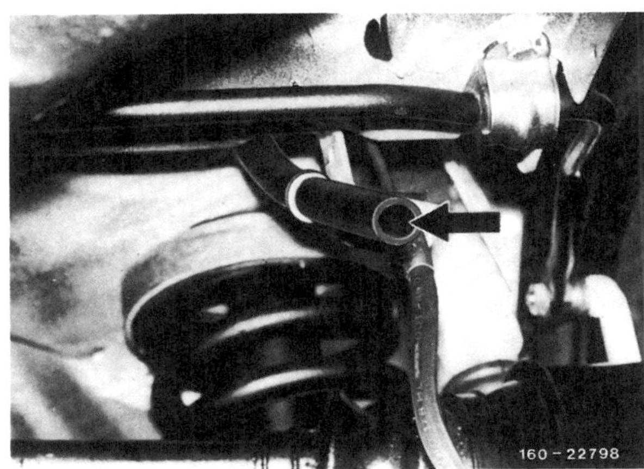

- Tankeinfüllmulde unten.

- Am hinteren Kotflügel.

■ Schiebedach vorn.

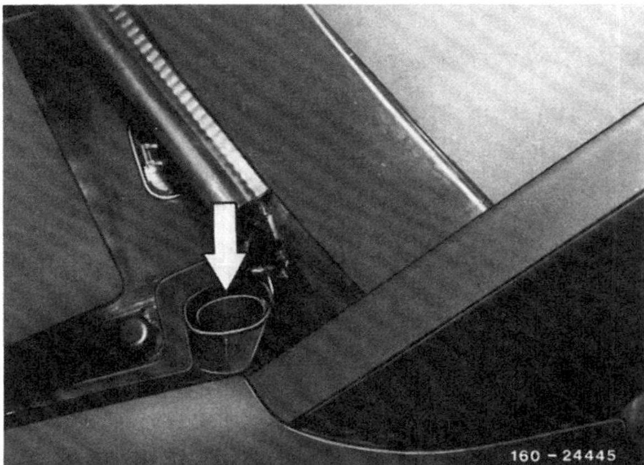

■ Vorderwandsäule oben.

Schiebedach fetten

Achtung: Bei Fahrzeugen seit 7/93 muß der Schiebedachdeckel nicht ausgebaut werden: Schiebedach öffnen, Gleitschienen abwischen und mit Mercedes-Gleitpaste 001 989 1451 dünn einstreichen.

Fahrzeuge bis 6/93:

- Schiebedach dreiviertel öffnen.
- Schiebedachhimmel vorn ausclipsen.
- Schiebedach ganz öffnen.
- Schiebedachhimmel nach oben herausnehmen.

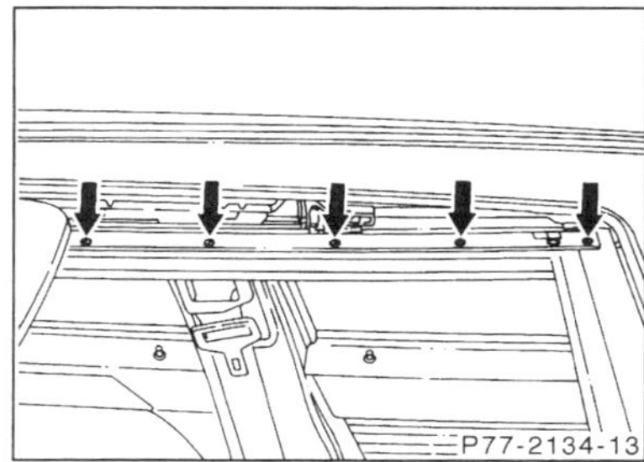

- Kreuzschlitzschrauben –Pfeile– herausdrehen und Gleitschiene abnehmen. Schiebedach schließen.

- Muttern –Pfeile– links und rechts abschrauben.
- Schiebedachdeckel nach oben herausnehmen.
- Wasserablauf vorn links und rechts reinigen.
- Gleitbacken prüfen, bei Beschädigung ersetzen.
- Gleitbacken reinigen und mit Gleitpaste MERCEDES-BENZ 001 989 1451 bestreichen.
- Gleitschienen reinigen, Lauffläche einfetten.

- 2 Zentrierbolzen –Pfeil– links und rechts in die Zentrierbohrung einstecken. Dabei müssen die erforderlichen Zentrierbolzen selbst angefertigt werden: Stange ∅ 6 mm rechtwinklig biegen, so daß ein Schenkel 85 mm, der andere Schenkel 35 mm lang ist. Das Ende der längeren Seite mit 2 mm anfasen.
- Schiebedachdeckel von oben einsetzen. Muttern ansetzen, nicht festziehen.

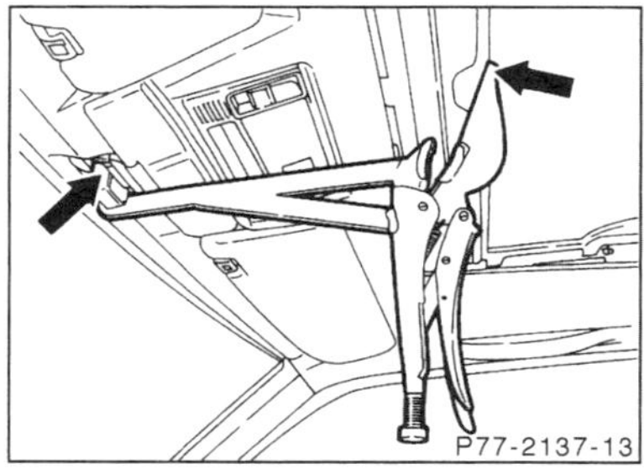

- Schiebedachdeckel mit einer handelsüblichen Spezialzange vorspannen, siehe Abbildung. In dieser Stellung den Schiebedachdeckel festziehen.
- Schiebedach öffnen und Gleitschiene anschrauben.
- Schiebedachhimmel einsetzen und einclipsen.

Die Heizung

Die Frischluft für die Heizung wird über das Lufteinlaßgitter unterhalb der Windschutzscheibe angesaugt und gelangt über das Gebläse in den Fahrzeuginnenraum. Dabei durchströmt die Luft den Heizungskasten und wird durch verschiedene Klappen auf die einzelnen Lufteintrittsdüsen verteilt. Wird die Heizung auf „warm" gestellt, öffnen die Heizungsventile im Motorraum den Zulauf zum Wärmetauscher. Der Wärmetauscher befindet sich im Heizungskasten und wird durch das heiße Kühlmittel erwärmt. Die vorbeistreichende Frischluft erwärmt sich nun an den heißen Lamellen des Wärmetauschers und gelangt dann in den Fahrzeuginnenraum.

Die Innenraumtemperatur kann mit je einem Drehregler für die linke und rechte Wagenhälfte vorgewählt werden. Ein elektronisches Steuergerät im Bedienteil der Heizungsanlage regelt dementsprechend die Öffnungszeiten der Heizungsventile in Abhängigkeit von der Innentemperatur. Die Innen-Temperaturfühler befinden sich hinten am Wärmetauscher und im vorderen Teil des Daches. Auf diese Weise wird die Temperatur im Fahrzeug, unabhängig von der Fahrzeuggeschwindigkeit und von der Außentemperatur, nahezu konstant gehalten.

Zur Verstärkung der Heizleistung dient ein vierstufiges Heizgebläse. Damit das Gebläse in den einzelnen Stufen mit unterschiedlicher Geschwindigkeit läuft, werden Widerstände (0,45 Ω ; 0,8 Ω ; 1,5 Ω) vorgeschaltet. Dadurch verringert sich der Stromfluß zum Gebläsemotor und das Gebläse läuft langsamer. Für die höchste Geschwindigkeitsstufe (Stufe 4) werden die Vorwiderstände ausgeschaltet.

Die 3 Vorwiderstände –R 14– befinden sich im Motorraum an der linken Seite der Stirnwand, hinter dem Bremskraftverstärker. Zum Ausbau der Widerstände Schutzgitter abschrauben.

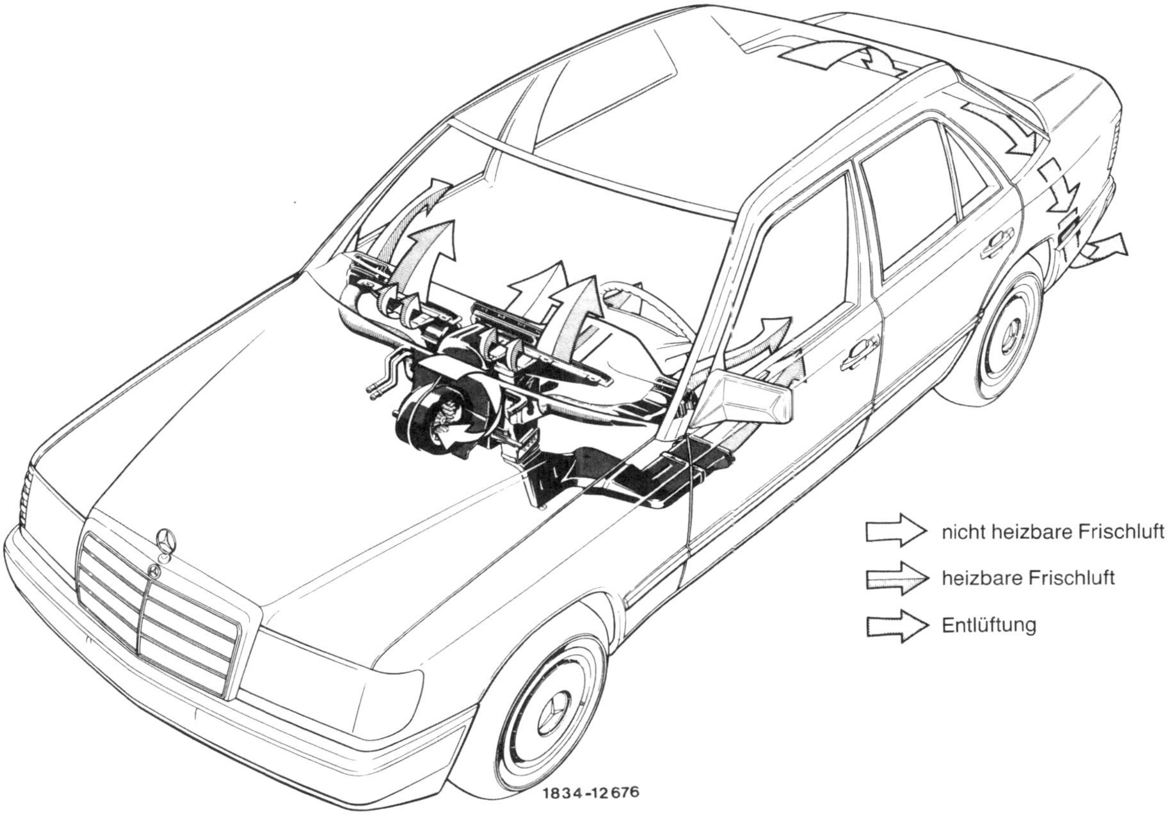

nicht heizbare Frischluft

heizbare Frischluft

Entlüftung

1834-12676

Die Heizungsanlage

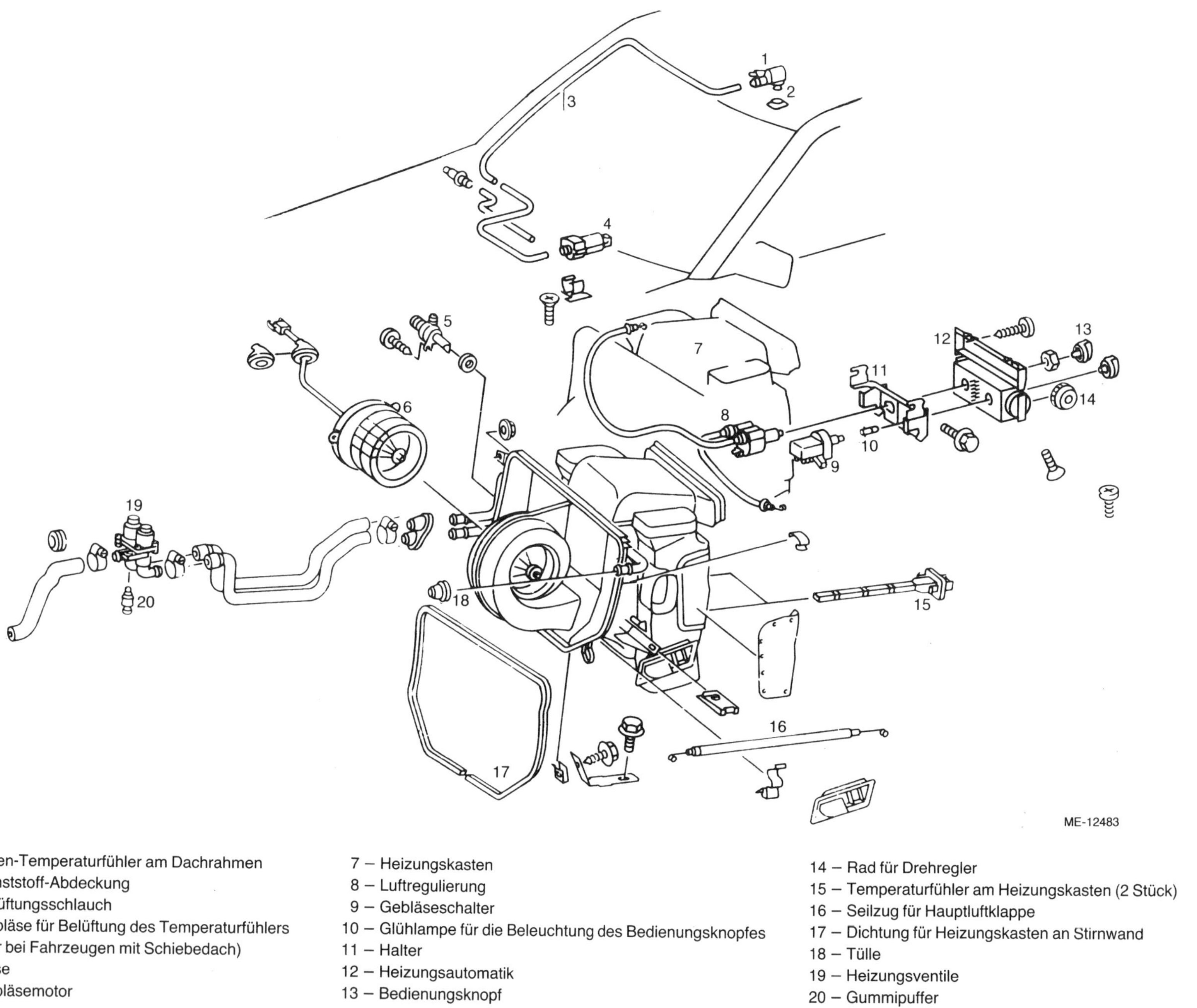

1 – Innen-Temperaturfühler am Dachrahmen
2 – Kunststoff-Abdeckung
3 – Belüftungsschlauch
4 – Gebläse für Belüftung des Temperaturfühlers (nur bei Fahrzeugen mit Schiebedach)
5 – Düse
6 – Gebläsemotor
7 – Heizungskasten
8 – Luftregulierung
9 – Gebläseschalter
10 – Glühlampe für die Beleuchtung des Bedienungsknopfes
11 – Halter
12 – Heizungsautomatik
13 – Bedienungsknopf
14 – Rad für Drehregler
15 – Temperaturfühler am Heizungskasten (2 Stück)
16 – Seilzug für Hauptluftklappe
17 – Dichtung für Heizungskasten an Stirnwand
18 – Tülle
19 – Heizungsventile
20 – Gummipuffer

Wartungsarbeiten an der Heizung

W

Pollenfiltereinsatz für Heizung/Klimaanlage ersetzen

Hinweis: Pollenfilter sind nur in Fahrzeuge eingebaut, die nach 7/93 gebaut wurden und im Fahrzeuginnern eine Umlufttaste haben.

Geringerer Luftdurchsatz als normal deutet auf die Notwendigkeit eines vorzeitigen Filterwechsels hin, sonst Filter im Wartungszyklus wechseln.

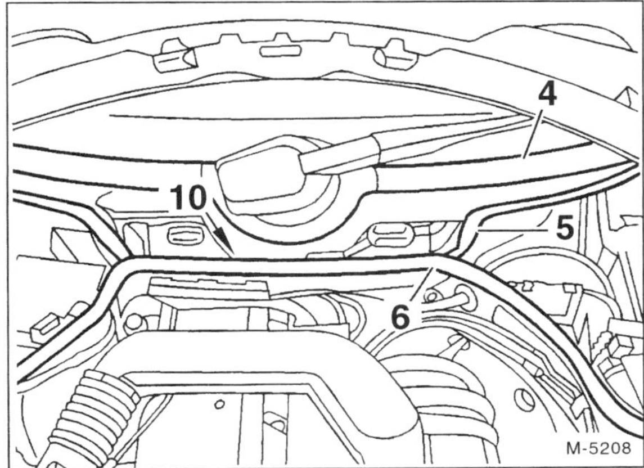

- Motorhaube öffnen. Abdichtung –4– bis zum Scheibenwischer abziehen. Gummidichtungen –5– und –6– nach oben abziehen.

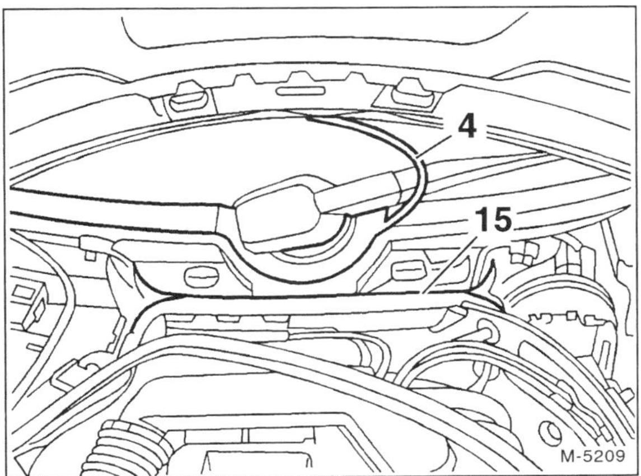

- Mittelteil –15– abnehmen, dazu 2 Klammern ausrasten.

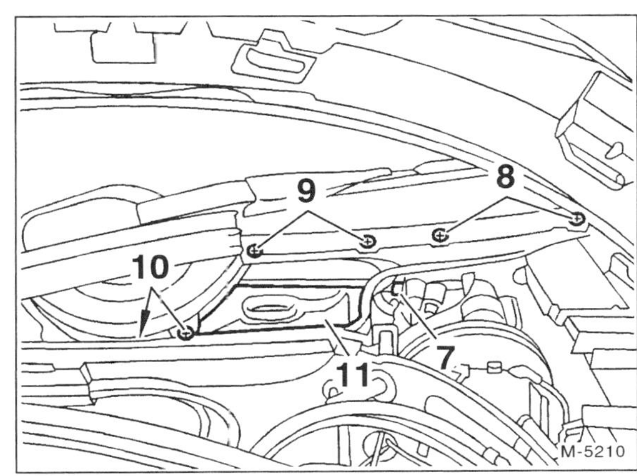

- Wasserablauf auf der Fahrerseite ausbauen, dazu Clips –7– abziehen und Schrauben –8– ausschrauben.
- Schrauben –9– und –10– ausschrauben und Lufteinlaß –11– nach oben herausnehmen.

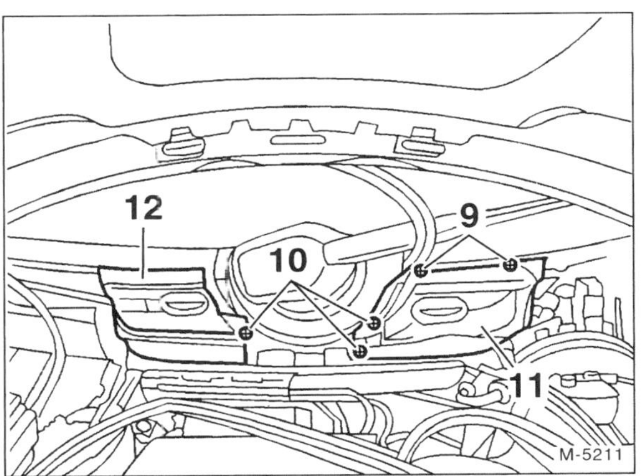

- Schrauben –10– ausschrauben und Lufteinlaß –12– nach oben herausnehmen.

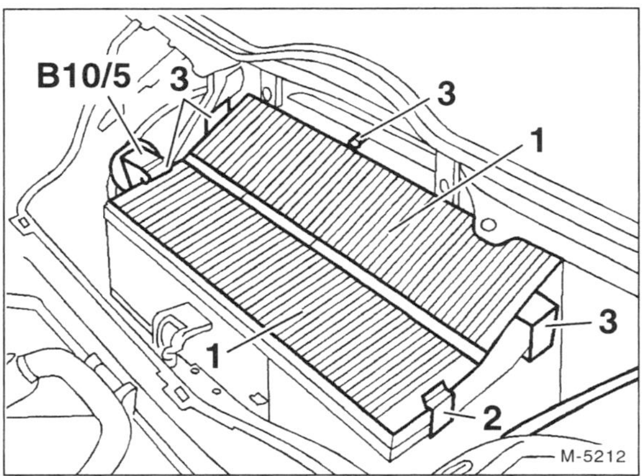

- Klammer –2– umklappen. Vordere Hälfte des Pollenfilters –1– anheben und zur linken Fahrzeugseite herausziehen. Dabei mit den Fingern von der rechten Öffnung am Filterkasten her nachhelfen.
- Hintere Hälfte des Pollenfilters –1– nach vorn ziehen und nach links herausnehmen.

Einbau

- Pollenfilterhälften einsetzen, dabei auf richtigen Sitz in den Klammern –2– und –3– achten. Beide Pollenfilterhälften müssen an der Trennstelle verrastet sein.
- Der weitere Einbau erfolgt in umgekehrter Ausbaureihenfolge.

Kältemittelstand der Klimaanlage prüfen

Achtung: Der Kältemittelkreislauf der Klimaanlage darf nicht geöffnet werden. Das Kältemittel enthält Stoffe, die bei Hautkontakt zu Erfrierungen führen können.

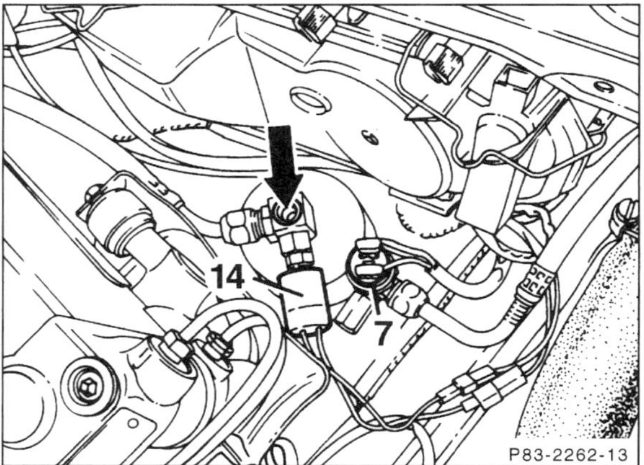

- Schauglas –Pfeil– am Flüssigkeitsbehälter reinigen.
- Stecker am Druckschalter –7– abziehen.
- Motor starten und im Leerlauf drehen lassen.
- Klimaanlage einschalten und auf Funktion »Entfrosten« stellen.
- Stecker am Druckschalter –7– aufstecken und dabei das Schauglas am Flüssigkeitsbehälter beobachten.
- Das Kältemittel muß kurz nach Einschalten der elektromagnetischen Kupplung –14– ansteigen und anschließend blasenfrei durchfließen. Das Kältemittel ist dann nicht mehr sichtbar.

Achtung: Bei höheren Umgebungstemperaturen (über +35° C) können sich auch bei richtiger Füllmenge Schaum oder einige Blasen zeigen. Bei Kältemittelverlust oder vermuteter Undichtheit des Systems kann die korrekte Füllmenge nur durch vollständiges Entleeren und Neubefüllen der Anlage ermittelt werden (Werkstattarbeit).

Störungsdiagnose Heizung

Störung	Ursache	Abhilfe
Heizgebläse läuft nicht	Sicherung für Gebläsemotor defekt	■ Sicherung für Gebläse prüfen, gegebenenfalls ersetzen
	Gebläseschalter defekt	■ Prüfen, ob an den Vorwiderständen Spannung anliegt. Wenn nicht, Gebläseschalter ausbauen und prüfen
	Elektromotor defekt	■ Prüfen, ob bei eingeschalteter Zündung und betätigtem Gebläseschalter am Kontakt des Gebläsemotors Spannung anliegt. Wenn ja, Motor auswechseln
Heizgebläse läuft nur in einer Geschwindigkeitsstellung nicht	Vorwiderstand defekt	■ Vorwiderstände prüfen, ggf. ersetzen
Heizleistung zu gering	Kühlmittelstand zu niedrig	■ Kühlmittelstand prüfen, gegebenenfalls Kühlmittel auffüllen
	Heizventil öffnet nicht	■ Elektromagnetisches Heizventil im Wasserzulauf prüfen, gangbar machen.
	Wärmetauscher undicht oder verstopft	■ Wärmetauscher ersetzen (Werkstattarbeit)
Heizluft riecht süßlich, Scheiben beschlagen, wenn Heizung eingeschaltet wird	Wärmetauscher undicht	■ Kühlsystem auf Dichtheit prüfen, Wärmetauscher ersetzen (Werkstattarbeit)
Geräusche im Bereich des Heizgebläses	Eingedrungener Schmutz, Laub	■ Gebläse ausbauen, reinigen, Luftkanal säubern
	Lüfterrad hat Unwucht, Lager defekt	■ Gebläsemotor ausbauen und auf leichten Lauf prüfen

Die elektrische Anlage

Bei der Überprüfung der elektrischen Anlage stößt der Heimwerker in den technischen Unterlagen immer wieder auf die Begriffe Spannung, Stromstärke und Widerstand.

Die Spannung wird in Volt (V) gemessen, die Stromstärke in Ampère (A) und der Widerstand in Ohm (Ω). Mit dem Begriff Spannung ist beim Auto in der Regel die Batteriespannung gemeint. Es handelt sich dabei um eine Gleichspannung von ca. 12 Volt. Die Höhe der Batteriespannung hängt vom Ladezustand der Batterie und von der Außentemperatur ab. Sie kann etwa 10 bis 13 Volt betragen. Demgegenüber wird die Bordspannung vom Drehstromgenerator (Lichtmaschine) erzeugt, die bei mittleren Drehzahlen ca. 14 Volt beträgt.

Der Begriff Stromstärke taucht im Bereich der Automobil-Elektrik relativ selten auf. Die Stromstärke ist beispielsweise auf der Rückseite von Sicherungen angegeben und weist auf den maximalen Strom hin, der fließen kann, ohne daß die Sicherung durchbrennt und damit den Stromkreis unterbricht.

Überall wo ein Strom fließt, muß er einen Widerstand überbrükken. Der Widerstand ist unter anderem von folgenden Faktoren abhängig: Leitungsquerschnitt, Leitungsmaterial, Stromaufnahme usw. Ist der Widerstand mitunter zu groß, können Funktionsstörungen auftreten. Beispielsweise darf der Widerstand in Zündleitungen und Zündverteiler nicht zu hoch sein, sonst fehlt ein ausreichend starker Zündfunke an den Zündkerzen, der das Kraftstoff-Luftgemisch entzündet und damit den Motor zum Laufen bringt.

Meßgeräte

Zum Messen der Bord-Elektrik gibt es im Handel sogenannte Mehrfach-Meßgeräte. Sie vereinen in einem Gerät das Voltmeter, um Spannungen zu messen, das Ampèremeter, um die Stromstärke zu messen und das Ohmmeter, um den Widerstand zu messen. Mit einem Dreh- oder Tastschalter wird an dem Meßgerät die gewünschte Meßart (V,A, Ω) umgeschaltet. Die im Handel befindlichen Meßgeräte unterscheiden sich hauptsächlich im Meßbereich und in der Meßgenauigkeit. Durch den Meßbereich wird festgelegt, in welchem Bereich Spannungen oder Widerstände liegen müssen, damit sie überhaupt vom Gerät erfaßt werden können. Die Meßgenauigkeit wird in erster Linie vom Herstellungsaufwand bestimmt, der sich natürlich in den Kosten niederschlägt. Je größer die Genauigkeit, desto höher der Kaufpreis.

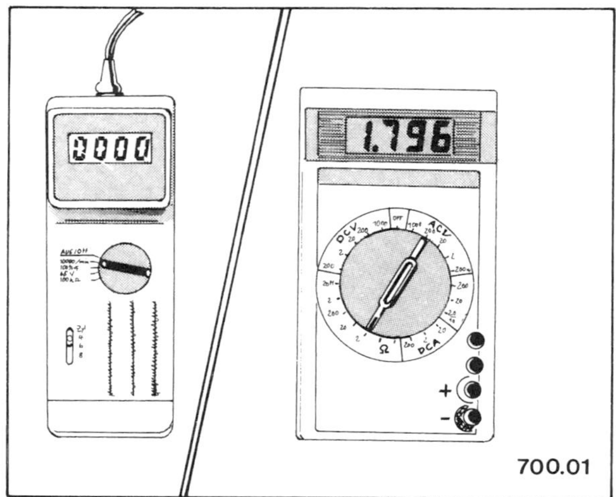

700.01

Für den Heimwerker gibt es Vielfach-Meßgeräte, die speziell für Prüfarbeiten am Auto abgestimmt sind. Mit solch einem Gerät kann man die Motordrehzahl und den Zünd-Schließwinkel messen und außerdem Spannungen bis zu 20 Volt. Bei Widerstandsmessungen beschränkt sich das Gerät in der Regel auf den Kilo-Ohm-Bereich, also etwa 1-1000 k Ω . Falls es eine Stromstärken-Messung zuläßt, dann nur im Bereich der Anlasserstromstärke.

Darüberhinaus werden Meßgeräte zur Überprüfung der elektrischen und elektronischen Bauteile angeboten. Bei diesen Geräten fehlt naturgemäß die Meßmöglichkeit von Motordrehzahl und Zünd-Schließwinkel. Große Vorteile bietet ein solches Gerät jedoch auf dem Gebiet des Meßbereiches. Denn dieser erlaubt eine umfassende Messung von kleinen Widerständen in Ohm (Ω) bis zu großen Widerständen im Mega-Ohm-Bereich (M Ω). Spannungen können bis auf Stellen hinter dem Komma genau gemessen werden, was vor allem bei elektronischen Bauteilen erforderlich ist.

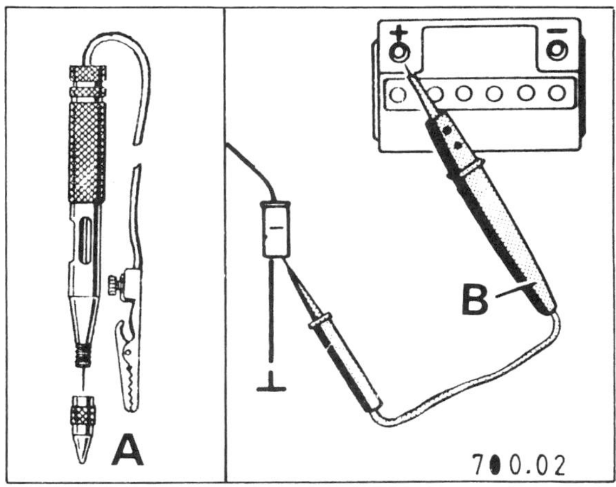

Wenn nur geprüft werden soll, ob überhaupt Spannung anliegt eignet sich hierzu eine einfache Prüflampe -A-. Dies gilt allerdings nur für Stromkreise in denen sich keine elektronischen Bauteile befinden. Denn elektronische Steuergeräte reagieren äußerst empfindlich auf zu hohe Ströme. Unter Umständen können elektronische Bauteile bereits durch das Anschließen einer Prüflampe zerstört werden. Für Fahrzeuge mit elektronischen Bauteilen, wie zum Beispiel die Transistorzündung oder die elektronisch gesteuerte Einspritzanlage ist deshalb ein hochohmiger Spannungsprüfer -B- erforderlich. Er hat praktisch dieselben Funktionen wie die Prüflampe, ohne daß die elektronischen Bauteile geschädigt werden.

Meßtechnik

Spannung messen

Spannung kann schon mit einer einfachen Prüflampe oder einem Spannungsprüfer nachgewiesen werden. Allerdings erkennt man dann nur, ob überhaupt Spannung anliegt. Um die Höhe der anliegenden Spannung zu prüfen, muß ein Voltmeter (Spannungs-Meßgerät) angeschlossen werden. Das Voltmeter ist immer in einem Vielfachmeßgerät integriert.

Zunächst ist beim Voltmeter der Meßbereich einzustellen in dem sich die zu messende Spannung voraussichtlich befindet. Spannungen am Fahrzeug sind in der Regel nicht höher als ca. 14 Volt. Eine Ausnahme bildet die Zündanlage; hier kann die Zündspannung bis zu 30000 Volt betragen, was sich nur mit einem speziellen Meßgerät oder einem Oszilloskop messen läßt.

Während man bei Meßgeräten, die speziell auf das Auto abgestimmt sind, am Wählschalter nur das Voltmeter einschalten muß, sind bei einem allgemeinen Vielfachmeßgerät erst eine Reihe von Entscheidungen zu fällen. Zunächst wird mit dem Wählschalter der Bereich Gleichspannung (DCV im Gegensatz zu ACV=Wechselspannung) eingestellt. Dann wird der Meßbereich gewählt. Da beim Auto außer an der Zündanlage (bis 30000 Volt) keine höheren Spannungen als ca. 14 Volt auftreten, sollte die Obergrenze des einzustellenden Meßbereiches etwas höher liegen (ca. 15 bis 20 Volt). Falls sicher ist, daß die gemessene Spannung wesentlich niedriger ist, zum Beispiel im Bereich von 2 Volt, kann der Meßbereich heruntergeschaltet werden, um eine größere Anzeigegenauigkeit zu erreichen. Liegen höhere Spannungen an, als sie vom Meßbereich des Gerätes umfaßt werden, kann das Meßgerät zerstört werden.

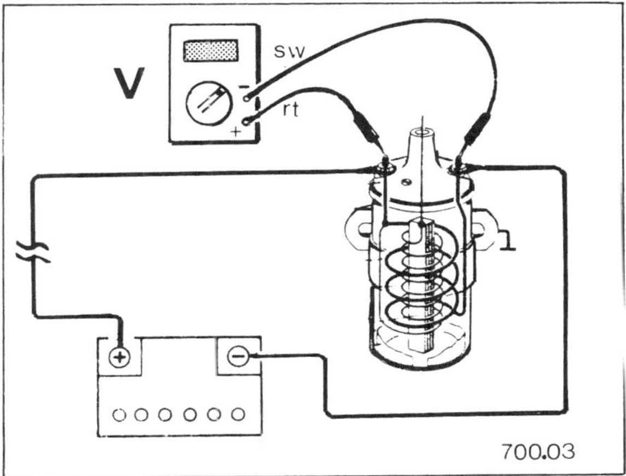

Die Kabel des Meßgerätes entsprechend der Zeichnung parallel zum Verbraucher anschließen. Dabei wird das rote Kabel an die vom Batterie-Pluspol kommende Leitung angelegt, das schwarze Kabel an die Masse-Leitung oder an Fahrzeugmasse, wie zum Beispiel den Motorblock.

Prüfbeispiel: Wenn der Motor nicht richtig anspringt, weil der Anlasser zu langsam dreht, ist es zweckmäßig die Batteriespannung zu prüfen, während der Anlasser betätigt wird. Dazu das Voltmeter mit dem roten Kabel (+) an den Batterie-Pluspol und mit dem schwarzen Kabel an Fahrzeugmasse (–) anklemmen. Anschließend durch einen Helfer den Anlasser betätigen lassen und den Spannungswert ablesen. Liegt die Spannung unter ca. 7 Volt, muß die Batterie überprüft und eventuell vor den nächsten Startversuchen geladen werden.

Stromstärke messen

Am Auto ist es relativ selten erforderlich, die Stromstärke zu messen. Benötigt wird hierzu ein Ampèremeter, welches ebenfalls in einem Vielfachmeßgerät integriert ist.

Ebenso wie beim Voltmeter wird vor der Strommessung das Meßgerät auf den Meßbereich eingestellt, in dem sich die zu messende Stromstärke voraussichtlich befindet. Falls das nicht bekannt ist, höchsten Meßbereich einstellen und, falls keine Anzeige erfolgt, nacheinander in die nächstniedrigeren Meßbereiche schalten.

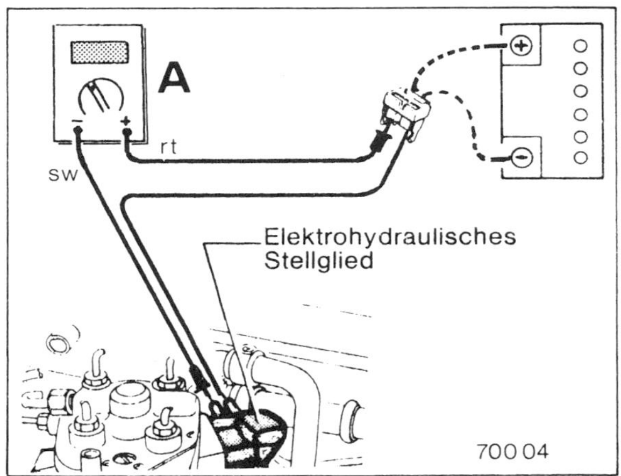

Für die Messung der Stromstärke muß der Stromkreis, wie in der Zeichnung gezeigt, aufgetrennt werden und das Meßgerät (Ampèremeter) wird dazwischengeschaltet. Dazu wird beispielsweise der Stecker abgezogen und das rote Kabel (+) des Ampèremeters an die stromführende Leitung angeschlossen (Klemme 30, Klemme 15). Das schwarze Kabel (–) wird an den Kontakt angelegt, an den normalerweise die unterbrochene Leitung angeschlossen ist. Die Massekontakte zwischen Verbraucher und Stecker müssen dann mit einem Hilfskabel verbunden werden.

Beispiel: „Batterie entlädt sich selbständig", siehe Seite 220.

Achtung: Keinesfalls sollte mit einem normalen Ampèremeter die Stromstärke in der Leitung zum Anlasser (ca. 150 A) oder zu den Glühkerzen (bis 30 A) gemessen werden. Durch die hierbei auftretenden hohen Ströme kann das Meßgerät zerstört werden. Die Werkstatt benutzt für diese Messungen ein Ampèremeter mit Gleichstromzange. Dabei wird eine Stromzange über das isolierte Stromkabel geklemmt und der Stromwert durch Induktion gemessen.

Widerstand messen

Vor der Prüfung des Widerstandes ist grundsätzlich sicherzustellen, daß an den Kontakten, an die das Ohmmeter angeschlossen wird, keine Spannung anliegt. Also immer vorher Stecker abziehen, Zündung ausschalten, Leitung beziehungsweise Aggregat ausbauen oder Batterie abklemmen. Andernfalls kann das Meßgerät beschädigt werden.

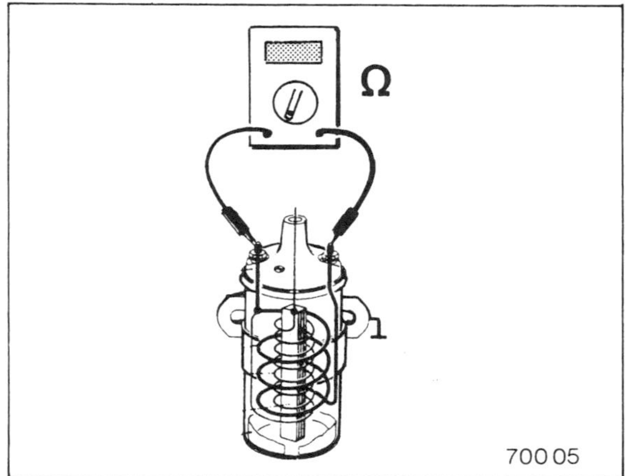

Das Ohmmeter wird an die 2 Anschlüsse eines Verbrauchers oder an die 2 Enden einer elektrischen Leitung angeschlossen. Dabei spielt es keine Rolle, welches Kabel des Meßgerätes (+/–) an welchen Kontakt angeklemmt wird.

Die Widerstandsmessung am Auto erstreckt sich weitgehend auf 2 Bereiche:

1. Kontrolle eines in den Stromkreis integrierten Widerstandes mit festem oder variablem Wert. **Beispiel:** Widerstand des Kühlmittel-Temperaturfühlers (für Einspritzanlage) prüfen. Dazu Stecker am Temperaturfühler abziehen und Ohmmeter zwischen den Kontakt am Fühler und Masse (Motorblock) anschließen. Ohmmeter in den Meßbereich schalten, in dem sich der Meßwert voraussichtlich befindet, und angezeigten Meßwert mit dem in der Tabelle angegebenen Sollwert vergleichen.

2. „Durchgangs"-Prüfung einer elektrischen Leitung, eines Schalters oder einer Heizwendel. Dabei wird geprüft, ob eine elektrische Leitung im Fahrzeug unterbrochen ist und deshalb das angeschlossene elektrische Gerät nicht funktionieren kann. Zur Messung wird das Ohmmeter an die beiden Enden der betreffenden elektrischen Leitung angeschlossen. Beträgt der Widerstand 0 Ω, dann ist „Durchgang" vorhanden, das heißt die elektrische Leitung ist in Ordnung. Bei unterbrochener Leitung zeigt das Meßgerät ∞ (unendlich) Ω an.

Hinweise für den nachträglichen Einbau von Zubehör

Beim Bohren oder Schälen von Löchern in die Karosserie müssen die Lochränder anschließend entgratet und lackiert werden. Die beim Bohren zwangsläufig anfallenden Späne sind restlos aus der Karosserie zu entfernen.

Bei allen Einbauarbeiten, die das elektrische Leitungssystem berühren, ist, um der Gefahr von Kurzschlüssen im elektrischen Leitungssystem vorzubeugen, grundsätzlich das Massekabel von der Fahrzeugbatterie abzuklemmen und zur Seite zu hängen.

Kabel, die beim Einbau von Zubehör zusätzlich zu dem serienmäßig eingebauten Kabelsatz im Fahrzeug verlegt werden müssen, sind nach Möglichkeit immer entlang der einzelnen Kabelstränge unter Verwendung der vorhandenen Kabelschellen und Gummitüllen zu verlegen.

Falls erforderlich, sind die neu verlegten Kabel, um entstehenden Geräuschen während der Fahrt vorzubeugen und Scheuern von Kabeln zu vermeiden, mit Isolierband, plastischer Masse, Kabelbändern und dgl. zusätzlich festzulegen. Hierbei ist besonders darauf zu achten, daß zwischen den Bremsleitungen und den festverlegten Kabeln ein Mindestabstand von 10 mm sowie zwischen den Bremsleitungen und den Kabeln, die mit dem Motor oder anderen Teilen des Fahrzeuges schwingen, ein Mindestabstand von 25 mm vorliegt.

Sofern zusätzliche elektrische Verbraucher eingebaut werden, ist in jedem Fall zu überprüfen, ob die erhöhte Belastung noch von der vorhandenen Drehstromlichtmaschine mit übernommen werden kann. Falls erforderlich, sollte ein Generator mit größerer Leistung vorgesehen werden.

Batterie aus- und einbauen

Die Batterie befindet sich rechts hinter der Spritzwand im Motorraum.
Achtung: Wird die Batterie abgeklemmt, werden ständig im Eingriff befindliche Geräte (zum Beispiel Radio und Zeituhr) stillgelegt beziehungsweise gelöscht. Nach dem Anklemmen betreffende Geräte neu programmieren.
Bei Fahrzeugen vor Modelljahr 1991, die mit einer Memory-Sitz-Anlage ausgestattet sind, gehen nach Abklemmen der Batterie, die eingespeicherten Positionen verloren. Sie müssen wieder neu einprogrammiert werden.
Einige serienmäßig eingebaute Radios besitzen überdies eine Diebstahl-Codierung. Die Anti-Diebstahl-Codierung verhindert die unbefugte Inbetriebnahme des Gerätes, nachdem die Stromversorgung unterbrochen wurde. Die Stromversorgung ist beispielsweise unterbrochen beim Abklemmen der Batterie, beim Ausbau des Radios oder wenn die Radiosicherung durchgebrannt ist.
Falls das Radio codiert ist, Radiocode vor Abklemmen der Batterie feststellen. Ist der Code nicht bekannt, kann nur die Mercedes-Benz-Werkstatt das Autoradio wieder in Betrieb nehmen.

Ausbau

- Motorhaube senkrecht stellen siehe Seite 13.
- Batteriekabel abklemmen, zuerst Massekabel (–), dann Pluskabel (+).
- Halteplatte am Batteriefuß abschrauben und herausnehmen.
- Batterie herausheben.

Achtung: Batterien enthalten giftige Substanzen, die nicht in den Hausmüll gelangen dürfen.

Hinweis:
Wenn Sie eine neue Autobatterie kaufen, nehmen Sie die Altbatterie zum Händler mit. Sonst müssen Sie Pfand für die neue Batterie bezahlen.

Einbau

- Batterie einsetzen.
- Halteplatte ansetzen und festschrauben.
- Pluskabel am Pluspol (+), dann Massekabel am Minuspol (–) anklemmen. **Achtung:** Durch eine falsch angeschlossene Batterie können erhebliche Schäden am Generator und an der elektrischen Anlage entstehen.
- Motorhaube schließen, siehe Seite 13.
- Generatorspannung prüfen. Dazu ein Spannungsmeßgerät zwischen die Batteriepole anschließen. Motor starten und Motordrehzahl auf ca. 4000/min erhöhen. Dabei soll die Spannung 14,2 – 15,2 Volt betragen.

Hinweis: Eine zu hohe Ladespannung des Generators kann die Ursache für den Ausfall der bisherigen Batterie gewesen sein und, falls der Fehler weiter besteht, die neue Batterie schädigen.

Batterie laden

Sicherheitshinweise:

Vor dem Laden der Batterie Sicherheitshinweise im Kapitel »Batterie aus- und einbauen« durchlesen.

- Batterie **nicht** bei laufendem Motor abklemmen.
- Batterie **niemals kurzschließen,** das heißt Plus- (+) und Minuspol (–) dürfen nicht verbunden werden. Bei Kurzschluss erhitzt sich die Batterie und kann platzen.
- Gefrorene Batterie vor dem Laden auftauen. Eine geladene Batterie gefriert bei ca. –65° C, eine halbentladene bei ca. –30° C und eine entladene bei ca. –12° C. Aufgetaute Batterie vor dem Laden auf Gehäuserisse prüfen, gegebenenfalls ersetzen. Aus Sicherheitsgründen empfiehlt es sich allerdings, eine einmal gefrorene Batterie grundsätzlich zu ersetzen.
- Falls Batteriesäure ausgetreten ist: Batteriesäure ist ätzend und darf nicht in die Augen, auf die Haut oder die Kleidung gelangen. Außerdem beschädigt sie die umliegenden Bauteile. Den Bereich, der mit Batteriesäure in Verbindung geraten ist, mit Seifenlauge und viel Wasser abspülen.
- Batterie nur in gut belüftetem Raum oder im Freien laden. Beim Laden der eingebauten Batterie Motorhaube geöffnet lassen.
- Wenn bei einer Batterie mit optischer Zustandsanzeige das »**magische Auge**« **farblos** oder **hellgelb** anzeigt, darf die Batterie **nicht geladen** werden. **Explosionsgefahr!** Gegebenenfalls Batterie erneuern.

Zum Laden der Batterie möglichst ein **elektronisch gesteuertes Ladegerät** verwenden. In diesem Fall kann die Batterie im Fahrzeug angeklemmt bleiben.

Beim Laden muss die Batterie eine Temperatur von mindestens +10° C aufweisen.

Laden

- Batterie gegebenenfalls ausbauen, siehe entsprechendes Kapitel.
- **Bei ausgeschaltetem Ladegerät** Pluskabel (+) des Ladegerätes an den Pluspol (+) der Batterie anschließen. Minuskabel (–) des Ladegerätes mit dem Minuspol (–) der Batterie verbinden.
- Netzstecker des Ladegerätes in die Steckdose stecken. Falls erforderlich, Ladegerät einschalten.
- So lange laden, bis die Batterie vom Ladegerät als voll angezeigt wird.
- Nach dem Laden der Batterie Ladegerät ausschalten (wenn möglich) und Netzstecker des Ladegerätes ziehen.
- Anschlusskabel des Ladegerätes von der Batterie abklemmen.
- Falls ausgebaut, Batterie einbauen, siehe entsprechendes Kapitel.

Batterie entlädt sich selbstständig

Je nach Fahrzeugausstattung addiert sich zur natürlichen Selbstentladung der Batterie auch die Stromaufnahme der verschiedenen Stromverbraucher im Ruhezustand. Daher sollte die Batterie in einem abgestellten Fahrzeug alle 6 Wochen nachgeladen werden. Wenn der Verdacht auf Kriechströme besteht, Bordnetz nach folgender Anleitung prüfen:

- Zur Prüfung eine geladene Batterie verwenden.

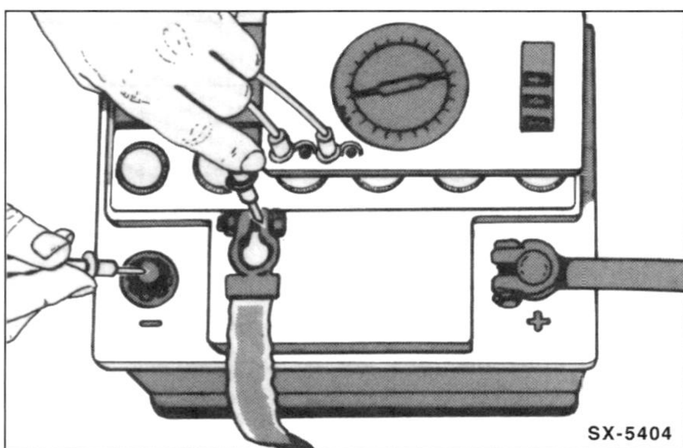

- Am Amperemeter den höchsten Messbereich einstellen.
- Batterie-Massekabel (–) abklemmen. **Achtung:** Hinweise im Kapitel »Batterie aus- und einbauen« beachten.
- Amperemeter zwischen Batterie-Minuspol (–) und Massekabel schalten: Amperemeter-Plus-Anschluss (+) an Massekabel und Minus-Anschluss (–) an Batterie-Minuspol (–).

Achtung: Die Prüfung kann auch mit einer Prüflampe durchgeführt werden. Leuchtet die Lampe zwischen Massekabel und Minuspol der Batterie jedoch nicht auf, ist auf jeden Fall ein Amperemeter zu verwenden.

- Alle Verbraucher ausschalten, vorhandene Zeituhr (und andere Dauerverbraucher) abklemmen, Türen schließen.
- Vom Amperebereich solange auf den Milliamperebereich zurückschalten bis eine ablesbare Anzeige erfolgt (1–3 mA sind zulässig).
- Durch Herausnehmen der Sicherungen nacheinander die verschiedenen Stromkreise unterbrechen. Geht bei einem unterbrochenen Stromkreis die Anzeige auf Null zurück, ist hier die Fehlerquelle zu suchen.
- Fehler können sein: korrodierte und verschmutzte Kontakte, durchgescheuerte Leitungen, interner Kurzschluss in Aggregaten.
- Wird in den abgesicherten Stromkreisen kein Fehler gefunden, so sind die Leitungen an den nicht abgesicherten Aggregaten, wie Generator und Anlasser, abzuziehen.
- Geht beim Abklemmen von einem der ungesicherten Aggregate die Anzeige auf Null zurück, betreffendes Bauteil überholen oder austauschen. Bei Stromverlust in der Anlasser- oder Zündanlage immer auch den Zünd-Anlassschalter nach Schaltplan prüfen.
- Batterie-Massekabel (–) anklemmen. **Achtung:** Hinweise im Kapitel »Batterie aus- und einbauen« beachten.

Störungsdiagnose Batterie

Störung	Ursache	Abhilfe
Abgegebene Leistung ist zu gering, Spannung fällt stark ab.	Batterie entladen.	■ Batterie nachladen.
	Ladespannung zu niedrig.	■ Spannungsregler prüfen, gegebenenfalls austauschen.
	Anschlussklemmen lose oder oxydiert.	■ Anschlussklemmen reinigen, Klemmenmuttern anziehen.
	Masseverbindungen Batterie/Motor/ Karosserie sind schlecht.	■ Masseverbindung überprüfen, gegebenenfalls metallische Verbindungen herstellen oder Schraubverbindungen festziehen. Korrodierte Schrauben durch verzinnte ersetzen.
	Zu große Selbstentladung der Batterie.	■ Batterie austauschen.
	Batterie tiefentladen	■ Batterie mit geringer Stromstärke laden. Falls die abgegebene Leistung immer noch zu gering ist, Batterie austauschen.
	Batterie verbraucht, aktive Masse der Platten ausgefallen.	■ Batterie austauschen.
Nicht ausreichende Ladung der Batterie.	Fehler an Generator, Spannungsregler oder Leitungsanschlüssen.	■ Generator und Spannungsregler überprüfen, gegebenenfalls Generator austauschen.
	Keilriemen locker, Spannvorrichtung defekt.	■ Spannvorrichtung prüfen, gegebenenfalls Keilriemen ersetzen.
	Zu viele Verbraucher angeschlossen.	■ Stärkere Batterie einbauen; eventuell auch leistungsstärkeren Generator verwenden.

Sicherungen auswechseln

Um Kurzschluß- und Überlastungsschäden an den Leitungen und Verbrauchern der elektrischen Anlage zu verhindern, sind die einzelnen Stromkreise durch Schmelzsicherungen geschützt.

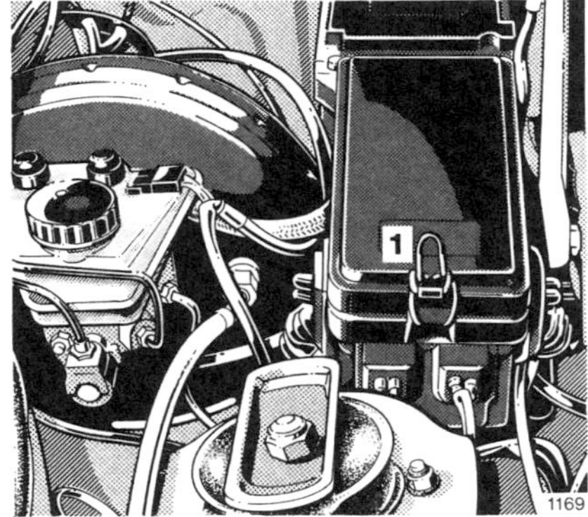

Die Sicherungen sind hauptsächlich in einem Sicherungs- und Relaiskasten untergebracht, der sich links hinten im Motorraum befindet.

- Vor dem Auswechseln einer Sicherung immer zuerst den betroffenen Verbraucher ausschalten.
- Deckel des Sicherungskastens abnehmen, dazu Schnellverschluß lösen, Deckel aufklappen und auf der gegenüberliegenden Seite aushängen.
- Eine durchgebrannte Sicherung erkennt man am durchgeschmolzenen Metallstreifen.
- Defekte Sicherung vorsichtig aus den Federklemmen herausnehmen, dabei vordere Federklemme etwas nach vorn biegen.
- Neue Sicherung **gleicher Sicherungsstärke** mit dem Metallstreifen nach oben zwischen die Federklemmen einsetzen, dabei nicht auf den Metallstreifen drücken und die Federklemmen nicht verbiegen.

Achtung: Die Sicherung muß fest zwischen den Klemmen sitzen, eventuell Klemmen nachbiegen. Außerdem dürfen die Klemmen an den Kontaktstellen nicht korrodiert sein.

- Brennt eine neu eingesetzte Sicherung nach kurzer Zeit wieder durch, muß der entsprechende Stromkreis überprüft werden.
- Auf keinen Fall Sicherung durch Draht oder ähnliche Hilfsmittel ersetzen, weil dadurch ernste Schäden an der elektrischen Anlage auftreten können.
- Es ist empfehlenswert, stets einige Ersatz-Sicherungen im Wagen mitzuführen. Zur Aufbewahrung befinden sich vorn im Sicherungskasten entsprechende Hülsen.
- Deckel für Sicherungskasten einhängen, zuklappen und mit Drahtklammer sichern.

Sicherungsbelegung

Nr.	Amp	Verbraucher
1	8	Zigarrenanzünder, Schalter für heizbare Heckscheibe, Handschuhkastenbeleuchtung, Radio*
2	16	Wischeranlage, Wascherpumpe, Lichthupe, Relais für Scheinwerferreinigungsanlage Klemme 86*, Relais I für Komfortschaltung Klemme 86*, Relais für Fensterheber Klemme 86*
3	8	Standlicht rechts, Schlußlicht rechts, Lichtwarnsummer, Beleuchtung für: Kennzeichen, Lichtdrehschalter, Kombi-Instrument, Bedienungsanlage, Heizung/Lüftung, Schalter für Scheinwerferreinigungsanlage*, Radio*
4	8	Nebelscheinwerfer, Nebelschlußlicht
5	8	Bremslicht, Kombi-Instrument, Glühlampenkontrollgerät, Tempomat*, Drehzahlmesser*, Hallgeber, Bremslicht für Anhänger*
6	8	Blinklicht, Horn, Fanfare*, Außentemperaturanzeige*, Reiserechner
7	8	Rückfahrlicht, Heizungsventile, Umwälzpumpe, Motorlüfter, Waschdüsenbeheizung, Steuergerät für Heizungsautomatik/Klimaanlage, Relais für Zusatzlüfter Klemme 86* Elektrik für automatisches Getriebe, Umschaltventil für Zündumschaltung, Gebläse für Innenraumtemperaturfühler*, Kältekompressor*, Temperatur-Unterdruckschalter für Leerlaufregelung, Magnetventil für kickdown (Automatik-Getriebe)
8	8	Standlicht links, Schlußlicht links
9	8	Klemme 6 für Diagnosesteckdose, Leseleuchten im Fond*, automatische Antenne*, Relais II für Komfortschaltung Klemme 86 und 87*, Kontrollgerät für Anhängerlicht*, Warnblinkanlage, Zeituhr, Deckenleuchte vorn, Elektronik-Radio, Make-up-Spiegelbeleuchtung
10	25	Heizbare Heckscheibe, Wischer, Blinker
11	8	Vergaserelektrik
12	25	Heizungsgebläse
13	8	Abblendlicht links
14	8	Abblendlicht rechts
15	8	Fernlicht links
16	8	Fernlicht rechts, Fernlichtkontrolle
A*	16	Orthopädische Lehne, Schiebedach, Sitzheizung vorn, versenkbare Kopfstützen im Fond, Radio
B*	8	Elektrisch verstellbare Außenspiegel, Beheizung für Außenspiegel, Diebstahlwarnanlage
C*	8/16	Zentralverriegelung, Ausstiegsleuchten, Radio, Steuergerät für Sitzverstellung (Memory), Deckenleuchte hinten, Kofferraumleuchte, automatische Antenne, Kontrollgerät für Anhängerblinklicht
D*	16	Zusatzlüfter
E*	25	Fahrer-, Beifahrersitzverstellung: Sitzhöhe (Memory), Rücklehne, Kopfstütze, Motor für Sitzverstellung
F*	25	Fahrer-, Beifahrersitzverstellung: Sitzhöhe (Memory), Sitz vor/zurück, Lenkradverstellung, Motor für Sitzverstellung
G*	16	Fensterheber vorn links und hinten rechts
H*	16	Fensterheber vorn rechts und hinten links

* Sonderausstattung

Geänderte Sicherungsbelegung seit 9/89

1	16	Zusätzlich: Heckwischer, Heckwaschpumpe, Kopfstützen hinten, Orthopädische Lehne
A	16	Schiebedach
G	25	Fensterheber vorn
H	25	Fensterheber hinten

Achtung: Die Sicherungen für die Zusatzheizung (8A/16A) befinden sich in einer Sicherungsdose im Relaiskasten. In der Zusatzsicherungsdose beim Sicherungskasten befinden sich die Sicherungen für den Gebläsemotor , bei Ausführungen mit Klimatisierungsautomatik, (30 A), und für den Dauerstrom der Anhängersteckdose (16 A).

Hinweis: Die Sicherungsstärke für die elektrischen Fensterheber beträgt bei neueren Fahrzeugen 25 Ampère.

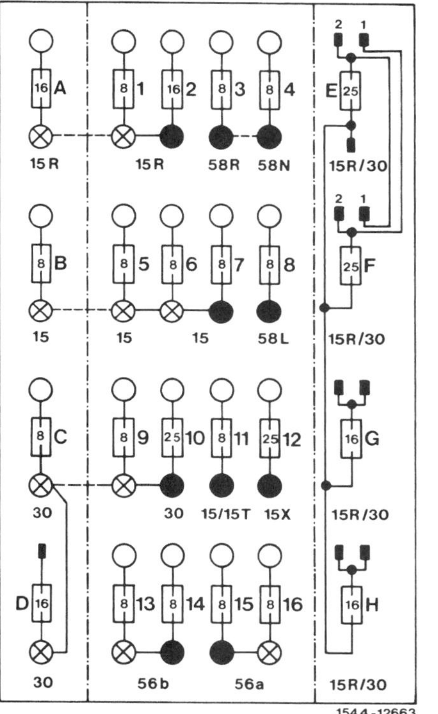

X

X Fahrtrichtung
○ Abgesicherter Sicherungsanschluß
⊗ Sicherungseinspeisung ohne Kabelanschluß
● Sicherungseinspeisung mit Kabelanschluß
– – – Lose Brücke, untergeklemmt

Relais prüfen

Am einfachsten läßt sich die Funktionsfähigkeit eines Relais prüfen, wenn man es gegen ein intaktes auswechselt. So wird es in der Regel in der Werkstatt gemacht. Da dem Heimwerker jedoch in den seltensten Fällen ein neues Relais sofort zur Verfügung steht, empfiehlt sich folgender Arbeitsschritt bei den sogenannten Arbeitsrelais, wie sie unter anderem zum Schalten von Nebel- und Hauptscheinwerfern verwendet werden.
Die Relais befinden sich größtenteils im hinteren Teil des Sicherungs- und Relaiskastens.

- Deckel für Sicherungskasten abnehmen.

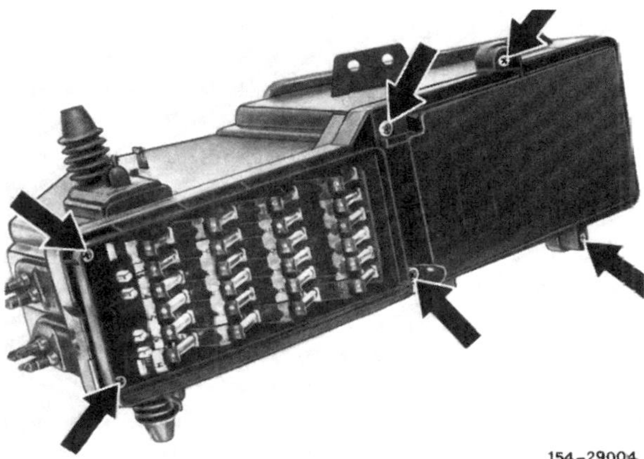

- 6 Schrauben herausdrehen und Deckel für Relaiskasten abnehmen.
- Relais aus der Halterung herausziehen.
- Zuerst mit Spannungsprüfer feststellen, ob an Klemme 30 im Relaishalter Spannung anliegt. Dazu Spannungsprüfer an Masse anschließen und die andere Kontaktspitze in Klemme 30 einführen. Wenn die Leuchtdiode des Spannungsprüfers aufleuchtet, ist Spannung vorhanden. Zeigt der Spannungsprüfer keine Spannung an, Unterbrechung vom Batterie-Pluspol zu Klemme 30 anhand des Schaltplanes aufspüren.
- Leitungsbrücke aus einem Stück isoliertem Draht herstellen, die Enden müssen blank sein.
- Mit dieser Brücke im Relaishalter die Klemme 30 (Batterie +, führt immer Spannung) mit dem Ausgang des Relais-Schließers Klemme 87 verbinden. Wo sich die Klemmen im Relaishalter befinden, ist auf dem Relais beziehungsweise der Relaisplatte aufgeführt.
- Wenn bei eingesetzter Brücke zum Beispiel das Fernlicht aufleuchtet, kann man davon ausgehen, daß das Relais defekt ist.
- Wenn das Fernlicht nicht aufleuchtet, Unterbrechung in der Leitungsführung von Klemme 87 zum Hauptscheinwerfer anhand des Schaltplanes aufspüren und beheben.
- Falls erforderlich neues Relais einsetzen, Deckel für Relaiskasten anschrauben, anschließend Deckel für Sicherungskasten einhängen und mit Drahtklammer sichern.

Relaisbelegung

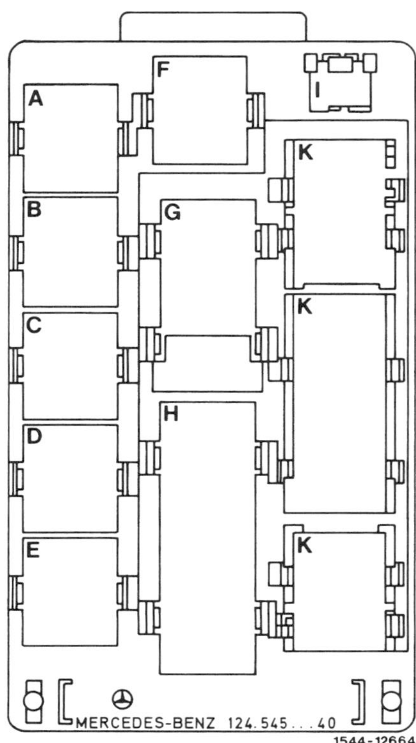

A – Fensterheber/Sitzverstellung (Hauptrelais)
B – Vorwiderstand für Zusatzlüfter
C – Zusatzlüfter
D – Scheinwerferreinigungsanlage
E – Saugrohrbeheizung
F – Sicherungsdose 2polig für Zusatzheizung
G – Leerlaufabschaltventil (Vergasermotor)
H – Kombirelais (Blinker, heizbare Heckscheibe, Wischer)
I – Diode für Fensterheber/Sitzverstellung
K – Lampenkontrollgerät

Anschlüsse für Sonderausstattungen

Elektrische Sonderausstattungen sind im Fußraum auf der linken Seite an eine Steckerleiste angeschlossen.

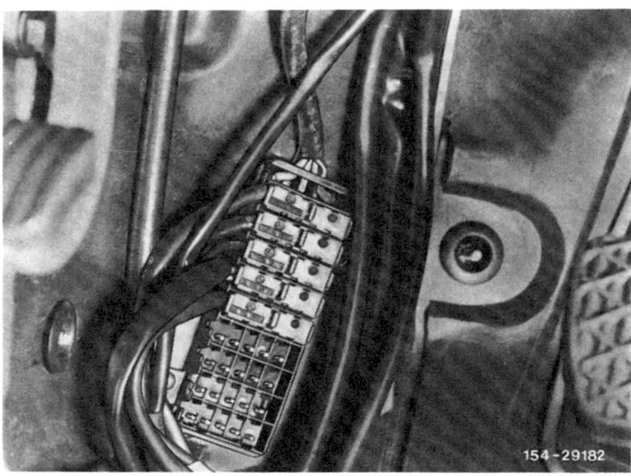

Belegung der 5 Anschlüsse an der Stirnseite der Steckerleiste

Anschluß 1: Klemme 30, zur Sicherung C
Anschluß 2: Klemme 15, zur Sicherung B
Anschluß 3: Klemme 31, Hauptmasse W1
Anschluß 4: Klemme 58d, am Heizungskasten hinter der Mittelkonsole
Anschluß 5: Klemme 15R, zur Sicherung A

Achtung: Die Stecker für die einzelnen Sonderausstattungen können in unterschiedlicher Reihenfolge aufgesteckt sein.

Sonderausstattung	Belegung der Kupplung mit Anschluß-Nr.
Zentralverriegelung	1, 3
Elektronik-Radio[1)]	1, 3, 4, 5
EDW-Anlage	1, 2, 3
Ausstieg-Leuchten	1, 3
Sitzheizung vorn links und rechts	3, 4, 5
Außenspiegel Beifahrer	2, 3, 4
Versenkbare Kopfstützen im Fond	3, 4, 5
Sitzverstellung mit Memory	1
Schiebedach	2, 3, 4, 5

[1)] Seit 8/85 im Innenraum-Leitungssatz gesteckt.

Der Generator

Der MERCEDES ist mit einem Drehstromgenerator ausgerüstet. Je nach Modell und Ausstattung kann ein Generator mit einer Leistung von 55 A bis 90 A eingebaut sein.

Der Generator wird von der Kurbelwelle über den Keilrippenriemen angetrieben. Dabei dreht sich der Läufer mit der Erregerwicklung innerhalb der feststehenden Ständerwicklung mit ca. doppelter Motordrehzahl.

Über Kohlebürsten und Schleifringe fließt der Erregerstrom durch die Erregerwicklung. Dabei bildet sich ein Magnetfeld.

Die Lage des magnetischen Feldes zur Ständerwicklung ändert sich ständig, entsprechend der Umdrehung des Läufers. Dadurch wird in der Ständerwicklung ein Drehstrom erzeugt.

Da die Batterie aber nur mit Gleichstrom geladen werden kann, wird der Drehstrom durch Gleichrichter in der Diodenplatte in Gleichstrom umgewandelt. Der Spannungsregler verändert den Ladestrom durch Ein- und Ausschalten des Erregerstromes, entsprechend dem Ladezustand der Batterie. Gleichzeitig hält der Regler die Betriebsspannung konstant bei ca. 14 Volt, unabhängig von der Drehzahl.

Achtung: Im Gegensatz zum Gleichstromgenerator darf der Drehstromgenerator niemals ohne Batterie betrieben werden Motor nicht ohne Batterie laufen lassen.

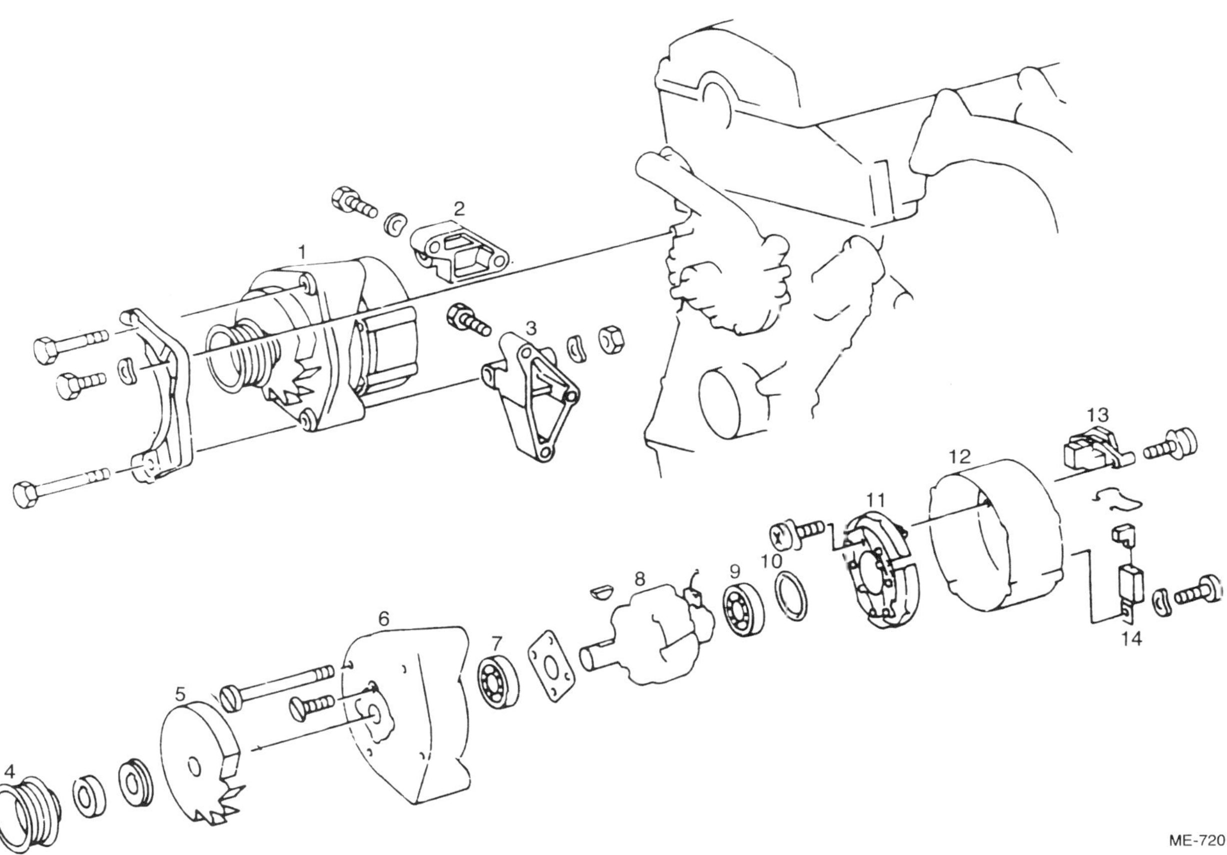

1 – Generator
2 – Hinterer Halter
3 – Unterer Halter
4 – Riemenscheibe
5 – Lüfterrad
6 – Gehäuse vorn
7 – Antriebslager
8 – Läufer
9 – Rillenkugellager hinten
10 – Dichtring
11 – Diodenplatte
12 – Gehäuse hinten
13 – Spannungsregler
14 – Entstörungskondensator

Generator aus- und einbauen

Ausbau

- Batterie-Massekabel abklemmen.
- Mehrfachstecker von der Rückseite des Drehstromgenerators abziehen. Vorher Drahtklammer mit Schraubendreher ausrasten und zur Seite klappen.
- Keilriemen entspannen und abnehmen, siehe Seite 38.

- Generator am Halter mit 2 Schrauben –1– und –Pfeil oben– abschrauben und herausnehmen.

Achtung: Falls die obere Befestigungsschraube –Pfeil– klemmt, Generator mit Halter abschrauben –2–.

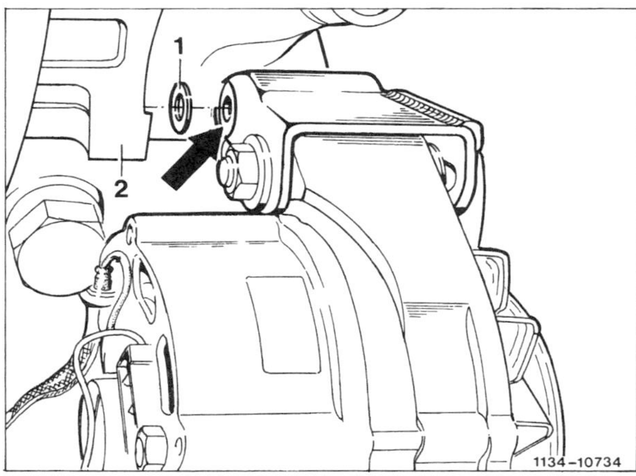

Achtung: Zwischen Halter und Zylinderkopf –2– kann eine Scheibe –1– mit 0,85 mm Dicke eingebaut sein. Beim Ausbau Scheibe nicht verlieren. Beim Einbau muß die Scheibe in der Ansenkung –Pfeil– des Halters anliegen.

Einbau

- Generator einsetzen und mit 2 Schrauben anschrauben, dabei obere Schraube –Pfeil– am Zylinderkopf mit 45 Nm festziehen.
- Keilrippenriemen auflegen und spannen, siehe Seite 38.
- Mehrfachstecker aufschieben und mit Drahtklammer sichern.
- Massekabel an Batterie anschließen.

Schleifkohlen für Generator/ Spannungsregler ersetzen/prüfen

Die Schleifkohlen sind nach einer Laufzeit von 60000 km jeweils im Rahmen der Wartung zu überprüfen.

Ausbau

- Der Ausbau ist bei eingebautem Generator möglich.
- Batterie-Massekabel abklemmen.

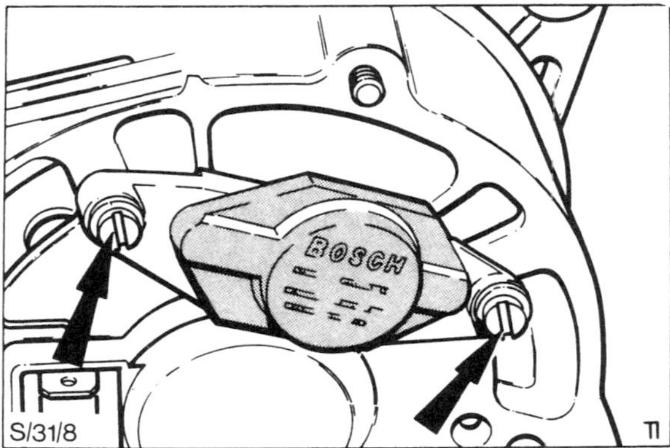

- Spannungsregler an der Rückseite des Generators abschrauben und vorsichtig herausziehen.

- Schleifkohlen ersetzen, wenn die Länge 5 mm oder weniger beträgt. Dazu Anschlußlitze auslöten.

Einbau

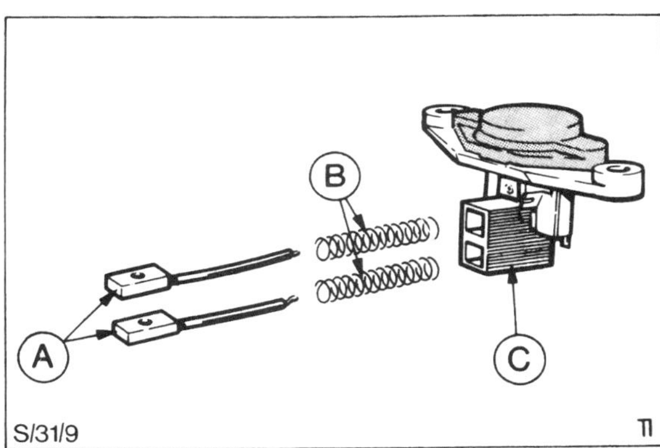

- Neue Kohlebürsten –A– und Federn –B– in den Bürstenhalter –C– einsetzen und Anschlüsse verlöten.
- Damit beim Anlöten der neuen Bürsten kein Lötzinn in der Litze hochsteigen kann, Anschlußlitze der Bürsten mit einer Flachzange fassen.
- Durch hochsteigendes Lötzinn würde die Litze steif und die Kohlebürste unbrauchbar werden.
- Der Isolierschlauch über der Litze muß neben der Lötstelle mit der vorhandenen Öse festgeklemmt werden.
- Nach dem Einbau neue Kohlebürsten auf leichten Lauf in den Bürstenhaltern prüfen.
- Spannungsregler einsetzen und festschrauben.
- Batterie-Massekabel anklemmen.

Störungsdiagnose Generator

Störung	Ursache	Abhilfe
Ladekontrollampe leuchtet nicht bei eingeschalteter Zündung.	Batterie leer.	■ Batterie laden.
	Kabel an Generator locker oder korrodiert.	■ Kabel auf einwandfreien Kontakt prüfen, Schraube festziehen.
	Ladekontrollampe durchgebrannt.	■ Ladekontrollampe erneuern.
	Spannungsregler defekt.	■ Regler prüfen, gegebenenfalls austauschen.
	Unterbrechung in der Leitungsführung zwischen Generator, Zündschloß und Kontrollampe.	■ Mit Ohmmeter nach Stromlaufplan untersuchen.
	Steckverbindungen zwischen Gleichrichterplatte und Spannungsregler nicht gesteckt.	■ Generator demontieren, gegebenenfalls Stecker ersetzen.
	Kohlebürsten liegen nicht auf dem Schleifring auf.	■ Freigängigkeit der Kohlebürsten und Mindestlänge (5 mm) prüfen.
	Erregerwicklung im Generator durchgebrannt.	■ Läufer austauschen.
Ladekontrollampe erlischt nicht bei Drehzahlsteigerung.	Keilrippenriemen locker.	■ Keilrippenriemen spannen.
	Kohlebürsten abgenutzt.	■ Kohlebürsten sichtprüfen, gegebenenfalls austauschen.
	Spannungsregler defekt.	■ Spannungsregler prüfen, gegebenenfalls austauschen.
	Leitung zwischen Drehstromgenerator und Regler defekt.	■ Leitung und Kontakte prüfen, ggf. Leitungsstrang ersetzen.
Ladekontrollampe brennt bei ausgeschalteter Zündung.	Plusdiode hat Kurzschluß	■ Dioden prüfen, gegebenenfalls Diodenplatte austauschen.

Der Anlasser

Zum Starten des Verbrennungsmotors ist ein kleiner elektrischer Motor, der Anlasser, erforderlich. Damit der Motor überhaupt anspringen kann, muß der Anlasser den Verbrennungsmotor auf eine Drehzahl von mindestens 300 Umdrehungen in der Minute beschleunigen. Und das funktioniert nur, wenn der Anlasser einwandfrei arbeitet und die Batterie hinreichend geladen ist.

Der Anlasser besteht aus einem Antriebs-, Pol- und Kollektorgehäuse. In dem Pol- und Kollektorgehäuse sind der Anker und der Kollektor gelagert sowie der Bürstenhalter. In dem Bürstenhalter befinden sich Kohlebürsten, die ein Verschleißteil darstellen und sich zwar langsam, aber stetig abnutzen. Bei starker Abnutzung der Kohlebürsten kann der Anlasser nicht mehr einwandfrei arbeiten.

In dem vorderen Antriebsgehäuse ist der Ritzelantrieb untergebracht. Wenn über den Zündanlaßschalter der Anlasser Spannung erhält, wird über den Magnetschalter, der auf dem Anlassergehäuse sitzt, das Ritzel auf einem Steilgewinde gegen den Zahnkranz des Schwungrades geschoben. Sobald das Ritzel bis zum Anschlag auf der Spindel vorgelaufen ist, ist es kraftschlüssig mit dem Schwungrad verbunden. Nun kann der Anlasser den Motor auf die erforderliche Anlaßdrehzahl bringen. Wenn der Verbrennungsmotor angelaufen ist, wird das Ritzel vom Motor her beschleunigt, es läuft also kurzzeitig schneller als der Motor und spurt aus, wodurch die Verbindung zum Verbrennungsmotor aufgehoben ist.

Da zum Starten des Verbrennungsmotors eine hohe Stromaufnahme erforderlich ist, ist im Rahmen der Wartung auf eine einwandfreie Kabelverbindung zu achten. Korrodierte Anschlüsse säubern und mit Polschutzfett einstreichen.

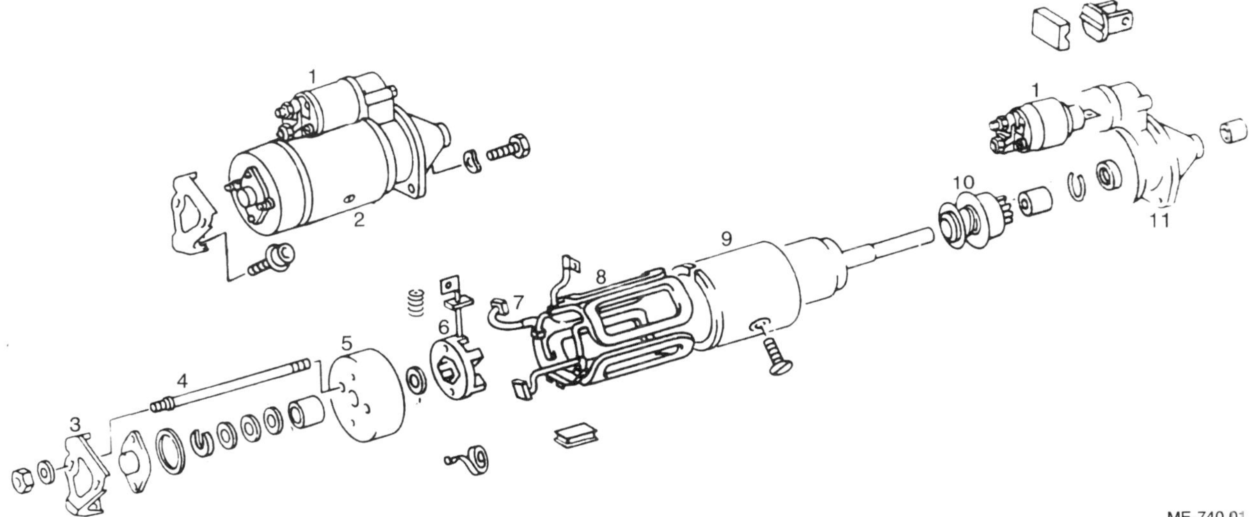

1 – Magnetschalter
2 – Anlasser
3 – Halter
4 – Stiftschraube
5 – Kollektorgehäuse
6 – Bürstenhalter
7 – Kohlebürsten
8 – Erregerwicklung
9 – Polgehäuse
10 – Ritzel
11 – Antriebsgehäuse

Anlasser aus- und einbauen

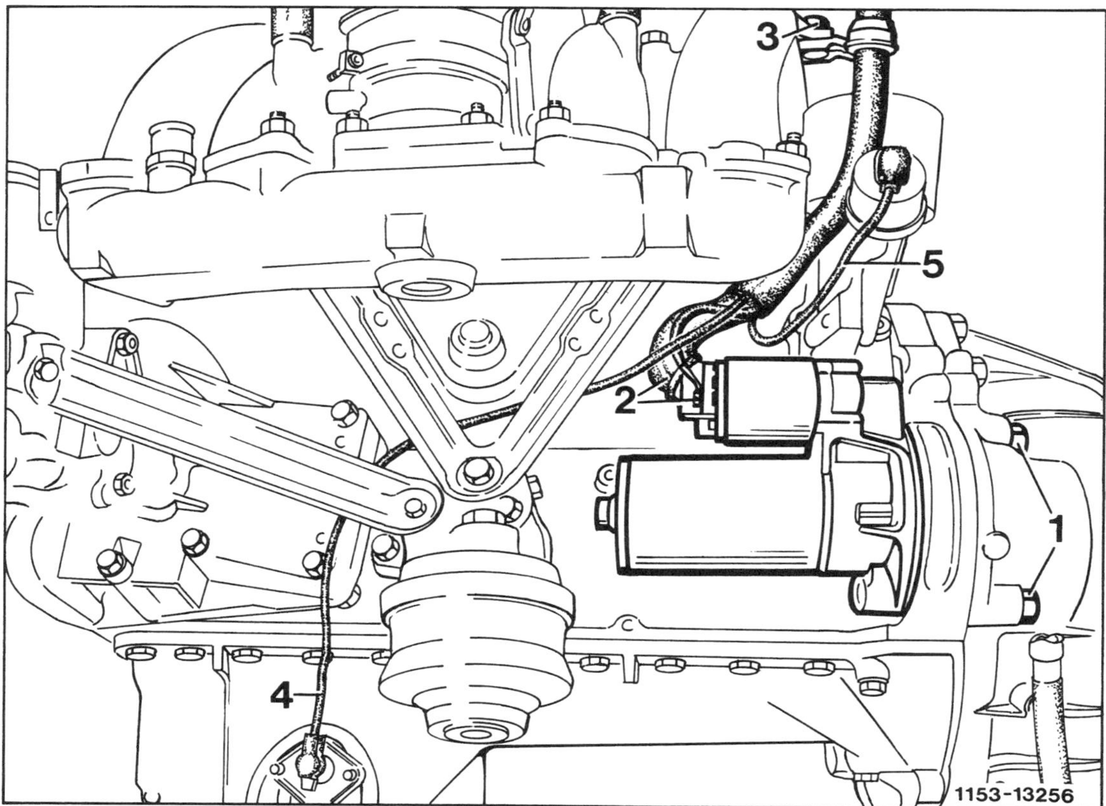

Ausbau

- Massekabel von Batterie abklemmen.
- Luftfilter ausbauen, siehe Seite 95, 107, 122, 125.
- Halter –3– am Ansaugkrümmer abschrauben.
- Fahrzeug aufbocken.
- Untere Motorraumverkleidung ausbauen, siehe Seite 17.
- Elektrische Leitungen für Öldruck- –5– und Ölstandgeber –4– abziehen.
- Befestigungsschrauben –1– für Anlasser von unten herausdrehen.
- Anlasser am Getriebe herausziehen und senkrecht stellen. Elektrische Leitungen –2–, Klemme 30 und Klemme 50, abschrauben.
- Anlasser nach unten herausnehmen.

Einbau

- Anlasser von unten einführen. Elektrische Leitungen anschrauben.
- Anlasser am Getriebe einsetzen und mit 55 Nm festschrauben.
- Elektrische Leitungen für Öldruck- und Ölstandgeber aufstecken.
- Untere Motorraumverkleidung einbauen, siehe Seite 17.
- Fahrzeug ablassen.
- Luftfilter einbauen.
- Massekabel an Batterie anklemmen.

Störungsdiagnose Anlasser

Wenn ein Anlasser nicht durchdreht, ist zunächst zu prüfen, ob an der Klemme 50 des Magnetschalters die zum Einziehen benötigte Spannung von mindestens 8 Volt vorhanden ist. Liegt die Spannung unter dem genannten Wert, dann müssen die Leitungen, die zum Anlasserstromkreis gehören, nach dem Stromlaufplan überprüft werden. Ob der Anlasser bei voller Batteriespannung einzieht, kann folgendermaßen geprüft werden.

- Keinen Gang einlegen, Zündung eingeschaltet.
- Mit einer Leitung (Querschnitt mindestens 4 mm^2) die Klemmen 30 und 50 am Anlasser überbrücken, siehe auch Stromlaufplan.

Spurt der Anlasser dabei einwandfrei ein, so liegt der Fehler in der Leitungsführung zum Anlasser. Wenn der Anlasser nicht einspurt, muß er im ausgebauten Zustand überprüft werden.

Prüfvoraussetzung: Leitungsanschlüsse müssen festsitzen und dürfen nicht oxydiert sein.

Störung	Ursache	Abhilfe
Anlasser dreht sich nicht beim Betätigen des Zündanlaßschalters	● Batterie entladen	Batterie laden
	● Klemmen 30 und 50 am Anlasser überbrücken: Anlasser läuft an. Leitung 50 zum Zündanlaßschalter unterbrochen, Anlaßschalter defekt	Unterbrechung beseitigen, defekte Teile ersetzen
	● Kabel oder Masseanschluß ist unterbrochen. Batterie entladen	Batteriekabel und Anschlüsse prüfen. Spannung der Batterie messen, nötigenfalls laden
	● Ungenügender Stromdurchgang infolge lockerer oder oxydierter Anschlüsse	Batteriepole und -klemmen reinigen. Stromsichere Verbindungen zwischen Batterie, Anlasser und Masse herstellen
	● Spannung am Anschluß für Feldwicklung am Magnetschalter messen. Spannung nicht vorhanden	Magnetschalter ersetzen
	● Keine Spannung an Klemme 50 (Magnetschalter)	Leitung unterbrochen Zündanlaßschalter defekt
Anlasser dreht sich zu langsam und zieht den Motor nicht durch	● Batterie entladen	Batterie laden
	● Ungenügender Stromdurchgang infolge lockerer oder oxydierter Anschlüsse	Batteriepole und -klemmen und Anschlüsse am Anlasser reinigen, Anschlüsse festziehen
	● Kohlebürsten liegen nicht auf dem Kollektor auf, klemmen in ihren Führungen, sind abgenutzt, gebrochen, verölt oder verschmutzt	Kohlebürsten überprüfen, reinigen bzw. auswechseln. Führungen prüfen
	● Ungenügender Abstand zwischen Kohlebürsten und Kollektor	Kohlebürsten ersetzen und Führungen für Kohlebürsten reinigen
	● Kollektor riefig oder verbrannt und verschmutzt	Kollektor abdrehen oder Anker ersetzen
	● Spannung an Klemme 50 fehlt (mind. 8 Volt)	Zündanlaßschalter oder Magnetschalter überprüfen
	● Lager ausgeschlagen	Lager prüfen, ggf. auswechseln
	● Magnetschalter defekt	Schalter auswechseln
Anlasser spurt ein und zieht an, Motor dreht sich nicht oder nur ruckweise	● Ritzelgetriebe defekt	Ritzelgetriebe ersetzen
	● Ritzel verschmutzt	Ritzel reinigen
	● Zahnkranz am Schwungrad defekt	Zahnkranz nacharbeiten, falls erforderlich, Schwungrad erneuern
Ritzelgetriebe spurt nicht aus	● Ritzelgetriebe oder Steilgewinde verschmutzt bzw. beschädigt	Ritzelgetriebe reinigen, ggf. ersetzen
	● Magnetschalter defekt	Magnetschalter ersetzen
	● Rückzugfeder schwach oder gebrochen	Rückzugfeder erneuern
Anlasser läuft weiter, nachdem der Zündschlüssel losgelassen wurde	● Magnetschalter hängt, schaltet nicht ab	Zündung sofort ausschalten, Magnetschalter ersetzen
	● Zündschloß schaltet nicht ab	Sofort Batterie abklemmen, Zündschloß ersetzen

W Wartungsarbeiten an der elektrischen Anlage

Batterie prüfen

Batterie sichtprüfen

- Gehäuse der Batterie auf Beschädigungen sichtprüfen. Bei beschädigtem Gehäuse kann ätzende Batteriesäure auslaufen und die umliegenden Bauteile beschädigen.
- Bei beschädigtem Gehäuse Batterie schnellstmöglich ersetzen und umliegende Bauteile mit Seifenlauge und viel Wasser abwaschen.

Batterie/Batterieklemmen auf festen Sitz prüfen

Eine lockere Batterie hat eine verkürzte Lebensdauer durch Rüttelschäden und vermindert außerdem die Crash-Sicherheit des Fahrzeuges. Lockere Batterieanschlüsse können einen Kabelbrand oder Funktionsstörungen in der elektrischen Anlage nach sich ziehen.

- Falls ein Batteriedeckel vorhanden ist, Lasche hinten am Deckel zusammendrücken und Deckel nach vorn klappen.

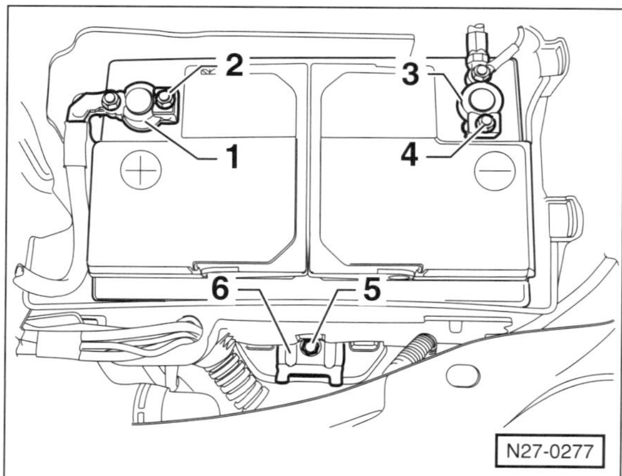

- Batterie kräftig hin- und herbewegen.
- Sitzt die Batterie lose, Batterie-Haltebügel –6– mit Batterie-Befestigungsschraube –5– und **25 Nm** festziehen.

Achtung: Falls die Batterie-Plusklemme locker ist, muss vor dem Festziehen der Plusklemme wegen Kurzschlussgefahr die Masseklemme an der Batterie abgeklemmt werden. Nachdem die Plusklemme festgezogen ist, Massekabel wieder anklemmen.

- Batterieklemmen –1– und –3– hin- und herbewegen und festen Sitz prüfen, gegebenenfalls Befestigungsmuttern –2– und –4– nachziehen. Anzugsdrehmoment: **5 Nm**.
- Gegebenenfalls Batteriedeckel zurückklappen und einrasten.

Batteriepole reinigen

Batteriepole auf Korrosion überprüfen. Korrosion an den Batteriepolen zeigt sich in Form von weißen oder gelblichen pulverartigen Ablagerungen an den Polen.

- Batterie ausbauen, siehe entsprechendes Kapitel.
- Zur Entfernung von Korrosion Batteriepole mit einer Lösung aus Wasser und Soda bestreichen. Es kommt zu einer chemischen Reaktion mit Blasenbildung und einer braunen Verfärbung an den Polen.
- Gegebenenfalls Batteriepole mit einem Polreiniger oder einer Drahtbürste, zum Beispiel HAZET 4650-4, von Korrosionsrückständen reinigen.
- Nach Abklingen dieser Reaktion Batteriepole und Batterie mit klarem Wasser abwaschen und Batterie abtrocknen.
- Batterie einbauen, siehe entsprechendes Kapitel.

Zustand der Batterie prüfen

Vor Beginn des Winters sollte die Batterie unbedingt überprüft werden. Bei großer Kälte sinkt die Batteriespannung einer nur mäßig geladenen Batterie während des Anlassvorgangs stark ab.

Die Fahrzeugbatterie ist oftmals mit einem sogenannten **»magischen Auge«** ausgestattet. Durch diese optische Anzeige wird der Zustand der Batterie angezeigt, und zwar durch unterschiedliche Farbkennung.

Magisches Auge prüfen

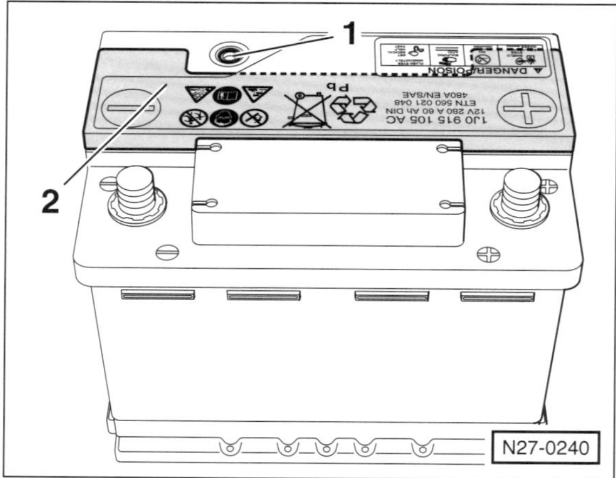

Das magische Auge –1– befindet sich auf der Oberseite der Batterie.

Hinweis: Die Zellöffnungen der Batterie sind mit einer Abdeckung –2– verschlossen. Die Abdeckung –2– dient nur zur Befüllung in der Produktion. Auf keinen Fall die Abdeckung abnehmen, sonst wird die Batterie unbrauchbar und muss ersetzt werden.

Anhand der Farbe des magischen Auges können der Säurestand und teilweise der Ladezustand der Batterie abgelesen werden. Da sich das magische Auge nur in einer Batteriezelle befindet, ist die Anzeige auch nur für diese Zelle gültig. Eine exakte Beurteilung des Batteriezustandes ist nur durch eine Belastungsprüfung mit einem speziellen Prüfgerät in der Werkstatt möglich.

Hinweis: Je nach Baujahr der Batterie gibt es 2 unterschiedlichen Ausführungen des magischen Auges. Ältere Batterien besitzen ein magisches Auge mit 3-farbiger Anzeige, bei neueren Batterien ist die Anzeige 2-farbig.

- Magisches Auge mit einer Taschenlampe anleuchten und Farbanzeige prüfen. **Hinweis:** Durch Luftblasen unter dem magischen Auge kann die Farbanzeige verfälscht werden. Daher bei der Prüfung mit einem Schraubendrehergriff leicht auf das Batteriegehäuse klopfen.

Magisches Auge mit 3-farbiger Anzeige beurteilen:

- Grün – die Batterie ist ausreichend geladen, der Säurestand ist in Ordnung.
- Schwarz – die Batterie ist zu gering geladen oder entladen. Ruhespannung prüfen und Batterie laden.
- Farblos oder gelb – der Säurestand ist zu niedrig. Die Batterie muss ersetzt werden.

Magisches Auge mit 2-farbiger Anzeige beurteilen:

Der Ladezustand der Batterie kann nicht am magischen Auge abgelesen werden. Hierzu ist eine Batterie-Belastungsprüfung erforderlich.

- Schwarz – der Säurestand ist in Ordnung. Der Ladezustand kann nur mit einer Batterie-Belastungsprüfung festgestellt werden.
- Farblos oder gelb – der Säurestand ist zu niedrig. Die Batterie muss ersetzt werden.

Achung: Wenn das magische Auge farblos oder hellgelb anzeigt, darf die Batterie nicht mit einem speziellen Prüfgerät unter Belastung geprüft werden. Explosionsgefahr!

Ruhespannung prüfen

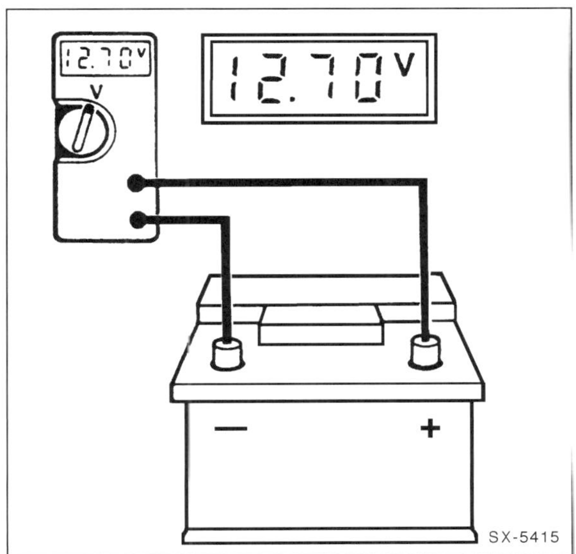

Der Batterie-Zustand wird durch Messen der Spannung mit einem Voltmeter zwischen den Batteriepolen überprüft.

- Batterie vom Stromnetz abklemmen, siehe Kapitel »Batterie aus- und einbauen«.
- Vor der Prüfung muss die Batterie mindestens zwei Stunden abgeklemmt sein.
- Voltmeter an die Batteriepole anschließen und Spannung messen.
- **Beurteilung des Spannungsmesswertes:**
  12,7 Volt oder darüber: Batterie in gutem Zustand.
  11,6 – 12,6 Volt: Batterie laden.
  unter 11,6 Volt: Batterie tiefentladen, Batterie laden oder ersetzen.
- Batterie anklemmen. Zuerst Batterie-Pluskabel (+) und dann Batterie-Massekabel (–) bei ausgeschalteter Zündung anklemmen.

Batterie unter Belastung prüfen

Achung: Wenn das magische Auge farblos oder hellgelb anzeigt, darf die Batterie nicht mit einem speziellen Prüfgerät unter Belastung geprüft werden. Explosionsgefahr!

- Voltmeter an die Batteriepole anschließen. Anschlusskabel nicht abklemmen.
- Motor starten und Spannung ablesen.
- Während des Startvorganges darf bei einer vollen Batterie die Spannung nicht unter 10 Volt (bei einer Säuretemperatur von ca. +20° C) abfallen.
- Bricht die Spannung sogar zusammen, dann ist von einer defekten Batterie auszugehen.

Die Beleuchtungsanlage

Zur Beleuchtungsanlage zählen: Hauptscheinwerfer, Nebellampen, Heckleuchten, Bremsleuchten, Rückfahrscheinwerfer, Kennzeichenleuchten, Blinkleuchten, Innenleuchte und Instrumentenbeleuchtung.

Vor dem Auswechseln der Glühlampe Schalter des betreffenden Verbrauchers ausschalten. **Achtung: Glaskolben nicht mit bloßen Fingern anfassen.** Der Fingerabdruck würde verdunsten und sich – aufgrund der Wärme – auf dem Reflektor niederschlagen und diesen erblinden lassen. Grundsätzlich Glühlampe nur durch eine gleiche Ausführung ersetzen. Versehentlich entstandene Berührungsflecken mit sauberem, nicht faserndem Tuch und Alkohol oder Spiritus entfernen.

Glühlampen auswechseln

Scheinwerfer

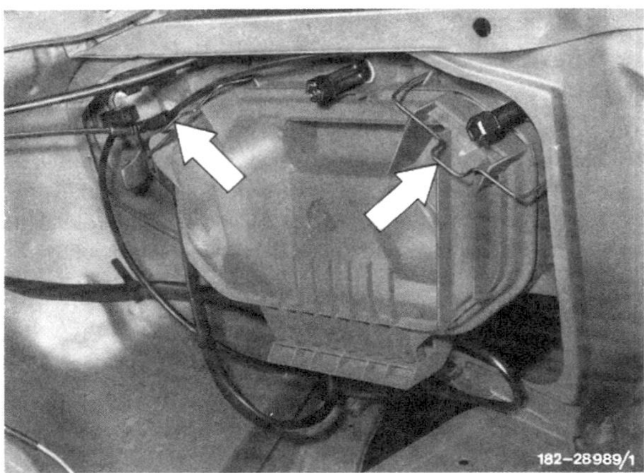

- Drahtbügel –Pfeile– hochklappen und Kunststoffabdekkung abnehmen.

- Stecker –1– von der H4-Lampe abziehen. Drahtklammern –2– zusammendrücken und aushängen. Glühlampe herausnehmen.
- Glühlampe so einsetzen, daß die Nasen in die entsprechenden Aussparungen am Gehäuse passen. Haltering aufsetzen, nach rechts drehen und einrasten.

Standlicht

- Fassung –3– herausziehen, Glühlampe etwas nach links drehen und aus der Fassung herausnehmen.
- Glühlampe in Fassung eindrücken, nach rechts drehen und einrasten. Fassung in die Öffnung stecken.

Nebelscheinwerfer

- Stecker –4– abziehen, Drahtklammern –5– zuerst zum Scheinwerfer drücken, dann zusammendrücken und wegklappen. H3-Glühlampe herausnehmen.
- Glühlampe einsetzen, Drahtbügel umklappen und in die Befestigungshaken einrasten. Stecker aufschieben.
- Kunststoffabdeckung einsetzen und mit 2 Drahtbügeln befestigen. **Achtung:** Vorher Dichtung auf Porosität oder Beschädigung prüfen, gegebenenfalls ersetzen.

Blinkleuchte

- Blinkleuchte ausbauen.
- Stecker abziehen.
- Lampenfassung ca. 90° nach links drehen und herausnehmen.
- Glühlampe etwas eindrücken, nach links drehen und herausnehmen.
- Neue Glühlampe in die Fassung eindrücken, nach rechts drehen und einrasten. **Achtung:** In Fahrzeuge seit 6.93 nur Blinklampen mit gelben Glaskolben einsetzen, damit das Blinklicht gelb leuchtet.
- Fassung in die Blinkleuchte einsetzen und bis zum Anschlag nach rechts drehen. Stecker aufschieben.
- Blinkleuchte einbauen.

Heckleuchten

- Kunststoffgriff um 90° nach links drehen und Lampenträger abnehmen.
- Defekte Lampe eindrücken, nach links drehen und herausnehmen.
- Die Lampe eindrücken, nach rechts drehen und einrasten. **Achtung:** In Fahrzeuge seit 6.93 nur Blinklampen mit gelben Glaskolben einsetzen, damit das Blinklicht gelb leuchtet.

Kennzeichenleuchte

- Kennzeichenleuchte mit 2 Schrauben abschrauben und abziehen.
- Glühlampe aus der Fassung herausziehen.
- Neue Glühlampe in Fassung einsetzen.
- Dichtung auf Porosität oder Beschädigung prüfen, gegebenenfalls ersetzen.
- Kennzeichenleuchte einsetzen und mit 2 Schrauben befestigen, dabei auf richtigen Sitz der Dichtung achten.

Scheinwerfer/Blinkleuchte aus- und einbauen/einstellen

Ausbau

- Motorhaube öffnen.

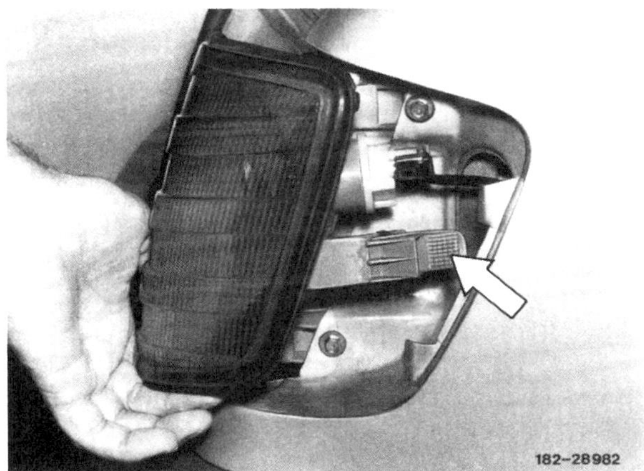

- Haltebügel –Pfeil– zusammendrücken und Blinkleuchte nach vorn herausnehmen.
- Mehrfachstecker für Blinkleuchte abziehen.
- Elektrische Leitungen für Scheinwerfer und Unterdruckleitung für Höhenverstellung abziehen.

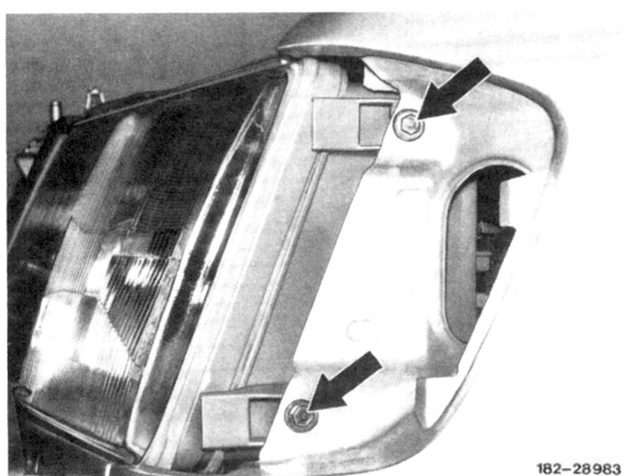

- 2 Schrauben außen herausdrehen –Pfeile–.

- 1 Schraube auf der anderen Seite herausdrehen –Pfeil–. **Achtung:** Wenn der linke Scheinwerfer ausgebaut wird, vorher Ansaug-Lufttrichter ausbauen, siehe Seite 122.
- Abdeckung unter dem Scheinwerfer mit 2 Schrauben abschrauben und aushängen.

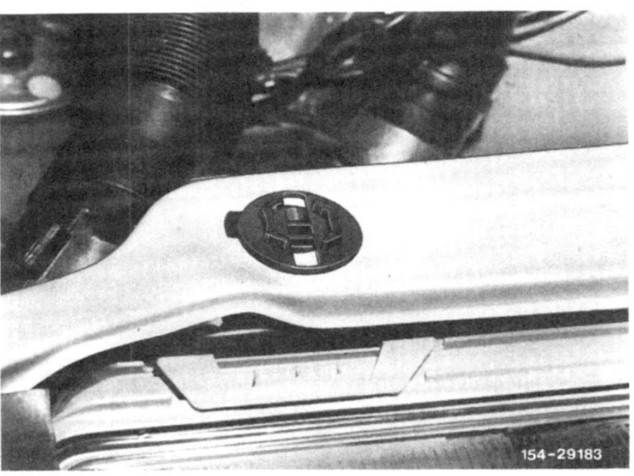

- Arretierungseinsatz oben um 90° (¼ Umdrehung) nach links drehen und herausziehen.

- Falls das Scheinwerferglas ausgebaut werden soll, 2 Haltelaschen oben und unten ausclipsen. Glas mit Rahmen abnehmen.
- Gummiabdichtung abziehen.

Einbau

- Falls ausgebaut, Scheinwerferglas am Gehäuse ansetzen und gleichmäßig aufdrücken, bis die Haltelaschen oben und unten hörbar einrasten. Vorher Dichtung auf Porosität prüfen, gegebenenfalls ersetzen.
- Stecker und Unterdruckleitung am Scheinwerfer aufschieben.
- Scheinwerfer einsetzen und die 3 Befestigungsschrauben beiziehen.
- Scheinwerfer nach der Karosserie ausrichten, Schrauben festziehen. Anschließend Arretierungseinsatz oben einsetzen und um 90° nach rechts drehen.
- Untere Abdeckung für Scheinwerfer an der Außenseite einhängen und innen mit 1 Schraube festschrauben.
- Stecker an der Blinkleuchte aufschieben.

- Blinkleuchte von vorn in die Öffnung schieben und einrasten. Dabei müssen die beiden Zapfen der Blinkleuchte in die Führungen am Scheinwerfer –Pfeile– eingreifen.

Scheinwerfer einstellen

Für die Verkehrssicherheit ist die richtige Einstellung der Scheinwerfer von großer Bedeutung. Die exakte Einstellung der Scheinwerfer ist nur mit einem Spezialeinstellgerät möglich. Es wird deshalb nur gezeigt, wo der Scheinwerfer eingestellt werden kann und welche Bedingungen zum richtigen Einstellen der Scheinwerfer erfüllt sein müssen.

- Reifen müssen den vorgeschriebenen Reifenfülldruck haben.
- Das unbeladene Fahrzeug muß mit 75 kg (eine Person) auf dem Fahrersitz belastet sein.
- Kraftstofftank füllen.
- Fahrzeug auf ebene Fläche stellen.
- Vorderwagen mehrmals kräftig nach unten drücken, damit die Federung der Vorderradaufhängung sich setzt.
- Leuchtweitenregulierung auf „0" stellen, Motor starten und kurz laufen lassen. Dabei mehrmals Gas geben, damit genügend Unterdruck aufgebaut wird. Motor abstellen.
- Die Scheinwerfer dürfen nur bei Abblendlicht eingestellt werden. Das Neigungsmaß beträgt für Normalscheinwerfer **12 cm auf 10 m Entfernung**. Bei Nebelscheinwerfern beträgt es 20 cm auf 10 m Entfernung.

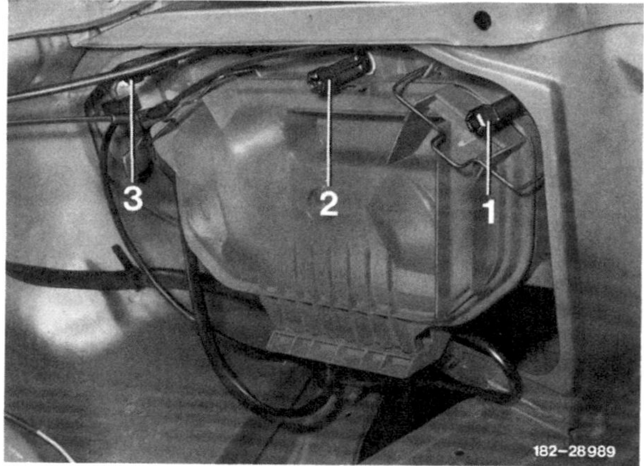

- Die Einstellschrauben sind vom Motorraum her zu erreichen. 1 – Einstellung Nebelscheinwerfer hoch und tief; 2 – Einstellung Scheinwerfer hoch und tief; 3 – Einstellung Scheinwerfer links und rechts.

Heckleuchte aus- und einbauen

Limousine, Coupé

Ausbau

- Stecker unten am Lampenträger abziehen.
- Kunststoffgriff am Lampenträger nach links drehen und Lampenträger abnehmen.

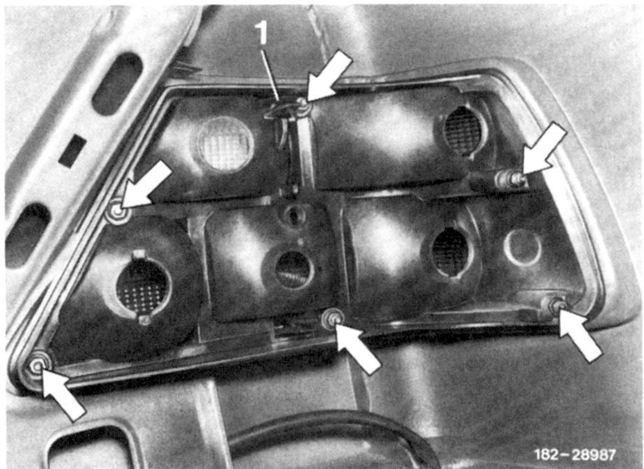

- 6 Befestigungsmuttern –Pfeile– abschrauben.
- Kunststoffklammer –1– ausclipsen und Reflektor abnehmen.
- Glas für Heckleuchte mit Dichtung nach außen abnehmen.

Einbau

- Dichtung auf Porosität oder Beschädigung prüfen, gegebenenfalls ersetzen.
- Glas für Heckleuchte mit Dichtung von außen in die Karosserie einsetzen.
- Reflektor aufdrücken und einrasten.
- 6 Befestigungsmuttern gleichmäßig festziehen.
- Lampenträger ansetzen und durch Rechtsdrehen des Kunststoffgriffes verriegeln.
- Stecker aufschieben.

Heckleuchte aus- und einbauen

T-Modell

Ausbau

- Seitenverkleidung im Laderaum hinten links oder rechts abnehmen. Eventuell Reserverad ausbauen.
- Stecker –3– abziehen.
- Verschlußgriff am Lampenträger –Pfeile– zusammendrücken und Lampenträger –5– abnehmen.

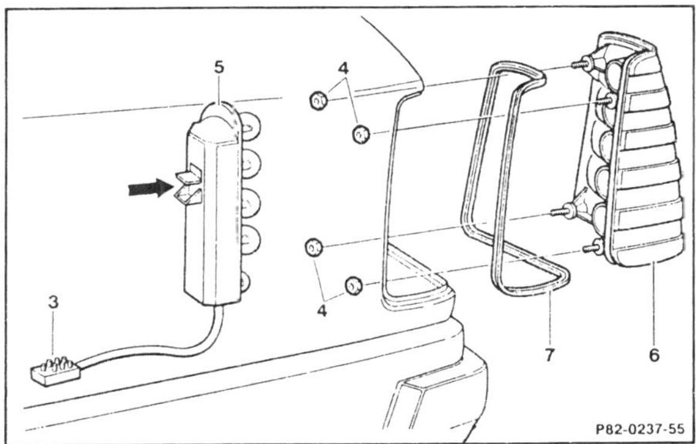

- 4 Befestigungsmuttern –4– abschrauben.
- Glas für Heckleuchte –6– mit Dichtung –7– nach außen abnehmen.

Einbau

- Dichtung auf Porosität oder Beschädigung prüfen, gegebenenfalls ersetzen.
- Glas für Heckleuchte mit Dichtung von außen in die Karosserie einsetzen.
- 4 Befestigungsmuttern gleichmäßig festziehen.
- Lampenträger ansetzen und einrasten lassen.
- Stecker aufstecken.

Die Armaturen

Beim MERCEDES Typ 124 sind die Armaturen in einem Schalttafeleinsatz zusammengefaßt. Nach Ausbau des Schalttafeleinsatzes können die Armaturen beziehungsweise Glühlampen ausgebaut werden.

Schalttafeleinsatz aus- und einbauen

Ausbau

- Batterie-Massekabel abklemmen.
- Tachowelle aus dem Clip an der Abdeckung unter der Instrumententafel herausnehmen, damit sie beim Herausziehen des Kombi-Instrumentes mitgehen kann und in die Aussparung der Abdeckung für das Bremspedal hineinrutscht.

154-31485

- Ausziehhaken vorsichtig zwischen Polsterung und Schalttafeleinsatz einführen und um 90° verdrehen. Gegebenenfalls Ausziehhaken aus Draht selbst anfertigen.
- Steht der Haken nicht zur Verfügung, untere Abdeckung ausbauen, siehe Seite 219.
- Von unten hinter den Schalttafeleinsatz greifen und Einsatz gleichmäßig ohne zu Verkanten herausdrücken.
- Schalttafeleinsatz gleichmäßig herausziehen, dabei auf Tachowelle achten.
- Tachowelle vom Geschwindigkeitsmesser abschrauben.
- 15-fach-Stecker sowie 4-fach-Stecker abziehen und Schalttafeleinsatz herausnehmen.

Belegung des 15-fach-Steckers am Schalttafeleinsatz

1544-11068

Nr.	Bezeichnung
1	Masse
2	Temperaturfühler Kühlmittel
3	Tauchrohrgeber für Kraftstoffanzeige
4	Tauchrohrgeber für Kraftstoffreserveanzeige
5	Schalter Motorölstandsanzeige
6	Sicherung 5, Klemme 15
7	Fernlichtkontrollampe
8	Klemme 15 ungesichert
9	Ladekontrollampe Klemme 61
10	Kontrolleuchte Bremsbelagverschleißanzeige
11	Schalter für Bremsflüssigkeitskontrolle
12	Schalter für Kühlmittelstandsanzeige
13	Lampenkontrollgerät Klemme K, Beleuchtung Aschenbecher
14	Blinkerkontrolle links
15	Blinkerkontrolle rechts

Belegung des 4-fach-Steckers am Schalttafeleinsatz

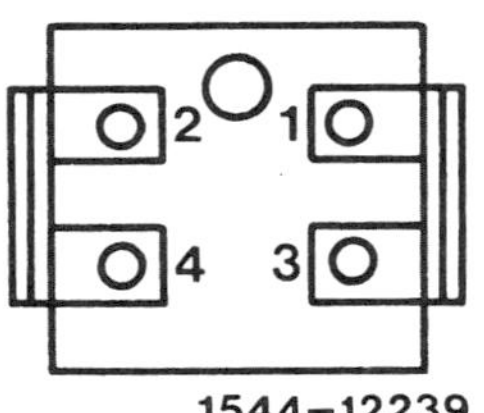

1544-12239

Nr.	Bezeichnung
1	Kühlmittelstandsanzeige
2	Leitungsverbinder Klemme 58d
3	Warnsummerkontakt
4	Öldruckgeber

Einbau

- Tachowelle etwas herausziehen, in den Geschwindigkeitsmesser einsetzen und mit Überwurfmutter festschrauben.
- 15-fach-Stecker und 4-fach-Stecker aufschieben.
- Schalttafeleinsatz an der Öffnung ansetzen, gleichmäßig hineindrücken und einrasten. Einsatz nicht verkanten. **Achtung:** Beim Hineindrücken des Schalttafeleinsatzes Tachowelle vom Fußraum her stückweise mitziehen, damit sie hinter dem Schalttafeleinsatz nicht knicken kann.
- Tachowelle an der unteren Abdeckung einclipsen.
- Falls ausgebaut, untere Abdeckung einbauen, siehe Seite 219.
- Batterie-Massekabel anklemmen.

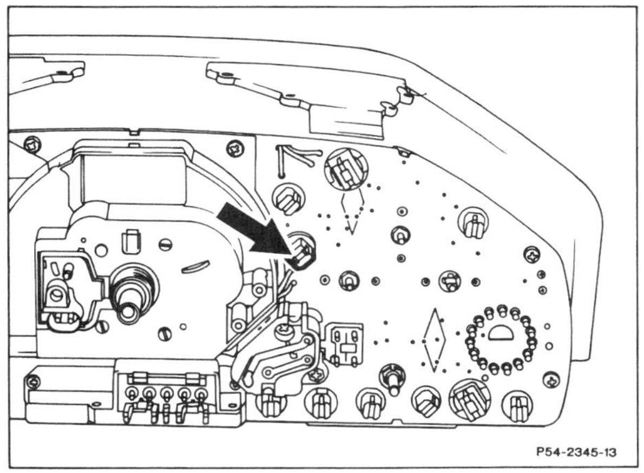

Seit 5/87 wird im Schalttafeleinsatz eine zusätzliche Sicherung für die Instrumentenbeleuchtung Klemme 58d eingebaut. Diese Sicherung ist als Leiterbahnschutz ausgeführt und befindet sich in einer Glühlampenfassung. Zur Kennzeichnung ist die Fassung rot eingefärbt.

Achtung: Wird bei bisherigen Fahrzeugen mit ASD und 4MATIC der neue Schalttafeleinsatz eingebaut, kann der Tachometer nicht mehr angeschraubt werden. In diesem Fall Tachogehäuse im Bereich der Sicherung ca. 15 mm absägen. Dabei darauf achten, daß kein Staub in den Schalttafeleinsatz gelangt.

Geschwindigkeitsmesser/Anzeige-instrument aus- und einbauen

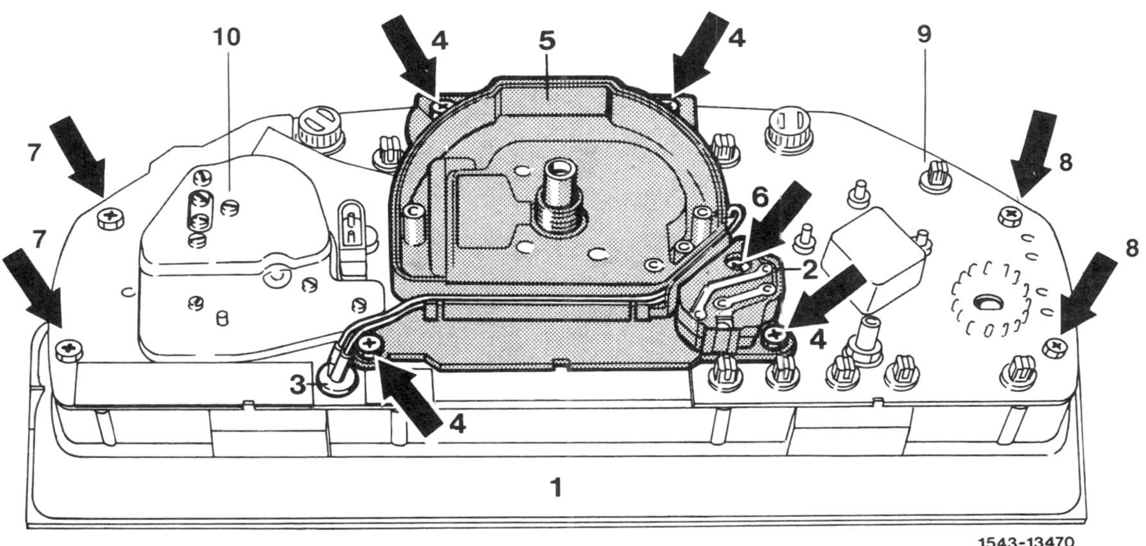

Ausbau

- Schalttafeleinsatz –1– ausbauen.
- Schraube –6– herausdrehen und Regulierwiderstand –2– abziehen.
- Kontrollampe –3– für Wasserstandanzeige der Scheibenwaschanlage mit Leitung ausclipsen.
- Schrauben –4– herausdrehen.
- Geschwindigkeitsmesser –5– herausnehmen.
- Schrauben –8– herausdrehen und Anzeigeinstrument –10– herausnehmen.

Achtung: Die Anzeigeinstrumente für Kühlmitteltemperatur, Kraftstoffvorrat, Öldruck, Warnsummer, Economy können nur komplett ausgetauscht werden.

- Schrauben –7– herausdrehen und Zeituhr oder Drehzahlmesser –9– herausnehmen.

Einbau

- Zeituhr/Drehzahlmesser einsetzen und festschrauben.
- Anzeige-Instrument einsetzen und festschrauben.
- Geschwindigkeitsmesser anschrauben.
- Kontrollampe für Wasserstandanzeige der Scheibenwaschanlage einclipsen.
- Regulierwiderstand eindrücken und festschrauben.
- Schalttafeleinsatz einbauen.

Blinker-/Wischerschalter aus- und einbauen

Ausbau

- Lenkrad ausbauen, siehe Seite 167.
- Von unten 2 Befestigungsschrauben für untere Verkleidung herausdrehen.

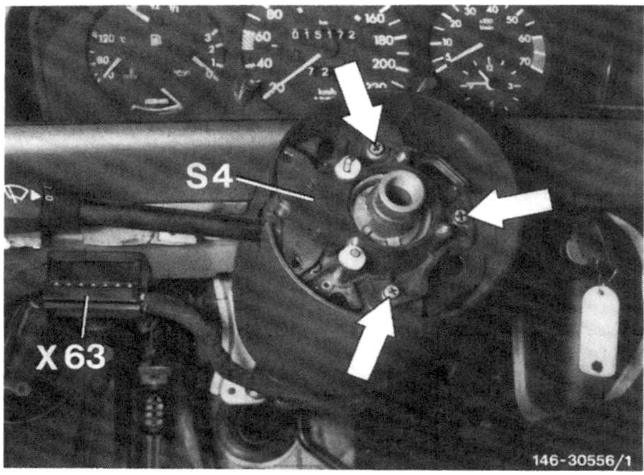

- Befestigungsschrauben –Pfeile– herausschrauben.
- Stecker –X63– abziehen.
- Schalter –S4– aus der Mantelrohr-Verkleidung herausziehen.

Einbau

- Kombi-Schalter am Mantelrohr einsetzen.
- Stecker –X63– aufschieben.
- 3 Kreuzschlitzschrauben reindrehen.
- Untere Abdeckung und Lenkrad einbauen, siehe Seite 167.

Radio aus- und einbauen

Ausbau

- Batterie-Massekabel abklemmen.
- Aschenbecher öffnen, Griff nach unten drücken und Ascher-Einsatz herausnehmen.

- 2 Arretierungen –Pfeile– nach unten drücken, durch die Öffnung hinter das Radio greifen und Radio nach vorn herausdrücken.
- An der Rückseite des Radios Kabel mit Tesaband kennzeichnen und abziehen.

Einbau

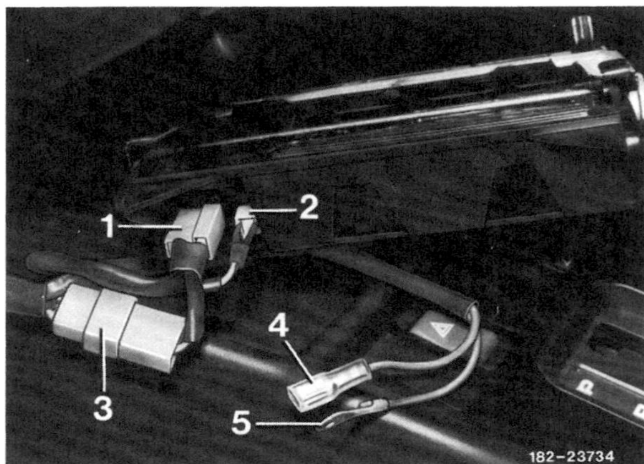

- **Bis 8/85** wird bei nachträglichem Einbau eines Radios der elektrische Anschluß über den Zigarrenanzünder hergestellt. 1 – Stecker für Zigarrenanzünder, 2 – Beleuchtung, 3 – Verbindungsstecker für Radioleitungssatz, 4 – Klemme 15R (Plus), 5 – Klemme 31 (Minus).
- **Seit 9/85** sind die Anschlußleitungen für das Radio bereits serienmäßig eingebaut. Der 4polige Stecker hat folgende Belegung: 1 – Klemme 31 (Masse), 2 – Klemme 15R, 3 – Klemme 58d, 4 – Klemme 30 (+).

- Antennenkabel sowie Steuerleitung für Motorantenne sind serienmäßig nicht vorhanden und müssen nachträglich verlegt werden.
- Stecker entsprechend der angebrachten Markierung beziehungsweise entsprechend der Herstelleranweisung hinten am Radio anschließen.
- Radio in die Öffnung der Konsole drücken.
- Halter für Aschenbecher mit 2 Schrauben anschrauben.
- Batterie-Massekabel anklemmen.
- Radio auf Antenne abstimmen. Dazu schwachen Mittelwellensender einstellen und an der Antennenabgleichschraube (vorn in der Blende des Radios) mit kleinem Schraubendreher auf besten Empfang einstellen.

Antenne aus- und einbauen

Ausbau

- Kofferraumdeckel öffnen, linke Seitenverkleidung ausclipsen und herausnehmen.

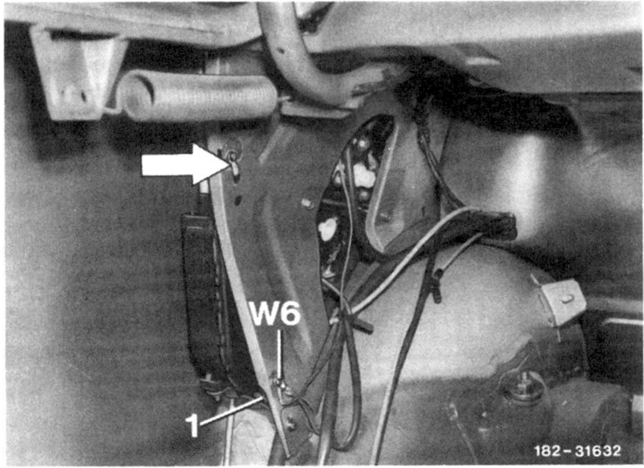

- Antennenkabel und, falls vorhanden, elektrische Steuerleitung von der Antenne abklemmen.
- Masseband –Pfeil– abschrauben.
- Antenne unten am Halter –1– abschrauben und nach innen herausnehmen.

Einbau

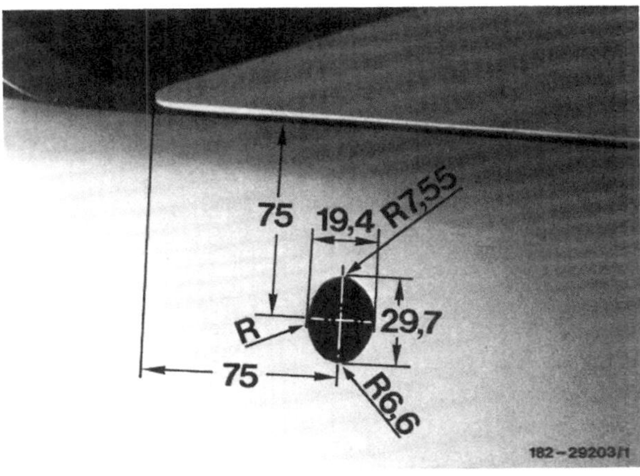

- Bei nachträglichem Einbau am hinteren linken Kotflügel Antennenbohrung nach den angegebenen Maßen bohren, siehe auch Seite 237.
- Wird die vorhandene Antenne wieder eingebaut, Gummitülle auf Porosität oder Beschädigung prüfen, gegebenenfalls austauschen.

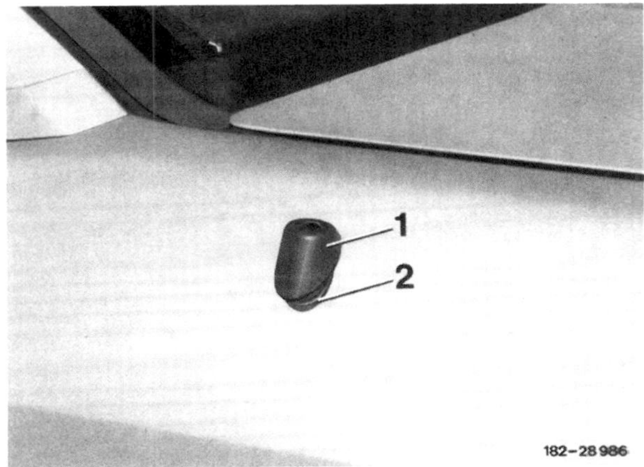

- Antenne von unten einführen und Kugelkopf der Antenne in das Unterteil –2– der Tülle stecken.
- Oberteil –1– der Tülle ansetzen und in das Unterteil einrasten.
- Antenne am Halter anschrauben.
- Masseband anschrauben.
- Antennenkabel anklemmen.
- Bei der Motorantenne elektrische Steuerleitung anklemmen.
- Linke Seitenverkleidung ansetzen und einclipsen.

Die Scheibenwischeranlage

Scheibenwischergummi ersetzen

Ausbau

- Wischerblatt hochklappen und einrasten.

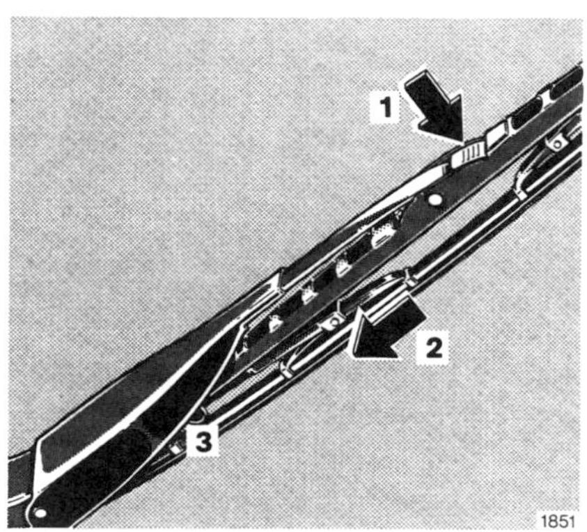

- Kunststoffklammer am geriffelten Teil –1– niederdrücken und Wischerblatt –3– nach unten –2– aus dem Haken am Wischerarm schieben.

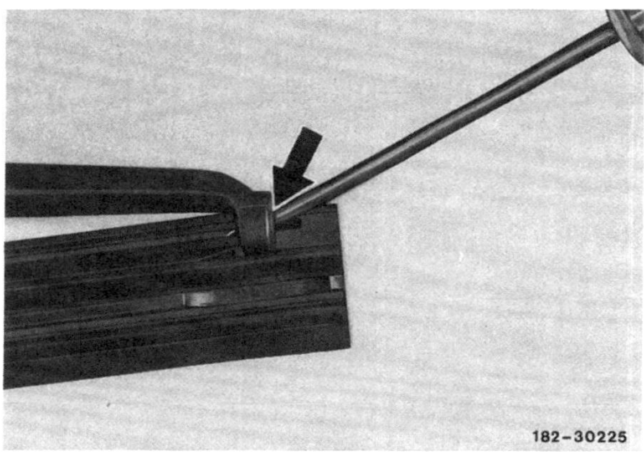

- Von der geschlossenen Seite des Wischgummis aus beide Stahlschienen mit schmalem Schraubendreher zurückschieben und vollständig aus dem Gummi herausziehen.

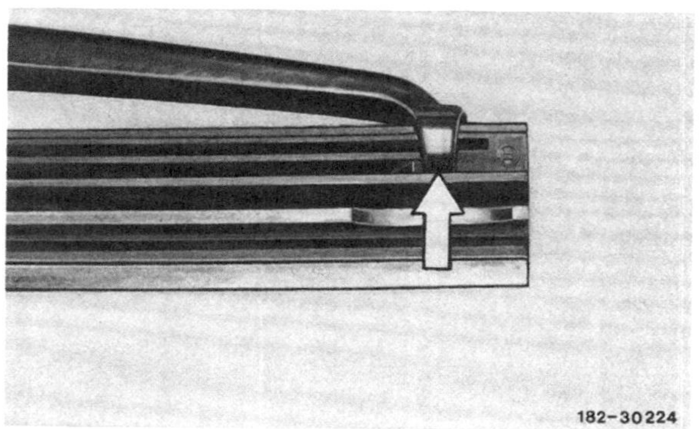

- Wischgummi an den Haltebügeln des Wischerblattes aushängen.

Einbau

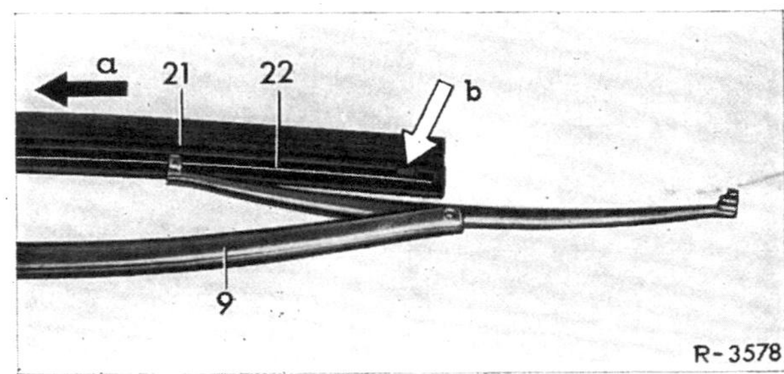

- Neues Wischgummi –21– ohne Halteschienen in die eine Klammer des Wischerblattes lose einlegen.
- Beide Schienen –22– von der offenen Profilseite aus so in den Wischgummi einführen, daß die Aussparungen der Schienen zum Gummi zeigen und in die Gumminasen der Rille einrasten. Die Wölbung der Schienen soll zur Scheibe zeigen.
- Beide Stahlschienen und Gummi mit Kombizange zusammendrücken und so in die andere Klammer einsetzen, daß die Klammernasen beidseitig in die Haltenuten des Wischgummis einrasten –Pfeil b–.
- Wischerblatt so ansetzen, daß es sich zwischen den beiden Führungsstiften am Wischerarm –9– befindet. **Achtung:** Falls ein neues Wischerblatt eingebaut wird, Kunststoffklammer am geriffelten Teil nach unten drücken.
- Wischerblatt in den Haken des Wischerarms schieben, Kunststoffklammer zurückklappen und dadurch Wischerblatt arretieren.
- Wischerarm zurückklappen. Darauf achten, daß das Wischgummi überall an der Scheibe anliegt.

Scheibenwaschdüse aus- und einbauen/einstellen

Die beiden zweistrahligen Scheibenwaschdüsen sind mit einem PTC-Heizwiderstand ausgestattet. Der Heizdraht erwärmt nach Einschalten der Zündung die Spritzdüse und verhindert so ein Einfrieren im Winter.

Ausbau

- Motorhaube öffnen.
- Elektrischen Anschluß und Zulaufschlauch zur Düse abziehen.
- Düse herausdrücken und nach oben abnehmen.

Einbau

- Düse von oben eindrücken, bis sie einrastet.
- Stecker und Schlauch aufschieben.

Einstellen

- Die Spritzrichtungen der Düse können gegebenenfalls mit einer Nadel korrigiert werden.

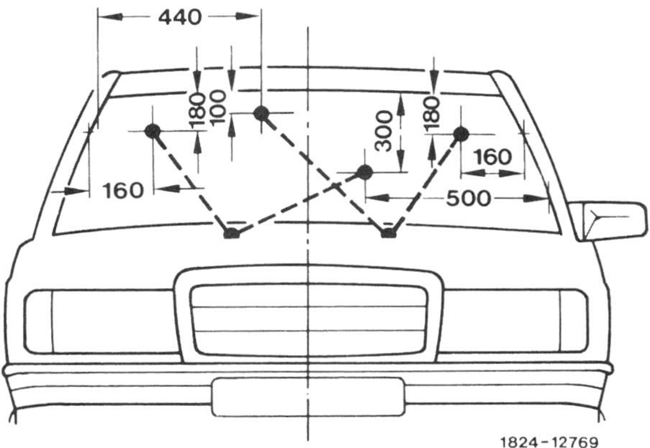

- Maße für Spritzstrahleinstellung.

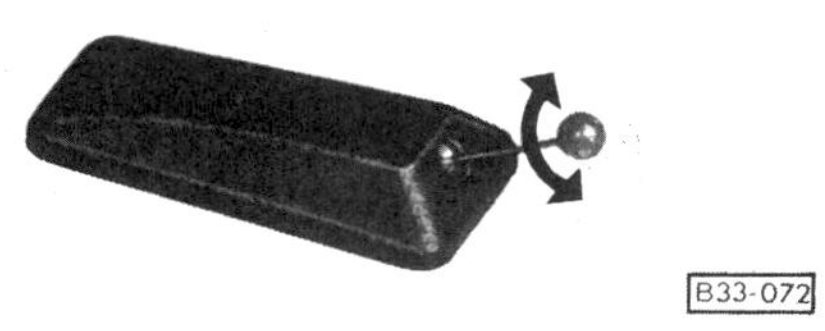

- Die Düse kann mit Preßluft gereinigt und mit einer Nadel eingestellt werden.

Heckscheibendüse beim T-Modell:

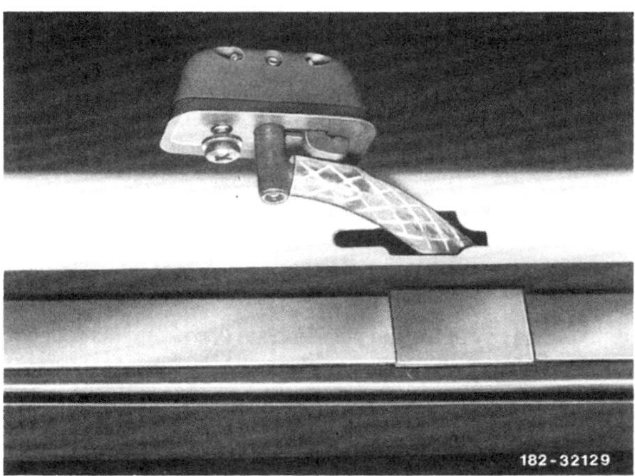

- Kreuzschlitzschraube lösen, nicht herausdrehen.
- 3fach-Düse im Langloch nach links schieben, bis rechts der Haken ausgehängt ist. Düse rechts etwas anheben und herausnehmen.
- Düse mit der linken Seite einsetzen, nach links schieben und rechts eindrücken. Anschließend Düse nach rechts schieben und dabei in den Haken einhängen.
- Kreuzschlitzschraube festziehen.

Scheinwerfer-Waschanlage einstellen

Sobald bei eingeschalteten Scheinwerfern der Scheibenwischer betätigt wird, laufen ebenfalls die Wischer für die Scheinwerfer mit. Gleichzeitig spritzt die Scheinwerfer-Waschpumpe bei jeder Wischerbewegung kurz gegen die Scheinwerfergläser.

- Am Wischerarm befinden sich 2 Düsen, von denen sich nur Düse II verstellen läßt. Dazu Nadel vorsichtig in die Düsenöffnung einführen und Spritzrichtung einstellen.
- Die Düsen müssen jeweils an die mit Kreuzen gekennzeichneten Stellen der Scheinwerfer spritzen.

Wischermotor aus- und einbauen

Ausbau

- Motorhaube öffnen und senkrecht stellen.
- Zündung ausschalten, Zündschlüssel abziehen.

Bis 8/87

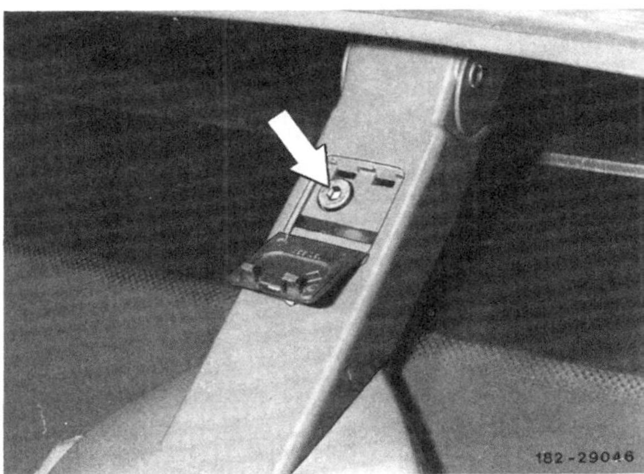

- Mit einem kleinen Schraubendreher Abdeckplatte am Wischerarm anheben und zurückklappen.
- Innensechskantschraube mit Innensechskantschlüssel SW 4 herausdrehen.

Achtung: Seit **9/87** wird anstelle der bisherigen Leichtmetallabdeckung eine Kunststoffabdeckung eingebaut.

- Kunststoffabdeckung am Wischerarm aushängen. Dazu muß sich der Wischerarm in maximaler Hubposition befinden. Scheibenwischer daher laufen lassen und Zündung ausschalten, sobald der Wischer sich in 45°-Stellung befindet. Kunststoffabdeckung nach unten abziehen.

Achtung: Zündschlüssel abziehen. Durch Bewegungen am Wischerarm kann ab Zündschlüsselstellung »1« die Parkstellungsautomatik angeregt werden. Verletzungsgefahr!

- Wischerarm nach oben abziehen.

182-29047

- Muttern –Pfeile– herausdrehen und Halteklammer –unterer Pfeil– mit Schraubendreher abdrücken.
- Mehrfachstecker vom Wischermotor abziehen.
- Wischeranlage von den Lagerstellen abheben und herausnehmen.

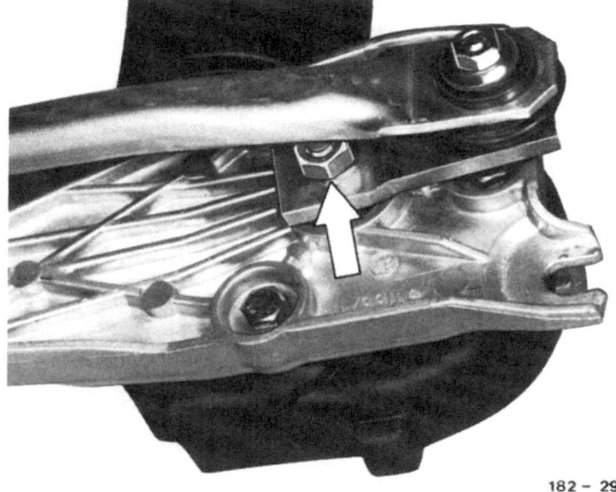

182 – 29070

- Kurbelarm von der Motorachse abdrücken, vorher Mutter –Pfeil– abschrauben.

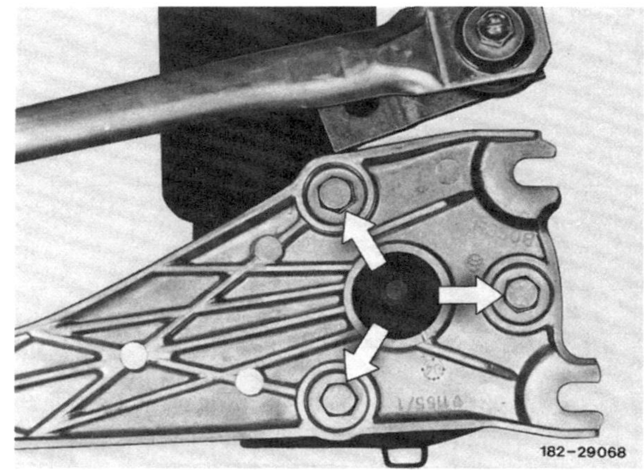

182-29068

- Wischerarm vom Motor abschrauben und abnehmen.

Einbau

Achtung: Sicherstellen daß sich der Wischermotor in Parkstellung befindet. Gegebenenfalls Mehrfachstecker anschließen, Wischermotor kurz laufen lassen und mit Wischerschalter abstellen. Dazu kurzfristig Batterie–Massekabel montieren und Zündung einschalten. Anschließend sämtliche elektrischen Verbindungen wieder trennen.

- Wischerarm am Wischermotor mit 5 Nm anschrauben.

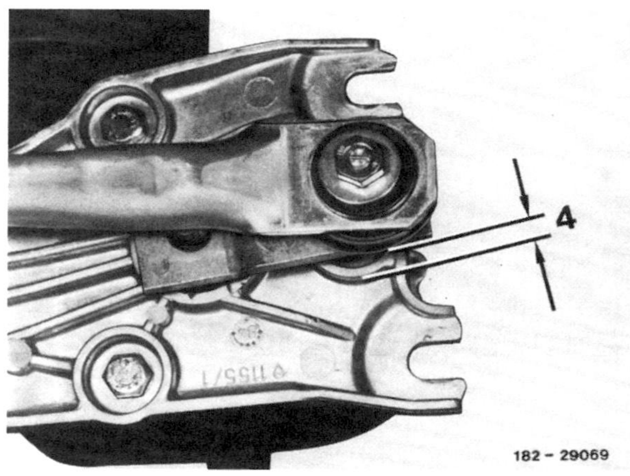

182 – 29069

- Kurbelarm auf Motorachse stecken und so ausrichten, daß das angegebene Maß 4 mm beträgt.
- Befestigungsmutter mit 19 Nm festziehen.
- Wischeranlage in das Fahrzeug einsetzen und Mehrfachstecker aufschieben.
- Wischeranlage mit 4 Muttern anschrauben und mit Halteklammer sichern.
- Bis 8/87: Wischerarm aufschieben, Innensechskantschraube eindrehen und Abdeckplatte zuklappen.
- Seit 9/87: Kunststoffabdeckung einhängen
- Abdeckung für Lufteintritt einsetzen.
- Motorhaube schließen, siehe Seite 16.

Heckwischermotor aus- und einbauen

T-Modell

Ausbau

- Stellung des Wischerarms auf der Heckscheibe markieren.
- Wischerarm von der Scheibe wegschwenken, dadurch wird die Arretierung für die Kunststoffabdeckung der Wischerachse gelöst. Abdeckung etwas hochheben, Wischerarm wieder zurückschwenken und Abdeckung ganz hochklappen.
- Befestigungsmutter abschrauben und Wischerarm von der Lagerachse abziehen.
- Batterie-Massekabel abklemmen.
- Heckklappe öffnen und Verkleidung für Wischermotor ausbauen.

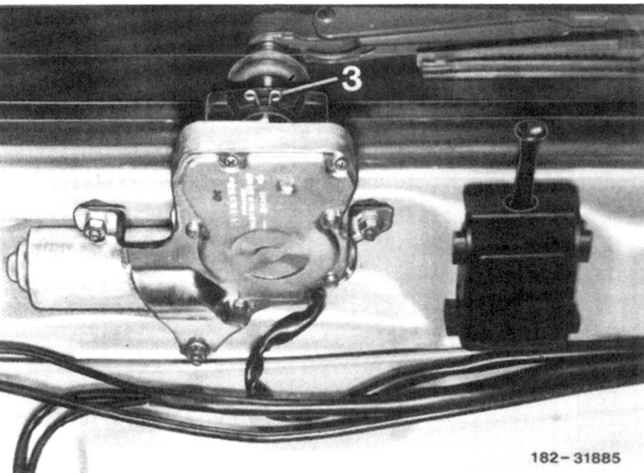

- Sicherungsring –3– herausziehen.
- Wischermotor mit 3 Muttern abschrauben und nach innen herausziehen. Steckverbindung trennen.

Einbau

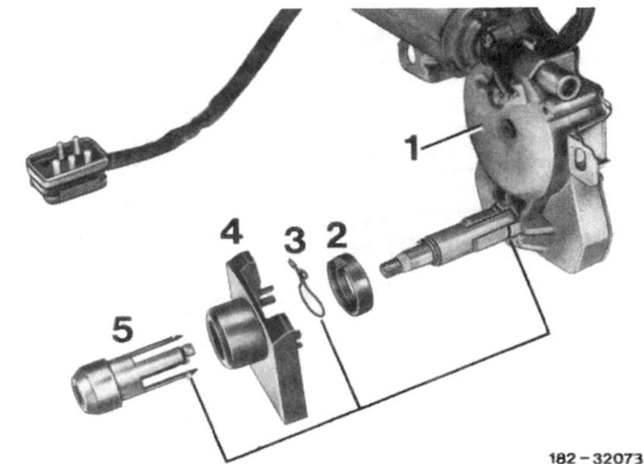

- Wischermotor –1– mit Distanzhülse –2– in die innere und äußere Abdeckung –4/5– an der Heckklappe einsetzen. Sicherungsring –3– in die Abdeckhülse einrasten.
- Elektrischen Anschluß verbinden.
- Batterie-Massekabel anklemmen.
- Wischermotor kurz laufen lassen und mit Wischerschalter abstellen. Dadurch läuft der Motor in Endstellung.
- Wischerarm entsprechend der angebrachten Markierung auf die Wischerachse setzen und mit der Befestigungsmutter anschrauben.
- Abdeckung am Wischerarm runterklappen, dazu gegebenenfalls Wischerarm etwas anheben.
- Heckwischer laufen lassen und Wischbereich überprüfen, gegebenenfalls Wischerarm auf der Achse umsetzen.

Störungsdiagnose Scheibenwischergummi

Wischbild	Ursache	Abhilfe
Schlieren	● Wischgummi verschmutzt.	Wischgummi mit harter Nylonbürste und einer Waschmittellösung oder Spiritus reinigen.
	● Ausgefranste Wischlippe, Gummi ausgerissen oder abgenutzt.	Wischgummi erneuern.
	● Wischgummi gealtert, rissige Oberfläche.	Wischgummi erneuern.
Im Wischfeld verbleibende Wasserreste ziehen sich sofort zu Perlen zusammen.	● Windschutzscheibe durch Lackpolitur, Öl oder Dieselrückstände verschmutzt.	Windschutzscheibe mit sauberem Putzlappen und einem Fett-Öl-Silikonentferner reinigen.
Wischerblatt wischt einseitig gut – einseitig schlecht, rattert.	● Wischgummi einseitig verformt, »kippt nicht mehr«.	Neues Wischgummi einbauen.
	● Wischerarm verdreht, Blatt steht schief auf der Scheibe.	Wischerarm vorsichtig verdrehen, bis richtige senkrecht Stellung erreicht ist.
Nicht gewischte Flächen	● Wischgummi aus der Fassung herausgerissen.	Wischgummi vorsichtig in die Fassung einsetzen.
	● Wischerblatt liegt nicht mehr gleichmäßig an der Scheibe an, da Federschienen oder Bleche verbogen.	Wischerblatt ersetzen. Dieer Fehler tritt vor allem bei unsachgemäßem Montieren eines Ersatzblattes auf.
	● Anpreßdruck durch Wischerarm zu gering.	Wischerarmgelenke und Feder leicht einölen oder neuen Arm einbauen.

Die Wagenpflege

Fahrzeug waschen

Aus Umweltschutzgründen ist es in den meisten Gemeinden verboten, Fahrzeuge auf öffentlichen Plätzen zu waschen. Wird das Auto sehr oft in einer automatischen Waschanlage gewaschen, hinterlassen die rotierenden Waschbürsten Schleifspuren auf dem Lack. Diese lassen sich verhindern, wenn man den Wagen von Hand in einer entsprechenden Waschanlage wäscht.

- Vogelkot, tote Insekten, Baumharze, Teerflecken, Streusalze und andere aggressive Ablagerungen sofort abwaschen, da sie ätzende Bestandteile enthalten, die Lackschäden verursachen.
- Beim Waschen reichlich Wasser verwenden. Lackierung nicht scharf abspritzen. Mit einem weichen Schwamm oder Waschhandschuh beziehungsweise einer weichen Bürste auf dem Dach beginnend von oben nach unten mit geringem Druck reinigen; Schwamm oft ausspülen.
- Waschmittel nur bei hartnäckiger Verschmutzung verwenden. Mit klarem Wasser gründlich nachspülen, um die Reste des Waschmittels zu entfernen. Bei regelmäßiger Benutzung von Waschmitteln muß öfter konserviert werden. Dem Waschwasser kann ein Konservierungsmittel beigegeben werden.
- In die Eintrittsöffnungen der Belüftungsanlage nur mit einem schwachen Strahl sprühen.
- Zum Abtrocknen sauberes Leder verwenden. Verschiedene Leder für Lack- und Fensterflächen verwenden, da Konservierungsmittelrückstände auf den Scheiben zu Sichtbehinderungen führen.
- Durch Streusalze besonders gefährdet sind alle innenliegenden Falze, Flansche und Fugen an Türen und Hauben. Diese Stellen müssen deshalb bei jedem Wagenwaschen – auch nach der Wäsche in automatischen Waschstraßen – mit einem Schwamm gründlich gereinigt und anschließend abgespült und abgeledert werden.
- Wagen niemals in der Sonne waschen oder trocknen. Wasserflecken sind sonst unvermeidlich.

Achtung: Nach der Wagenwäsche Bremsscheiben kurz trockenbremsen, da sich durch Nässe eine verringerte Bremswirkung ergibt.

Lackierung pflegen

Konservieren: So oft wie nötig soll die sauber gewaschene und getrocknete Lackierung mit einem Konservierungsmittel behandelt werden, um die Oberfläche durch eine porenschließende und wasserabweisende Wachsschicht gegen Witterungseinflüsse zu schützen. Auch wenn regelmäßig Waschkonservierer verwendet wird, empfiehlt es sich, den Lack mindestens zweimal im Jahr mit Hartwachs zu schützen.

Übergelaufenen Kraftstoff, übergelaufenes Öl oder Fett, beziehungsweise übergelaufene Bremsflüssigkeit **sofort entfernen,** sonst kommt es zu Lackverfärbungen.

Spätestens, wenn Wasser nicht mehr deutlich vom Lack abperlt, muß konserviert werden. Der Lack trocknet sonst aus.

Eine weitere Möglichkeit, den Lack zu konservieren, bieten Waschkonservierer. Waschkonservierer schützen die Lackierung jedoch nur ausreichend, wenn sie bei **jeder** Wagenwäsche verwendet werden und der zeitliche Abstand zwischen 2 Wäschen nicht mehr als 2 bis 3 Wochen beträgt. Nur Lackkonservierer verwenden, die Carnauba- oder synthetische Wachse enthalten.

Polieren: Polieren ist nur dann erforderlich, wenn der Lack infolge mangelhafter Pflege beziehungsweise unter der Einwirkung von Umwelteinflüssen unansehnlich geworden ist und sich durch eine Behandlung mit Konservierungsmitteln kein Glanz mehr erzielen läßt. Zu warnen ist vor stark schleifenden oder chemisch stark angreifenden Poliermitteln, auch wenn der erste Versuch damit noch so sehr zu überzeugen scheint.

Vor jedem Polieren muß der Wagen sauber gewaschen und sorgfältig abgetrocknet werden. Im übrigen ist nach der Gebrauchsanweisung für das Poliermittel zu verfahren.

Die Bearbeitung soll in nicht zu großen Flächen erfolgen, um ein vorzeitiges Eintrocknen der Politur zu vermeiden. Bei manchen Poliermitteln muß anschließend noch konserviert werden. Nicht in der prallen Sonne polieren!

Kunststoffteile und matt lackierte Teile dürfen nicht mit Konservierungs- oder Poliermitteln behandelt werden, da sich sonst Flecken bilden.

Teerflecke entfernen: Frische Teerflecke können mit einem in Waschbenzin getränkten weichen Lappen entfernt werden. Notfalls kann auch Tankstellenbenzin, Petroleum oder Terpentinöl verwendet werden. Sehr gut gegen Teerflecke eignet sich auch ein Lackkonservierer. Bei Verwendung dieses Mittels kann auf ein Nachwaschen verzichtet werden.

Insekten entfernen: Insekten enthalten aggressive Stoffe, die den Lackfilm beschädigen können. Deshalb sofort mit lauwarmer Seifen- oder Waschmittellösung abwaschen. Es gibt auch spezielle Insekten-Entferner.

Baumaterial-Spritzer entfernen: Spritzer jeglichen Baumaterials mit lauwarmem, neutralem Waschmittel abwaschen. Nur leicht reiben, da sonst die Lackierung zerkratzt werden kann. Nach dem Waschen mit klarem Wasser nachspülen.

Kunststoffteile pflegen: Kunststoffteile, Kunstledersitze, Himmel, Leuchtengläser sowie mattschwarz gespritzte Teile mit Wasser und eventuell einem Shampoo-Zusatz säubern, Himmel nicht durchfeuchten. Kunststoffteile gegebenenfalls mit Kunststoffreiniger behandeln.

Scheiben reinigen: Schnee und Eis von Scheiben und Spiegeln nur mit einem Kunststoffschaber entfernen. Um Kratzer durch Schmutz zu vermeiden, sollte der Schaber nicht vor- und zurückbewegt, sondern nur geschoben werden. Fensterscheiben innen und außen mit sauberem, weichem Lappen abreiben. Bei starker Verschmutzung helfen Spiritus oder Salmiakgeist und lauwarmes Wasser oder auch ein spezieller Scheibenreiniger. Beim Reinigen der Windschutzscheibe Scheibenwischerarm nach vorn klappen.

Bei der Reinigung der Windschutzscheibe sind auch die Wischerblätter zu säubern.

Achtung: Bei Verwendung silikonhaltiger Mittel dürfen die zur Reinigung der Lackierung verwendeten Waschbürsten, Schwämme, Lederlappen und Tücher nicht für die Scheiben verwendet werden. Beim Einsprühen der Lackierung mit silikonhaltigen Pflegemitteln sollten die Scheiben mit Pappe oder anderem Material abgedeckt werden.

Gummidichtungen pflegen: Gummidichtungen durch Einpudern der Dicht- und Gleitflächen mit Talkum oder Besprühen mit Silikonspray geschmeidig halten. So werden auch quietschende oder knarrende Geräusche beim Türenschließen vermieden. Auch das Einreiben der betreffenden Flächen mit Schmierseife beseitigt die Geräusche.

Reifen reinigen: Reifen nicht mit einem Dampfstrahlgerät reinigen. Wird die Düse des Dampfstrahlers zu nahe an den Reifen gehalten, wird dessen Gummischicht innerhalb weniger Sekunden irreparabel zerstört, selbst bei Verwendung von kaltem Wasser. Ein auf diese Weise gereinigter Reifen sollte sicherheitshalber ersetzt werden.

Leichtmetall-Scheibenräder mit Felgenreiniger besonders während der kalten Jahreszeit pflegen, jedoch keine aggressiven, säurehaltigen, stark alkalischen und rauhen Reinigungsmittel oder Dampfstrahler über +60° C verwenden.

Sicherheitsgurte nur mit milder Seifenlauge in eingebautem Zustand säubern, nicht chemisch reinigen, da dadurch das Gewebe zerstört werden kann. Automatikgurte nur in trockenem Zustand aufrollen.

Unterbodenschutz/ Hohlraumkonservierung

Die Fahrzeugunterseite einschließlich der Radkästen ist mit Unterbodenschutz beschichtet. Die besonders stark gefährdeten Bereiche in den Radläufen sind mit Kunststoffschalen gegen Steinschlag geschützt. Darüber hinaus wurden korrosionsgefährdete Karosserieteile aus verzinktem Blech hergestellt. Vor der kalten Jahreszeit und nach einer Unterbodenwäsche sollte der Unterbodenschutz kontrolliert und gegebenenfalls ausgebessert werden.

Im Schleuderbereich des Unterbaues können sich Staub, Lehm und Sand ablagern. Den angesammelten Schmutz entfernen, zumal er während der Winterzeit auch noch mit Streusalz angereichert sein kann.

Motorwäsche/Motorraum konservieren: Vor und nach der Streusalzperiode sollte der Motorraum gereinigt und anschließend konserviert werden. Motorwäsche nur bei ausgeschalteter Zündung durchführen. Vor der Motorwäsche, die zum Beispiel mit Kaltreiniger und einem Dampfstrahlgerät durchgeführt werden kann, Generator, Sicherungskasten und Bremsflüssigkeitsbehälter mit Plastikhüllen abdecken.

Zur Verhinderung von Korrosion am Vorderwagen (zum Beispiel Seitenteile, Längsträger oder Abschlußblech) und des Antriebaggregates muß der Motorraum einschließlich der im Motorraum befindlichen Teile der Bremsanlage, Achselemente mit Lenkung sowie Karosserieteile und Hohlräume mit einem hochwertigen Konservierungswachs eingesprüht werden. Dabei den Keil- und Zahnriementrieb vor Wachs schützen.

Polsterbezüge pflegen/reinigen

Textilbezüge: Polsterbezüge mit Staubsauger und Bürste reinigen. Bei starker Verschmutzung Textilbezüge mit Trockenschaum reinigen.

Fett- und Ölflecke mit Reinigungsbenzin oder Fleckenwasser behandeln. Das Reinigungsmittel darf aber nicht unmittelbar auf den Stoff gegossen werden, da sich sonst unweigerlich Ränder bilden. Fleck durch kreisförmiges Reiben von außen nach innen bearbeiten. Andere Verschmutzungen lassen sich meistens mit lauwarmem Seifenwasser entfernen.

Lederbezüge: Bei starker Sonneneinstrahlung und längerer Standzeit Sitze abdecken, damit sie nicht ausbleichen.

Trikot- oder Wollappen mit Wasser leicht anfeuchten und Lederflächen säubern, ohne das Leder oder die Nahtstellen zu durchfeuchten. Anschließend das getrocknete Leder mit einem sauberen und weichen Tuch nachreiben.

Stärker verschmutzte Lederflächen mit einem milden Feinwaschmittel ohne Aufheller (2 Eßlöffel auf 1 Liter Wasser) reinigen. Fett- und Ölflecke vorsichtig ohne Reiben mit Reinigungsbenzin abtupfen.

Lackierte Lederpolster sollten nach dem Reinigen mit einem handelsüblichen Pflegemittel für Lederflächen behandelt werden. Solche Mittel sind bei den Fachwerkstätten und im Autofachhandel erhältlich. Das Mittel vor Gebrauch gut schütteln und mit einem weichen Lappen dünn auftragen. Nach dem Eintrocknen mit einem sauberen und weichen Tuch nachreiben. Diese Behandlung empfiehlt sich bei normaler Beanspruchung alle 6 Monate.

Steinschlagschäden ausbessern

Ausbeul- und Lackierarbeiten an der Autokarosserie setzen Erfahrung über den Werkstoff und dessen Bearbeitung voraus. Derartige Fertigkeiten werden in der Regel erst durch eine langjährige Praxis erreicht. Aus diesem Grund wird hier nur das Ausbessern von kleineren Lackschäden erläutert.

Zum Nachlackieren wird unbedingt dieselbe Lackfarbe benötigt, denn selbst kleinste Farbunterschiede fallen nach Abschluß der Arbeiten sofort ins Auge. Der jeweilige Fahrzeug-Farbton wird vom Hersteller auf einem, innen an der Karosserie angeklebten Kennschild angegeben.

Treten dennoch Differenzen zwischen dem Originallack und dem Reparaturlack auf, dann liegt das daran, daß Fahrzeug-Lackierungen sich durch Alterung, ultraviolette Sonnenbestrahlung, extreme Temperaturdifferenzen, Witterungsbedingungen und chemische Einflüsse wie beispielsweise Industrieabgase mit der Zeit verändern. Außerdem können Oberflächenschäden, Farbveränderungen und Ausbleichen des Lackes eintreten, wenn Reinigung und Lackpflege mit ungeeigneten Mitteln durchgeführt wurden.

Die Metallic-Lackierung besteht aus 2 Schichten, dem Metallic-Grundlack und der farblosen Decklackierung. Beim Lackieren wird der Klarlack über den feuchten Grundlack gespritzt. Die Gefahr von Farbdifferenzen bei der nachträglichen Metallic-Lackierung ist besonders groß, da hier schon die unterschiedliche Viskosität des Reparaturlackes gegenüber dem Originallack zu Farbverschiebungen führt.

Es lohnt sich, auch kleinste Lackschäden regelmäßig zu beseitigen, da auf diese Weise Rostschäden und größere Reparaturen vermieden werden.

Für kleine Kratzer und Steinschläge, die lediglich den Decklack abgesplittert haben, also nicht bis aufs blanke Blech vorgedrungen sind, genügt im allgemeinen der Lackstift oder Tupflack. Dabei handelt es sich um eine kleine Lackdose, in deren Deckel ein Pinsel integriert ist. Der Lackstift wird im Auto-Zubehörhandel angeboten.

- Tiefere Steinschlagschäden, die schon kleine Rostnarben gebildet haben, mit einem »Rostradierer« beziehungsweise einem Messer oder einem kleinen Schraubendreher auskratzen, bis das blanke Blech erscheint. Wichtig ist, daß keine auch noch so kleine Roststelle mehr sichtbar ist. Bei »Rostradierern« handelt es sich um kleine Kunststoffhülsen, die zum Auskratzen des Rostes kurze Drahtborsten besitzen.
- Die blanken Stellen müssen einwandfrei trocken und fettfrei sein. Dazu Reparaturstelle sowie umgebenden Lack mit Silikonentferner reinigen.
- Auf die blanke Metallfläche mit einem dünnen Pinsel etwas Lackgrundierung (»Primer«) auftragen. Da das Grundiermittel meist in Sprühdosen erhältlich ist, etwas Grundiermittel in den Deckel der Dose sprühen und Pinsel dort eintauchen.
- Nachdem die Grundierung trocken ist, Stelle mit Tupflack ausbessern. Bei den Tupflackdosen ist der Pinsel bereits im Deckel integriert. Falls nur eine Spraydose mit der entsprechenden Farbe zur Verfügung steht, etwas Farbe in den Deckel der Dose sprühen und anschließend Lack mit einem dünnen Wasserfarbenpinsel auftragen. Dabei in einem Arbeitsgang immer nur eine dünne Lackschicht anbringen, damit der Lack nicht herunterlaufen kann. Anschließend Farbe gut trocknen lassen. Vorgang so oft wiederholen, bis der Krater ausgefüllt ist und die ausgebesserte Stelle gegenüber der umgebenden Lackfläche keine Vertiefung mehr bildet.

Fahrzeug aufbocken

Für viele Wartungs- und Reparaturarbeiten muß das Fahrzeug aufgebockt beziehungsweise hochgehoben werden. In der Werkstatt wird der Wagen in der Regel mit der Hebebühne angehoben, man kann ihn jedoch auch mit dem Fahrzeug- oder Werkstatt-Wagenheber anheben. Grundsätzlich darf das Fahrzeug nur an den abgebildeten Aufnahmepunkten angehoben werden.

Bei Arbeiten unter dem Fahrzeug muß dieses, falls es nicht auf einer Hebebühne steht, auf vier stabilen Unterstellböcken stehen. **Auf keinen Fall sollten Arbeiten unter dem Fahrzeug ausgeführt werden, wenn dieses nicht ausreichend gesichert ist.**

- Hebewerkzeuge zum Anheben des Fahrzeuges dürfen nur an den nachstehend gezeigten Stellen angesetzt werden, da sonst bleibende Verformungen am Fahrzeug nicht auszuschließen sind.
- Die Räder, die beim Anheben auf dem Boden stehen bleiben, mit Keilen gegen Vor- oder Zurückrollen sichern. Nicht auf die Feststellbremse verlassen, diese muß bei einigen Reparaturen gelöst werden.
- Fahrzeug nur auf ebener, fester Fläche aufbocken.

Achtung: Soll das Fahrzeug auf weichem Untergrund hochgebockt werden, so müssen breite Bretter unter Wagenheber sowie Unterstellböcke gelegt werden, damit sich das Gewicht auf eine größere Fläche verteilt.

- Durch eine geeignete Gummi- oder Holzzwischenlage werden beim Anheben Beschädigungen an der Karosserie vermieden.
- Fahrzeug mit Unterstellböcken so abstützen, daß jeweils ein Bein seitlich nach außen zeigt.
- Das Fahrzeug darf nur in unbeladenem Zustand angehoben werden.

Achtung: Keinesfalls darf der Wagen an Motor- oder Getriebeteilen angehoben oder abgestützt werden.

Anheb- und Aufbockpunkte

1160

Bordwagenheber

- Gummitülle an der jeweiligen Aufnahmebohrung für den Wagenheber herausziehen.
- Aufnahmebolzen des Wagenhebers vollständig in das Einsteck-Rohr des Längsträgers einführen.
- Wagenheber lotrecht ansetzen – auch im Gefälle.

140-23878

Werkstattwagenheber

- Vorn am Rahmen-Querträger der Vorderachse anheben.

● Hinten am Hinterachs-Mittelstück anheben.

Achtung: Fahrzeug nicht am Federlenker anheben.

Hebebühne

● Die Aufnahmepunkte vorn –1– und hinten –2– befinden sich unterhalb der Einsteckrohre für den Bordwagenheber –3– und sind mit Hartgummipuffern versehen.

Achtung: Die Aufnahmepunkte an den Längsträgern können auch zum seitlichen Anheben mit einem Werkstattwagenheber benutzt werden. Dabei Wagenheber unter den Hartgummipuffern ansetzen.

Werkzeugausrüstung

Langfristig zahlt es sich immer aus, wenn man qualitativ hochwertiges Werkzeug kauft. Neben einer Grundausstattung mit Maul- und Ringschlüsseln in den gängigen Größen und verschiedenen Torxschraubendrehern sowie einem Satz Steckschlüssel empfiehlt sich auch der Kauf eines Drehmomentschlüssels. Darüber hinaus ist bei manchen Arbeitsgängen der Einsatz von Spezialwerkzeug zwingend erforderlich.

Gutes und stabiles Werkzeug wird von der Firma HAZET (42804 Remscheid, Postfach 100461) angeboten. In den Tabellen sind die Werkzeuge mit der HAZET-Bestellnummer aufgeführt. Vertrieben wird das Werkzeug über den Autozubehör-Fachhandel.

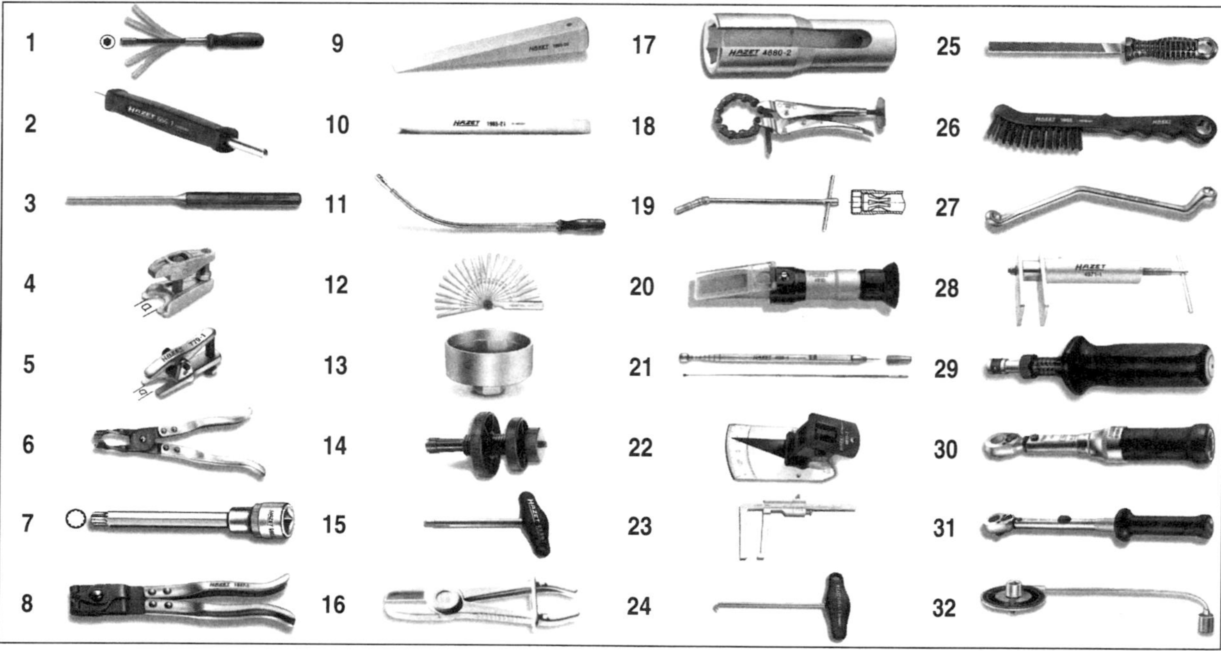

Abb.	Werkzeug	Hazet-Nr.
1	Steckschlüssel flexibel, 8 und 10 mm	426-8,-10
2	Ventildreher für Reifenventile	666-1
3	Splinttreiber für Scheibenbremsbeläge vorn	748 Lgb-4
4	Kugelgelenk-Abzieher, Maulweite 18 – 22 mm	1779-1
5	Kugelgelenk-Abzieher, Maulweite 20 – 22 mm, 2-stufig	1790-7
6	Ausziehzange für Ventilschaftabdichtungen	791-5
7	Zylinderkopfschlüssel	990-SLg12
8	Spannzange für Schellen an den Hinterachsmanschetten	1847-1
9	Montagekeil	1965-20
10	Montagekeil	1965-21
11	Magnet-Sucher	1976
12	Fühlerblattlehre 0,05 - 1,0 mm	2147
13	Schlüssel für Ölfilterdeckel	2169
14	Kupplungs-Zentrierwerkzeug	2174
15	Montagewerkzeug für Haltefedern an Handbremsbacken	2730
16	Abklemmzangen-Satz	4590/2

Abb.	Werkzeug	Hazet-Nr.
17	Schlüssel SW-22 für Lambdasonde	4680-2
18	Ketten-Abgasrohrschneider	4682
19	Zündkerzenschlüssel SW16	4767 AKF
20	Messgerät für Säuredichte und Frostschutzanteil	4810 B
21	Spritzdüseneinsteller für Scheibenwaschanlage	4850-1
22	Winkeleinsteller für Scheibenwischerarme	4851-1
23	Bremsscheiben-Meßschieber	4956-1
24	Montagewerkzeug für Rückzugfedern an Handbremsbacken	4964-1
25	Bremssattelfeile	4968-1
26	Bremssatteldrahtbürste	4968-2
27	Entlüftungsschlüssel Bremse	4968-9/-11
28	Rückstellvorrichtung für Scheibenbremse	4971-1
29	Drehmomentschlüssel 1 – 6 Nm	6003 CT
30	Drehmomentschlüssel 4 – 40 Nm	6109-2 CT
31	Drehmomentschlüssel 40 – 200 Nm	6122–1CT
32	Winkelscheibe für drehwinkelgesteuerten Schraubenanzug	6690

Wartungsplan MERCEDES E-Klasse Typ W124

Pflegedienst

Der Pflegedienst ist bei Fahrzeugen bis Baudatum 5.93 alle 10.000 km, seit Baudatum 6.93 alle 15.000 km durchzuführen. Ist die Jahresfahrleistung geringer, ist der Pflegedienst mindestens einmal im Jahr durchzuführen. Bei erschwerten Betriebsbedingungen, wie überwiegend Stadt- und Kurzstreckenverkehr, häufigen Gebirgsfahrten, Anhängerbetrieb und staubige Straßenverhältnisse, Pflegedienstintervalle halbieren.

- Motor: Öl- und Filterwechsel.
- Gasgestänge: Schmieren, auf Leichtgängigkeit und Verschleiß prüfen.

Einmal jährlich (möglichst im Frühjahr) durchführen:

- Bis 3.91: Bremsflüssigkeit erneuern.
- Wasserabläufe: Reinigen.

Wartung

Die Wartung ist bei Fahrzeugen bis Baudatum 5.93 alle 20.000 km, seit Baudatum 6.93 alle 30.000 km durchzuführen. Bei geringer Fahrleistung ist die Wartung mindestens alle 2 Jahre durchzuführen.

Motor und Kupplung

- Motor: Öl wechseln, Hauptstromölfilter ersetzen.
- Keilrippenriemen: Zustand prüfen.
- Zündkerzen: Erneuern.
- Kühl- und Heizsystem: Flüssigkeitsstand prüfen, Konzentration des Frostschutzmittels prüfen. Sichtprüfung auf Undichtigkeiten und äußere Verschmutzung des Kühlers.
- Leerlauf und CO-Gehalt bei betriebswarmem Motor prüfen (nicht bei Motoren mit Lambda-Regelung).
- Gasgestänge: Schmieren, auf Leichtgängigkeit und Verschleiß prüfen.
- Abgasanlage: Auf Beschädigungen prüfen.
- Motor: Sichtprüfung auf Ölundichtigkeiten.
- Kupplung: Schläuche, Leitungen und Anschlüsse auf Undichtigkeiten prüfen, Bremsflüssigkeitsstand prüfen.
- Stromberg-Vergaser: Flüssigkeitsstand prüfen.
- Klimaanlage: Kältemittelstand prüfen.

Getriebe, Achsantrieb

- Gelenkschutzhüllen: Auf Undichtigkeiten und Beschädigungen prüfen.
- Schalt- und Hinterachsgetriebe: Sichtprüfung auf Undichtigkeiten, Ölstand prüfen.
- Niveauregulierung, ASD, 4MATIC: Flüssigkeitsstand prüfen, gegebenenfalls Hydrauliköl nachfüllen.
- Automatisches Getriebe: Flüssigkeitsstand prüfen, gegebenenfalls ATF auffüllen.
- Hinterachse: Lenker, Streben, Querlenker auf Korrosion und Beschädigungen prüfen.
- Automatisches Sperrdifferential (ASD): Leitungen und Schläuche auf Dichtheit und Zustand prüfen.

Vorderachse und Lenkung

- Spurstangenköpfe: Spiel und Befestigung prüfen, Staubkappen prüfen.
- Achsgelenk: Staubkappen und Spiel prüfen.
- Lenkung: Spiel prüfen, Faltenbälge auf Undichtigkeiten und Beschädigungen prüfen.
- Lenkung: Befestigungsschrauben am Lenkgetriebe mit richtigem Drehmoment nachziehen.
- Servolenkung: Flüssigkeitsstand prüfen, gegebenenfalls Hydrauliköl auffüllen.

Karosserie/Innenausstattung

- Heizung/Klimaanlage: Pollenfiltereinsatz erneuern.
- Motorhaube: Verschluß schmieren.
- Bis 6.93: Schiebedach-Gleitschienen und Gleitbacken reinigen und leicht einfetten.
- Unterbodenschutz und Hohlraumkonservierung: Prüfen.
- Sicherheitsgurte: Auf Beschädigungen prüfen.
- Fußräume und Kofferraummulden: Auf Wassereintritt und Korrosion prüfen.
- Teleskopstab der Antenne: Reinigen.
- Anhängevorrichtung mit abnehmbarem Kugelhals und automatischer Verriegelung: Schmieren und auf Funktion prüfen.

Bremsen, Reifen, Räder

- Bremsanlage: Leitungen, Schläuche und Anschlüsse auf Undichtigkeiten und Beschädigungen prüfen.
- Scheibenbremse: Belagstärke der vorderen und hinteren Bremsbeläge prüfen.
- Feststellbremse: Nachstellen (einmalig bei km-Stand 20.000).
- Bereifung: Profiltiefe und Reifenfülldruck prüfen; Reifen auf Verschleiß und Beschädigungen (einschließlich Reserverad) prüfen.
- Räder: Abschrauben, Zustand der Felgen (auch innen) prüfen, Räder reinigen und mit vorgeschriebenem Drehmoment anschrauben.

Elektrische Anlage

- Kontrolleuchten, Symbolbeleuchtung und Innenbeleuchtung: Funktion prüfen.
- Außenbeleuchtung: Prüfen, gegebenenfalls Scheinwerfer einstellen.
- Höhenverstellung der Scheinwerfer: Prüfen.
- Alle Stromverbraucher: Funktion prüfen.
- Signalhorn: Prüfen.
- Scheibenwischer: Wischergummi auf Verschleiß prüfen.
- Scheibenwaschanlage: Funktion prüfen, Düsenstellung kontrollieren, Scheinwerfer-Waschanlage prüfen.
- Batterie: Spannung und Säurestand prüfen.

Zusätzlich alle 60000 km

- Luftfilter: Filtereinsatz ersetzen.
- Kraftstoffilter: Ersetzen.
- Automatisches Getriebe: Öl und Filter wechseln.
- Kupplungsscheibe: Abnützung prüfen.
- Gelenkwelle: Gelenkscheiben prüfen.
- Feststellbremse: Bremsseilzüge auf Gängigkeit prüfen, schmieren.
- Kompression: Prüfen.

Alle 2 Jahre (möglichst im Frühjahr)

- Ab 4.91: Bremsflüssigkeit erneuern.
- Karosserie auf Lackschäden prüfen.
- Fahrgestell- und Karosserieteile auf Beschädigung und Korrosion prüfen.

Alle 3 Jahre

- Motor: Kühlmittel erneuern.
- Seit 7.93: Schiebedach-Gleitschienen und Gleitbacken reinigen und leicht einfetten.

Zusätzlich alle 120.000 km oder 4 Jahre

- Bis 6.93: Aktivkohlefilter erneuern.

Schaltpläne

Der Umgang mit dem Schaltplan

Der Schaltplan vermittelt übersichtlich und anschaulich die Stromwege im Fahrzeug. Anhand der Legende läßt sich sehr schnell der Weg des Stromes innerhalb eines Stromkreises nachvollziehen.

Im Schaltplan sind sämtliche elektrische Leitungen dargestellt. Die Verbindungsleitungen führen vom Pluspol der Batterie bis zum Masseanschluß des jeweiligen Verbrauchers, einschließlich der dazwischenliegenden Schaltungsteile.

In der Erläuterung (Legende) neben jedem Schaltplan sind die Schaltungsteile mit der entsprechenden Positionsangabe aufgeführt. Jeder Schaltplan ist durch Buchstaben (A bis H) am linken und rechten Rand sowie durch Zahlen (1 bis 13) am oberen und unteren Rand in Suchfelder eingeteilt. Das gesuchte Schaltungsteil befindet sich im Schnittpunkt gedachter waagerechter und senkrechter Linien, ausgehend vom entsprechenden Buchstaben und der dazugehörigen Zahl, die als Positionsangabe in der Legende hinter dem Schaltungsteil stehen.

Die Zahlen an den Anschlußstellen der Leitungen mit den Verbrauchern, Schaltern usw. decken sich mit der Kennzeichnung an diesen Teilen im Fahrzeug. Dabei geben die etwas größeren Zahlen die Klemmenbezeichnung der einzelnen Stromkreise an. Die wichtigsten Stromkreise sind:

31 – Masseanschluß. Die Kabel im Fahrzeug sind in der Regel braun.

30 – Leitungen stehen stets unter Spannung, auch bei ausgeschalteter Zündung. Die Kabel sind meist rot oder rot mit farbigen Zusatzstreifen.

15 – Leitungen stehen nur unter Spannung bei eingeschalteter Zündung. Die Kabel sind meist grün oder schwarz mit farbigen Streifen.

Um die Arbeit mit dem Schaltplan zu erleichtern, empfiehlt es sich den Plan mit einer Schere herauszutrennen und dem Buch lose beizulegen.

Schaltpläne
MERCEDES 200E/230E
MERCEDES 260E/300E
MERCEDES 230CE
MERCEDES 200TE/230TE
Zusatz-Schaltplan 2E-E Vergaser

Aus Platzgründen ist es nicht möglich, die Schaltpläne aller Modelljahre und Modellvarianten mitzuliefern. Bei einer Neuauflage wird jeweils der aktuelle Schaltplan veröffentlicht. Da die Änderungen in der Regel jedoch nur in Detailbereichen stattfinden, kann man sich auch dann, wenn das eigene Fahrzeug einem anderen Modelljahr angehört, an den vorliegenden Schaltplänen orientieren.

Zusatz-Schaltplan 2 E-E Vergaser

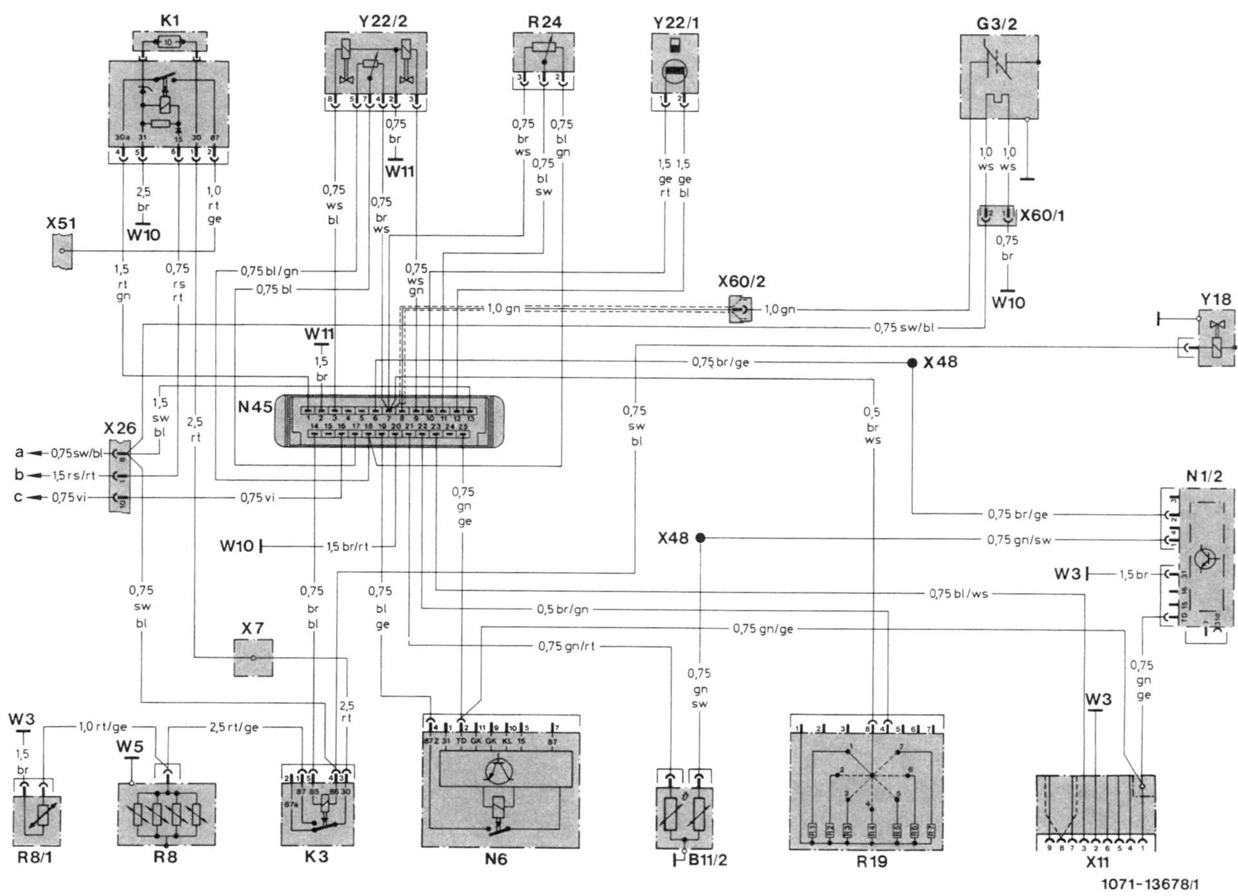

B 11/2	Temperaturfühler Kühlmittel (Vergaseranlage/Zündanlage)
G3/2	Lambda-Sonde beheizt
K1	Relais Überspannschutz
K3	Relais Saugrohrbeheizung
N 1/2	Schaltgerät EZL-Zündanlage
N6	Steuergerät Kompressorabschaltung
N45	Steuergerät elektronischer Vergaser
R8	Saugrohrbeheizung
R8/1	Bypaßbeheizung
R19	Abgleichstecker für Steuergerät 2 E-E
R24	Drosselklappen-Potentiometer
W 3	Masse, Radlauf vorn links in der Nähe der Zündspule
W 5	Masse, Motor
W10	Masse, Batterie
W11	Masse, Motor, elektrische Leitung
X 7	Leitungsverbinder Motor
X11	Diagnosedose/Leitungsverbinder Klemme TD
X26	Steckverbindung Motorleitungssatz
X48	Endhülse, Lötverbinder im Leitungssatz
X51	Leitungsverbinder Klemme 87
X60/1	Steckverbindung Heizspirale Lambda-Sonde
X60/2	Steckverbindung Signal Lambda-Sonde
Y18	Schwimmerkammerbelüftung
Y22/1	Vordrosselsteller
Y22/2	Drosselklappenansteller
a	Sicherung Nr. 11
b	Sicherung Nr. 9, Klemme 15 ungesichert
c	Zündstartschalter Klemme 50